本专著为以下项目研究成果：
1. 荆门市科技计划项目"基于互信息量均方差的关键帧提取算法在视频编号：2022YFYB155）。
2. 湖北高校省级教学研究项目"人工智能背景下基于在线开放课程的高校混合式教学研究与实践"（课题编号：2020678）。
3. 荆楚理工学院教育教学研究项目"教育生态共同体视角下项目导师制耦合机制创新研究"（课题编号：JX2024-003）。

现代数据挖掘与云计算应用研究

胡 秀 著

电子科技大学出版社
University of Electronic Science and Technology of China Press
·成都·

图书在版编目（CIP）数据

现代数据挖掘与云计算应用研究 / 胡秀著 . -- 成都：成都电子科大出版社 , 2024.9. -- ISBN 978-7-5770-1139-4

Ⅰ . TP311.131; TP393.027

中国国家版本馆 CIP 数据核字第 2024C453A6 号

现代数据挖掘与云计算应用研究
XIANDAI SHUJU WAJUE YU YUNJISUAN YINGYONG YANJIU
胡 秀 著

策划编辑	魏 彬
责任编辑	魏 彬
助理编辑	兰 凯
责任校对	刘 凡
责任印制	梁 硕

出版发行	电子科技大学出版社
	成都市一环路东一段 159 号电子信息产业大厦九楼　邮编 610051
主　　页	www.uestcp.com.cn
服务电话	028-83203399
邮购电话	028-83201495

印　　刷	成都市火炬印务有限公司
成品尺寸	185mm × 260mm
印　　张	19.75
字　　数	500 千字
版　　次	2024 年 9 月第 1 版
印　　次	2024 年 9 月第 1 次印刷
书　　号	ISBN 978-7-5770-1139-4
定　　价	108.00 元

版权所有，侵权必究

前　言

　　如今，信息技术的飞速发展已经引领我们进入一个数据爆炸的新纪元。在这个时代背景下，海量的数据背后隐藏着巨大的价值和潜力，如何有效地挖掘这些数据的价值，成为当今社会的一个重要课题。数据挖掘与云计算的崛起是信息技术领域的一次深刻革命，它们不仅是当前的热门技术发展趋势，更是塑造未来技术趋势和商业模式的关键力量。

　　数据挖掘则为云计算提供了无限的可能性。数据挖掘使得人们能够有效地捕捉、存储、处理和分析海量数据，从中挖掘出对业务和决策具有重要影响的信息。通过数据挖掘，企业可以更好地了解市场趋势、客户需求和竞争对手的动态，从而作出更明智的决策。数据挖掘的应用，不仅可以帮助企业提高运营效率，降低成本，还可以为企业带来新的商业机会，推动企业创新。

　　云计算通过虚拟化计算资源实现了用户按需获取所需计算能力和存储空间的灵活性和可扩展性。这种灵活性和可扩展性使企业能够根据需求迅速扩展或缩减其IT基础设施，从而实现经济高效性。在云计算的助力下，企业可以更加灵活地应对市场变化，更加高效地利用资源，实现业务的快速发展。

　　本书内容涵盖数据挖掘和云计算领域的多个方面，从数据挖掘的基础知识和步骤，到数据获取与预处理技术；从数据仓库的设计与优化，到数据挖掘的相关分析与算法；从云计算的认知与架构，到云计算虚拟化技术及应用，再到云计算管理平台、数据存储与安全分析等方面的内容，本书都作了深入浅出的讲解。

　　本书力求将理论与实践相结合，既注重理论知识的系统性，又注重实际应用的可操作性。同时，本书也关注数据挖掘和云计算领域的最新发展动态和前沿技术，力求使内容既全面又体现发展趋势。无论是对于从事数据挖掘和云计算工作的专业人士，还是对这些领域感兴趣的学生和爱好者，本书都将是一本内容丰富且实用的参考书籍。

　　笔者在本书的写作过程中，得到了许多专家学者的帮助和指导，在此表示诚挚的谢意。由于笔者水平有限，书中难免存在疏漏之处，希望各位读者多提宝贵意见，以便笔者进一步修改，使之更加完善。

目 录

第一章　数据挖掘基础 ………………………………………………………… 1
　　第一节　对数据挖掘的认知 ………………………………………………… 1
　　第二节　数据挖掘的分类 …………………………………………………… 2
　　第三节　数据挖掘的步骤与工具 …………………………………………… 12
第二章　数据获取及其预处理技术 …………………………………………… 19
　　第一节　数据获取组件与探针原理 ………………………………………… 19
　　第二节　网页与日志的采集技术 …………………………………………… 25
　　第三节　数据分发中间件 …………………………………………………… 32
　　第四节　数据预处理与数据规约 …………………………………………… 37
第三章　数据仓库的设计与优化 ……………………………………………… 45
　　第一节　数据仓库与实时数据仓库 ………………………………………… 45
　　第二节　数据仓库与数据挖掘的关系 ……………………………………… 51
　　第三节　数据仓库的模型设计技术 ………………………………………… 52
　　第四节　数据仓库的使用与优化 …………………………………………… 56
第四章　数据挖掘的相关分析 ………………………………………………… 59
　　第一节　数据挖掘的关联分析 ……………………………………………… 59
　　第二节　数据挖掘的聚类分析 ……………………………………………… 61
　　第三节　数据挖掘的回归分析 ……………………………………………… 68
第五章　数据挖掘的相关算法 ………………………………………………… 74
　　第一节　数据挖掘的分类预测算法 ………………………………………… 74
　　第二节　数据挖掘的决策树算法 …………………………………………… 94
　　第三节　数据挖掘的智能优化算法 ………………………………………… 100
第六章　数据挖掘技术的应用研究 …………………………………………… 113
　　第一节　数据挖掘在网络安全中的应用 …………………………………… 113
　　第二节　数据挖掘在态势感知方面的应用 ………………………………… 119
　　第三节　数据挖掘在公共管理方面的应用 ………………………………… 126
　　第四节　数据挖掘在档案管理工作中的应用 ……………………………… 129
第七章　面向 Web 视频的数据挖掘及检索实现 …………………………… 133
　　第一节　视频数据挖掘与视频编码技术 …………………………………… 133
　　第二节　基于内容的视频检索技术原理与关键技术 ……………………… 139
　　第三节　Web 视频检索原型系统设计 ……………………………………… 147
　　第四节　视频数据挖掘关键算法与模块实现 ……………………………… 150

第八章　云计算及其与大数据的关系 ··· 159
第一节　云计算的认知 ··· 159
第二节　云计算的基本架构 ··· 167
第三节　云计算模式与商业价值 ··· 176
第四节　云计算与大数据的关系 ··· 184

第九章　云计算虚拟化技术及应用 ··· 187
第一节　虚拟化技术及其结构模型 ··· 187
第二节　虚拟化技术的分类解析 ··· 192
第三节　虚拟化技术的解决方案 ··· 198
第四节　云计算虚拟化技术的创新应用 ··· 199

第十章　云计算管理平台的应用实践 ··· 207
第一节　云计算管理平台的功能与特点 ··· 207
第二节　开源云计算系统的应用 ··· 211
第三节　云计算数据中心的应用 ··· 215
第四节　云计算管理平台的实践 ··· 218

第十一章　云计算数据存储与开发实现 ··· 226
第一节　云计算的数据处理技术 ··· 226
第二节　云存储技术与典型系统 ··· 229
第三节　云平台开发及其实现方向 ··· 232

第十二章　云计算数据安全分析 ··· 247
第一节　云计算的安全分析与体系 ··· 247
第二节　云计算数据加密与安全共享 ··· 260
第三节　云计算密钥管理及访问控制 ··· 268
第四节　云计算数据完整性验证及安全审计 ··· 281

第十三章　基于现代信息技术的云计算应用探索 ··· 289
第一节　人工智能、大数据与云计算的融合发展 ··· 289
第二节　云计算与大数据在智慧医疗的应用 ··· 292
第三节　基于云计算的物联网智慧照明应用 ··· 294
第四节　基于云计算和物联网的智慧环保信息化 ··· 300

结束语 ··· 304

参考文献 ··· 305

第一章　数据挖掘基础

在信息化时代的浪潮中，数据挖掘作为大数据分析的利器，日益受到广泛关注。本章研究数据挖掘的认知、数据挖掘的分类和数据挖掘的步骤与工具。

第一节　对数据挖掘的认知

一、数据挖掘的概念

数据挖掘是一种在大量数据中发现有价值信息的高级分析技术，它的核心目的是通过分析数据发现其中的模式、关系和关联，从而为决策提供支持。数据挖掘的应用范围广泛，涵盖了商业、科学、医学等多个领域。

数据挖掘的过程可以分为三个阶段：数据准备、数据挖掘和结果评估。

在数据准备阶段，需要对数据进行清洗、整合和转换，以便于后续的分析。数据清洗是为了去除数据中的噪声和异常值，数据整合是为了将不同来源的数据合并在一起，数据转换则是为了将数据转换成适合挖掘的形式。

在数据挖掘阶段，需要利用各种算法和技术对数据进行深入分析，挖掘出潜在的模式和知识。常见的算法和技术包括决策树、人工神经网络、聚类分析等。决策树是一种树形结构，用于分类和回归分析。人工神经网络是一种模拟人脑神经元结构的计算模型，用于模式识别和预测。聚类分析是一种将数据分为若干个类的技术，用于发现数据中的自然分组。

在结果评估阶段，需要对挖掘出的结果进行验证和评估，以确保其准确性和可靠性。结果评估可以通过多种方法进行，如交叉验证、ROC（接收者操作特性）曲线等。交叉验证是一种将数据先分为多个部分，再轮流使用其中一部分作为验证集的方法。ROC曲线则是一种以假正例率为横坐标、真正例率为纵坐标的曲线，用于评估分类器的性能。

数据挖掘的概念是现代信息技术和人工智能技术相结合的产物，它通过对大量数据的深入分析，帮助人们更好地理解和利用数据，为人们的生活和工作提供更多的可能性和便利。例如，在商业领域，数据挖掘可以帮助企业分析客户行为，优化营销策略；在科学领域，数据挖掘可以帮助科学家分析实验数据，发现新的规律；在医学领域，数据挖掘可以帮助医生分析病历数据，提高诊断的准确性。

二、数据挖掘的功能

数据挖掘是一个从大量数据中提取知识的过程，类似于在大量未加工的材料中发现少量金块。这个过程需要借助计算机技术和算法来发掘数据中的潜在信息。具体而言，数据挖掘的功能主要有以下五种。

第一，分类功能，即按照属性对数据进行划分和定义。例如，银行可以利用分类技术对信用卡申请者或超市顾客进行分组，以便更好地了解其特征和行为模式。

第二，推算估计功能，即通过已有数据推算未来值，从而做出决策或预测。例如，根据客户教育程度和行为类别等因素，可以推估其信用卡消费量。这种推算基于对数据的深入分析和模式识别，为未来趋势提供了一定的依据。

第三，预测功能，即通过过去的观察值预测未来值，可以为决策提供参考。例如，零售商利用预测技术来预测顾客在特定时间段的购买行为或刷卡情况。这种预测基于对历史数据的分析，通过识别规律和趋势来预测未来可能的情景，有助于企业做出有效的市场营销和供应链管理决策。

第四，关联分析功能，即发现数据中的相关性，将相关联的对象放在一起。例如，超市可以利用关联分析来确定哪些日常用品通常会被一起购买，然后将它们放在同一货架上，以促进销售。

第五，聚类分析功能，即将总体分割为具有相同性质的群。聚类分析不是事先的区分，而是根据数据自然产生的区分。这种方法可以帮助研究人员或企业更好地理解数据的结构和组织方式，从而发现潜在的模式或趋势。

第二节 数据挖掘的分类

一、文本挖掘

（一）文本挖掘的概述

文本挖掘属于一个多学科交叉的研究领域，涵盖了数据挖掘、信息检索、自然语言处理、计算机语言学、机器学习、模式识别、人工智能、统计学、计算机网络技术、信息学等多个领域。文本挖掘是在文本数据、文本信息、文本知识定义的基础上定义的。

第一，文本数据是大规模自然语言文本的集合，是面向人的，可以被人部分理解，但不能为人所充分利用。它具有自然语言固有的模糊性与歧义性，有大量的噪声和不规则结构。

第二，文本信息是从文本数据中抽取出来的机器可读的具有一定格式的无歧义的呈显性关系的集合。

第三，文本知识是对文本信息进行处理而得到的有意义的模式，是面向人的，对人来说是可理解的和有用的。

第四，文本挖掘是指从大量文本数据中提取事先未知、可理解、可用的信息或知识的过程。当数据挖掘的对象是文本数据时，就称为文本挖掘，也称为文本知识发现或文本数据挖掘。其主要目的是从非结构化文本数据中提取满足需求的、有价值的模式和知识，扩展传统数据挖掘或知识发现的范畴。文本挖掘不局限于信息检索，其重点在于发现文字出现的规律，以及文字与语义、语法之间的联系。这一过程可以帮助人们更好地理解文本数据，并从中获取有用的信息。文本挖掘的应用领域广泛，包括但不限于机器翻译、信息检索、信息过滤等自然语言处理领域。通过文本挖掘，人们可以更有效地处理和利用海量的文本数据，从而为各种应用场景提供更智能、更高效的解决方案。

（二）文本挖掘的内容

文本挖掘的内容包括文本分类、文本聚类、文本结构分析和 Web 文本数据挖掘四部分内容。

第一，文本分类。文本分类方法在英文和中文中都有应用，但英文文本分类方法更为多样，包括朴素贝叶斯分类、向量空间模型以及线性最小二乘等。这些方法通过不同的数学模型和算法来对文本进行分类，帮助人们更好地理解和组织大量的文本信息。相对而言，中文文本分类方法较少，可能是由于中文语言的特殊性和语义的复杂性。

第二，文本聚类。文本聚类的目标是将文档集合分成若干簇，而这些簇并没有预先定义的主体类别。在文本聚类中，同一簇内的文档内容相似度尽可能大，而不同簇之间的文档相似度尽可能小。这种方法可以帮助人们更好地理解大量文本数据的内在结构和相关性，从而进行更有效的信息管理和利用。

第三，文本结构分析。文本结构分析旨在帮助人们更好地理解文本的主题思想、内容和表达方式。通过文本结构分析，人们可以建立文本的逻辑结构，即文本结构树，其中根节点是文本的主题，而后续节点则代表不同的层次和段落。这种分析方法有助于人们把握文本的脉络和逻辑关系，更深入地理解文本所传达的信息和意义。

第四，Web 文本数据挖掘。Web 文本数据挖掘面临着信息爆炸的挑战，随着互联网的发展，Web 已经成为一个包含数十亿个页面的分布式信息空间。在这些海量异质 Web 信息资源中，潜藏着拥有巨大价值的知识和信息。因此，Web 文本数据挖掘成为一项重要的任务，旨在从这些海量数据中发现有用的信息和知识，为人们提供更丰富的资源和服务。

另外，随着数据的隐私和安全日益受到重视，私有数据的保护与数据安全性也成为文本挖掘领域不可忽视的问题。如何在保证数据安全和隐私的前提下，进行有效的文本挖掘，是当前研究的一个重要方向。

二、图像识别

（一）图像识别的概述

图像识别："为有效提高图像识别效率，确保在短时间内完成海量图片的信息搜索，能够运用人工智能手段完成图片内容识别与真伪识别等各项处理。"[1]

---

[1] 司佳，陈思平，袁洲，等．基于图像识别与生成技术的人工智能技术应用[J]．科技资讯，2023，21（22）：47．

图像识别是人工智能领域的重要组成部分。为了模拟人类的图像识别过程,技术人员提出了多种不同的图像识别模型。尽管图像识别的兴起时间并不长,但近年来,智能化图像识别已逐渐发展成一门重要的学科。

图像识别的核心在于对图像中的特征进行分析,从而能够识别并理解图像中的内容。其工作原理是通过传感器将光、波等信息转化为电信号。这些信息可以是二维图像,如文字;也可以是一维波形,如声波、心电图、脑电图;甚至可以是物理量与逻辑值。

在图像识别软件中,主要使用三种方法:结构法、统计法和神经网络法。每种方法都有其独特之处,在实际应用时,需根据具体需求选择适合的方法。在复杂的计算机图像识别过程中,统计法常被用来建立一个模型,统计图像中的元素并分析其规律,从而识别图像内容。然而,统计法也有其局限性,因此结构法应运而生,进一步完善了图像识别,扩大了其应用范围。

近年来,神经网络法作为一种新方法得到了快速发展。它模拟人体神经的特点,能够识别复杂且难以处理的图像。由于该方法基于人脑的工作原理,具有一定的智能性,因此目前已成为图像识别领域的主要方法。

(二)图像识别的过程

图像处理即图像识别过程,主要包括图像采样、图像增强、图像复原、图像编码与压缩和图像分割。

第一,图像采样。图像采样是将实体世界中的图像通过数字设备(如摄像机、扫描仪等)进行数字化采样,将其转换为计算机可处理的形式。这一步骤是图像处理的基础,也是后续处理的前提。

第二,图像增强。图像增强是对图像质量进行改善,突出感兴趣部分,减少噪声,调整亮度、色彩分布和对比度等参数,以提高图像的清晰度和质量。这不仅有助于提升人们对图像的视觉感知,也为后续的图像分析和理解提供了基础。

第三,图像复原。图像复原是针对图像受损的问题,如环境噪声、图像模糊等,采用滤波方法来恢复原始图像。另外,通过图像重建技术,从一组投影数据中建立图像,以此来应对图像丢失或变形的情况。

第四,图像编码与压缩。图像编码与压缩是针对数字图像数据量大、传输和存储成本高的问题,对图像进行编码和压缩,以便在网络环境下快速传输和存储。这一过程不仅可以减少数据传输时的带宽占用,还可以节省存储空间,提高系统的效率和性能。

目前,图像压缩编码已形成国际标准,以 JPEG(联合图像专家组)为代表。这种编码技术可以有效地降低图像中的冗余数据,从而节省存储空间,并提升图像的传输速度。通过将图像分割成不同的区域,并对每个区域进行适当的编码,JPEG 压缩算法能够在保持图像质量的同时减少数据量。这种方法的广泛应用不仅使得图像在网络传输和存储中更加高效,而且为数字图像处理领域提供了重要的基础。

第五,图像分割。图像分割是一种将图像分成特征明显的子区域的技术,这些子区域通常具有不同的颜色、纹理或亮度特征。使用图像分割，可以根据先验知识将图像中的目标与背景进行有效分离。这项技术在许多领域都有广泛的应用，如医学图像分析、目标检测和计算机视觉等领域。例如，在观察医学影像时，图像分割可以帮助医生识别和分析病灶区域，从而提供更准确的诊断和治疗方案。

目前，图像分割的方法也面临着一些挑战，其方法通常基于区域特征、相关匹配和边界特征等不同的原理。但是，图像分割受到噪声和模糊等因素的影响，导致分割结果可能不够精确。因此，在实际应用中，需要根据具体的图像特点和实际条件选择合适的图像分割方法。有时候可能需要结合多种方法，以获得更准确和稳定的分割结果。

三、语音大数据挖掘

（一）语音大数据挖掘的概述

语音识别以语音为研究对象，它是语音信号处理的一个重要研究方向，是模式识别的一个分支，涉及生理学、心理学、语言学、计算机科学以及信号处理等诸多领域，甚至还涉及人的体态语言（如人在说话时的表情、手势等行为动作可帮助对方理解），其最终目标是实现人与机器进行自然语言通信。

1. 语音识别系统的分类方式及依据

（1）按照对说话方式的要求不同，语音识别系统可分为孤立字、连接字和连续语音识别系统。孤立字语音识别系统要求说话者分别发音单个词语，每个词语之间有一定的停顿，以便系统准确识别。而连接字语音识别系统要求说话者在发音时单词之间有轻微的连接，但仍需明显的停顿。而连续语音识别系统则能够连续识别说话者的语音信号，无须明显停顿。

（2）按照对说话者依赖程度不同，语音识别系统可分为特定人和非特定人语音识别系统。特定人语音识别系统要求在识别之前对说话者进行训练，以适应其语音特点；而非特定人语音识别系统则不需要事先训练，可以适应不同的说话者。

（3）按照词汇量大小，语音识别系统可分为小、中、大和无限词汇量语音识别系统。小词汇量语音识别系统仅能识别有限数量的词汇，而无限词汇量语音识别系统则可以识别大规模的词汇，更适用于自然语言交互等复杂场景。

2. 典型语音识别系统的主要构成模块

（1）预处理模块，它包括信号采样、滤波和去噪等步骤，旨在准备语音信号以便后续处理。其中的基元选择和端点检测是预处理的重要步骤，确保从原始语音信号中提取出有效的信息。

（2）特征提取模块，它负责从预处理后的信号中提取声学参数，如能量、跨零率和共振峰等，这些参数反映了语音的本质特征。

（3）训练模块，它是语音识别系统的关键部分之一，通过多次训练重复语音，去除冗余信息，形成模式库，以便后续的模式匹配。

（4）模式匹配模块，它是语音识别系统的核心部分，其利用训练好的模式库，根据规则和专家知识计算输入特征与库存模式的相似度，从而判断输入语音的语义信息。

在语音识别的研究发展过程中，根据不同语言的发音特点，人们设计和制作了汉语（包括不同方言）、英语等各类语言的语音数据库。

（二）语音大数据挖掘的价值

语音大数据是指个人或企业在生产经营活动中产生的以音频为载体的信息资源。尽管语音大数据在传统呼叫中心、互联网、移动互联网等业务系统中广泛存在，但其应用研究目前尚不充分。特别地，呼叫中心存储的语音数据备受关注，因其具有深厚的挖掘潜力，能为企业提供有力的支持。语音大数据的主要优点体现在以下方面。

第一，呼叫中心语音大数据的价值密度超越其他大数据的原因，在于其不仅提供了解决服务问题所需的信息，还涵盖了用户全面的反馈以及产品的问题。这意味着它不仅提供了解决当前问题所需的数据，还提供了对用户行为和产品表现的深入洞察。例如，语音大数据可以捕捉到用户的情绪波动、态度和声音变化，这些对于理解用户体验和改进产品至关重要。

第二，语音大数据使用方便，因为它遵循标准格式保存，简化了处理过程，符合国家政策法规要求。这意味着机构可以轻松地收集、存储和处理这些数据，而无须担心格式不一致或法律合规性问题。这使得呼叫中心可以更有效地利用这些数据，以提高服务水平和运营效率。

第三，语音大数据具备信息标注特性，其标注包含时间标记、主题标记、产生者标记和服务质量评价等关键信息，这些标注使得数据更易于被理解和利用。通过时间标记，可以了解事件发生的时间节点；通过主题标记，可以快速了解对话内容的核心议题；通过产生者标记，可以了解对话参与者的身份信息；通过服务质量评价，可以了解对话质量的定量评估。这些标注的存在，极大地提高了数据的可用性和价值。

第四，尽管呼叫中心语音大数据与文本知识内容的对应关系尚未明确定义，但通过对座席浏览轨迹的分析，可以推断出对话内容与浏览信息的关联。这为研究提供了巨大的潜力，可以更深入地了解用户需求和行为。例如，通过分析用户呼叫的目的和后续浏览的网页内容，可以推断用户对特定产品或服务的兴趣和需求，进而进行个性化推荐或定制化服务。

四、空间数据挖掘

（一）空间数据挖掘的概述

空间数据挖掘，亦称基于空间数据库的数据挖掘和知识发现，是数据挖掘领域的一个新兴分支。它专注于从空间数据库中提取先前未知、潜在有用且最终可理解的空间或非空间的知识规则。这一过程涉及在空间数据库的基础上，综合运用统计方法和智能算法，从大量含噪声、不确定性的空间数据中提炼出可信、新颖、感兴趣、隐藏、未知且潜在有用的知识。

空间数据挖掘旨在揭示数据背后所蕴含的客观世界的本质规律、内在联系和发展趋势，实现知识的自动获取，并为决策提供多层次的知识依据。通过这一过程，我们可以更深入地理解空间数据的内涵，发现其中隐藏的规律和模式，进而为各种应用场景提供有力的决策支持。

在学术性和实时性方面，对空间数据挖掘领域的研究正不断深入，新的方法和技术不断涌现，使得人们能够更高效地处理和分析空间数据。同时，随着大数据时代的到来，空间数据挖掘的应用场景也日益广泛，其在城市规划、交通管理、环境保护等领域的价值日益凸显。

（二）空间数据挖掘的过程

空间数据挖掘是从数据到知识的升华过程，涉及数字、空间数值、空间数据、空间信息和空间知识等多个环节。

在数据库系统中，现实世界指的是客观存在的事物及其联系，个体则是可识别的具体事物。概念世界则是这些事物在人脑中的抽象反映，通过选择、命名、分类等过程形成概念模型，这是连接现实世界与计算机世界的桥梁。数据库中的数据具有特定结构，通过数据模型表达，便于计算机处理。

空间数据挖掘基于空间数据库系统，特别是针对土地利用的专题数据库。挖掘过程是从数据中提取知识，这些知识以自然语言描述，易于理解，有时还可通过可视化技术表达，更具形象性。这实际上是现实世界知识的抽象化表达，源于数据库系统的挖掘结果。

空间数据挖掘的机理在于从数据到概念再到知识的转化。空间知识表现为不同层级的类和离群，或规则与决策。在挖掘过程中，首先从空间数据抽象出概念，再总结空间特征，最后归纳出知识。概念层次的提升意味着从微观到宏观，知识从具体到抽象。

空间数据挖掘机理揭示了人类认知的普遍规律，对空间数据挖掘具有指导意义。面向土地用途分区的挖掘，是从数据库中提炼知识和规律，为决策提供支持。空间数据挖掘不仅是数据库设计的逆过程，而且在层次上有所提升。因此，对比数据库与知识挖掘，有助于人们深入理解空间数据挖掘的本质。

空间数据挖掘是人机交互的过程，系统通过界面与用户交流，或与知识库互动，提供有趣的规则或模式决策，丰富知识库内容。

因此，从一定程度上来说，空间数据挖掘与传统数据挖掘一样，具有如下过程。

第一，数据选取、清理与集成：从空间数据库中检索出与分析任务相关的数据，将多种数据源按照主题组合在一起，清除原始数据中的噪声或不一致的数据，处理缺值或丢失数据等，并定义感兴趣的对象及其属性数据。

第二，数据转换：通过数据转换或降维技术进行特征提取，使其转换成适合挖掘的数据。

第三，空间数据挖掘：空间数据挖掘是整个过程的核心，它根据空间数据挖掘任务的目标不同，选择传统或智能的计算方法，或对这些方法进行集成，确定参数，从数据库中提取与任务相关的规则或决策方案，使用产生式规则或可视化等手段向用户提供挖掘的知识。

第四，知识理解：用户对挖掘的知识和模式进行解译并理解，判断结果是否满意，若不满意，则返回前面的阶段重新开始挖掘任务，直至满意为止。

在数据挖掘任务中，这几个过程并非按照预定顺序执行，而是根据挖掘的结果不断进行循环。

第五，知识、决策评价：根据领域应用需求，针对某种感兴趣的规则进行度量，识别真正有趣的模式。

(三) 空间数据挖掘的主要方法

数据挖掘汇集了来自数据库、人工智能、模式识别、机器学习以及统计学等各领域的成果。空间数据挖掘作为数据挖掘的一个分支，不仅涵盖了数据挖掘常用的方法，如人工神经网络、专家系统、遗传算法、贝叶斯网络、粗糙集、决策树和统计方法等，也具有数字图像分析和模式识别、云理论等特有的挖掘算法。

1. 人工神经网络

人工神经网络是一种模拟人脑神经元结构的非线性预测模型，能够执行分类、聚类和特征提取等数据挖掘任务。该模型由众多处理单元互联构成，具备非线性和自适应特性，能够通过调整神经元间的连接权重来学习经验知识，并模拟生物神经系统对真实世界的响应。

在人工神经网络的研究领域，人们已经提出了多种神经网络模型和学习算法，取得了显著成果。常见的人工神经网络模型包括前馈神经网络、反馈神经网络、随机神经网络和自组织映射神经网络等。确定人工神经网络的结构后，设计高效的学习算法成为关键，这有助于人工神经网络实现快速学习并得到准确的输出结果。

2. 专家系统

专家系统是人工智能在信息系统领域的一项重要应用。通过深入研究并模拟相关领域专家的推理思维过程，该系统能够有效地将专家的知识和经验以知识库的形式进行存储。基于这些知识库，专家系统能够对输入的原始数据集进行复杂的推理，进而做出准确的判断和决策，从而在实际应用中发挥出类似领域专家的作用。

专家系统的核心功能在很大程度上依赖于其知识库的质量与数量，因此，设计专家系统的关键在于知识的有效表达与恰当运用。关于专家系统的基本特征，可以总结为三点：① 知识的表达方式需由相关领域的专家确定，以确保知识的准确性和适用性；② 推理过程采用通用的专家规则，这些规则经过精心设计和验证，能够支持系统进行有效的推理；③ 虽然推理过程的基本框架是稳定的，但随着知识的更新和技术的进步，推理过程的具体实现可以不断优化和完善。

随着专家系统理论的持续完善和应用领域的不断扩展，其在数据挖掘领域的地位逐渐上升，成为解决复杂问题的关键方法之一。这一发展趋势不仅推动了计算机从传统的求解数值问题向求解非数值问题方向的转变，也为人工智能技术的广泛应用提供了有力支持。

3. 遗传算法

遗传算法是一种迭代式的优化方法，基于生物遗传和进化的概念来设计一系列的基因组合、交叉、变异和自然选择等过程达到优化的目的。它强调了自然演变的某些方面在优化选择研究中的应用。遗传算法将生存竞争、适者生存和遗传继承等自然规律进行建模，然后依靠这些模型来模拟实际问题，通过遗传优化搜索来获取研究问题的最优解。由于遗传算法具有简单性和通用性等特点，所以在机器学习、人工生命、优化神经网络模拟进化和元胞自动机等科学研究领域得到了广泛的应用。

4. 贝叶斯网络

贝叶斯网络是基于概率的不确定性进行推理的，用于发现数据间的潜在关系。作为一种概率网络，贝叶斯网络能够准确表示数据之间的关联关系和因果关系。它由节点和有向边组成，节点表示数据，有向边表示数据之间的因果关系、潜在关系或依赖关系。在数据挖掘中，贝叶斯网络可用于因果推理、分类分析和聚类分析。其优势在于能够处理不完整和带有噪声的数据集，通过概率测度的权重描述数据间的相关性，从而解决数据间的不一致性和独立性问题。

5. 粗糙集

粗糙集是一种智能数据决策分析工具，专门用于具有不完整数据和含糊元素的情况。其特点在于能够处理不分明的现象，并依据不精确的结果进行分类。粗糙集的独特之处在于其天然发现知识的方法，这使得它在数据挖掘领域得到了广泛的应用。使用粗糙集分析可以在数据集中发现隐藏的模式和规律，从而为决策提供有力的支持。这种方法的灵活性和适应性使得粗糙集成为处理现实世界复杂数据的重要工具之一。

6. 决策树

决策树是一种常用于解决分类问题的数据挖掘方法，其采用树形结构来表示分类规则。在决策树的构建过程中，从根节点开始，通过比较不同属性值，选择分支直至达到叶节点。每个叶节点代表一个类别，而路径则构成了一条决策规则。决策树的方法包括 CLS（概念学习系统）、ID3 和 C5.0 等多种，它们都具有普适性强的特点，并且适用于可使用规则集分类的数据集。通过决策树的构建和分析，人们可以清晰地理解数据之间的关系，从而为实际决策提供可靠的依据。在各个领域的实际应用中，决策树都发挥着重要作用，成为数据挖掘和决策支持的核心技术之一。

7. 统计方法

统计学是收集、整理和组织数据，并从这些数据中提炼结论的科学。统计方法通过观察事物的外在数量表现，揭示其潜在的规律。这些规律通常深藏于数据之中，故统计方法的步骤是：首先从数量上寻找线索，提出假说或猜想；再通过深入的理论进行研究验证；最终揭示事物的规律。统计方法为数据挖掘提供了一套方法论，从而可以进行从一元到多元的数据分析。统计学为数据挖掘提供了丰富多样的分析技术和算法，如统计推断、预测、回归分析、方差分析和相关分析等。

8. 数字图像分析和模式识别

图形图像数据是空间数据库的一个重要组成部分，对图像数据库进行数据挖掘可以认为是一种数字图像处理的方法。它们之间也有一定的区别：数据挖掘的研究对象是海量数据，而图像处理通常只关注单个或者几个图像的分析。

GIS（地理信息系统）数据库中含有大量的图形图像数据，一些图像分析和模式识别方法可直接用于挖掘数据和发现知识，或作为其他挖掘方法的预处理方法。

9. 云理论

云理论是一种用于处理不确定性因素和定性概念中广泛存在的随机性和模糊性的一种新理论。云理论包括云模型、云发生器、虚拟云云变换和云不确定性推理等主要内容，它将模糊性和随机性相结合，解决了模糊集理论中隶属函数概念的固有缺陷，为空间数据挖掘中定量与定性相结合的处理方法奠定了基础。运用云理论进行空间数据挖掘，可以进行概念和知识的表达定量和定性的转化、概念的综合和分解、不确定性推理和预测等工作。

五、Web 数据挖掘

（一）Web 数据挖掘的定义及特点

1. Web 数据挖掘的定义

Web 数据挖掘是一门涉及 Web 技术、数据挖掘以及计算机技术等多个领域的研究。其主要目标在于从海量 Web 文档中发现隐藏的、未知的，并具有潜在应用价值的模式。这些模式可以存在于各种形式的 Web 数据中，包括静态网页、Web 数据库、Web 结构以及用户使用记录等。相较于仅依赖于文字检索的传统方法，Web 数据挖掘的价值在于揭示了那些无法通过简单文字检索获取的内容。

与传统数据挖掘相比，Web 数据挖掘的一个显著的区别在于其处理的数据类型。与传统数据挖掘专注于处理结构化数据不同，Web 数据挖掘专注于处理半结构化和无结构的文档。这些文档往往缺乏统一的模式和明确的语义描述，因此挖掘出有用的信息变得更加具有挑战性。为了应对这些挑战，Web 数据挖掘需要结合多个领域的研究手段，包括但不限于数据库技术、信息获取、人工智能、机器学习、模式识别、统计学以及自然语言处理等。因此，Web 数据挖掘的研究和应用涉及跨学科的合作并需要综合运用各种技术。

2. Web 数据挖掘的主要特点

Web 数据挖掘作为一种特殊的数据挖掘技术，是传统数据挖掘技术与现代统计分析、人工智能等技术结合的产物。尽管 Web 数据挖掘源于传统数据挖掘，但两者之间存在显著差异。

（1）Web 数据挖掘的对象具有海量性与动态性。Web 作为一个不断变化的系统，其上的数据信息同样持续更新，并以惊人的速度增长。因此，Web 数据挖掘所面对的数据源呈现出强烈的动态性，与传统数据挖掘所处理的静态数据源形成鲜明对比。

（2）Web 数据具有半结构化的特点。传统的数据挖掘主要基于数据库，处理结构化数据。然而，Web 上的数据复杂多样，不仅包括数值型、布尔型数据，还包括描述性数据及 Web 特有的数据（如 IP 地址），同时包括图像、音频、多媒体等没有特定模型描述的数据。由于每个站点的数据独立设计，且数据本身具有自述性和动态可变性，因此 Web 数据表现为一种非完全结构化的数据，即半结构化数据。这种数据结构特点使得传统的针对结构化数据的挖掘方法难以有效应用，需要进行方法上的补充和扩展。

（3）Web 数据挖掘面临异构的数据库环境。每个 Web 站点都是一个独立的数据源，且各站点信息组织方式各异，构成了一个巨大的异构数据库环境。在进行数据挖掘时，必须解决站点间异构数据的集成问题，提供统一的视图，以便从海量数据中获取所需信息。

（4）Web 数据挖掘的目的具有模糊性。由于 Web 用户众多且背景各异，他们的挖掘目的和兴趣各不相同。大多数用户对自己的挖掘主题和应用仅有粗略了解，无法提出明确目标，这使得 Web 数据挖掘的目的显得模糊和不确定。

（5）Web 数据信息具有分布性、多维性和混沌性。这使得获取有用信息变得日益困难。尽管用户通常通过知名门户网站的搜索引擎来查询或浏览信息，但搜索引擎普遍存在查准率低和查全率低的问题。查准率低意味着搜索结果中往往包含大量无关信息，而查全率低则意味着搜索引擎无法穷举所有与检索内容相关的 Web 页。

（二）Web 数据挖掘的具体流程

传统数据挖掘是 Web 数据挖掘的基础，因此，传统数据挖掘与 Web 数据挖掘在流程上有相通之处，但是，由于 Web 数据挖掘本身的特点，决定了二者具体的挖掘过程又有所区别。典型的 Web 数据挖掘包括以下四个步骤。

1. 采集数据

采集数据即从外部的 Web 环境中有选择地获取数据，为后面的数据挖掘提供资源。通常，采集数据由数据搜索、数据选择和数据收集三个独立的过程组成。

Web 数据挖掘的主要数据源如下。

（1）服务器日志。服务器日志包括访问日志和引用日志。访问日志详细记录了用户在 Web 浏览中的点击行为以及每次请求的成功或失败情况。而引用日志则记录了访问者的来源位置以及他们是如何找到并访问 Web 站点的，如通过哪些关键词或路径。

（2）Cookie。当用户访问站点时，Web 服务器会传递少量信息到用户浏览器，这些信息便是 Cookie。Cookie 能够记录用户在 Web 站点内的浏览行为，当用户再次访问时，它能帮助网站自动识别用户。分析 Cookie 可以了解用户的访问习惯，如访问时间、浏览页面以及停留时长等，这些信息有助于识别用户身份和偏好，提供个性化服务，同时有助于分析用户行为，为网站经营策略提供参考。

（3）表单或用户注册数据。表单或用户注册数据包括用户在进入网站时提供的个人信息，如姓名、地址、出生日期、性别和职业等。这些数据对于 Web 数据挖掘至关重要。

（4）电子商务站点的交易数据。这些数据记录了客户的交易历史，分析这些数据可以挖掘客户的购买行为模式和兴趣爱好，从而为他们推荐相关的个性化商品，提高客户满意度。

2. 数据预处理

数据预处理主要对数据采集所获得的源数据进行加工处理和组织重构，即从源数据集中剔除明显错误和冗余的数据，进一步精炼所选数据的有效部分，将数据转换成有效形式，同时构建相关主题的数据仓库，为接下来的数据挖掘过程奠定坚实基础。与传统数据挖掘类似，数据预处理是数据挖掘的重要前期准备，主要包括以下环节。

（1）数据清理。数据清理的核心任务是消除源数据中的噪声和无关信息，处理缺失数据并清洗脏数据，包括处理重复数据和缺值数据等，并需完成部分数据类型的转换。例如，Web 数据挖掘中常需处理 ROBOT 或 SIPDER 请求以及一些错误请求等。

（2）数据集成。数据集成是将经过清理的数据进行统一整合、归类。例如，在研究用户浏览模式的日志记录时，需准确识别每位用户的浏览记录及其不同会话时段。因此，需根据用户和会话时段的不同，对采集的数据记录进行归类集成。

（3）数据转换与数据约简。数据转换旨在将数据转换成适合数据挖掘的格式。数据约简则是在深入理解挖掘任务和数据内容的基础上，通过识别数据的有用特征，在保持数据信息完整性的前提下，最大限度地减少数据量，从而提升数据挖掘算法的效率。

3. 模式发现

模式发现是数据挖掘系统的核心部分，其主要是运用各种数据挖掘技术，从海量数据中提取出潜在的、有效的且能被人理解的知识模式，而这些海量数据是经过以上预处理后的数据。Web 数据挖掘结合传统数据挖掘技术和 Web 数据挖掘技术来进行模式发现。

4. 模式分析

模式分析对发现的模式进行解释和评估，必要时需返回前面数据预处理中的某些步骤以反复提取，最后将发现的知识以能理解的方式提供给用户，这一步骤可以是机器自动完成，也可以是与分析人员进行交互来完成。

第三节　数据挖掘的步骤与工具

数据挖掘技术是对一组不规则的数据进行提取，找到一定的规律，为某种算法提供一定的帮助。[①]

一、数据挖掘的关键步骤

数据挖掘的步骤会随不同领域的应用而有所变化，每一种数据挖掘技术也会有各自的特性和使用步骤，针对不同问题和需求所制定的数据挖掘过程也会存在差异。从数据本身来考虑，数据挖掘通常需要有数据准备阶段、数据挖掘阶段、结果表述和解释阶段。

（一）数据准备阶段

1. 数据规约

数据规约是大规模数据处理中至关重要的一环。它能够生成数据集的简化表示，既保持了数据的完整性，又减少了数据量。这种技术使得在规约后进行的数据挖掘结果与原始数据几乎相同。数据规约的核心目标在于减少数据集的复杂性，提高数据处理的效率。通过剔除冗余信息、降低数据维度等手段，数据规约使得数据挖掘算法能够更加高效地运行，从而更准确地发现数据之间的关联和规律。

---

① 张越. 浅析数据挖掘技术 [J]. 计算机光盘软件与应用，2014，17(07)：293.

2. 数据集成

数据集成是将来自多个数据源的数据合并成一个统一的数据集的过程。在数据预处理阶段，数据集成是一个至关重要的环节，因为它直接影响到后续数据挖掘的准确性和效率。在实际应用中，企业往往拥有多个异构的数据源，如关系数据库、数据仓库、数据湖、文件系统等，这些数据源中的数据可能存在格式不一致、冗余、冲突等问题。数据集成的主要任务就是解决这些问题，确保合并后的数据集是准确、完整和一致的。通过数据集成，企业可以构建一个统一的数据视图，为数据挖掘提供高质量的数据基础。

3. 数据清理

数据清理是确保数据质量的重要步骤。在数据库中，常见的问题包括数据不完整、含有噪声和不一致等。如果不对这些问题加以解决，就会对数据挖掘的结果造成严重影响。数据清理通过识别并处理这些问题，确保数据仓库中的数据是完整、正确和一致的。例如，通过填充缺失值、去除异常值、统一数据格式等方式，数据清理使得数据挖掘算法能够在高质量的数据上运行，从而提高挖掘结果的可靠性和准确性。

4. 数据转换

数据转换是将原始数据转换为适用于数据挖掘的形式的过程，它包括多种方法，如平滑聚集、数据概化、规范化等，以及对实数型数据的概念分层和离散化。数据转换的主要目的是降低数据维度，筛选出真正有用的特征，提高数据挖掘的效率和准确性。例如，在进行聚类分析时，常常会对数据进行标准化，以确保各个特征对结果的影响权重相同；而在进行分类分析时，对类别型数据进行编码，以便算法能够正确理解和处理。通过数据转换，原始数据得到了更好的表征，从而更好地适应了数据挖掘算法的需求，提升了挖掘结具的质量和可解释性。

（二）数据挖掘阶段

数据挖掘的关键在于明确挖掘任务或目的，以及选择合适的算法。首先，确定挖掘任务，这是关键的一步，常见的任务包括分类、聚类等，这有助于确定后续的挖掘方向和方法。其次，根据任务的特点和数据的需求选择合适的算法，这一步至关重要。不同的任务可能需要不同类型的算法，如决策树、人工神经网络等。最后，根据数据的特性和用户的需求选择适合的算法，这一步也是至关重要的。这包括考虑算法的易理解描述型或准确预测型知识，以满足用户的需求和预期。

（三）结果表述和解释阶段

1. 模式评估

模式评估是确保数据挖掘结果质量的重要环节。首先，从商业角度由行业专家验证挖掘结果至关重要。这有助于确认挖掘结果的实际应用和商业意义。其次，挖掘质量受到技术有效性以及数据质量和数量的影响。技术的有效性和数据的质量和数量都对挖掘结果的可靠性产生影响。再次，错误选择数据或属性以及不适当的数据转换都可能影响结果质量。因此，在数据挖掘过程中，确保选择正确的数据和属性，并进行适当的数据转换是至关重要的。最后，挖掘是一个反馈过程，需要不断地调整和优化。随着数据和业务环境的变化，挖掘过程也需要不断地进行调整和优化，以确保挖掘结果的准确性和实用性。

2. 知识表示

数据挖掘结果的可视化展示对于用户理解和应用至关重要。这一展示可以通过直观的可视化方式呈现给用户，也可以存放在知识库中供其他应用程序使用。可视化技术在数据挖掘的各个阶段都扮演着重要角色。在数据准备阶段，统计可视化技术（如散点图、直方图）被用于初步了解数据，为数据选取打下基础。在数据挖掘阶段，与领域问题相关的可视化工具被应用。而在结果表述阶段，可视化技术使发现的知识更易于理解，进而促进决策和行动的实施。

数据挖掘实施过程中需要注意一系列关键事项。第一，数据挖掘是整个挖掘过程中的一个重要步骤，其质量直接影响最终结果。挖掘的质量取决于所选用的技术、挖掘数据的质量和数量。错误选择或不当处理的数据会导致挖掘失败。第二，整个挖掘过程是一个不断反馈的过程，而非简单的线性流程。数据挖掘是一个反复循环、逐步求精的过程。每个步骤都需要检查并在必要时调整执行，如果未达到预期目标，就需要回到前面的步骤重新进行。

二、数据挖掘的技术与工具

（一）数据挖掘技术

数据挖掘技术可以帮助人们从数据库特别是数据仓库的相关数据集中提取感兴趣的知识、规则或更高层次的信息。如果从整体上看数据挖掘技术，可以将其分为知识发现类技术、统计分析类技术和其他类型的技术三大类。

1. 知识发现类技术

知识发现类技术是指利用数据仓库中的丰富数据资源，通过一系列计算和分析手段，探索市场可能的运营模式和未知事实。其主要技术包括人工神经网络、决策树、遗传算法、粗糙集、关联规则等。

决策树是一种类似流程图的树形结构，用于表示不同属性上的测试和相应结果的分布情况。通过逐步分裂数据集，决策树可以帮助分析者找出最重要的属性，并从中获得对未知数据的预测。

关联规则是一种在大型数据库中寻找有趣规律的技术，其常见形式为"如果……那么……"。关联规则可分为布尔关联规则和量化关联规则，前者简单地描述了项之间的关系，而后者则引入了数量化的度量。评价关联规则的标准通常包括正确率、覆盖率和兴趣度等指标，其中正确率指规则的准确性，覆盖率指规则适用的数据量，而兴趣度则指规则的意义和实用性。

2. 统计分析类技术

统计分析类技术在商业和市场研究中扮演着关键的角色。数据挖掘模型的多样性使得分析人员能够深入挖掘数据背后的规律和机会。统计分析类技术包括线性分析和

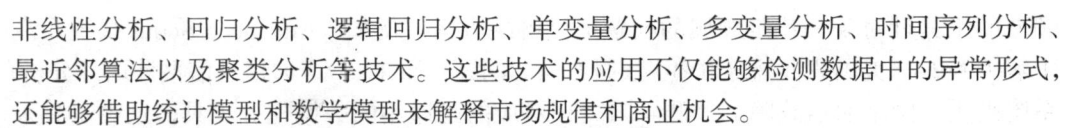

非线性分析、回归分析、逻辑回归分析、单变量分析、多变量分析、时间序列分析、最近邻算法以及聚类分析等技术。这些技术的应用不仅能够检测数据中的异常形式，还能够借助统计模型和数学模型来解释市场规律和商业机会。

通过统计分析工具，企业可以寻找最佳的商业机会，增加市场份额和利润。同时，这些工具也能够帮助企业提高产品或服务的质量，优化流水线产品制造或企业业务过程，从而进一步增加利润。这种基于数据的决策和优化过程成为当今企业发展的重要一环。

3. 其他类型的技术

文本数据挖掘与 Web 数据挖掘是数据挖掘领域的两个重要分支，各自专注于不同类型的信息挖掘需求。文本数据挖掘主要关注非结构化信息的挖掘，如文档、电子邮件、社交媒体帖子等，其挖掘技术旨在从这些数据中提取有用的信息和知识。相比之下，Web 数据挖掘则专注于利用互联网技术带来的海量网络信息进行挖掘，如网页内容、链接结构、用户行为等。这两者的研究方向和方法虽有交叉，但在应用场景和技术重点上存在明显差异。

为了更好地理解和利用数据挖掘的结果，可视化系统应运而生。这些系统通过图形或图像的形式展示数据挖掘的结果，使用户能够直观地理解数据中潜在的模式和关系，并支持交互处理以进一步深入挖掘隐藏的有用知识。可视化数据挖掘涵盖了多个方面，包括数据可视化、挖掘结果可视化、挖掘过程可视化和交互式数据可视化挖掘等，为用户提供了多样化的数据呈现和分析方式。

空间数据挖掘是数据挖掘领域中的一个重要分支，基于地理信息系统（GIS）的支持，空间数据挖掘广泛应用于航天、电信、电力、交通、商业等领域。它的主要目标是从空间数据中提取非显式知识、空间关系和其他模式，以支持各种决策和应用。空间数据挖掘的方法主要包括空间数据分类、空间数据关联分析和空间趋势分析等，通过这些方法可以深入挖掘空间数据中的有用信息和规律。

分布式数据挖掘是针对分布式数据库的挖掘技术，利用分布式算法实现对数据的挖掘和分析。这种方法有助于更高效地利用分布式数据库资源，提高数据挖掘的效率和规模。通过分布式数据挖掘，可以处理大规模数据集，并从中挖掘出有用的知识和模式，为各种应用提供支持。

在商业领域，数据挖掘技术被广泛应用于统计分析和知识发现等方面。统计分析类的数据挖掘技术相对成熟，常用于数据的描述性分析和趋势预测等任务。而分类与预测等知识发现类技术则是常用的数据挖掘方法，通过对数据进行分类、预测等操作，揭示出数据中隐藏的模式和规律，为企业决策提供重要参考。在商业应用中，这些数据挖掘技术的应用范围广泛，涵盖了市场营销、客户关系管理、风险评估等多个方面，对企业的发展和竞争具有重要意义。

（二）数据挖掘工具

随着数据挖掘技术的发展，许多公司和研究机构推出了各种各样的商业数据挖掘产品。这些产品可以分为特定领域的数据挖掘工具和通用的数据挖掘工具两类。特定领域的工具针对某一特定领域的问题提供解决方案，例如，Advanced Scout 系统专注于解决 NBA（美国职业篮球联赛）数据方面的问题，而 TASA（远程通信报警信号分析）系统则用于网络通信故障的预测。与之相对应的是通用的数据挖掘工具，这类工具采用通用的挖掘算法，不区分具体数据的含义，用户可以根据自身需求选择适合的挖掘模式。

目前，很多机构都开发了自己的不同应用环境下的数据挖掘系统，比较知名、常用的数据挖掘系统如下。

1. Quest

Quest 是面向大型数据库的多任务数据挖掘原型系统，目的是为新一代决策支持系统的应用开发提供高效的数据开采基本构件。其主要具备以下特点：

（1）提供了专门在大型数据库上进行各种开采的功能，如关联规则发现、序列模式发现、时间序列聚类等；

（2）各种开采算法具有近似线性 $[O(n)]$ 的计算复杂度，可适用于任意大小的数据库；

（3）算法具有查全性，能将所有满足指定类型的模式全部寻找出来；

（4）为各种发现功能设计了相应的并行算法。

2. DBMiner

DBMiner 是一个交互式、多层次挖掘系统，主要挖掘特征规则、分类规则、关联规则和预测等，它的前身是 DBLearn。设计该系统的目的是把关系数据库和数据开采集成在一起，以面向属性的多级概念为基础发现各种知识。DBMiner 的特色是：①能够完成多种知识的发现，如特性规则、关联规则、分类规则、偏离知识等；②综合了多种数据开采技术，如统计分析、面向属性的归纳等；③提出了一种交互式的类 SQL（结构化查询语言），即数据挖掘查询语言；能够与关系数据库平滑集成；④实现了基于客户/服务器体系结构的 UNIX 和 PC（个人计算机）版本的系统。

3. Intelligen tMiner

Intelligent Miner 提供了多种数据挖掘算法，包括关联分析、分类、回归、预测、偏离检测、聚类等。其特点主要体现在两个方面：数据挖掘算法是具有可伸缩性的；与 IBM DB2 关系数据库管理系统紧密结合在一起。

4. Knowledge Discovery Workbench

大型数据库交互发现工具 Knowledge Discovery Workbench 可以进行特征描述、分类、聚类、偏差检测等，具有良好的领域适应性。

5. Mineset

多任务数据挖掘系统 Mineset 集成了多种数据挖掘算法和可视化工具，可以帮助用户直观实时地发掘、理解大量数据背后的知识。对同一个挖掘结果可以用不同的可视化工具以各种形式表示，用户也可以按照个人的喜好调整最终效果，以便更好地理解。可视化的工具主要包括：Splat Visualize（拼图可视化）、Scatter Visualize（散射可视化）、Map Visualize（地图可视化）、Tree Visualize（树可视化）、Record Viewer（记录查看器）、Statistics Visualize（统计可视化）、Cluster Visualizer（聚类可视化器）等，其中 Record

Viewer 是二维表,Statistics Visualize 是二维统计图,其余都是三维图形,用户可以任意放大、旋转、移动图形,从不同的角度观看。Mineset 可以提供多种数据挖掘模式,包括分类器、回归模式、关联规则、聚类归类、判断列重要度等,支持多种关系数据库,既可以直接从 Oracle、Informix、Sybase 的表中读取数据,也可以通过 SQL 命令执行查询;具有多种数据转换功能,在挖掘前,Mineset 可以去除不必要的数据项,对数据采样。Mineset 操作简单,支持国际字符,可以直接发布到 Web 上。

6. Explora

Explora 是一个多模式、多策略的辅助发现系统。该系统的运行是通过模板来寻求事实,完成图的搜索。一个事实就是一个模式模板的具体数据实例。利用交互式浏览,终端用户可以得到有序的事实集,并产生面向用户的最终报告。用户也可以通过介入发现过程去创建新的模板和修改验证方法。

7. Weka

Weka 是一款开源的数据挖掘软件,它集成了大量的机器学习算法,可用于数据预处理、分类、回归、聚类以及关联规则挖掘,并提供直观的可视化界面,使用户能够轻松地进行数据分析和模式发现。由于其功能的全面性和易用性,Weka 系统被认为是目前最完备的数据挖掘工具之一。然而,国内也涌现了一些成熟的数据挖掘工具,如 MSMiner,其特点在于具备灵活性和多策略支持,能够满足不同用户的需求。

在选择适合的数据挖掘工具时,用户需要综合考虑多个因素。首先,他们需要考虑数据类型,因为不同的工具可能更适合处理特定类型的数据。其次,系统问题也是一个关键考量因素,包括工具的稳定性和性能表现。此外,用户还需要考虑数据源的类型和规模,以及工具提供的功能和方法是否能够满足其分析需求。与数据库的耦合性也是一个重要因素,因为某些工具可能更容易与特定数据库集成。同时,用户还应考虑工具的可伸缩性,即在处理大规模数据时是否能够有效地运行。此外,可视化工具和用户界面的友好程度也会影响用户的选择,因为直观的界面可以提升用户体验。评价一个数据挖掘工具,可以从以下方面综合考虑。

第一,模式种类和类别的丰富性。结合多种模式和类别可以更有效地发现有用知识并降低问题的复杂性。举例而言,采用聚类方法将数据分组,然后在每个组中挖掘预测性模式,比在整个数据集上进行操作更为有效。这种方法能够提高准确度,因为它将大型数据集分解成更小的、更易处理的部分。

第二,解决复杂问题的能力。随着数据量的增加和模式要求的精确性的提高,解决问题的复杂性也相应增加。有效的数据挖掘方法可以帮助用户应对这种复杂性,提供可靠的解决方案。

第三,易操作性和可视化技术。集成可视化技术的数据挖掘工具能够降低用户的工作负担,使得数据分析变得更加直观和易于理解。诸如 2D 图、饼图、树形显示、散点图和线图等可视化工具,为用户呈现了数据的直观表现,帮助用户更好地理解和分析数据。

第四,数据存取能力。数据挖掘工具应该能够从多种数据源如数据库、文本文件、Excel 文件等读取数据,并且能够通过通用接口如 ODBC(开放式数据库互连)连接流行的 DBMS（数据库管理系统）来实现。这种灵活性和多样性使得用户可以轻松地获取他们需要的数据，从而更好地进行分析和挖掘。

第五，数据挖掘工具的可扩展性。可扩展性决定了工具在处理大规模数据时的效率和性能。一款具有良好可扩展性的工具能够有效地应对不断增长的数据量，从而保持高效率的数据挖掘操作。此外，工具与其他产品的接口也至关重要，它影响着工具的整合性和易用性。通过与其他软件或系统无缝连接，数据挖掘工具可以更好地与现有的数据处理和分析工具集成，提高工作效率，同时也使得用户能够更方便地利用其功能进行数据挖掘工作。

第六，算法多样性和完备性。一款优秀的数据挖掘工具应当提供多种算法，涵盖预测、分类和聚类分析等多个领域，以满足用户在不同场景下的需求。通过提供多样化的算法选择，工具能够更好地适应不同类型的数据和问题，帮助用户实现更准确地数据分析和挖掘目标。

第七，自动建模能力。一款具有自我优化能力的工具能够在用户输入数据后自动选择最合适的算法和参数，降低用户的技术门槛，提高使用效率。尤其是对于缺乏算法知识的用户，自动建模能力可以极大地简化数据挖掘过程，使其更易上手。此外，灵活的参数设置和详尽的帮助文档也是确保工具易用性的重要因素，它们可以帮助用户更好地理解和利用工具的功能，实现更精确的数据挖掘结果。

第八，数据处理能力。工具需具备丰富的数学变化函数，能够处理数据的复杂性，包括选择正确的数据项和转换数据值，以准确揭示数据的内在规律和模式。只有具备强大的数据处理能力，工具才能够应对不同类型和规模的数据，从中提取出有用的信息，并为用户提供准确的数据分析结果。因此，数据处理能力是评价一款数据挖掘工具优劣的重要指标之一，它直接影响着工具在实际应用中的效果和价值。

第二章 数据获取及其预处理技术

在当今信息化时代,数据成为企业最宝贵的资产之一。如何高效地获取和处理这些数据,对于企业的决策制定和业务发展具有至关重要的作用。本章重点论述数据获取组件与探针原理、网页与日志的采集技术、数据分发中间件以及数据预处理与数据规约。

第一节 数据获取组件与探针原理

一、数据获取组件

在当今信息化时代,数据获取组件的重要性不言而喻。它是连接数据源和数据分析平台的桥梁,是大数据处理流程中不可或缺的一环。数据获取组件的有效性直接影响到数据的质量和可用性,进而影响到数据分析的结果和决策的准确性。

数据获取组件的核心任务是从各种数据源中高效、准确地提取所需数据。这些数据源可能是结构化的数据库,非结构化的文本、图像或者是实时的网络流量。无论数据的形式如何,数据获取组件都需要具备强大的适应性和灵活性,以确保能够处理各种类型的数据。

第一,数据获取组件需要具备高效的数据抽取能力。在大数据环境下,数据量巨大,且更新速度快,这就要求数据获取组件能够快速响应,实时捕获数据变化。为此,组件需要采用先进的数据抽取技术,如流数据处理、数据同步等,确保数据的实时性和完整性。

第二,数据获取组件需要具备良好的数据解析能力。由于数据的多样性,组件需要能够识别和处理各种数据格式,包括 XML(可扩展标记语言)、JSON(JS 键值对数据)、CSV(逗号分隔值)等。此外,对于非结构化数据,如文本、图片等,组件还需要具备一定的自然语言处理和图像识别能力,以便从中提取有价值的信息。

第三,数据获取组件需要具备强大的数据清洗和预处理功能。原始数据中往往包含噪声、缺失值和不一致等问题,这些问题如果不加以处理,将会严重影响后续的数据分析。因此,组件需要内置数据清洗和预处理的机制,如数据去重、缺失值填充、异常值检测等,以提高数据的质量。

第四,数据获取组件还需要考虑数据的安全性和隐私保护。在数据采集过程中,可能会涉及敏感信息,如个人身份信息、财务数据等。因此,组件必须遵守相关的数据保护法规,采取加密、匿名化等措施,确保数据的安全性和用户隐私的保护。

第五,数据获取组件还需要考虑可扩展性和维护性。随着业务的发展和技术的进步，数据源和数据类型可能会发生变化。组件应当具备良好的模块化设计，以方便后续的扩展和升级。同时，组件的维护也应当简单方便，以降低运维成本。

第六，数据获取组件需要具备友好的用户接口。虽然组件的主要工作是后台数据处理，但是提供清晰的配置界面和详细的日志信息，可以帮助用户更好地理解和管理数据获取过程，及时发现并解决问题。

二、数据获取探针

(一) 探针的原理

打电话及手机上网，背后承载的都是网络的路由器、交换机等设备的数据交换。从网络的路由器、交换机上把数据采集出来的专有设备是探针。根据放置的位置不同，探针可分为内置探针和外置探针两种。

1. 内置探针

内置探针通常被部署在网络设备或通信系统中，与已有的通信设备共享同一物理空间，从而能够直接接触和获取数据。这种方式的优势在于，内置探针能够在数据产生的源头进行捕获，保证了数据的原始性和准确性。

（1）内置探针的设计使其能够与数据源紧密集成。由于它直接部署在数据产生的环境中，因此可以实时监控和记录数据流。这种实时性对于需要快速响应的系统至关重要，例如网络监控、故障诊断和安全防护等领域。内置探针能够提供连续的数据流，使得分析系统能够及时地识别和响应潜在的问题或异常。

（2）内置探针的部署方式保证了数据的高保真度。由于数据是在源头被捕获的，因此避免了在传输过程中可能出现的数据丢失或变形。这对于数据质量要求极高的应用场景尤为重要，如科学研究、金融交易分析等领域。内置探针能够确保数据的完整性和一致性，为后续的数据分析提供可靠的基础。

（3）内置探针还具有高度的适应性和灵活性。它可以根据不同的数据源和应用需求进行定制和优化。无论是对于结构化数据还是非结构化数据，内置探针都能够提供相应的捕获和处理机制。同时，内置探针可以集成多种数据处理算法，如数据过滤、格式转换、协议解析等，以满足复杂的数据处理需求。

然而，内置探针的部署和维护也存在一定的挑战。由于它直接与数据源相连，因此需要确保探针本身的稳定性和安全性。任何对探针的不当操作或错误配置都可能影响到数据的采集和整个系统的运行。此外，随着数据量的增加和新技术的出现，内置探针也需要不断地进行升级和优化，以保持其性能和功能。

在未来，随着物联网和5G等技术的发展，内置探针的应用场景将进一步扩大。它将在智能制造、智慧城市、自动驾驶等领域发挥更大的作用。同时，随着人工智能和机器学习技术的进步，内置探针将更加智能化，能够自动适应变化的数据环境，提供更加精准和高效的数据采集服务。

2. 外置探针

外置探针技术适用于那些已经部署完成且不易改动的网络系统，通过外部设备来捕获和分析网络流量数据。外置探针的引入，不仅能够避免对现有网络结构的干扰，还能够提供深入的数据洞察，帮助网络管理员和分析师更好地理解和优化网络性能。外置探针系统的核心组件包括 Tap/分光器、汇聚 LAN Switch 和探针服务器。这些组件共同工作，确保了数据的准确捕获和高效处理。

（1）Tap/分光器。Tap/分光器被安装在网络路径的关键节点上，能够对经过的数据包进行复制，同时保证原始数据流的完整性和连续性。这种复制是透明的，不会对网络中的设备和用户造成任何影响。通过这种方式，Tap/分光器能够捕获到网络中的所有数据包，为后续的数据分析提供全面的数据源。

（2）汇聚 LAN Switch。汇聚 LAN Switch 作为数据的汇聚点，将来自多个 Tap/分光器的数据流进行汇总。它将这些数据流整合到单一的路径上，然后传输给探针服务器。汇聚 LAN Switch 的存在大大提高了数据处理的效率，因为它减少了多个单独连接的复杂性，并且可以通过负载均衡等技术优化网络流量的分配。

（3）探针服务器。探针服务器是外置探针系统的核心处理单元。它接收来自汇聚 LAN Switch 的数据，并进行深度的解析和关联分析。探针服务器通常配备有强大的处理器和专业的分析软件，能够识别和处理各种网络协议和应用层数据。通过高级的数据解析技术，探针服务器能够从原始数据中提取出有价值的信息，并将其转化为可读性强、易于分析的格式，即 XDR（外部数据格式）。

经过探针服务器处理后的 XDR 数据被发送到统一的分析系统中。在这里，数据分析师和网络管理员可以利用这些数据进行进一步的分析和决策。无论针对的是网络安全监控、网络性能优化，还是用户行为分析，这些经过处理的数据都能够提供有力的支持。

（二）探针的能力

1. 大容量

在现代数据通信领域，探针设备的作用日益凸显，它们不仅为网络的监控、管理和优化提供了强有力的数据支持，而且成为保障网络稳定运行的关键因素。在这样的背景下，探针设备的大容量能力成为电信行业追求的重要目标之一。

（1）大容量的探针设备能够有效应对日益增长的网络数据流量。随着互联网用户数量的增加和网络应用的多样化，网络中的数据流量呈现出爆炸性增长。在这样的情况下，探针设备必须具备处理大规模数据的能力，以确保能够捕获、记录并分析所有网络活动，而不会造成数据的丢失或延迟。这种大容量的数据处理能力，是探针设备在面对海量数据时保持高效运作的基础。

（2）大容量的探针设备对于电信机房空间的利用至关重要。由于电信机房通常空间有限，设备密集，因此在设计探针设备时，需要考虑到设备的体积和安装方式。大容量的探针设备能够在有限的空间内提供最大的数据处理能力，这样可以减少所需的物理空间，降低能耗，并简化设备的部署和维护工作。这种对空间的高效利用，是现代电信机房管理的重要考量。

（3）大容量的探针设备能够具有强大的转发能力。网络转发能力决定了探针设备能够以多快的速度处理和传输数据。高性能的网络转发功能可以确保数据在被捕获后能够迅速被送往分析系统，同时保持数据的完整性和准确性。这对于实时监控和快速响应网络事件至关重要。因此，探针设备的大容量不仅是数据处理量的增加，更是对网络性能要求的一种提升。

为了实现探针设备的大容量，技术创新和优化是不可或缺的。在硬件方面，通过采用高速处理器和大容量存储设备，可以提高数据的处理速度和存储能力。同时，采用模块化设计和可扩展架构，可以使得探针设备更容易升级和扩展，以适应未来网络流量的增长。在软件方面，通过优化数据包的处理流程，减少不必要的计算和存储开销，可以显著提高设备的处理能力。同时，采用智能的数据分类和过滤机制，可以只捕获和分析对业务有价值的数据，从而提高数据利用率。

2. 协议智能识别

在当今复杂多变的网络环境中，探针设备的协议智能识别能力显得尤为重要。这种能力使得探针设备能够深入理解网络流量的本质，从而更准确地识别和处理各种网络应用协议。随着网络技术的发展和应用的多样化，传统的端口检测技术已经无法满足对网络流量进行精确识别的需求。因此，探针设备的协议智能识别能力成为网络管理和分析的关键。

协议智能识别技术的核心在于对数据包的深度分析。它不是局限于传统的五元组信息，而是能够深入应用层，对数据包所携带的 L3~L7/L7+ 的消息内容、连接的状态和交互信息进行综合分析。这种分析能力使得探针设备能够识别出更多的应用程序信息，如协议类型和应用名称等，从而为网络管理和安全提供更全面的支持。

在面对逃避检测的应用时，协议智能识别技术显得尤为有效。许多应用通过端口隐藏技术来规避传统的端口检测，例如在非标准端口上进行通信或使用加密传输方式。这些行为使得传统的端口检测方法失效，而协议智能识别技术则能够通过分析应用层的特征来识别这些协议，确保网络流量的透明性和可管理性。

此外，协议智能识别技术对于运营商和 OTT（Over The Top，通过互联网提供应用服务）服务提供商之间的合作也具有重要意义。在诸如 Facebook 包月套餐等合作场景中，运营商需要根据 OTT 厂商提供的 IP（互联网协议）和端口信息进行计费。然而，这种方式存在一定的局限性，例如配置信息的频繁变更会导致管理上的不便。协议智能识别技术能够提供更为灵活和可靠的识别手段，通过深度分析数据包内容来自动识别和分类流量，从而简化了运营商的管理工作。

然而，实现协议智能识别并非易事。它要求探针设备具备高度的智能化和自动化水平，能够不断学习和适应网络环境的变化。这需要探针设备具备先进的算法和强大的处理能力，以便能够快速准确地识别出各种复杂的网络协议。同时，探针设备还需要能够处理大量的数据，并具备高效的数据存储和检索能力，以应对日益增长的网络流量。

在未来，随着人工智能和机器学习技术的发展，协议智能识别技术将更加智能化和精准化。探针设备将能够自动学习和更新识别策略，以适应不断演变的网络协议和应用。这将极大地提高网络管理的效率和安全性，为网络的稳定运行和优化提供强有

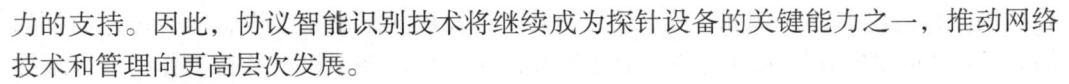

力的支持。因此，协议智能识别技术将继续成为探针设备的关键能力之一，推动网络技术和管理向更高层次发展。

3. 安全的影响

在网络安全日益受到重视的今天，探针设备在获取通信数据的同时，也面临着新的挑战。随着加密技术的广泛应用，尤其是 HTTPS（超文本传输安全协议）和 QUIC（快速 UDP 网络连接）等 L7 协议的普及，传统的探针能力遭遇了前所未有的限制。这些加密协议为网络通信提供了强有力的安全保障，但同时也给探针设备的流量分析和协议识别带来了难题。

加密协议的使用意味着数据在传输过程中被加密，这导致传统的探针设备无法直接解析数据内容。例如，YouTube 的流量只有在解析了 L7 协议之后才能确认用户访问的是 YouTube。一旦数据被加密，探针设备就无法通过传统的手段获取到这些关键信息，从而影响了其对网络流量的监控和分析能力。这对于网络安全管理、用户行为分析、服务质量保障等多个方面都带来了不利影响。

为了解决这一问题，业界开始尝试采用深度学习等先进技术来提升探针设备的协议识别能力。深度学习技术，尤其是深度神经网络，具有自动学习和提取特征的能力，这使得探针设备能够识别出更多种类的协议。通过构建多层次的深度学习模型，探针设备可以对加密的 L7 协议进行深度分析，从而识别出背后的应用协议。例如，奇虎 360 设计的 5~7 层的深度神经网络，能够自动学习数据中的特征，并每天识别出数据中的 50~80 种协议。这种深度学习模型不仅能够处理大量的数据，还能够适应网络环境的变化，不断优化和更新识别策略。这为探针设备提供了一种新的解决方案，使其能够在加密协议普遍存在的网络环境中继续发挥作用。

然而，深度学习技术的应用也带来了新的挑战。首先，深度学习模型的训练和优化需要大量的数据和计算资源，这对于探针设备的硬件配置和数据处理能力提出了更高的要求。其次，深度学习模型的复杂性也增加了探针设备的维护难度，需要具备专业的知识和技能的人员来管理和调整。此外，深度学习模型的解释性也是一个问题，如何确保模型的决策过程透明和可信赖，是未来需要解决的关键问题。

4. IB（InfiniBand，无线带宽）技术

（1）InfiniBand 的内涵。在当今数据密集型的计算环境中，拥有高效的数据传输技术变得尤为重要。传统的 TCP（传输控制协议）/IP 网络在数据传输速度和效率上已经难以满足现代服务器系统的需求。为了突破这一瓶颈，InfiniBand 技术应运而生，它以其高速、低延迟的特性，为服务器集群和系统间的互联提供了一种更为先进的解决方案。

（2）InfiniBand 的架构。InfiniBand 技术的核心在于其独特的架构设计，它支持多并发链接，能够实现高达数吉字节每秒的传输速度。这种技术的高速性能，得益于其并行操作的能力，通过多个链接同时传输数据，显著提高了整体的数据处理能力。与传统的串行传输方式相比，InfiniBand 技术能够更有效地利用带宽资源，减少数据传输的延迟。

InfiniBand 技术的快速发展，也得益于其对现有 PCI 总线架构的改进。传统的 PCI 总线虽然在历史上曾极大地推动了计算机硬件的发展，但在现代计算需求面前，其固

有的局限性逐渐暴露。例如，PCI 总线的共享传输模式限制了多设备同时传输数据的能力，而 InfiniBand 技术通过独立的通道和链接，允许多个设备并行工作，极大地提高了数据传输的效率。此外，InfiniBand 技术在设计上避免了 PCI 总线在频率提升时出现的信号干扰问题。通过采用更为先进的信号处理和传输技术，InfiniBand 技术能够在高频率下保持稳定的数据传输，确保了数据的完整性和准确性。这一点对于需要处理大量数据的服务器系统来说至关重要，因为它直接影响到系统的可靠性和性能。

InfiniBand 技术还解决了 PCI 总线在热插拔设备支持方面的不足。传统的 PCI 设备需要在内存中为其分配固定的地址空间，这不仅限制了内存的有效利用，也增加了系统管理的复杂性。与之相反，InfiniBand 技术采用了更为灵活的内存访问机制，使得设备能够在不占用大量内存空间的情况下进行数据传输，从而提高了系统的可扩展性和灵活性。

在数据传输的可靠性方面，InfiniBand 技术同样展现出其优势。它具备强大的纠错能力，能够在数据传输过程中自动检测并修复错误，确保数据的可靠性。这一点对于数据中心和高性能计算应用来说尤为重要，因为它们对数据的准确性和可靠性有着极高的要求。尽管 InfiniBand 技术在服务器集群和系统间互联方面展现出了巨大的潜力，但它的应用并不局限于此。随着技术的不断发展和成熟，InfiniBand 技术有望被应用于更多的领域，如存储系统、网络设备等，为各种数据密集型应用提供强有力的支持。

（3）InfiniBand 的应用。在高并发和高性能计算的应用场景中，客户对数据传输的带宽和时延都有着严格的要求。在这样的背景下，前端和后端采用 IB 组网成为一种高效的解决方案。同时，前端网络采用 10 G 以太网，后端则选用 IB 网络，这样的组合不仅满足了前端对通用性和兼容性的需求，也保证了后端在高带宽和低时延方面的性能优势。

IB 作为一种专为高性能计算设计的网络通信标准，以其高带宽、低时延、高可靠性的特点脱颖而出。通过采用 RDMA（远程直接内存访问）技术和专用协议卸载引擎，IB 能够大幅度提升数据传输的效率，减少 CPU（中央处理器）的负载，为存储客户提供更加流畅和快速的数据访问体验。

随着技术的不断进步，IB 也在不断提升其带宽性能。目前，IB 已经实现了从 SRD（单倍数据率，8 Gbp/s）到 EDR（增强数据率，100 Gbp/s）的多种工作模式，而 HDR（高数据率，200 Gbp/s）和未来的 NDR（下一代数据率，1 000 + Gbp/s）更是预示着 IB 在带宽性能上的巨大潜力。这些更高的带宽工作模式不仅提升了数据传输的速度，还进一步降低了时延。在高性能计算、大数据分析、云计算等领域，这种提升意味着更快的计算速度、更高效的数据处理能力和更优秀的用户体验。

此外，IB 的集群无限扩展能力也是其一大优势。随着业务规模的不断扩大，客户往往需要不断增加计算节点和存储设备。而 IB 的集群扩展能力使得客户可以轻松地实现横向扩展，从而满足不断增长的业务需求。

（4）IB 常见的运行协议。

第一，IPoIB 协议。IPoIB 协议是一种在 InfiniBand 网络上实现互联网协议的解决方案。它允许现有的基于 TCP/IP 协议栈的应用程序无缝地迁移到 InfiniBand 网络，无

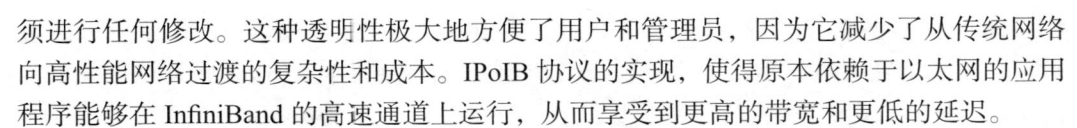

须进行任何修改。这种透明性极大地方便了用户和管理员，因为它减少了从传统网络向高性能网络过渡的复杂性和成本。IPoIB 协议的实现，使得原本依赖于以太网的应用程序能够在 InfiniBand 的高速通道上运行，从而享受到更高的带宽和更低的延迟。

第二，RDS（关系型数据库服务）协议。RDS 协议则是为了解决传统 TCP/IP 协议栈在高速网络中的效率问题而设计的。由 Oracle 公司研发的 RDS 协议可直接运行在 InfiniBand 之上，提供了一种更为高效的数据传输方式。相比于 IPoIB 协议，RDS 协议在 CPU 消耗上减少了一半，相比于传统的 UDP（用户数据报协议）协议，它又将网络延迟降低了一半。这种性能的提升，对于需要快速数据处理的应用场景，如数据库操作、高性能计算等，具有重要的意义。然而，RDS 协议的使用需要额外的链接建立过程，这在某些情况下可能会增加应用程序的复杂性。

除了 IPoIB 和 RDS 协议，InfiniBand 技术还支持其他协议如 SDP（Socket Direct Protocol）、ZDP（Zero Data Protocol）和 IDB（InfiniBand Data Bus）等协议。这些协议各有特点，针对不同的应用场景和需求提供了优化的解决方案。例如，SDP 协议提供了一种简单的接口，使得应用程序能够直接利用 InfiniBand 的高性能特性；而 ZDP 协议则是一种无连接的协议，它通过减少协议开销来提高数据传输的效率。

第二节　网页与日志的采集技术

一、网页的采集

大量的数据散落在互联网中，要分析互联网上的数据，需要先把数据从网络中获取下来，这就需要网络爬虫技术。

（一）网络爬虫

1. 基本原理

网络爬虫是搜索引擎抓取系统的重要组成部分。爬虫的主要目的是将互联网上的网页下载到本地，形成一个互联网内容的镜像备份。网络爬虫的基本工作流程如下：

（1）首先选取一部分种子 URL（统一资源定位符）。

（2）将这些 URL 放入待抓取 URL 队列。

（3）从待抓取 URL 队列中取出待抓取的 URL，解析 DNS（域名系统），得到主机的 IP，并将 URL 对应的网页下载下来，存储到已下载网页库中。

（4）分析已抓取到的网页内容中的其他 URL，并且将 URL 放入待抓取 URL 队列，从而进入下一个循环。

（5）已下载未过期网页。

（6）已下载已过期网页：抓取到的网页实际上是互联网内容的一个镜像与备份。互联网是动态变化的，一部分互联网上的内容已经发生变化，这时，这部分抓取到的网页就已经过期了。

（7）待下载网页：也就是待抓取 URL 队列中的那些页面。

(8) 可知网页：还没有抓取下来，也没有在待抓取 URL 队列中，但是可以通过对已抓取页面或者待抓取 URL 对应页面进行分析获取到 URL，这些网页被称为可知网页。

(9) 不可知网页：还有一部分网页爬虫是无法直接抓取下载的，这些网页被称为不可知网页。

2. 抓取策略

在爬虫系统中，待抓取 URL 队列是很重要的一部分。待抓取 URL 队列中的 URL 以什么样的顺序排列也是一个很重要的问题，因为其决定了先抓取哪个页面、后抓取哪个页面。而决定这些 URL 排列顺序的方法叫作抓取策略。具体如下：

（1）深度优先遍历策略。深度优先遍历策略是指网络爬虫会从起始页开始，一个链接一个链接地跟踪下去，处理完这条线路之后再转入下一个起始页，继续跟踪链接。

（2）宽度优先遍历策略。宽度优先遍历策略的基本思路是：将新下载网页中发现的链接直接插入待抓取 URL 队列的末尾。也就是说网络爬虫会先抓取起始网页中链接的所有网页，然后再选择其中的一个链接网页，继续抓取此网页中链接的所有网页。

（3）反向链接数策略。反向链接数是指一个网页被其他网页链接指向的数量。反向链接数表示的是一个网页的内容受到其他人推荐的程度。因此，很多时候搜索引擎的抓取系统会使用这个指标来评价网页的重要程度，从而决定不同网页的抓取顺序。

在真实的网络环境中，由于广告链接、作弊链接的存在，反向链接数不可能完全等同于网页的重要程度。因此，搜索引擎往往需要考虑一些可靠的反向链接数。

（4）Partial PageRank 策略。该策略借鉴了 PageRank 算法的核心思想：针对已下载的网页以及待抓取 URL 队列中的 URL，构建网页集合，并计算每个页面的 PageRank 值。计算完成后，依据 PageRank 值的大小对待抓取 URL 队列中的 URL 进行排序，并遵循此顺序进行页面抓取。若每次仅抓取一个页面，则需重新计算 PageRank 值，这在实际操作中可能导致效率降低。因此，一种折中的方法是：每抓取 K 个页面后，重新计算一次 PageRank 值。然而，此方法仍面临一个问题：对于从已下载页面中分析出的链接，即未知网页部分，它们暂时不具备 PageRank 值。

为解决此问题，赋予这些页面一个临时的 PageRank 值：汇总所有指向该网页的链接所传递的 PageRank 值，从而为其赋予一个基于链接关系的 PageRank 值，使其能够参与排序。这一做法确保了即便对于未知网页，也能基于一定的依据进行优先级排序，提高了抓取策略的有效性和效率。

（5）OPIC（在线页面重要性计算）策略。该策略实际上也是对页面进行重要性打分。在策略开始之前，给所有页面一个相同的初始现金（cash）。当下载了某个页面 P 之后，将 P 的现金分摊给所有从 P 中分析出的链接，并且将 P 的现金清空。对于待抓取 URL 队列中的所有页面，按照现金数进行排序。

（6）大站优先策略。该策略是指对于待抓取 URL 队列中的所有网页，根据所属的网站进行分类，对于待下载页面数多的网站，则优先下载。这种策略也因此被称作大站优先策略。

（二）网页更新策略

互联网是实时变化的，具有很强的动态性。网页更新策略主要用来决定何时更新之前已经下载的页面。常见的更新策略有以下三种。

第一，历史参考策略。历史参考策略是指根据页面以往的历史更新数据，预测该页面未来何时会发生变化，一般来说，是通过泊松过程进行建模来预测的。

第二，用户体验策略。尽管搜索引擎针对某个查询条件能够返回数量巨大的结果，但是用户往往只关注前几页结果。因此，抓取系统可以优先更新那些在查询结果中排名靠前的网页，然后再更新排名靠后的网页。这种更新策略也需要用到历史信息。用户体验策略保留网页的多个历史版本，并且根据过去每次的内容变化对搜索质量的影响得出一个平均值，将该值作为决定何时重新抓取的依据。

第三，聚类抽样策略。前面提到的两种更新策略都有一个前提：需要网页的历史信息。这样就会存在两个问题：一是如果系统为每个网页保存多个历史版本信息，则无疑增加了系统负担；二是如果新的网页完全没有历史信息，则无法确定更新策略。这种策略认为，网页具有很多属性，类似属性的网页可以认为其更新频率也是类似的。要计算某个类别网页的更新频率，只需对这类网页抽样，以它们的更新周期作为整个类别网页的更新周期。

（三）分布式抓取系统架构

一般来说，分布式抓取系统需要面对的是整个互联网上数以亿计的网页，单个抓取程序不可能完成这样的任务，因此往往需要多个抓取程序一起来处理。一般来说，抓取系统往往是一个分布式的三层结构。

最底层是分布在不同地理位置的数据中心，在每个数据中心里有若干台抓取服务器，而每台抓取服务器上可能部署了若干套爬虫程序，这就构成了一个基本的分布式抓取系统。

对于一个数据中心里的不同抓取服务器，其协同工作的方式如下。

1. 主从式

主从式是其中一种常见的工作模式。在这种模式下，Master 服务器扮演着核心角色，负责维护待抓取 URL 队列，并将其分配给众多的 Slave 服务器。Slave 服务器则专注于实际的网页下载工作。Master 服务器还需要根据 Slave 服务器的负载情况，动态调整任务分配，以避免部分服务器过载或空闲。然而，这种模式也存在潜在的问题，即 Master 服务器可能成为系统的瓶颈，限制了整个抓取系统的性能。

2. 对等式

在对等式模式下，所有的抓取服务器地位平等，每台服务器都可以从待抓取 URL 队列中获取任务。通过计算 URL 的主域名的哈希值，并进行取模运算，服务器可以确定自己是否应该处理某个特定的 URL。这种去中心化的工作方式提高了系统的可扩展性和弹性，但同时也带来了一致性问题。当服务器出现故障或系统扩容时，哈希值的变动可能导致任务重新分配，增加了系统的复杂性。

为了克服这一挑战，一致性哈希算法被引入分布式抓取系统中。该算法对 URL 主域名进行哈希运算，并将其映射到一个固定范围内的数值，然后将这个范围平均分配给所有服务器。每台服务器根据哈希值所处的范围来确定是否负责抓取某个 URL。如果某台服务器出现问题，其负责的任务将按照顺时针方向顺延给下一台服务器，从而确保系统的连续运行。这种算法不仅提高了系统的容错能力，而且优化了任务分配的效率。

二、日志的收集——Flume 日志收集系统

任何一个生产系统在运行过程中都会产生大量的日志，这些日志往往隐藏了很多有价值的信息。在没有分析方法之前，这些日志在存储一段时间后就会被清理。随着技术的发展和分析能力的提高，日志的价值被重新重视起来。在分析这些日志之前，需要将分散在各个生产系统中的日志收集起来。下面主要论述被广泛应用的 Flume 日志收集系统。

（一）Flume 的发展

在当今数据驱动的时代，日志收集系统的效能和稳定性对于企业来说至关重要。Flume 作为 Apache 旗下的一款顶级分布式日志收集系统，以其出色的性能和可靠性，在全球范围内得到了广泛的认可和应用。它的成功不仅体现在其高效的数据处理能力上，更体现在其不断进化和完善的过程中。

Flume 的起源可以追溯到 Cloudera 公司，最初版本的 Flume 以其强大的日志收集功能，为企业提供了一个可靠的数据流解决方案。然而，随着技术的发展和用户需求的增长，Flume OG（Original Generation）逐渐暴露出一些局限性。代码工程的复杂性、核心组件设计的不合理性以及核心配置的不标准化，这些问题在 Flume 0.94.0 版本中表现得尤为明显，尤其是在日志传输的稳定性方面。为了解决这些问题，Cloudera 公司在 2011 年 10 月 22 日进行了一次重大的版本升级，即 Flume-728。这次升级不仅是对现有问题的修复，更是对 Flume 核心组件、核心配置和代码架构的一次彻底重构。重构后的版本被命名为 Flume NG（Next Generation），标志着 Flume 进入了一个新的发展阶段。同时，Flume 也被正式纳入 Apache 旗下，Cloudera Flume 随之更名为 Apache Flume，这一变化不仅提升了 Flume 的知名度，也为它带来了更广阔的发展空间。

Flume NG 的推出，为分布式日志收集领域带来了新的活力。新版本在保持原有高性能的基础上，进一步优化了系统的稳定性和可扩展性。通过引入更加模块化和灵活的架构设计，Flume NG 能够更好地适应不断变化的数据处理需求，为用户提供更加定制化的服务。

随着 Flume 的发展，它的生态系统也日益丰富。除了具有核心的日志收集功能外，Flume 还支持与多种数据处理平台的集成，如 Hadoop、Hive、HBase 等，使得用户可以更加方便地进行数据的存储、查询和分析。此外，Flume 的社区也在不断壮大，吸引了来自全球的开发者和用户共同参与到 Flume 的开发和改进中。

（二）Flume 的系统特点

1. 可靠性

在分布式系统中，节点故障是不可避免的，而 Flume 通过提供多层次的可靠性保障机制，确保了日志数据的安全性和完整性。end-to-end 的传输保障是最为严格的，它要求 Agent 在发送数据前先将事件写入磁盘，只有在数据成功传输后，才将其从磁盘中删除，一旦发生错误，就会重新发送。而 Store on Failure 的策略则是一种折中方案，当数据接收方出现故障时，数据会被存储在本地，待接收方恢复后再继续发送。Best Effort 则是最基本的传输保障，数据发送到接收方后不会进行确认，适用于对数据丢失容忍度较高的场景。

2. 可扩展性

可扩展性是 Flume 能够适应不同规模数据处理需求的关键。Flume 采用了分层架构，包括 Agent、Collector 和 Storage 三个层次，每一层都能够进行水平扩展，以应对数据量的增长。这种架构设计使得系统可以通过增加节点来提升整体的处理能力。同时，Master 节点的引入为系统提供了统一的管理点，通过 ZooKeeper 进行管理和负载均衡，确保了系统的稳定性，避免了单点故障的风险。

3. 可管理性

Flume 通过 ZooKeeper 和 Gossip 协议来保证配置数据的一致性，使得在多 Master 的环境中，用户可以在任何一个 Master 节点上查看和管理系统中的数据源和数据流。此外，Flume 提供了 Web 界面和 Shell 脚本命令两种管理方式，使得用户可以根据自己的喜好和需求，灵活地进行系统管理。

4. 功能可扩展性

功能可扩展性使得 Flume 能够适应各种不同的数据处理需求。用户可以根据自己的需求，添加自定义的 Agent、Collector 或 Storage 组件，使得 Flume 能够与各种不同的数据处理系统集成。同时，Flume 自带的丰富组件库也为用户节省了大量的开发时间，用户可以快速地搭建起满足特定需求的日志收集系统。

（三）Flume 的系统架构

Flume 的系统架构由 Agent、Collector 和 Storage 三个核心组件构成，每个组件都包含 Source 和 Sink 两个部分。Source 负责从数据源收集数据，而 Sink 则负责将数据发送到指定的目标。这种设计使得 Flume 能够灵活地适应各种数据流的收集、聚合和传输需求。

1. Agent

Agent 是数据流的起点，它负责从各种数据源收集数据并将其发送给 Collector。Flume 提供了多种直接可用的数据源，如文件、TCP 端口等，以及相应的数据发送方式。例如，Text Source 可以将文件内容作为数据源，按行发送数据；而 Tail Source 则可以监控文件的新数据并实时发送。这样的设计使得 Agent 能够适应多种数据输入场景，确保数据的及时收集。

2. Collector

Collector 则扮演着数据流中转的角色，它将来自多个 Agent 的数据汇总，然后加载到 Storage 中。Collector 的 Source 和 Sink 与 Agent 类似，但它们的工作重点是将数据进行有效整合和转发。例如，CollectorSource 可以监听端口汇聚数据，而 CollectorSink 则负责将数据发送到 HDFS（Hadoop 分布式文件系统）等存储系统。

3. Storage

Storage 是数据流的终点，它负责存储和管理收集到的数据。Flume 支持多种存储系统，包括传统的文件系统、HDFS、Hive、HBase 等分布式存储系统。这种多样性使得 Flume 能够无缝集成到现有的数据处理和分析平台中。

4. Master

Master 组件负责管理和协调 Agent 和 Collector 的配置信息。Master 的存在使得 Flume 的 DataFlow（数据流）管理变得简单而直观。用户可以通过 Master 配置数据流的路径，即数据从哪里来、经过哪些节点、最终到哪里去。

（四）Flume 的组件介绍

1. Client

路径：apache-flume-1.4.0-src\flume-ng-clients。

操作最初的数据，把数据发送给 Agent。在 Client 与 Agent 之间建立数据沟通的方式有以下两种。

第一种方式是基于 Flume 已经定义好的 Source 进行数据传输。在这种方式下，Client 可以创建一个继承自 AvroSource 或 SyslogTcpSource 等现有 Source 的实例，这样就可以利用 Flume 框架的现有功能来处理特定的数据格式。这种方式的优势在于它的简单性和直接性，能够快速地将数据发送给 Agent，但是它要求所传输的数据必须符合 Source 能够理解的格式。

第二种方式则提供了更高的灵活性，Client 可以通过 IPC（Inter Process Communication，进程间通信）或 RPC（Remote Procedure Call，远程过程调用）协议与现有的应用程序进行通信。在这种方式下，Client 需要将应用程序产生的数据转换成 Flume 可以识别的事件格式。这种方法虽然在实现上相对复杂，但它提供了更广泛的应用场景，允许 Flume 与各种不同类型的应用程序进行集成。

为了简化 Client 的开发和使用，Flume 提供了 Client SDK（软件开发工具包），这是一个基于 RPC 协议的软件开发工具包。通过 Client SDK，开发者可以轻松地创建一个与 Flume 系统通信的客户端应用。Client SDK 封装了与 Flume 进行数据交互的底层细节，开发者只需关注如何调用 SDK 提供的 API（应用程序编程接口）函数，而无须深入了解底层的数据交互机制。这种抽象层次的提升，极大地降低了与 Flume 系统集成的门槛，使得开发者能够专注于业务逻辑的实现。

2. Netty AvroRpc Client

Avro 由于其高效的数据序列化机制而被选为 Flume 系统的默认 RPC 协议。Netty AvroRpc Client 利用 Netty 的高性能网络通信库，结合 Avro 的优化数据交换能力，确保了数据传输的高效性和一致性。这种实现方式不仅提升了通信效率，也保障了数据传输的准确性。

Thrift Rpc Client 则提供了另一种 RPC 通信的解决方案。Thrift 是一个由 Facebook 开发的跨语言的服务开发框架，它允许开发者使用统一的接口定义语言（IDL）来定义和创建服务。Thrift Rpc Client 的实现使得 Flume 能够与使用 Thrift 的其他系统集成，增强了系统的互操作性。

为了提高系统的鲁棒性和性能，Flume 还实现了 Failover Rpc Client 和 Load Balancing Rpc Client。Failover Rpc Client 能够在当前连接失败时自动切换到备用服务器，确保了通信的连续性和系统的高可用性。而 Load Balancing Rpc Client 则能够在多个服务器之间分配请求，通过使用负载均衡机制优化资源，提升系统的整体性能和响应能力。

3. Failover Rpc Client

Failover Rpc Client 的设计目的是应对网络不稳定或服务器故障。它采用主备切换的策略，配置一个或多个备用服务器地址，一旦当前的连接失败，客户端会自动尝试连接到下一个服务器。这种机制保证了数据传输的连续性，避免了因单点故障导致的服务中断。在实际应用中，Failover Rpc Client 通过配置文件中的 <host>: <port> 格式来定义服务器列表，客户端会按照列表顺序尝试连接，直到找到可用的服务器为止。

4. Load Balancing Rpc Client

Load Balancing Rpc Client 则专注于在多个服务器之间分配请求，以达到负载均衡的目的。当系统中存在多个服务器时，Load Balancing Rpc Client 能够根据预设的策略（如轮询、随机选择等）将客户端请求分配到不同的服务器上。这样不仅能够提高系统的吞吐量，还能够避免单个服务器过载的问题，从而提高整个系统的稳定性和可靠性。

5. Embeded Agent

Embeded Agent 允许用户在自己的应用程序中直接嵌入一个轻量级的 Agent。这种内嵌的 Agent 虽然不支持所有的 Source 和 Sink 组件，但它提供了一种简单的方式来集成 Flume 的功能，特别适合于小型或特定的应用场景。Embeded Agent 的轻量级特性意味着它对系统资源的占用较小，可以轻松地集成到现有的应用程序中，而不会对应用程序的性能造成显著影响。

6. Transaction

Transaction 机制类似于数据库事务，确保了数据流在传输过程中的原子性和一致性。当 Source 向 Channel 发送数据时，或者 Sink 从 Channel 中提取数据时，都需要通过 Transaction 来确保操作的完整性。如果任何环节出现错误，Transaction 能够回滚到之前的状态，从而避免了数据的丢失或损坏。

7. Sink

Sink 组件在 Flume 中扮演着数据流终端的角色。它不仅负责从 Channel 中接收事件，还负责将这些事件传递给下一个 Agent 或者存储到其他存储系统中。Sink 与 Channel 的关联是通过 Flume 配置文件来设定的，这种配置定义了数据流的路径和处理逻辑。一旦 Sink Runner 的 start（）方法被触发，它将启动一个独立的线程，该线程会管理Sink的生命周期，包括初始化、事件处理和清理工作。

Sink的start（）方法在Sink初始化时被调用，它负责设置Sink的状态，确保Sink准备好接收和处理事件。在Sink的生命周期中，可能会有多个事件同时到达，因此Sink需要具备处理并发事件的能力。Sink.process（）方法是事件处理的核心，它定义了如何对每个事件进行具体的操作。这可能包括数据的格式化、过滤、转换或者路由到其他目的地。

最后，当Sink不再需要运行或者系统需要关闭时，它的stop（）方法会被调用。这个方法负责执行必要的清理操作，如关闭打开的文件、断开网络连接或者释放资源。这个方法确保Sink在停止时不会留下任何未处理的数据或者泄露资源，对于维护整个系统的稳定性和性能至关重要。

8. Source

Source作为事件处理流程中的关键一环，其角色与功能不容忽视。它的核心使命是从Client端接收各类事件，随后将这些事件妥善地存储到Channel之中，以待后续处理。可以说，Source是整个事件处理流程的起点，其稳定性和高效性直接影响到整个系统的性能。

Pollable Source Runner.start（）方法作为启动和管理Pollable Source生命周期的重要手段，其重要性不言而喻。通过创建一个专门的线程，该方法确保了Pollable Source能够稳定、高效地运行，从而确保事件能够被及时、准确地接收和存储。同时，start（）和stop（）这两个方法的实现，也为Pollable Source的启动和停止提供了明确的控制手段，使得我们能够更加灵活地管理其生命周期。

除了Pollable Source之外，还有一类被称为Event Driven Source的Source存在。这两者在事件处理方式上存在着显著的区别。Event Driven Source拥有自己的回调函数，用于捕捉和处理事件。与Pollable Source不同，Event Driven Source并不需要每个线程都驱动一个实例，这使得它在某些场景下能够更加高效和灵活。

第三节　数据分发中间件

数据分发中间件在现代信息技术架构中扮演着至关重要的角色。它主要负责在不同的系统、应用和服务之间进行高效的数据传输和分发。数据分发中间件的存在，极大地提高了数据处理的效率和可靠性，同时也简化了系统间的集成和通信。Kafka是一种分布式流处理平台，通常被用作数据分发中间件。它最初由LinkedIn公司开发，并于2011年成为Apache项目的一部分。Kafka广泛应用于日志聚合、事件源处理、实时流分析和消息队列等场景。它的设计目标是解决大规模数据流的可靠传输和高效处理问题，因此非常适合作为数据分发中间件使用。随着大数据和实时数据处理需求的增长，Kafka在全球范围内得到了广泛的认可和应用。下面重点对Kafka进行论述。

一、Kafka的基本架构

Kafka作为一种先进的分布式流处理平台，其基本架构设计简洁而高效，旨在处理大规模的实时数据流。在这个架构中，三个核心角色——生产者、代理和消费者共同协作，确保了数据的高效发布、存储和消费。

第一，生产者，是数据流的起点。它们负责生成消息并将其发送到 Kafka 集群中。生产者可以是任何能够产生数据的应用程序或服务，它们通过 Kafka 提供的 API 与集群进行通信，将数据流以消息的形式发布到指定的主题中。生产者的设计注重于高吞吐量和低延迟，因此它们能够快速地处理和发送数据。

第二，代理，或称为 Broker，是 Kafka 集群中的核心组件。它们负责接收生产者发送的消息，并将其存储在磁盘上，以便后续的消费者可以访问和消费这些消息。Broker 通过分区和主题的概念来组织数据，每个主题可以被分割成多个分区，每个分区由一个 Broker 负责管理。这种设计使得 Kafka 能够水平扩展，支持大规模数据的存储和处理。

第三，消费者，是数据流的终点。它们订阅特定的主题，并从 Broker 中拉取消息进行处理。消费者可以是任何需要实时数据的应用程序，它们通过 Kafka 的消费者 API 与 Broker 进行交互，按照一定的偏移量消费消息。消费者可以独立地控制消费进度，允许它们根据自己的处理能力来拉取数据，确保了数据处理的灵活性和可靠性。

Kafka 的这种架构设计使它非常适合于处理高吞吐量的实时数据。生产者和消费者的解耦合设计，以及 Broker 的高效数据存储和分发机制，共同保证了 Kafka 在面对大量数据时的稳定性和可扩展性。此外，Kafka 还提供了消息持久化、数据复制和故障转移等高级特性，进一步提高了数据的可靠性和系统的容错能力。

二、Kafka 的设计精髓

Kafka 这一流处理领域的翘楚，其高效稳定的性能背后蕴藏着许多精妙的设计要点。深入探讨这些要点，不仅有助于我们更好地理解和使用 Kafka，更能从中领略到其设计的智慧与匠心。

第一，Kafka 之所以能够高效处理海量数据，得益于其直接利用 Linux 文件系统的 Cache 来缓存数据。这一设计巧妙地利用了操作系统层面的缓存机制，使得数据的读写操作能够直接在缓存中进行，大大减少了磁盘 I/O 的次数，从而提高了整体性能。此外，Kafka 还采用了 Linux Zero-Copy 技术来提高数据发送性能。在传统的数据发送过程中，需要多次进行上下文切换，而 Zero-Copy 技术则能够在内核态直接进行数据交换，将系统上下文切换次数减少到最低，进一步提升了数据发送的效率。

第二，Kafka 以 Topic 为单位进行消息管理，每个 Topic 由多个 Partition 组成，每个 Partition 又对应一个逻辑 Log，由多个 Segment 组成。这种层级化的设计使得 Kafka 能够灵活地管理大量消息，并且能够通过增加 Partition 的数量来水平扩展系统的处理能力。同时，Kafka 通过消息 ID（身份证件、标识号）直接定位到消息的存储位置，避免了 ID 到位置的额外映射开销，进一步提高了消息处理的效率。

第三，Kafka 的分布式设计也是其高效稳定的重要保障。无论是 Producer、Broker，还是 Consumer，Kafka 都默认采用多个实例的分布式部署方式。这种设计使得 Kafka 能够充分利用集群的资源优势，提高系统的吞吐量和容错能力。同时，Kafka 通过

ZooKeeper 进行负载均衡和元数据管理，确保了在集群中各个节点之间的协调与同步。

Kafka 在 Broker 和 Consumer 之间并没有采用传统的负载均衡机制，而是利用了 ZooKeeper 的分布式协调服务来实现。所有 Broker 和 Consumer 都会在 ZooKeeper 中进行注册，并且 ZooKeeper 会保存它们的元数据信息。当某个 Broker 或 Consumer 发生变化时，ZooKeeper 能够及时通知其他节点，从而实现动态的负载均衡和故障转移。

三、Kafka 消息的存储方式

首先深入了解一下 Kafka 中的 Topic。Topic 是发布的消息的类别或者种子 Feed 名。对于每个 Topic，Kafka 集群都会维护这一分区的 Log。

每个分区都是一个有顺序的、不可变的消息队列，并且可以持续添加。分区中的消息都被分配了一个序列号，称之为偏移量（offset），在每个分区中此偏移量都是唯一的。

Kafka 集群保存所有的消息直到它们过期，无论消息是否被消费。实际上，消费者所持有的仅有的元数据就是这个偏移量，也就是消费者在这个 Log 中的位置。在正常情况下，当消费者消费消息的时候，偏移量会线性增加。但是实际偏移量由消费者控制，消费者可以重置偏移量，以重新读取消息。这种设计对消费者来说操作自如，一个消费者的操作不会影响其他消费者对此 Log 的处理。

Kafka 中采用分区的设计有两个目的：一是可以处理更多的消息，而不受单台服务器的限制，Topic 拥有多个分区，意味着它可以不受限制地处理更多的数据；二是分区可以作为并行处理的单元。

Kafka 会为每个分区创建一个文件夹，文件夹的命名方式为 topicName- 分区序号。而分区是由多个 Segment 组成的，是为了方便进行日志清理、恢复等工作。每个 Segment 以该 Segment 第一条消息的 offset 命名并以".log"作为后缀。另外还有一个索引文件，它标明了每个 Segment 下包含的 Log Entity 的 offset 范围，文件命名方式也是如此，以".index"作为后缀。这两种文件的命名格式如下所示：

00000000000000000000.index
00000000000000000000.log
00000000000000368769.index
00000000000000368769.log
00000000000000737337.index
00000000000000737337.log
00000000000001105814.index
00000000000001105814.log

索引文件存储大量元数据，数据文件存储大量消息（Message），索引文件中的元数据指向对应数据文件中 Message 的物理偏移地址。以索引文件中的元数据 3 497 为例，依次在数据文件中表示第三个 Message（在全局 Partition 中表示第 368 772 个 Message）以及该消息的物理偏移地址为 497。

四、Kafka 主要代码解读

Log Manager 管理 Broker 上所有的 Logs（在一个 Log 目录下），一个 Topic 的一个 Partition 对应一个 Log（一个 Log 子目录）。这个类应该说是 Log 包中最重要的类，也是 Kafka 日志管理子系统的入口。日志管理器（Log Manager）负责创建日志、获取日志、清理日志。所有的日志读写操作都交给具体的日志实例来完成。日志管理器维护多个路径下的日志文件，并且会自动比较不同路径下的文件数目，然后选择在最少的日志路径下创建新的日志。Log Manager 不会尝试去移动分区，另外专门有一个后台线程定期裁剪过量的日志段。

这个类的构造函数参数主要有：①logDirs: Log Manager 管理的多组日志目录。②topic Configs: topic=>topic 的 Log Config 的映射。③default Config: 一些全局性的默认日志配置。④cleaner Config: 日志压缩清理的配置。⑤ioThreads: 每个数据目录都可以创建一组线程执行日志恢复和写入磁盘，这个参数就是这组线程的数目，由 num.recovery.threads.per.data.dir 属性指定。⑥flush CheckMs: 日志磁盘写入线程检查日志是否可以写入磁盘的间隔，默认是毫秒，由 log.flush.scheduler.interval.ms 属性指定。⑦flush CheckpointMs: Kafka 标记上一次写入磁盘结束点为一个检查点，用于日志恢复的间隔，由 log.flush.offset.checkpoint.interval.ms 属性指定，默认是 1 分钟，Kafka 强烈建议不要修改此值。⑧retention CheckMs: 检查日志段是否可以被删除的时间间隔，由 log.retention.check.interval.ms 属性指定，默认是 5 分钟。⑨scheduler: 任务调度器，用于指定日志删除、写入、恢复等任务。⑩broker State: Kafka Broker 的状态类（在 kafka.server 包中）。Broker 的状态默认有未运行（not running）、启动中（starting）、从上次未正常关闭恢复中（recovering from unclean shutdown）、作为 Broker 运行中（running as broker）、作为 Controller 运行中（running as controller）、挂起中（pending），以及关闭中（shutting down）。当然，Kafka 允许自定制状态。⑪time: 和很多类的构造函数参数一样，是提供时间服务的变量。Kafka 在恢复日志的时候是借助检查点文件来进行的，因此，在每个需要进行日志恢复的路径下都需要有这样一个检查点文件，其名称固定为"recovery-point-offset-checkpoint"。另外，由于在执行一些操作时需要将目录下的文件锁住，因此，Kafka 还创建了一个扩展名为 .lock 的文件用来标识这个目录在当前是被锁住的。

五、Kafka 日志管理方法

create And Validate Log Dirs: 创建并验证给定日志路径的合法性，特别要保证不能出现重复路径，并且要创建那些不存在的路径，而且还要检查每个目录都是可读的。

lockLogDirs: 在给定的所有路径下创建一个 .lock 文件。如果某个路径下已经有 .lock 文件，则说明 Kafka 的另一个进程或线程正在使用这个路径。

load Logs: 恢复并加载给定路径下的所有日志。具体做法是为每个路径创建一个线程池。为了向后兼容，该方法要在路径下寻找是否存在一个 .kafka clean Shutdown 文件，如果存在的话就跳过这个恢复阶段，否则将 Broker 的状态设置为恢复中，真正的恢复工作是由 Log 实例来完成的。然后读取对应路径下的 recovery-point-offset-checkpoint 文件，读出要恢复的检查点。前面提到检查点文件的格式大概类似于下面的内容：

第一行必须是版本 0；第二行是 Topic/ 分区数；以下每行都有三个字段，即 Topic、Partition、Offset。读完这个文件后，会创建一个 Topic And Partition=>offset 的 Map。

之后为每个目录下的子目录都构建一个 Log 实例，然后使用线程池调度执行清理任务，最后删除这些任务对应的 clean Shutdown 文件。至此，日志加载过程结束。

startup：开启后台线程进行日志冲刷（flush）和日志清理。主要使用调度器安排 3 个调度任务：cleanup Logs、flush Dirty Logs 和 checkpoint Recovery Point Offsets——自然有 3 个对应的实现方法。

同时判断是否启用了日志压缩，如果启用了，则调用 Cleaner 的 startup 方法开启日志清理。

shutdown：关闭所有日志。首先关闭所有清理者线程，然后为每个日志目录创建一个线程池，执行目录下日志文件的写入磁盘与关闭操作，同时更新外层文件中检查点文件的对应记录。

logs By Topic Partition：返回一个 Map 保存 Topic And Partition=>Log 的映射。

all Logs：返回所有 Topic 分区的日志。

logs ByDir：日志路径 => 路径下所有日志的映射。

flush Dirty Logs：将任何超过写入间隔且有未写入消息的日志全部冲刷到磁盘上。

checkpoint Logs InDir：在给定的路径中标记一个检查点。

checkpoint Recovery Point Offsets：将日志路径下所有日志的检查点写入一个文本文件中（recovery-point-offset-checkpoint）。

truncate To：截断分区日志到指定的 offset，并使用这个 offset 作为新的检查点（恢复点）。具体做法就是遍历给定的 Map 集合，获取对应分区的日志，如果要截断的 offset 比该日志当前正在使用的日志段的基础位移小（也就是说要截断一部分当前日志段），则需要暂停清理者线程。之后开始执行阶段操作，最后再恢复清理者线程。

truncate Fully And StartAt：删除一个分区所有的数据并在新 offset 处开启日志。操作前后分别需要暂停和恢复清理者线程。

get Log：返回某个分区的日志。

create Log：为给定分区创建一个新的日志。如果日志已经存在，则返回。

delete Log：删除一个日志。

next Log Dir：创建日志时选择下一个路径。目前的实现是计算每个路径下的分区数，然后选择最少的那个。

cleanup Expired Segments：删除那些过期的日志段，也就是当前时间减去最近修改时间超出规定的那些日志段，并且返回被删除日志段的个数。

cleanup Segments To Maintain Size：如果没有设定 log.retention.bytes，则直接返回 0，表示不需要清理任何日志段（这也是默认情况，因为 log.retention.bytes 默认是 -1）；否则计算出该属性值与日志大小的差值。如果这个差值能够容纳某个日志段的大小，那么这个日志段就需要被删除。

cleanup Logs：删除所有满足条件的日志，返回被删除的日志数。

从 Kafka 官方网站可以看到它的生态范围非常广，覆盖从发行版、流处理对接、Hadoop 集成、搜索集成到周边组件等领域，如管理、日志、发布、打包、AWS（亚马逊网络服务）集成等。

第四节　数据预处理与数据规约

一、数据预处理的重要性

数据预处理在数据挖掘中扮演着至关重要的角色，尤其是在处理噪声、不完整和不一致的数据时。当商场主管进行销售数据分析时，他必须对数据进行仔细检查，以挑选出相关的特征或维度，例如商品类型、价格、销售量等。然而，数据中常常存在着具有噪声、不完整和不一致的情况，这些情况需要通过数据预处理才能够进行正式的数据挖掘工作。

噪声指的是存在于数据集中的错误或异常数值，这些噪声可能会严重影响到分析结果的准确性和可靠性。因此，数据预处理的第一步通常是数据清洗，即消除噪声和纠正不一致的错误。使用各种统计方法或规则来检测和修复这些异常值，可以使数据更加清晰和可信。不完整是指数据中的某些属性缺失了数值或信息。这可能是由于记录错误、设备故障或者人为遗漏等原因造成的。针对这种情况，数据预处理的方法之一是数据填充，可以通过插值、均值、中值等方式来填补缺失的数据，以确保数据集的完整性和准确性。不一致是指数据内涵出现了逻辑上的不一致情况，例如同一项数据在不同地方的表示方式不同或者数据之间存在矛盾等。为了解决这一问题，数据预处理通常需要进行数据集成和转换。数据集成是指将来自不同数据源的数据合并到一个统一的数据集中，以便进行后续的分析和挖掘。而数据转换则是将数据的格式进行调整和统一，例如将日期格式进行标准化或者将文本数据转换为数字型数据。此外，数据规约也是数据预处理的一个重要步骤，即通过删除冗余特征或者使用聚类等方法来消除多余的数据，以减少数据集的复杂性和提高数据挖掘的效率。

在数据库管理中，普遍存在着不完整、噪声和不一致的数据，这给数据挖掘和分析带来了艰巨的挑战。不完整数据可能是由于各种原因造成的，包括但不限于缺失属性内容、数据被视为不必要、误解或设备失灵导致数据未记录、与其他记录不一致而删除、忽略历史记录或数据修改。例如，在医疗数据库中，患者的某些健康指标可能会由于技术问题或患者拒绝测试而未被记录，导致数据不完整。噪声数据的产生原因可能包括采集设备问题、录入错误、传输错误以及命名规则或代码不一致。例如，在传感器数据收集中，可能由于环境干扰或设备故障而产生噪声，导致数据出现异常值或偏差。为了解决这些问题，数据清洗处理成为必要步骤，包括填补缺失值、平滑噪声数据、识别或移除异常值以及解决数据不一致。这是因为有问题的数据会误导挖掘过程，而且现有挖掘方法对不完整或噪声数据处理不够鲁棒。例如，在进行数据挖掘时，如果不处理不完整或噪声数据，可能会导致模型产生不准确的结果，从而影响决策的准确性和可信度。不同数据库中描述同一概念的属性命名不一致可能会导致数据不一致或冗余，例如属性名不同导致同一属性值内容不同。这种数据冗余不仅会降低挖掘速度，还会误导挖掘过程。

数据挖掘过程中的关键步骤之一是数据转换，其核心在于标准化操作，尤其在使用基于对象距离的挖掘算法（如人工神经网络、最近邻分类）之前。标准化确保数据范围被限定在特定范围内，通常是 [0, 1] 区间。这一步骤的目的是避免由于数据属性值之间的差异而导致的距离计算偏差，从而确保了数据挖掘的准确性和可靠性。数据规约是另一个重要的步骤，旨在缩小数据规模，但又不影响最终的挖掘结果。常见的数据规约方法包括数据聚合、维度降低、数据压缩以及数据块消减等。这些方法相互关联，如消除数据冗余既可以看作是数据清洗的一部分，也是数据规约的一种实现。

数据预处理是整个数据挖掘与知识发现过程中不可或缺的一环，它有助于改善数据质量，提高挖掘过程的有效性和准确性，因为高质量的数据是制定高质量决策的基础。在数据预处理阶段，数据被清洗、转换和规约，以消除噪声、填补缺失值、解决数据不一致性等问题，从而使数据集更加适合进行挖掘和分析。

二、数据预处理的方式

（一）数据清洗

现实世界的数据常常是有噪声的、不完全的和不一致的。数据清洗例程通过填补缺失数据、消除异常数据、平滑噪声数据以及纠正不一致的数据等来提高数据质量。下面详细介绍数据清洗的主要处理方法。

1. 不完整数据的处理

假设在分析一个商场的销售数据时，发现有多个记录中的属性值为空，例如，顾客的收入属性。对于为空的属性值，可以采用以下方法进行不完整数据的处理。

（1）忽略该条记录。如果某记录的属性值遗漏，可以选择排除该记录。特别是在分类数据挖掘中，遗漏类别属性的记录可能对结果造成影响。然而，这种方法会导致数据量的减少，可能损失了一部分有价值的信息。

（2）手工填补遗漏值。这种方法虽然不适用于大规模数据集，但可以确保填补的准确性。通过人工补全遗漏的属性值，可以避免一些由于自动填充方法导致的误差，但显然这种方法不太实用。

（3）默认值填补遗漏值。当属性遗漏率较高时，使用默认值填补可能会导致数据的偏差。因此，在采用这种方法时，需要谨慎考虑数据的分布情况以及对结果的影响。

（4）均值填补遗漏值。这种方法适用于连续型数据，利用属性的平均值来填补遗漏值，从而保持数据的统计特性。然而，这种方法可能会忽略不同类别之间的差异，因此在一些情况下可能并不适用。

（5）同类别均值填补遗漏值。这种方法利用同一类别下的属性平均值来填补遗漏值，从而提高填补的准确性。通过考虑不同类别之间的差异，这种方法可以更好地保持数据的结构特征。

（6）最可能的值填补遗漏值。这种方法利用回归、贝叶斯或决策树等方法推断出最可能的属性值，从而提高填补的准确性。这种方法可以更好地利用数据之间的关联性，但也需要更复杂的模型和计算。

最后一种方法是一种较常用的方法，与其他方法相比，它最大程度地利用了当前数据所包含的信息来帮助预测所遗漏的数据，通过利用其他属性的值来帮助预测属性收入的值。

2. 噪声数据的处理

噪声是指被测变量的一个随机错误和变化。通常一个数值型属性（如价格）去噪的具体方法如下：

（1）数据分箱平滑方法。数据分箱平滑方法是一种常用的数据处理技术，其核心思想是利用相邻数据点进行局部平滑，将数据分配到若干箱中，以减少数据波动带来的噪声影响。这种方法的关键在于确定箱的宽度，不同的宽度会影响平滑效果与信息损失的程度。较小的箱宽度可以更精细地平滑数据，但可能导致过度拟合和信息丢失不足；而较大的箱宽度可以减少过度拟合，但可能导致平滑效果不佳。因此，选择适当的箱宽度是数据分箱平滑方法中的重要问题。

（2）聚类方法。聚类方法是一种常用于异常检测的数据分析技术。通过聚类分析，将相似或相邻的数据聚合形成聚类集合，从而发现数据中的异常点。聚类方法的核心在于定义相似性度量和聚类算法。相似性度量可以是欧氏距离、曼哈顿距离等，而聚类算法可以是 k 均值聚类、层次聚类等。聚类方法可以将数据分成不同的集群，使得异常点与正常点相对独立，从而更容易检测出异常。

（3）人机结合检查方法。人机结合检查方法是一种结合了信息论方法和人工检查的数据异常检测技术。使用信息论方法，可以快速识别异常模式，辅助人工检查。相比于纯人工检查，人机结合检查方法更高效，可以有效地减少人工成本和时间成本。在这种方法中，信息论方法负责快速筛选可能的异常模式，而人工检查则负责最终确认异常点，从而提高了异常检测的准确性和效率。

（4）回归方法。回归方法是一种利用拟合函数对数据进行平滑的数据处理技术。使用线性回归、多变量回归等方法，可以获得变量间的拟合关系，从而帮助预测变量可能的取值，并平滑数据且去除噪声。回归方法的核心在于选择合适的拟合函数和拟合算法。线性回归适用于线性关系较为明显的数据，而多变量回归则适用于多变量之间复杂的非线性关系。回归方法可以有效地降低数据的波动性，提高数据的稳定性和可解释性。

数据平滑方法在数据规约中扮演着重要角色，尤其是通过分箱等手段，能够有效减少属性取值，从而为逻辑挖掘提供了规约处理的基础。分箱不仅可以将数据划分成不同的区间，还可以将连续型数据转化为分类型数据，降低了数据的复杂性，提高了数据挖掘的效率。通过数据平滑方法规约后的数据，更易于理解和处理，为后续的数据分析和模型构建提供了更清晰、更规范的数据基础。

3. 不一致数据的处理

数据库中常见的不一致数据问题可以通过外部关联手段得到解决。例如，将数据库中的数据与原始数据源对比，可以发现录入错误并进行纠正，从而提高数据的准确性和一致性。此外，对于编码不一致的情况，可以借助例程进行修正，统一编码体系，保证数据的一致性和规范性。知识工程工具也能够帮助发现违反数据约束的问题，通过对数据进行检查和分析，及时发现并解决数据质量方面的问题，确保数据库中数据的完整性和可靠性。

（二）数据集成

在数据挖掘任务中，数据集成操作是至关重要的一环，其中涉及模式集成、冗余以及数据冲突检测与消除。

第一，模式集成着重于实体识别，即确定不同数据源中的实体是否相同。例如，识别"custom_id"和"cust_number"是否表示同一实体。解决这一问题的方法在于实体匹配和识别，确保数据源中的实体能够正确匹配。

第二，冗余分为属性冗余和记录冗余。属性冗余指的是某些属性可以从其他属性推演得出的情况，如平均月收入属性可以由月收入属性计算得出。解决这一问题的方法是利用相关分析发现数据冗余情况，检查属性和记录行的冗余，进而采取相应措施加以处理。

第三，数据冲突检测与消除涉及处理不同数据源之间的差异性。这种差异可能体现在属性值的单位、比例尺度、编码等方面。解决这一问题的方法包括检测并消除不同数据源间的语义差异，如货币单位、重量单位等，以确保数据的一致性。

（三）数据转换

数据转换是数据分析的关键步骤之一，其目的是清洗和转换原始数据，使其适合后续的分析和建模。以下是四种常见的数据转换技术。

第一，平滑是一种常见的数据转换技术，旨在去除数据中的噪声和异常值，以便更准确地反映数据的趋势和模式。使用分箱、聚类和回归等方法可以实现数据的平滑处理，通过将数据分组或使用拟合曲线来消除数据中的波动和不连续性。

第二，聚集是将数据进行总结或合计操作的过程，常用于构建数据立方体或进行多粒度分析。例如，将每天的销售额合计成每月或每年的总额，这有助于对数据进行更高层次的分析和洞察。

第三，泛化是通过使用更高层次的概念取代低层次或原始数据对象，以简化数据结构并提高数据的可解释性。例如，将街道属性泛化到城市、国家，或将年龄属性泛化到青年、中年和老年等，可以减少数据的复杂度，并使其更易于被理解和应用。

第四，标准化是将属性数据按比例映射到特定的小范围内，以便于比较和分析。例如，将工资收入映射到 0～1 范围内，可以消除不同属性之间的量纲影响，使得数据更具有可比性和可解释性。

（四）数据规约

在进行大规模数据库内容的复杂数据分析时，我们常常会面临着诸多问题。特别是在交互式数据挖掘的场景下，耗费大量时间是一项不可忽视的障碍，因而变得既不现实又不可行。在这种情况下，数据规约技术的重要性愈发凸显。数据规约技术能够帮助我们从庞大数据集中提取出精简的数据，同时保持数据的完整性，这有助于提高数据挖掘的效率，并且基本上保持挖掘结果的准确性。为了达到这个目标，可以采取多种数据规约策略，具体如下。

第一，数据立方合计。这种方法用于构造数据立方，从而对数据进行汇总和聚合，有助于减少数据的复杂性。

第二，维规约。这种方法用于检测和消除无关、弱相关或冗余的属性或维，从而精简数据集。

第三，数据压缩技术。这是一种常见的数据规约策略，利用编码技术对数据进行压缩，减小数据集的大小，从而提高数据处理效率。

第四，数据块消减策略。这种方法利用更简单的数据表达形式替代原始数据，进一步减少数据的复杂性。

第五，离散化与概念层次规约。这是一种常用的策略，通过使用取值范围或更高层次的概念来替换初始数据，利用概念层次挖掘不同抽象层次的模式知识。

需要注意的是，在进行数据规约时，时间成本的控制是至关重要的。数据规约所花费的时间不应该超过因数据规约而节约的数据挖掘时间，否则就得不偿失。因此，在选择数据规约策略时，需要综合考虑时间成本和数据挖掘效率，以实现最佳的结果。

1. 数据立方合计

为了进一步提升数据分析的灵活性和深度，数据立方体可以与概念层次树相结合。概念层次树是一种层次化的数据表示方法，它允许将数据属性提升到更高的抽象层次。例如，将公司分支的属性提升到区域概念，这样就可以轻松地对同一区域内的多个分支进行合并分析。这种方法不仅扩展了数据分析的视角，还增强了数据的多维性和可比性。

在OLAP（联机分析处理）环境下，数据立方合计使得用户能够执行上卷和下钻操作，以查询不同抽象层次的数据。上卷操作允许用户查看宏观层面的数据汇总，例如整个公司三年的销售总额；而下钻操作则允许用户深入微观层面，查询到最细节的数据信息，如单笔交易记录。这种多粒度的数据访问能力，为用户提供了全面而深入的数据洞察。

每一层次的数据立方体都是对下一层数据的抽象和规约，这种层次化的数据表示不仅减少了数据的复杂性，还提高了数据的可管理性和分析效率。数据规约减少数据的体积和复杂性，同时保留了数据的核心信息和分析价值，是数据立方合计的重要目标。

2. 维规约

在数据挖掘领域，处理数据集时经常会面临一个挑战：数据集可能包含大量属性，其中许多与任务无关，选择合适的属性需要耗费大量时间和精力，而且不当的选择容易对结果的准确性和有效性产生负面影响。为了解决这一问题，维规约成为一种常见的方法，它通过消除多余和无关的属性来减小数据集的规模，通常采用属性子集选择的方式。属性子集选择的目标是找出最小的属性子集，同时确保新数据子集的概率分布尽可能接近原数据集。

使用筛选后的属性集进行数据挖掘可以使结果更易于理解，因为使用了较少的属性。然而，从初始属性集中找到最优的属性子集是一个复杂的过程，通常涉及最优穷尽搜索。在这个过程中，使用启发知识可以帮助缩小搜索空间，提高搜索效率。启发式搜索通常基于局部最优的指导属性筛选，以获得可能的全局最优解。

在选择最优属性子集时，通常会使用统计重要性方法，这些方法假设各属性相互独立。这些方法可以帮助确定哪些属性对于任务是最重要的，或者哪些属性是最无关的。这种方式可以在保证数据集信息完整性的前提下，减少不必要的属性，从而提高数据挖掘的效率和准确性。

构造属性子集的基本启发式方法主要如下。

（1）逐步添加方法。它从一个空的属性集开始，每次选择当前最优的属性添加到集合中，直到无法选择最优属性或满足阈值约束为止。这个过程保证了每次添加的属性都是对模型性能贡献最大的，从而提高了模型的准确性和泛化能力。

（2）逐步消减方法。它从全属性集开始，每次选择当前最差的属性消除，直到无法选择最差属性或满足阈值约束为止。这种方法的好处在于能够排除那些对模型没有贡献或有负面影响的特征，从而简化模型并提高其可解释性。

（3）消减与添加结合方法。它将逐步添加和逐步消减两种策略结合起来。在这种方法中，同时进行添加最优属性和消除最差属性，直到无法选择最优和最差属性或满足阈值约束为止。这种方式可以在保持模型复杂度的同时，尽可能地提取有用的信息。

（4）决策树归纳方法。它利用决策树算法对初始数据进行分类学习，然后剔除未出现在决策树上的属性，得到一个较优的属性子集。这种方法的优势在于能够同时进行特征选择和模型训练，从而降低了特征选择的计算成本并提高了模型的性能。

3. 数据压缩

数据压缩是信息技术领域中的一项关键任务，通过编码或转换将原数据压缩为较小规模的数据集合。在数据压缩的过程中，有两种主要的方法：无损压缩和有损压缩。无损压缩可以完全恢复原数据，而有损压缩则无法实现完全的还原。在数据挖掘中，通常采用的是有损压缩方法，其中包括小波转换和主成分分析等技术。

（1）小波转换。小波转换是一种重要的有损压缩方法，采用离散小波变换可以将数据向量转换成相同长度的另一向量。通过舍弃小波相关系数，可以提高运算效率，并在保留大于指定阈值的系数的情况下，近似恢复原数据。离散小波变换的逆运算能够去除噪声并保留主要特征，使得恢复的数据更接近原始数据。相较于离散傅里叶变换，离散小波变换具有更好的有损压缩性能，能够更有效地压缩数据，并在恢复数据时尽可能地保持原始数据的特征。

（2）主成分分析。主成分分析（PCA）是一种广泛应用于数据压缩和特征降维的统计技术。该方法旨在从多维数据中提取最重要的信息，并通过舍弃不重要的维度来实现数据的压缩。以下是 PCA 的主要处理步骤。

第一，对输入的 N 个数据行（向量），每个具有 k 个维度（属性或特征），进行标准化处理。标准化的目的是确保每个属性的数据取值范围一致，以便在后续步骤中进行有效比较和计算。

第二，计算数据的协方差矩阵，并对其进行特征分解，以得到 k 个特征值和对应的特征向量。这些特征向量即为数据的主要主成分，它们能够捕捉数据中的主要变化趋势。

第三，根据特征值的大小，对特征向量进行降序排序。特征值越大，对应的特征向量在数据中的重要性越高，因为它解释了数据中更多的变化量。

第四，根据用户设定的阈值或保留的主成分数量，选择最重要的特征向量。舍弃那些重要性较低的特征向量，得到一个降维后的数据集合。通过这些主要的主成分，我们可以近似地恢复原始数据，尽管可能会损失一些信息，但通常这种近似足以满足大多数分析需求。

PCA方法的计算量不大且可以用于取值有序或无序的属性，同时也能处理稀疏或异常数据。PCA方法还可以将多于两维的数据通过处理降为两维数据。与离散小波变换相比，PCA方法能较好地处理稀疏数据，而离散小波变换则更适合对高维数据进行处理变换。

4. 数据块消减

数据块消减方法主要包括参数与非参数两种基本方法。所谓参数方法就是利用一个模型来帮助通过计算获得原来的数据，因此只需要存储模型的参数即可（当然异常数据也需要存储）。例如，线性回归模型就可以根据一组变量预测计算另一个变量。而非参数方法则是存储利用直方图、聚类或取样而获得的消减后数据集。下面介绍几种主要的数据块消减方法。

（1）线性回归与对数线性模型。线性回归模型通过确定一组变量之间的关系来预测目标变量的值。在这个模型中，每个自变量与因变量之间的关系可以用一个线性方程来表示，其中模型参数（如截距和斜率）可以通过最小二乘法等统计技术来估计。多变量回归则扩展了这一概念，允许同时考虑多个自变量对因变量的影响。对数线性模型则专注于拟合离散概率分布，通过估计数据立方体中的基本单元分布概率来实现数据的压缩和平滑。这些模型在处理稀疏数据和异常值时表现出色，尽管在高维数据处理中可能会面临计算复杂度的挑战。

（2）直方图。直方图是一种典型的非参数方法，它通过将数据分布划分为若干区间（或称为"桶"），并统计每个区间内的数据频率来近似描述数据的分布情况。直方图的构造方法有多种，包括等宽、等深、V-Optimal 和 MaxDiff 等，每种方法都有其特定的优势和适用场景。直方图特别适合于处理多维数据，能够有效地描述属性间的相互关系。

（3）聚类。聚类将数据行视为对象。对于聚类分析所获得的组或类则有如下性质：同一组或类中的对象彼此相似，而不同组或类中的对象彼此不相似。所谓相似通常利用多维空间中的距离来表示。一个组或类的"质量"可以用其所含对象间的最大距离（称为半径）来衡量；也可以用中心距离，即以组或类中各对象与中心点距离的平均值，来作为组或类的"质量"。

在数据规约中，数据的聚类表示用于替换原来的数据。当然这一技术的有效性依赖于实际数据内在规律。在处理带有较强噪声的数据时，采用数据聚类方法常常是非常有效的。

（4）采样。采样通过从大数据集中抽取代表性的子集来实现数据规约。常见的采样方法包括简单随机采样、有替换随机采样、聚类采样和分层采样等。这些方法的选择取决于数据的特性和分析的目标。采样方法的优点在于它可以显著减少数据处理的时间和资源消耗，同时保持数据集的代表性。

第三章　数据仓库的设计与优化

随着大数据时代的到来，数据仓库作为企业信息架构的核心，对于数据的集中管理、分析和应用发挥着至关重要的作用。本章围绕数据仓库与实时数据仓库、数据仓库与数据挖掘的关系、数据仓库的模型设计技术、数据仓库的使用与优化展开论述。

第一节　数据仓库与实时数据仓库

一、数据仓库

"随着当前信息技术水平的提高，传统数据库逐渐难以满足实际运用需求，数据仓库应运而生，相较于传统数据库，数据仓库在数据分析处理、决策支持方面有着更强的优势。"[1] 数据仓库是一个为企业的决策制定过程提供所有类型数据支持的战略集合。它是单个数据存储，主要目的是进行分析性报告和决策支持。数据仓库中的数据是按照一定的主题进行组织的，这些数据从原有的数据库中抽取出来，经过加工与集成后形成新的、统一的数据集合。

（一）数据仓库的主要特点

1. 主题性

在数据仓库管理中，主题性是核心概念之一，其重要性体现在对数据的组织、管理以及分析的过程中。数据仓库中的数据以特定业务分析领域为主题进行组织和管理，这意味着数据按照业务需求和特定主题进行分类和整合。这些主题代表了数据的高层次抽象，例如市场质量、销售情况和成本控制等，使得数据在仓库内进行有序分类，并支持有效的分析和利用。举例来说，客户主题和销售主题是数据仓库中常见的两种主题，它们的存在有助于管理者更好地理解客户行为、市场趋势以及销售表现，从而为业务决策提供依据和支持。

2. 集成性

数据仓库的集成性是确保数据仓库数据质量和一致性的关键因素之一。数据仓库的数据源自原有数据库，但在进入数据仓库之前，需要经过严格的清洗、集成和转换过程。这是因为原有数据库中存在着数据重复和不一致的问题，同时不同系统的异构性也给数据整合带来了挑战。因此，清洗、集成和转换的过程不仅解决了数据的质量问题，也确保了数据在仓库中的一致性和可用性。此外，为了满足综合分析的需求，还需要对原数据进行进一步的处理和加工，以解决数据连接和匹配上的困难。这包括

---

[1] 宋传园. 数据仓库的概念与技术分析 [J]. 信息记录材料，2023，24(5)：65.

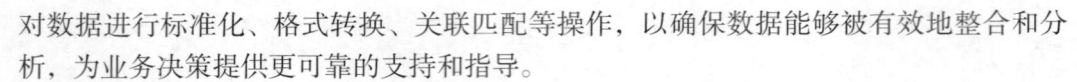

对数据进行标准化、格式转换、关联匹配等操作，以确保数据能够被有效地整合和分析，为业务决策提供更可靠的支持和指导。

3. 时变性

时变性是数据仓库中的一个关键概念，其核心在于数据的动态性随着时间推移而不断变化。数据仓库中的数据并非静态不变，而是持续受到影响并发生改变。这一变化主要体现在三个方面：①数据仓库需要不断扩充新的数据内容，以保持对组织业务的全面覆盖；②数据在仓库中存在存储期限，并需要定期进行转存，以确保数据的有效性和可用性；③数据仓库需要定期进行新的数据综合，将新获取的数据与已有数据进行整合，以反映最新的业务状态。为了有效管理和分析这些变化，每个数据表都应包含时间维度，以明确数据在时间序列中的特定属性，从而帮助用户理解和分析数据的演变过程。

4. 只读性

数据仓库主要用于存储长时间跨度内的历史数据，以支持决策分析和业务报告。在这种情况下，最终用户在数据仓库中的操作主要是查询，而不是修改或更新数据。这意味着数据仓库中的数据是具有只读性的，用户只能通过查询来获取数据，并不被允许直接修改数据，以确保数据的完整性和一致性。此外，数据仓库中的数据是数据快照集合，反映了不同时间点的数据状态，与需要实时更新的当前数据不同。

（二）数据仓库的体系结构

数据仓库是整理、归纳和重组业务数据库数据，以及即时将其提供给管理决策人员的系统。其体系结构的基本组成包括以下内容。

1. 数据源

数据源是数据仓库主要的数据来源，包括组织的事务数据库及其他数据来源。这些数据需要被整合成一致的数据集，包括各种形式的数据，如关系型数据库、平面文件、超文本标记语言文档等。数据源可能递归，也就是说，可能源自另一个数据仓库或 OLAP 服务器。为了统一与综合数据，并将用户感兴趣的数据抽取至数据仓库，数据抽取软件是必不可少的。

2. 后端工具

后端工具负责将数据源的数据格式转化为数据仓库所需的格式和类型，包括进行数据的抽取、清洗、转换等操作，以确保数据准确、高效地集成到数据仓库中。在数据集成过程中，可能需要从其他数据源获取额外信息，以支持数据仓库的维护和数据视图的更新。这些工具的作用是关键的，因为它们能够帮助数据仓库实现数据的有效管理和利用。

3. 元数据中心库

元数据中心库是数据仓库系统的核心组件之一，包含技术元数据和业务元数据两大类，记录了数据结构和数据仓库的变化，为数据管理提供了基础信息。其中，技术元数据涵盖了数据的物理存储结构、数据加载过程等技术层面的信息，而业务元数据则记录了数据内容、来源、管理责任等与业务相关的信息。通过查询工具，用户可以

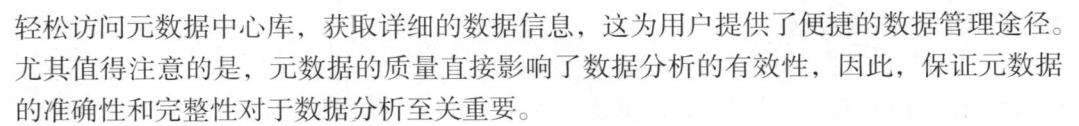

轻松访问元数据中心库，获取详细的数据信息，这为用户提供了便捷的数据管理途径。尤其值得注意的是，元数据的质量直接影响了数据分析的有效性，因此，保证元数据的准确性和完整性对于数据分析至关重要。

4. 前端工具

前端工具旨在为决策者或分析者提供方便快捷的数据处理与决策支持。前端工具直接连接到数据仓库，能够从中提取并呈现决策所需的信息。这些工具包括OLAP分析工具、查询报表工具、智能型数据挖掘工具等，其功能主要涵盖数据分析和可视化等领域。通过这些工具，用户能够更好地理解数据，并基于数据洞察做出明智的决策。因此，前端工具在数据驱动的决策过程中扮演着至关重要的角色，它们的使用使得决策者能够更快速地获取数据、分析数据，并最终做出基于数据的决策，从而推动组织的业务发展。

（三）数据仓库的生命周期

一般系统开发的过程包括需求分析、数据库设计、编程实现、系统测试、集成与实施、生成系统数据等环节。这是一个以需求为驱动的过程，即在明确了具体的需求之后，才开始开发相应的软件系统以满足这些需求。系统投入使用后，会产生业务数据，主要服务于日常操作者。

相对于一般系统开发，数据仓库的设计则是一个以数据为驱动的过程。在积累了大量数据的基础上，建立数据仓库变得必要，其目的是对数据仓库中的数据进行统计和分析，以发掘能够支持企业管理层做出决策的关键信息。因此，数据仓库主要服务于决策者。

按照数据仓库的生命周期开发法，可以将数据仓库的开发过程划分为三个主要阶段：数据仓库规划分析阶段、数据仓库设计实施阶段以及数据仓库使用维护阶段。这三个阶段不是简单的循环往复，而是一个持续改进和提升的过程。通常情况下，数据仓库系统的建设不可能在一个循环中一蹴而就，而是需要通过多次迭代开发来逐步完善。每一轮迭代都会为系统带来新的功能和优化，使得数据仓库不断地得到改进和提升，这个过程是持续进行的，以确保数据仓库能够适应不断变化的业务需求和决策支持的需要。

1. 数据仓库规划分析阶段

任何信息系统在开发之前都需要进行详尽的系统规划和需求分析，这不仅是系统开发成功的基石，也是确保系统能够满足用户需求的关键。数据仓库的规划分析阶段尤为关键，可以细分为以下三个部分：规划和确定需求、分析可行性以及制订项目开发计划。

（1）规划和确定需求。数据仓库的建设规划需严格遵循其生命周期的各个阶段。在每个阶段结束时，都需要形成书面结论和文档，并经过决策层的审核，以确保后续工作的顺利进行。用户需求分析的核心内容涵盖用户事务处理方式、评估用户工作表现的方法、当前所需功能以及未来可能扩展的功能、用户在业务处理中所需的信息及其业务层次结构。此外，还需深入了解用户当前使用的数据情况，并确定满足用户分析和汇总需求所需的数据。

（2）分析可行性。企业在决定建设数据仓库时，通常会综合考虑技术可行性、经济可行性和操作可行性。尽管随着信息技术的飞速发展，技术可行性已不再成为主要障碍，但经济可行性和操作可行性仍取决于企业的决策层。此外，我们还需要特别关注数据仓库创建过程中和数据本身相关的可行性。例如，如果数据质量低下，预处理工作将变得异常复杂，或者某些关键数据无法收集，那么项目的可行性将受到严重质疑。

数据探查作为一种重要的数据分析技术，主要用于描述数据的内容、一致性和结构。利用数据库管理系统（如 SQL Server）的查询功能，如 "select distinct"，也可以视为数据探查的一种方式。因此，在评估数据源的准备情况时，应迅速进行数据探查，并将结果作为项目早期阶段的重要参考依据。

（3）制订项目开发计划。数据仓库项目计划应明确三个核心要素：任务内容（即项目包含哪些具体任务）、时间安排（每项任务的开始和结束时间）以及所需资源（完成任务所需的人力、物力等）。在项目计划中，任务是最基本的工作单位。每个任务都应明确描述其工作内容、预计完成时间以及任务完成的判断标准。对于持续时间较长的任务，应设定阶段性里程标志，以便及时校验项目实际进度与计划是否一致。

此外，任务描述中还应详细说明任务的依赖条件，包括项目内部和外部的依赖关系，以便项目管理者能够充分关注并合理配置相关资源。

以上三个阶段可以确保数据仓库项目在明确的目标和计划指导下顺利进行，从而提高项目开发的成功率和效率。

2. 数据仓库设计实施阶段

数据仓库设计实施阶段可以划分为八个部分，这些部分共同确保了数据仓库的成功构建和有效运行。这八个部分包括开发概念模型、开发逻辑模型、设计物理体系结构、设计数据库和元数据、确定抽取数据源、开发中间件、数据装载以及数据仓库预测试。在建立数据库模型时，通常会涉及概念模型、逻辑模型和物理模型这三种模型类型。在使用数据库管理系统（DBMS）创建数据仓库时，同样需要考虑这三种模型。

（1）开发概念模型。开发概念模型的目的是全面分析科学抽象数据仓库所涉及的现实世界中的所有客观实体，为数据仓库的构建制定出详尽的"蓝图"。概念模型是构建数据仓库的基础，关键在于确保所有相关的客观实体（即业务内容）得到准确理解，并完整包含在模型中。因此，设计概念模型时需要具备充足的专业业务知识。常用的表示概念模型的方法是"实体-关系"图，它由实体、属性和关系三个基本要素构成。由于数据仓库面向主题的特性，在概念设计阶段需要明确数据仓库的主题，并据此建立相应的数据模型。

（2）开发逻辑模型。在深入分析概念模型的基础上，开发逻辑模型（也称为中间层数据模型）。逻辑模型可以视为数据仓库开发者与使用者之间交流讨论的工具和平台。开发者需要确保逻辑模型的完整性和正确性，并满足用户的使用需求。

（3）设计物理体系结构。物理体系结构是指逻辑模型在计算机系统中的具体实现，包括数据的物理存取方式、存储结构的设计以及数据存放位置的确定等。物理数据模型是在逻辑模型的基础上构建的。为了确保数据仓库系统的运行效率，在设计物理数据模型时，需要综合考虑 CPU 处理能力、I/O 设备工作能力、存储设备空间利用率等因素。针对数据仓库数据量大、操作类型相对简单的特点，应采用多种技术手段提升数据仓库的性能。设计合理的物理结构对于提升数据仓库的响应速度和使用效率有着至关重要的影响。

（4）设计数据库和元数据。在构建数据仓库时，设计数据库和元数据是至关重要的一环。数据库设计涉及详细的表和视图规划，在数据仓库环境中，这些设计需特别考虑决策者的分析需求，确保数据以易于分析的形式存储。数据仓库的数据库作为核心组件，不仅负责存储海量数据，还需支持高效的数据检索。与操作型数据库相比，数据仓库特别强调对大量数据的处理和快速检索技术的运用。元数据，即关于数据的数据，它描述了数据仓库中数据的结构、意义以及操作数据的进程和应用程序的相关信息。元数据在数据仓库的建设中扮演着核心角色，它涉及数据仓库的各个方面，为数据的管理、分析和使用提供了关键的信息。具体而言，元数据首先详细描述了与业务处理相关的数据信息，包括数据间的关联与约束关系、数据库中不同表之间的关联以及数据转换处理所依据的标题、项目关键词库的结构与内容等。此外，元数据还定义了数据处理过程中的算法与规则，包括算法流程、嵌入在算法中的关键参数、数据截取后的属性转换规则以及转换后数据与表字段的对应关系等。

随着数据仓库系统的使用，元数据需要根据实际工作需要进行不断地修改和扩充，以确保数据仓库的适应性和准确性。以 Microsoft SQL Server 2005 中的数据仓库 AdventureWorks 为例，在导入转换后的数据之前，可能需要增加数据校验流程或定期自动维护标题和项目关键词库的功能，这些新增部分的校验算法、规则等也都是元数据的重要组成部分。

（5）确定抽取数据源。数据仓库的构建通常涉及从多个数据源中抽取数据，这在企业级应用中尤为常见。数据源可能包括多个系统、平台和存储介质，涵盖了订单记录、生产、运输、客户服务和财务等多个业务领域。此外，一些高价值的数据源可能存在于业务流程之外，如客户人口统计学信息、目标客户清单、商贸业务数据和市场竞争数据等。为了确保数据仓库能够满足决策者的需求，必须以数据仓库的主题为基础，从众多数据源中精准识别和抽取与决策相关的数据。

（6）开发中间件。在确定了数据仓库的数据源后，接下来的关键步骤是开发中间件以执行数据抽取和转换操作，将数据从各个源系统整合到数据仓库中。中间件在数据转换过程中发挥着至关重要的作用，它能够解决数据源之间的冲突问题，如数据元素命名不一致、同名数据元素含义不同以及数据值差异等。中间件可以确保数据转换的顺利进行，实现数据的清洗和一致性。

（7）数据装载。经过中间件的数据清洗和一致化处理后，下一步是将数据装载到数据仓库中。在数据装载过程中，可以选择完全载入数据源数据，也可以根据特定需求对数据进行预先汇总，以提高数据仓库的查询和分析效率。

（8）数据仓库预测试。在完成数据装载后，需要对数据仓库进行预测试以验证其性能和准确性。在预测试过程中，可以使用报表、查询、联机分析等工具对数据仓库中的数据进行分析和验证。如果预测试结果能够满足最初设定的用户需求，则可以正式投入运行；如果结果存在偏差或问题，则需要对数据仓库进行相应的调整和优化。

3. 数据仓库使用维护阶段

数据仓库的使用维护阶段主要包括三个部分：数据仓库应用、数据仓库维护和数据仓库评价。在这个阶段，数据仓库已经正式投入运行，但其运行方式与一般数据库不同，它与决策者提出的需求密切相关，因此必须根据决策者的需求不断调整数据仓库，进行维护工作。在数据仓库使用的过程中，维护工作显得尤为重要。

二、实时数据仓库

随着信息化建设的不断深入，企业和组织积累了大量数据，数据仓库技术成为决策制定的重要依据。然而，传统的数据仓库系统存在着更新周期较长的问题，这导致了无法满足实时决策需求的困境，尤其是在电子商务等领域，业务节奏加快、事件流量爆炸性增长的挑战更是凸显。为了应对这一挑战，实时数据仓库系统应运而生。实时数据仓库系统的出现，不仅支持了快速业务分析，而且确保了决策者能够及时获取最新的数据。此外，数据仓库与业务过程的集成趋势也在不断加速，尤其在电子商务领域。实时数据仓库系统的应用场景也日渐丰富，包括但不限于客户推荐、品牌开发、库存预测以及产品质量控制等领域。这些领域的实时数据需求日益增长，实时数据仓库系统的优势在于它能够满足这些领域对即时数据的需求，为企业提供更为准确和及时的决策支持。因此，实时数据仓库系统在当前信息化发展的大背景下，不仅是一种技术创新，更是一种必然的需求。

实时数据仓库是一种数据管理系统，其特点在于数据源的任何改变都能够自动且立即反映到数据仓库中。这种数据仓库结合了实时行为和传统数据仓库的特性。实时行为是指即时发生的行为，例如在生产过程中钢卷轧制。实时数据仓库的关键功能之一是能够捕获生产行为发生时的数据，并在行为完成时立即将相关数据更新到数据仓库中。虽然实时数据仓库能够减少数据产生到数据可用之间的延迟，但并不能完全实现零延迟。传统数据仓库系统通常以批处理方式进行周期性更新，数据可用性的延迟最少为 24 小时，而实时数据仓库则致力于尽可能减少延迟，但仍属于近实时系统。实时数据仓库的一个重要优势在于，在用户发出分析查询时，能够确保利用到目前为止最新的数据，从而提供更加准确和及时的分析结果。因此，实时数据仓库在处理需要及时反馈的场景下具有明显的优势，例如生产监控、交易处理等领域。通过及时捕获和更新数据，实时数据仓库能够给组织提供更加实时、可靠的分析和决策支持。

从数据供应链的时间角度来看，实时数据仓库中所谓的"实时"概念包含了准时、模拟实时、近实时和实时四种不同的情况，具体分析如下。

第一，准时，这种情况下数据的更新和递交是根据事先确定的策略或服务水平协议进行的。通常情况下，业务部门会指示 IT（信息技术）组按照预定的时间表传递数据，这种方式在库存管理等领域较为常见。在准时的数据供应链中，虽然数据更新有一定的周期，但仍能够满足业务的基本需求。

第二，模拟实时，这种情况下数据的更新是通过批处理进行的。但用户可以通过交互式存取获得即时的反馈，尽管数据并非最新的，但用户能够在容忍的时间范围内得到结果。例如，客户推荐系统通常采用这种模拟实时的方式，提供用户即时的推荐信息。

第三，近实时，这种情况下数据的更新更加快速。利用特定的技术如ETL（抽取-转换-加载）工具或CDC（自动调节及不间断减震控制系统）捕获变化数据，又如Web日志分析，近实时的数据供应链已经能够更快地反映出系统的变化，为业务决策提供了更及时的支持。

第四，实时，这种情况下数据的更新是实时进行的。资源会同步加锁直到达到提交点，从而反映出系统每时每刻的业务状态。在实时的数据供应链中，用户能够根据最新的数据获取信息，如欺诈检测系统就需要实时地监测和分析数据以及交易情况。实时数据供应链要求系统能够快速地响应并处理数据，确保业务运作的实时性和准确性。

实时数据仓库系统为企业或组织提供实时或近实时的数据信息，这一技术的出现扩展了传统数据仓库的使用范围，为企业提供了更为全面的战略和战术决策支持。通过实时数据仓库，企业能够更快速地接近和了解客户、优化供应链、控制产品质量、跟踪物流，以及管理商业活动等。其中，实时数据仓库的最大优势之一在于支持决策者进行实时决策，这使得企业能够更加灵活地应对市场变化和客户需求。实时处理技术适用于多个领域，包括贸易、动态定价、需求感知、安全、风险管理、欺诈检测、补给链管理以及用户交互等应用。在网络和新经济时代，高速生产经营的需要更加凸显了实时数据仓库的重要性，因为它能够保障企业的安全并且使其更具竞争力。

大型数据库产品供应商，如Oracle和NCR，已经提供了支持变化数据捕获的组件或模块，用于构建实时数据仓库。这些组件或模块能够有效地将实时数据集成到数据仓库中，并确保数据的及时性和准确性，从而为企业提供了可靠的数据基础。

第二节　数据仓库与数据挖掘的关系

数据仓库与数据挖掘的关系在企业信息化和决策层面扮演着关键的角色。深入理解这两者之间的协同作用对于推动企业数据驱动决策、提高竞争力至关重要。

一、数据仓库为数据挖掘提供基础

数据预处理是数据挖掘前期的重要工作，能够帮助用户从多个角度挖掘数据资源潜在的价值信息。[1]

第一，数据仓库提供高质量的数据。数据仓库通过一系列严格的数据处理步骤，如数据清洗、集成和转换，确保了数据的高质量和一致性。这些步骤有助于消除数据中的噪声和不一致性，从而为数据挖掘提供了准确可靠的数据基础。高质量的数据是获得有效数据挖掘结果的前提，它直接影响到挖掘模型的准确性和可信度。

第二，数据仓库支持复杂的查询和分析。数据仓库的设计允许进行复杂的查询和分析操作。通过优化数据结构和查询性能，数据仓库使用户能够有效地从大量数据中

---

[1] 汪伟，邹璇，詹雪. 论数据挖掘中的数据预处理技术 [J]. 煤炭技术，2013，32(5): 152.

提取有价值的信息。多维数据模型和 OLAP 操作的支持，使用户能够从不同的维度对数据进行深入探索，这为数据挖掘提供了广泛的应用场景和进行深入分析的可能性。

第三，数据仓库提供历史数据支持。数据仓库保存了大量的历史数据，这些数据记录了过去的交易、事件和决策等信息。历史数据对于建立和验证数据挖掘模型至关重要，分析这些数据可以揭示潜在的模式和趋势，为未来的预测和决策提供重要的参考依据。

第四，数据仓库为数据挖掘提供标准化的数据格式。数据仓库采用统一的数据模型和标准化的数据格式，这为数据挖掘工作者提供了易于理解和操作的数据环境。标准化的数据格式降低了数据解释和转换的难度，从而提高了数据挖掘的效率和准确性。

第五，数据仓库支持实时数据挖掘。随着业务需求的发展，对实时数据挖掘的需求日益增长。数据仓库的先进功能，如实时数据加载和处理，使得数据挖掘能够快速响应，获取最新的数据信息，从而提高决策的时效性。实时数据挖掘的能力对于快速变化的业务环境尤为重要，它能够帮助企业及时捕捉市场动态，做出迅速反应。

二、数据清洗和整合优化数据挖掘效果

数据清洗和整合是数据挖掘过程中至关重要的步骤，对于提高数据挖掘效果起着至关重要的作用。数据清洗是指对原始数据进行处理，消除数据中的错误、不一致性和缺失值，以确保数据质量。数据整合则是将多个数据源中的数据整合到一个一致的数据集中，以便进行后续的分析和挖掘。

第一，数据清洗可以帮助去除数据中的噪声和异常值，使得数据更加干净和可靠。清洗数据可以减少数据挖掘过程中出现的错误和偏差，提高挖掘模型的准确性和可信度。

第二，数据整合可以将来自不同数据源的信息整合到一个统一的数据集中，避免了数据分散和不一致性带来的问题。整合数据可以更全面地分析数据，发现数据之间的关联和规律，从而提高数据挖掘的效果和结果的可解释性。

第三，数据清洗和整合还可以减少数据挖掘过程中的时间和资源消耗。清洗和整合后的数据集更加高效，可以更快地进行模型训练和分析，节省了数据挖掘的时间成本和计算资源。

第三节 数据仓库的模型设计技术

一、概念模型设计

概念模型是数据仓库设计过程中的核心环节，它提供了一个高层次的抽象框架，用于描述和组织数据仓库中的数据内容。概念模型的主要目标是捕捉业务领域的关键概念、实体、关系以及业务规则，为数据仓库的进一步发展提供坚实的基础。通过概念模型，设计者能够将复杂的业务需求转化为可操作的数据结构，确保数据仓库的构建能够满足企业的长期战略目标和业务需求。概念模型的设计旨在实现以下目标：

第一，确保数据仓库能够准确反映业务领域的本质特征；

第二，为数据仓库的逻辑设计和物理设计提供指导；

第三，促进项目团队成员之间的沟通和理解，确保对业务需求的共识；

第四，支持数据仓库的可扩展性和灵活性，以适应未来业务需求的变化。

(一) 企业模型的构建过程

企业模型的构建是概念模型设计的关键步骤，它涉及将业务需求转化为数据模型的过程。以下是构建企业模型的主要步骤。

第一，业务需求分析。与企业的关键利益相关者进行深入沟通，收集企业的业务需求、目标和战略方向。这一步骤的目的是确保对企业的业务运作有一个全面的理解。

第二，业务领域划分。根据业务需求分析的结果，将企业的业务活动划分为不同的业务领域或主题，如销售、客户、产品、财务等。这一步骤有助于将复杂的业务环境分解为更易于理解和管理的部分。

第三，实体和关系识别。在每个业务领域中识别关键的实体（如客户、订单、产品）以及它们之间的关系（如客户下订单、订单包含产品）。这一步骤是概念模型构建的核心，需要准确捕捉业务实体和关系。

第四，概念模型的初步构建。使用适当的建模工具（如实体-关系图）来表达实体和它们之间的关系，形成一个概念模型的初步框架。这一框架应该简洁明了，便于所有项目团队成员理解。

第五，模型验证与迭代。与业务专家和利益相关者共同审查概念模型，确保它准确地反映了业务需求，并根据反馈进行必要的调整和完善。这一步骤是确保模型质量的关键，需要反复进行，直到所有相关方对模型达成一致认可。

(二) 概念模型的抽象与表示方法

概念模型的抽象是通过简化和概括现实世界的复杂性来实现的。在概念模型中，设计者需要忽略那些对于数据仓库目标不重要的细节，专注于那些对业务分析和决策至关重要的元素。以下是几种常见的概念模型表示方法：

第一，实体-关系模型（E-R 模型）。实体-关系模型是表示概念模型最常用的工具之一。它通过实体、属性和关系三个基本元素来描述数据的逻辑结构。实体代表业务领域中的对象，属性描述实体的特征，关系则表示实体之间的联系。

第二，面向对象模型。面向对象模型提供了一种更为丰富的抽象机制，允许设计者定义实体的属性和行为，并支持继承、封装等概念。这种方法更适用于那些需要复杂业务规则和行为建模的场景。

第三，维度建模。在数据仓库领域，维度建模是一种特殊的抽象方法，它侧重于事实和维度之间的关系，以及如何通过这些关系来支持多维数据分析。这种方法特别适用于数据仓库的星形模式设计，其中事实表位于中心，维度表围绕事实表进行组织。

(三) 概念模型与业务需求的对应关系

概念模型必须与业务需求紧密对应，以确保数据仓库能够有效支持企业的决策过程。以下是确保概念模型与业务需求对应关系的关键点：

第一，业务术语的映射。概念模型中的实体和关系应该与业务领域的术语和概念相对应。这有助于业务用户更容易地理解和使用数据仓库，确保数据仓库的实用性和可访问性。

第二，需求满足度评估。定期评估概念模型是否全面覆盖了业务需求，以及是否能够支持预期的查询和分析活动。这一评估过程有助于识别模型中的潜在缺陷，并指导模型的进一步优化。

第三，变更管理。随着业务环境的变化，概念模型可能需要进行调整。建立一个变更管理过程，可以确保模型的更新能够及时反映新的业务需求，并评估变更对现有数据仓库结构的影响。

二、逻辑模型设计

逻辑模型设计是数据仓库设计过程中的一个关键阶段，它在概念模型的基础上进一步定义了数据元素和它们之间的关系，同时考虑了数据的物理存储和操作特性。逻辑模型为数据仓库的物理设计提供了蓝图，确保了数据仓库的实现能够满足查询和分析的性能要求。

(一) 逻辑模型与概念模型的关系

逻辑模型是概念模型的具体化和技术化表达。概念模型提供了业务需求的高层次抽象，而逻辑模型则将这些抽象概念转化为可以在数据库管理系统（DBMS）中实现的结构。逻辑模型考虑了 DBMS 的特定特性，如数据类型、索引、约束等，同时保持与概念模型的一致性，确保设计的准确性和完整性。

在转换过程中，逻辑模型设计者需要将概念模型中的实体和关系细化为具体的表、字段和外键等数据库结构。在这一过程中，设计者需要确保逻辑模型的每个组成部分都能够反映相应的业务规则和需求，同时还应该考虑到数据的完整性和查询效率。

(二) 数据综合与逻辑模型的构建

数据综合是指将来自不同源的数据进行汇总、合并和简化的过程，以便于分析和决策。在逻辑模型设计中，数据综合体现在对数据的组织和结构化上，它决定了数据仓库中数据的粒度和维度。

设计者需要确定数据的综合级别，如细节数据、轻度综合数据和高度综合数据，以及这些级别的数据如何组织和存储。例如，细节数据可能包含所有事务级别的记录，而高度综合数据可能只包含按季度或年度聚合的统计信息。逻辑模型需要支持这些不同级别的数据综合，并确保数据的综合不会丢失对决策有价值的信息。

(三) 逻辑模型的规范化与反规范化

规范化是数据库设计中的一种技术，旨在通过分解数据表和建立关系来减少数据冗余和提高数据一致性。逻辑模型设计中的规范化通常遵循一定的范式，如第三范式（3NF）或更高，以确保数据的逻辑结构合理且有效。

然而，在数据仓库中，由于分析需求的特殊性，可能需要对数据进行反规范化，即有意识地引入一定程度的数据冗余，以提高查询性能。反规范化的逻辑模型可以减少查询时的表连接操作，从而加快查询速度。设计者需要在规范化和反规范化之间找到平衡，以满足数据仓库的性能要求和数据维护的便利性。

(四) 逻辑模型的验证与修正

逻辑模型的验证是确保模型正确反映业务需求和数据特性的过程。验证可以通过多种方式进行，包括与业务专家和利益相关者的讨论、模型原型的测试以及与概念模型的对比分析。

一旦逻辑模型完成，需要对其进行修正和优化，以解决在验证过程中发现的任何问题。修正可能涉及调整数据结构、优化表之间的关系或更改数据综合策略。修正的目的是确保逻辑模型不仅在逻辑上正确，而且能够有效支持数据仓库的查询和分析需求。

三、物理模型设计

物理模型设计是数据仓库设计过程中的最终阶段，它涉及将逻辑模型转换为可以在数据库管理系统（DBMS）中实现的具体技术细节。物理模型设计的目标是优化数据的存储和访问效率，确保数据仓库能够满足高性能查询和分析的需求。

(一) 物理模型与逻辑模型的转换

物理模型是逻辑模型在数据库系统中的实际体现。转换过程包括将逻辑数据结构（如表、视图、索引等）映射到DBMS支持的物理存储结构。在这一过程中，设计者需要考虑DBMS的特性，如存储引擎、文件系统、I/O性能等，以及数据仓库的特定需求，如数据量、查询模式、维护操作等。

转换的关键任务包括以下方面：

第一，确定表的物理存储方式，如堆表、索引组织表或分区表；

第二，选择适当的数据类型和长度，以最大化存储效率和查询性能；

第三，设计物理索引策略，以加速数据检索和查询操作；

第四，考虑数据分布和分区策略，以提高并行处理能力和数据管理的灵活性。

(二) 数据存储结构的选择与优化

数据存储结构的选择直接影响数据仓库的性能和可维护性。设计者需要根据数据的特性和访问模式，选择最合适的存储结构。例如，对于频繁更新的数据，可能需要选择支持高效事务处理的存储引擎；而对于以读取为主的历史数据，可以选择优化为批量扫描和查询的存储结构。

优化措施可能包括以下方面：

第一，压缩技术的应用，以减少存储空间和提高 I/O 效率；

第二，列式存储的使用，特别适合分析型查询，因为它可以显著提高查询性能；

第三，数据分区和分片，通过分散数据来提高查询和维护操作的效率。

(三) 索引策略与数据访问性能

索引是提高数据访问性能的关键技术。在物理模型设计中，设计者需要制定索引策略，以确保数据仓库中的查询能够快速响应。索引策略应考虑以下因素：

第一，查询类型和频率，以确定哪些列需要索引；

第二，数据的分布和选择性，以选择最合适的索引类型（如 B 树、位图、哈希等）；

第三，索引的维护成本，包括更新、重建和空间消耗成本。

(四) 数据仓库的物理存储优化

物理存储优化是确保数据仓库高效运行的重要环节。优化措施包括以下方面：

第一，存储设备的选型和配置，如使用 SSD（固态硬盘）提高 I/O 性能，或使用 RAID（独立磁盘冗余阵列）技术提高数据的可靠性和并行性；

第二，数据库参数的调整，如调整缓存大小、连接数等，以适应数据仓库的工作负载；

第三，监控和分析工具的使用，以持续跟踪数据仓库的性能，并根据反馈进行调整；

通过物理模型设计，数据仓库能够实现高效的数据存储和快速的数据处理，为用户提供稳定、可靠的数据分析和决策支持服务。

第四节　数据仓库的使用与优化

一、数据仓库的使用

数据仓库在企业中的应用已经成为现代商业智能不可或缺的一部分。它的核心价值在于能够存储大量的历史数据，并提供给企业一个统一的视图来分析这些数据。通过数据仓库，企业能够实现数据的深入挖掘和广泛分析，从而为企业的战略决策提供数据支持。

第一，数据分析和报告。数据分析是数据仓库使用中的一项基本功能。通过数据仓库中的数据，企业可以进行多维度的分析，如时间序列分析、客户行为分析、销售趋势分析等。这些分析能够帮助企业发现数据中的模式和关联，从而预测未来的趋势和制定相应的策略。报告则是数据分析的输出，它将分析结果以图表、图形等形式直观展现给决策者，帮助他们更好地理解和吸收信息。

第二，决策支持系统（DSS）的集成。决策支持系统是一种辅助企业决策的计算机应用系统。它通过集成数据仓库中的数据，为决策者提供实时的数据分析和模型模拟。DSS 能够根据用户的查询和分析需求，动态地生成报告和建议，从而帮助决策者在复杂多变的商业环境中做出更加明智的选择。数据仓库为 DSS 提供了一个稳定和一致的数据源，确保了在决策过程中数据的准确性和可靠性。

第三，业务智能（BI）的应用。业务智能是利用数据分析工具和应用程序对企业数据进行分析，以提高企业的决策能力。BI 系统通常依赖于数据仓库来存储和管理企业的关键数据。通过 BI 工具，企业可以对数据进行可视化展示，发现业务中的异常和机会，实现数据驱动的决策。BI 的应用范围非常广泛，包括市场分析、财务管理、供应链优化、人力资源规划等。通过 BI，企业能够实现对业务流程的持续改进和优化，提高运营效率和竞争力。

在数据仓库的使用过程中，企业需要不断地对数据进行维护和更新，以确保数据的质量和完整性。同时，企业还需要关注数据仓库技术的发展和创新，如云计算、大数据、人工智能等新兴技术，以便更好地利用数据仓库，提升企业的业务能力和市场竞争力。

二、数据仓库的优化

数据仓库的优化是确保其高效运行和支持复杂查询的关键。优化策略旨在提高数据仓库的性能，减少查询响应时间，并提升数据处理的能力。以下是数据仓库优化的关键方面：

（一）数据模型优化

数据模型是数据仓库的基础，它直接影响到数据的存储效率和查询性能。优化数据模型包括以下方面。

第一，规范化设计。通过规范化来减少数据冗余，提高数据一致性。这涉及对表结构的合理划分，确保每个表只存储一种类型的数据，并通过外键关联来维护数据的完整性。

第二，维度和事实表的设计。在星形模式中，维度表通常包含描述性属性，而事实表则包含量化度量。合理设计这两种表的结构，可以提高查询效率和数据的可读性。

第三，粒度控制。数据模型的粒度决定了数据的详细程度。过细的粒度可能导致查询性能下降，而过粗的粒度可能无法满足分析需求。因此，需要根据业务需求合理确定数据的粒度。

第四，数据类型和长度的选择。合理选择数据类型和长度可以减少存储空间的占用，并提高数据处理速度。

（二）索引技术的应用

索引是提高数据检索效率的重要技术。在数据仓库中，索引的优化包括以下方面。

第一，位图索引。适用于低基数属性，通过位图的方式表示数据的分布，特别适合于数据仓库中的维度表。

第二，B 树索引。适用于高基数属性，通过平衡树结构提供高效的数据检索。

第三，索引的维护。定期对索引进行更新和重建，以保持索引的效率和准确性。

第四，索引选择策略。根据查询的特点和数据的分布，选择合适的索引类型和创建索引的列。

(三) 物化视图的创建和管理

物化视图是预先计算并存储查询结果的一种技术，它可以显著提高复杂查询的响应速度。物化视图的优化包括以下方面。

第一，选择合适的聚合。根据常见的查询模式，预先计算并存储常用的聚合数据，如总销售额、平均值等。

第二，刷新策略。根据数据变化的频率和查询的需求，制定合理的物化视图刷新策略，如定时刷新或按需刷新。

第三，分区和并行处理。通过分区和并行处理技术加快物化视图的创建和刷新速度。

第四，存储优化。合理分配物化视图的存储空间，避免因空间不足而导致性能下降。

(四) 查询性能的提升策略

查询性能是衡量数据仓库性能的重要指标。提升查询性能的策略包括以下方面。

第一，查询优化器。利用数据库管理系统的查询优化器，自动选择最佳的查询执行路径。

第二，查询重写。通过查询重写技术，将复杂的查询转换为对物化视图的查询，从而提高查询效率。

第三，缓存机制。对于频繁执行的查询，可以使用缓存机制来存储查询结果，避免重复计算。

第四，并发控制。合理设计并发控制机制，确保多个用户同时访问数据仓库时的性能和数据一致性。

第四章　数据挖掘的相关分析

在当今这个信息爆炸的时代，数据挖掘已成为一项至关重要的技术。它可以帮助人们从海量的数据中提取有价值的信息，为决策提供科学依据。本章重点探讨数据挖掘中的相关分析技术，包括关联分析、聚类分析和回归分析。

第一节　数据挖掘的关联分析

一、关联分析的认知

在自然界和人类活动中，各种事件往往不是孤立发生的。当一个事件发生时，其他相关事件也常常伴随发生，这种事件之间的联系被称为关联。关联型知识，就是指反映这些事件之间相互关联的知识体系。在当今这个大数据时代，关联分析技术应运而生，它主要用于在商场交易等大规模数据集中，分析和挖掘出有价值的关联型知识。

关联分析的主要目标，是找到能够引起用户兴趣的关联规则，以此辅助决策者在管理决策上的判断。这种分析专注于寻找数据项之间的有趣关联关系，并以关联规则的形式进行描述。在众多关联分析的应用中，购物篮分析是最为人熟知的例子。购物篮分析通过分析顾客购买物品的交易数据记录，研究不同顾客所购买的物品组合，进而发现哪些物品经常被一起购买。例如，某体育用品零售商通过分析顾客交易数据，可能会发现"篮球"和"篮球服"这两种商品经常被同时购买。

除了零售业，关联分析技术也被广泛应用于其他多个领域。在银行系统中，跟踪信用卡的消费数据可以发现特定客户群体的消费习惯和行为特征。在网站设计和运营领域，网站设计者或运营者可以通过分析 Web 服务器记录的访客日志数据，了解访客的浏览习惯以及网站页面间的关联。

总的来说，关联分析技术为我们提供了一个强大的工具，帮助我们从复杂的数据中找出有价值的关联信息，从而在商业决策、网站优化等多个领域发挥重要作用。

二、关联规则的定义

关联规则挖掘就是从事务数据库、关系数据库和其他信息存储中的大量数据的项集之间发现有趣的、频繁出现的模式、关联和相关性。关联规则的主要兴趣度度量指标有两个：一个是支持度，一个是置信度。如果一个模式既能满足支持度的要求，又满足置信度的要求，称这个模式为强关联规则。计算关联规则本身并不复杂，但如何从大型数据库中把满足支持度和置信度的模式提取出来不是一件简单的事情。

关联规则定义为：假设 $I=\{i_1, i_2, \cdots, i_m\}$ 是项的集合，给定一个交易数据库

$D=\{t_1, t_2, \cdots, t_m\}$，其中每个事务 t 是 I 的非空子集，即 $t \in I$，每一个交易都与一个唯一的标识符 TID 对应。关联规则是形如 $X \to Y$ 的蕴含式，其中 X、$Y \in I$ 且 $X \cap Y = \emptyset$，X 和 Y 分别称为关联规则的先导（LHS）和后继（RHS）。关联规则 $X \to Y$ 在 D 中的支持度是 D 中事务包含 $X \cup Y$ 的百分比，即概率 $P(X \cup Y)$；置信度是包含 X 的事务中同时包含 Y 的百分比，即条件概率 $P(Y|X)$。如果满足最小支持度阈值和最小置信度阈值，则称关联规则是有趣的。这些阈值由用户或者专家设定。

三、关联规则挖掘的算法

关联规则最为经典的算法是 Apriori 算法。由于它本身有许多固有缺陷，后来人们又纷纷提出了各种改进算法或者不同的算法，频繁模式树（FP-Tree）算法应用也十分广泛。

（一）Apriori 算法

关联规则的挖掘分为两步：一是找出所有频繁项集；二是由频繁项集产生强关联规则，而其总体性能由第一步决定。

在搜索频繁项集的时候，最简单、基本的算法就是 Apriori 算法。算法的名字基于这样一个事实：算法使用频繁项集性质的先验知识。Apriori 使用一种称作逐层搜索的迭代方法，k 项集用于探索 ($k+1$) 项集。首先，通过扫描数据库，累积每个项的计数，并收集满足最小支持度的项，找出频繁 1 项集的集合，该集合记作 L_1。然后，L_1 用于找频繁 2 项集的集合 L_2，L_2 用于找 L_3，如此下去，直到不能再找到频繁 k 项集。找每个 L_k 需要一次数据库全扫描。

为提高频繁项集逐层产生的效率，一种称作 Apriori 性质的重要性质用于压缩搜索空间。Apriori 性质：频繁项集的所有非空子集也必须是频繁的。如果项集 I 不满足最小支持度阈值 min_sup，则 I 不是频繁的，即 $P(I) <$ min_sup。如果项集 A 添加到项集 I，则结果项集（即 $I \cup A$）不可能比 I 更频繁出现。因此，$I \cup A$ 也不是频繁的，即 $P(I \cup A) <$ min_sup。

1. Apriori 算法的核心思想

Apriori 核心算法中有两个关键步骤：连接步和剪枝步。

（1）连接步：为找出 L（频繁 k 项集），通过 L_{k-1} 与自身连接，产生候选 k 项集，该候选项集记作 C_k；其中 L_{k-1} 的元素是可连接的。

（2）剪枝步：C_k 是 L_k 的超集，即它的成员可以是频繁的，也可以不是频繁的，但所有的频繁项集都包含在 C_k 中。扫描数据库，确定 C_k 中每一个候选的计数，从而确定 L_k（计数值不小于最小支持度计数的所有候选是频繁的，从而属于 L_k）。然而，C_k 可能很大，这样所涉及的计算量就很大。为压缩 C_k，使用 Apriori 性质：任何非频繁的 (k-1) 项集都不可能是频繁 k 项集的子集。因此，如果一个候选 k 项集的 (k-1) 项集不在 L_k 中，则该候选项也不可能是频繁的，从而可以由 C_k 中删除。这种子集测试可以使用所有频繁项集的散列树快速完成。

2. Apriori 算法的评价

基于频繁项集的 Apriori 算法采用了逐层搜索的迭代的方法，算法简单明了，没有复杂的理论推导，也易于实现。但其有一些难以克服的缺点：

（1）对数据库的扫描次数过多。在 Apriori 算法的描述中，每生成一个候选项集，都要对数据库进行一次全面的搜索。如果要生成最大长度为 N 的频繁项集，那么就要对数据库进行 N 次扫描。当数据库中存放大量的事务数据时，在有限的内存容量下，系统 I/O 负载相当大，每次扫描数据库的时间就会很长，这样其效率就非常低。

（2）Apriori 算法会产生大量的中间项集。Apriori_gen 函数是用 L_{k-1} 产生候选 C_k，所产生的 C_k 由 $C_{L_{k-1}}^k$ 个 k 项集组成。显然，k 越大，所产生的候选 k 项集的数量呈几何级数增加。如频繁 1 项集的数量为 10^4 个，长度为 2 的候选项集的数量将达到 5×10^7 个，如果要生成一个更长的规则，其需要产生的候选项集的数量将是难以想象的，如同天文数字。

（3）采用唯一支持度，没有将各个属性重要程度的不同考虑进去。在现实生活中，一些事务的发生非常频繁，而有些事务则很稀疏，这样对挖掘来说就存在一个问题：如果最小支持度阈值定得较高，虽然加快了速度，但是覆盖的数据较少，有意义的规则可能不被发现；如果最小支持度阈值定得过低，那么大量的无实际意义的规则将充斥在整个挖掘过程中，大大降低了挖掘效率和规则的可用性，这都将影响，甚至误导决策的制定。

（4）算法的适应面窄。该算法只考虑了单维布尔关联规则的挖掘，但在实际应用中，可能出现多维的、数值的、多层的关联规则。这时，该算法就不再适用，需要改进，甚至需要重新设计算法。

（二）频繁模式树算法

在上面的 Apriori 算法中，由于 Apriori 方法的固有的缺陷还是无法克服，即使进行了优化，其效率也仍然不能令人满意。因此提出了基于频繁模式树（FP-Tree）的发现频繁项目集的算法 FP-growth。这种方法在经过第一遍扫描之后，把数据库中的频繁项目集压缩成一棵频繁模式树，同时依然保留其中的管理信息。随后再将 FP-Tree 分化成一些条件库，每个库和一个长度为 L 的频繁项目集相关，然后再对这些条件库分别进行挖掘。当原始数据库很大时，也可以结合划分的方法使得一个 FP-Tree 可以放入主存中。实验证明，FP-growth 对不同长度的规则都有很好的适应性，同时在效率上较 Apriori 算法有巨大的提高。这个算法只进行两次数据库扫描，它不使用候选项目集，直接压缩数据库成一个频繁模式树，最后通过这棵树生成关联规则。

第二节 数据挖掘的聚类分析

一、聚类分析的意义

聚类是将物理或抽象对象的集合划分为由类似的对象组成的多个属类的过程。在聚类分析的过程中，根据算法规则，将判定为相近或具有相互依赖关系的对象聚集为自相似的群组，形成不同的簇。这些簇具有一些共同的特征：它们是一组数据对象的集合，簇中的对象彼此相似，与其他簇中的对象相异，一个簇中的数据对象可以被作为一个整体对待。

聚类的历史可以追溯到分类学，最初的方法依赖于人类的经验和专业知识。然而，随着科技的发展，聚类分析引入了数学工具，这使得聚类更加系统化和精确。从最初简单的手工操作到现在的自动化算法，聚类方法的进步使得其在各个领域的应用变得更加广泛。

在商务领域，聚类分析被用于市场分析，帮助企业了解不同市场细分的特征和需求。同时，它也被用于客户群特征的刻画，以及精准营销的实施。在生物学中，聚类被广泛应用于动植物的分类、基因类别的划分，以及种群结构的认识。在地球观测领域，聚类分析有助于确定地理上相似的地区，为地质研究和资源管理提供支持。在保险业，汽车保险公司可以利用聚类将投保人分组，从而更好地了解客户需求和风险偏好。在房地产领域，聚类可以帮助对商品房进行分组处理，以便企业更好地进行市场定位和销售策略的制定。在网络领域，聚类分析被用于 Web 文档的分类检索和信息发现，提高了信息检索的效率和准确性。

分类是根据数据所具有的特征或属性及其已知的类别，通过学习和训练建立起分类模型，再对未分类的数据进行分类。因此，通俗地说，分类就是为数据打标签。由于具有已知的分类信息，因此称其为监督型数据分类。

聚类分析根据在数据中发现的描述对象及其关系的信息，将数据对象按照邻近性和相似性进行分组，将数据划分成有意义的组（簇），使得同组内的对象相互之间是相似的，不同组间的对象是相异的。聚类所要划分的类是未知的，没有事先预知的分类信息，因此是非监督分类。通俗地说，聚类就是将相似的数据归拢在一起。

聚类分析是一种数据分析方法，从统计学角度看，它通过建立模型简化数据，将数据点划分为不同的群组。而从机器学习的视角来看，这些群组类似于隐藏的模式，聚类本质上是一种观察式学习，与示例式学习不同。值得注意的是，聚类分析是一种探索性分析，属于无监督学习过程，不依赖于预先定义的类别或标签。在聚类过程中，算法会自动确定标签，不需要预先给定标准，从而实现对数据的自动分类。然而，不同的聚类方法可能会导致不同的结论，即使是对同一组数据进行聚类分析，也可能得到不同的聚类数。

在实际应用中，聚类分析是数据挖掘的重要任务之一。它可以作为独立工具来了解数据的分布状况，观察每个簇的特征，从而揭示数据中的潜在模式和结构。此外，聚类分析还可以作为其他算法的预处理步骤，例如在分类和定性归纳算法中，聚类可以帮助提取数据的关键特征，并将数据进行更有效的组织，为后续的数据分析提供有价值的信息。

二、聚类的方法

数据集所呈现的特性不同，决定了聚类所采用的方法也会有所不同。

例如，如图 4-1 所示[①]的数据（这里只是示意，实际的数据大多是多维的）。在图 4-1(a)

---

① 葛东旭. 数据挖掘原理与应用 [M]. 北京：机械工业出版社，2020：200-202.

中，可以直观地看出，各元素点很明显地被分为了三个簇，而且每个元素点到同簇中任一点的距离比到不同簇中任一点的距离更近。对于这种各元素明显分离的数据，可以通过其中元素之间的"距离"来进行分类。

对于如图4-1（b）所示的数据，每个对象到定义该簇的原型（可以为簇的质心）的距离比到其他簇的原型的距离更近，则可以通过各元素点到原型（点）的"距离"来进行分类，这种聚类方法被称为基于原型的聚类。对于具有连续属性的数据，簇的原型通常是质心，即簇中所有点的平均值。质心没有意义时，原型通常是中心点（这时，它是簇中最有代表性的点），即按照每个点到其簇中心的距离比到任何其他簇中心的距离更近的方法进行聚类。

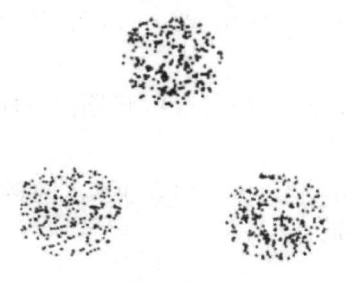

（a）明显分离型　　　　　　　　　　　　（b）基于原型的
图4-1　数据特性决定聚类方法

对于如图4-2所示的数据，数据点的分布有密度上的差异。密度高的区域，对象间的距离较小；密度低的区域，对象间的距离较大，因此可以通过数据点的稠密程度来进行划分。

图4-2（a）中的数据点的整体密度不高，可以将满足一定密度的相邻的点定义为一个簇；而在图4-2（b）中，数据点的整体密度较高，这时，就需要定义一个更高的密度阈值来有效地进行聚类。利用基于密度的方法，可以有效地聚类某些互相纠缠在一起的数据，如图4-2（c）所示。

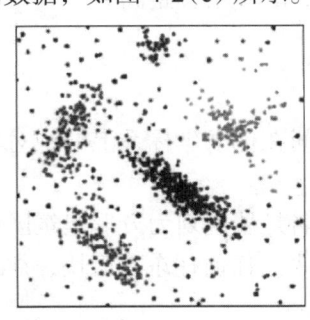

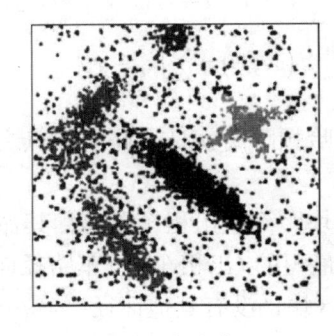

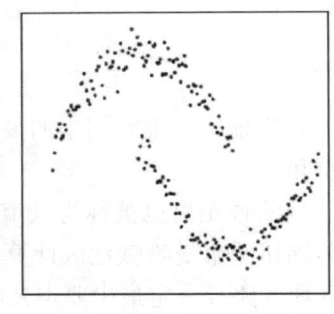

（a）密度不高　　　　　　（b）密度高　　　　　　（c）基于密度的划分
图4-2　基于密度的簇

可以看出，在聚类过程中，都免不了要对各个数据点之间的"距离"（严格地说，是各个数据的相似程度）进行计算和评估。距离较为接近或相似性比较高的数据点，才会聚为一类。

针对不同数据特性的多种聚类方法，也有多种适合不同数据特点的相似性度量方法。

三、聚类相似性的度量

聚类算法要求同一个簇中的对象要尽可能相似,而分属于不同簇的对象要尽可能相异,这就需要对对象的相似性和相异性进行度量,通常使用距离、相似系数和误差平方和等度量方法。

(一) 距离

距离的度量有很多方法,如欧几里得距离、曼哈顿距离和明可夫斯基距离等,均通过定义不同的距离函数来实现相似性度量。所定义的距离函数应满足以下三个条件。

第一,非负性:对于任意 x, y,两者之间的距离 $d(x,y) \geq 0$,当 $x=y$ 时,等号成立。

第二,对称性:对于任意 x, y,两者之间的距离 $d(x,y)=d(y,x)$,即距离是标量而不是矢量。

第三,三角不等式:对于任意 x, y, z,有 $d(x,y) \leq d(x,z)+d(z,y)$,即对象 x 到对象 y 的距离小于等于途经其他任何对象 z 的距离之和。

1. 欧几里得距离

欧几里得距离(也称欧氏距离)较为常用,指在 n 维空间中两个点之间的真实距离。对于 n 维数据 $X=\{x_1, x_2, \cdots, x_n\}$, $Y=\{y_1, y_2, \cdots, y_n\}$,其欧几里得距离为

$$d(X,Y) = \sqrt{\sum_{k=1}^{n}(x_k - y_k)^2} \tag{4-1}$$

特殊地,二维空间中的欧几里得距离就是平面中两点之间的实际距离。而三维空间中的欧几里得距离就是立体(三维)空间中两点之间的实际距离。

2. 曼哈顿距离

对于 n 维数据 $X=\{x_1, x_2, \cdots, x_n\}$, $Y=\{y_1, y_2, \cdots, y_n\}$,其曼哈顿距离为

$$d(X,Y) = \sum_{k=1}^{n}|x_k - y_k| \tag{4-2}$$

特殊地,二维空间中的曼哈顿距离就是平面中两点之间在标准坐标系上的绝对轴距总和。

曼哈顿距离也被称为城市块距离或出租车距离,其命名是从规划为方形建筑区块的美国纽约市曼哈顿地区计算最短的(出租车)行车路径而来。任何往东三区块、往北六区块的路径一定最少要走九区块,没有其他捷径。

3. 明可夫斯基距离

明可夫斯基距离也称为明氏距离。对于 n 维数据 $X=\{x_1, x_2, \cdots, x_n\}$, $Y=\{y_1, y_2, \cdots, y_n\}$,其明可夫斯基距离定义为

$$d(X,Y) = \left(\sum_{k=1}^{n}|x_k - y_k|^r\right)^{\frac{1}{r}} \tag{4-3}$$

当 $r=1$ 时，则明可夫斯基距离变为前面所介绍的曼哈顿距离（L_1 范数）。当 $r=2$ 时，该函数即为欧氏距离（L_2 范数）。当 $r \to \infty$ 时，称为上确界（L_{max} 或 L_∞ 范数）距离，也称为切比雪夫距离。

4. 马氏距离

对于 n 维向量（数据点）$X=\{x_1, x_2\cdots, x_n\}$，$Y=\{y_1, y_2,\cdots, y_n\}$，其马氏距离定义为

$$d(X,Y) = \sqrt{(X-Y)^T C^{-1}(X-Y)} \tag{4-4}$$

式中，上标 T 表示转置；C 为 X、Y 所在的数据空间的协方差矩阵；C^{-1} 为 C 的逆矩阵。

马氏距离的思想就是对不同标称、不同分布的两个样本，以两者之间方差的平方根为单位进行度量。适合度量两个服从同一分布并且其协方差矩阵为 C 的随机变量 x 与 y 的差异程度，或度量 x 与某一类的均值向量的差异程度，判别样本的归属。此时，y 为该数据空间的均值向量。

马氏距离的优点是可以独立于分量量纲进行度量，还可以排除样本之间的相关性影响；缺点是不同的特征不能差别对待，可能夸大弱特征。

(二) 相似系数

相似系数包括余弦相似度、相关系数和 Jaccard 相似系数等。

1. 余弦相似度

也称为余弦相似性，该算法通过计算两个向量的夹角余弦值来评估它们的相似度。设向量 $A=(A_1, A_2,\cdots, A_n)$，$B=(B_1, B_2,\cdots, B_n)$，则

$$\cos\theta = \frac{\sum_{i=1}^{n}(A_i \cdot B_i)}{\sqrt{\sum_{i=1}^{n}A_i^2 \cdot \sum_{i=1}^{n}B_i^2}} \tag{4-5}$$

为这两个向量的余弦相似度。如果用向量的形式来表示上式，则上式可以写为

$$\cos\theta = \frac{A \times B}{\|A\| \cdot \|B\|} \tag{4-6}$$

余弦相似度的取值范围是 [-1, 1]。值越趋近于 1，表示两个向量的方向越接近；值越趋近于 -1，其方向越相反；值接近于 0，表示两个向量正交。

距离的度量方法，对于坐标系的旋转和位移变换处理，其结果是不变的，而对于坐标系的放大、缩小则不具有不变性的性质。余弦相似性的度量方法对于坐标系的旋转、放大、缩小是不变的，但对于位移不具有不变性的性质。在进行数据的预处理时，有时需要对数据进行变换处理，以降低数据的复杂度或使其更便于处理，在选择变换方法时就需要考虑到将会使用的不同的度量方法的特性。

用余弦相似性函数进行相似性测度时应当注意，要考虑数据的各维度所表征的实际含义是否适合采用余弦相似度这个指标。余弦相似度度量方法的一个典型应用就是计算文本相似度。通常是根据两个文本中的词汇，建立起两个向量，计算这两个向量的余弦值，以表征这两个文本在统计学方法中的相似度情况，这是一种非常有效的方法。

2. 相关系数

相关系数是用来反映变量之间相关关系密切程度的统计指标。相关系数按积差的方法计算，以两变量与各自平均值的离差为基础，通过两个离差相乘来反映两变量之间的相关程度。

$$\rho_{XY} = \frac{\text{Cov}(x,y)}{\sigma_x \sigma_y} = \frac{\sum\limits_{i=1}^{n}\left[(x_i-\overline{x})(y_i-\overline{y})\right]}{\sqrt{\sum\limits_{i=1}^{n}(x_i-\overline{x})^2 \cdot \sum\limits_{i=1}^{n}(y_i-\overline{y})^2}} \tag{4-7}$$

式中：Cov(x, y)——x 与 y 之间的协方差；

σ_x、σ_y——x、y 的均方差。

协方差是一个反映两个随机变量相关程度的指标，如果一个变量跟随着另一个变量同时变大或者变小，那么这两个变量的协方差就是正值，反之相反。如果随机变量较为离散，则协方差值也会较大，因此仅凭协方差值并不能较好地反映两个随机变量的相关程度。而均方差是反映数据样本本身离散程度的指标，二者相除，即可有效地表示两个随机变量的相关性。

相关系数的值介于 -1 与 $+1$ 之间，即 $-1 \leqslant P_{XY} \leqslant +1$。当 $\rho_{XY} > 0$ 时，表示两变量正相关，当 $\rho_{XY} < 0$ 时，两变量为负相关。当 $|\rho_{XY}|=1$ 时，表示两变量为完全线性相关，即为函数关系。当 $\rho_{XY} = 0$ 时，表示两变量间无线性相关关系。当 $0 < |\rho_{XY}| < 1$ 时，表示两变量存在一定程度的线性相关。且 $|\rho_{XY}|$ 越接近于 1，两变量间的线性关系越密切；$|\rho_{XY}|$ 越接近于 0，表示两变量间的线性关系越弱。一般可按三级划分：$|\rho_{XY}| < 0.4$ 为低度线性相关；$0.4 \leqslant |\rho_{XY}| < 0.7$ 为显著线性相关；$0.7 \leqslant |\rho_{XY}| \leqslant 1$ 为高度线性相关。

3. Jaccard 相似系数

Jaccard 相似系数用于比较有限样本集之间的相似性与差异性。其在数学上的描述为：给定两个集合 A、B，Jaccard 系数定义为 A 与 B 交集的大小与 A 与 B 并集的大小的比值，定义如下：

$$J(A,B) = \frac{|A \cap B|}{|A \cup B|} \tag{4-8}$$

Jaccard 系数的取值范围为 [0, 1]，值越大，样本相似度越高。

在进行数值处理时，Jaccard 系数主要用于计算由布尔值或符号进行度量的个体之间具有某种特征的相似度，因此无法衡量差异具体值的大小，只能获得"是否共同具有某特征"这个结果。

与 Jaccard 相似系数相关的指标叫作 Jaccard 距离，用于描述集合之间的相似度。Jaccard 距离越大，样本相似度越低，其公式定义如下：

$$d_j(A,B) = 1 - J(A,B) = \frac{|A\cup B| - |A\cap B|}{|A\cup B|} \tag{4-9}$$

在数据挖掘领域，常常用 Jaccard 距离比较两个具有布尔值属性的对象之间的距离。

(三) 误差平方和

在对两组数据的误差情况进行估计的时候，如原始数据和拟合数据之间的误差，或者是理论数据和观测数据之间的误差，会用其误差值取平方后求和（SSE）来衡量误差的大小。计算公式为

$$SSE = \sum_{i=1}^{n}(y_i - \hat{y}_i)^2 \tag{4-10}$$

式中：y_i ——原始数据值或理论数据值；
$\hat{y}_i$ ——拟合数据值或观测数据值；
n ——数据量。

误差平方和也称为和方差。在进行聚类分析时，需要评估某一聚类结果中各数据项的聚合程度。例如，对于将数据分成 k 个簇，C_i 为第 i 个簇，c_i 为簇 C_i 的原型（质心）的情况，就可以利用下式来对这一聚类结果进行评估：

$$SSE = \sum_{i=0}^{k}\sum_{x\in C_i}\text{dist}(c_i, x)^2 \tag{4-11}$$

误差平方和越小，意味着质心作为簇中心点的代表性越好。

四、聚类分析的分类

聚类按照所采用的算法、处理的范围以及衡量的方式不同，也有多种不同的方法。而其最终的结果是要将数据以一定的规则聚集成不同的簇，从而发现数据中的隐含模式。其效果的好坏，取决于聚类方法所采用的相似性评价方法及其具体的实现，这基于聚类所得到的簇，具有高度的簇内相似性，以及较低的簇间相似性。

(一) 按结构分类

按照结构分类，聚类分析可以分为划分聚类、层次聚类和基于密度的聚类等。

划分聚类简单地将数据对象集划分成不重叠的子集，使得每个数据对象恰在一个子集中。

层次聚类将最为临近的数据逐步、分层地进行聚集，分层建立簇，形成一棵以簇为节点的树，构成嵌套簇的集族，称为聚类图。

基于密度的聚类，是在整个样本空间中将样本按照其聚集的稠密程度进行聚类的方法。这种聚类方法可以过滤掉低密度的样本，发现出稠密样本点，弥补层次聚类和划分聚类只能处理凸形样本的不足。

(二) 按划分方法分类

按照划分的方法进行分类，聚类分析可以分为互斥聚类、非互斥聚类和模糊聚类。互斥聚类是指将每个对象都指派到单个簇。

非互斥聚类，也称为重叠聚类，是指一个数据对象可能同时属于不同的簇。

模糊聚类是指每个对象通过一个 0（绝对不属于）和 1（绝对属于）之间的隶属权值属于每个簇。换言之，簇被视为模糊集。

(三) 按划分范围分类

按照划分的范围进行分类，聚类分析可以分为完全聚类和部分聚类。

完全聚类将每个对象指派到一个簇。

部分聚类是指数据集中的某些对象可能不属于明确定义的簇。例如：一些对象可能是离群点或噪声点。

第三节 数据挖掘的回归分析

一、回归分析的作用

回归分析是确定两种或两种以上变量间相互依赖的定量关系的一种统计分析方法，它通过建立统计预测模型，来描述和评估因变量与一个或多个自变量之间的关系。回归分析是处理多变量间相关关系的一种数学方法，应用非常广泛。

具有相关关系的两个变量 ξ 和 η，它们之间既存在着密切的关系，又不能由一个变量的数值精确地求出另一个变量的值。通常选定 $\xi=x$ 时 η 的数学期望作为对应 $\xi=x$ 时 η 的代表值，因为它反映 $\xi=x$ 条件下 η 取值的平均水平。具有相关关系的变量之间虽然具有某种不确定性，但是通过对现象的不断观察却可以探索出它们之间的统计规律，这类统计规律被称为回归关系。有关回归关系的理论、计算和分析就称为回归分析。

回归分析是一种统计方法，旨在建立变量之间的数学关系，称为回归方程。这个方程反映了自变量在固定条件下因变量的平均状态变化。它分为线性回归和非线性回归，以及一元和多元回归。一元线性回归涉及一个自变量和一个因变量，通常用一条直线来近似表示它们之间的关系。而多元线性回归则包含两个或两个以上的自变量，与因变量之间呈现线性关系。

回归分析的应用非常广泛，可用于确定各领域中多个因素（数据）之间的关系，并进行预测及数据分析。例如，在商业领域应用上根据经验数据，预测某新产品的广告费用所能够带来的销售数量；气象预报上根据温度、湿度和气压等预测风速；在金融领域应用上对股票指数进行时间序列的预测等。

回归分析具有很高的灵活性，可以用来解决多种问题。首先，它可以用于建立经验公式，这些公式对于描述现象和预测未来趋势至关重要。其次，回归分析可以与概率统计方法结合使用，评估经验公式的有效性，并对未来事件进行概率性预测。此外，回归分析还可应用于因素分析，帮助确定影响某一变量的主要因素和变量之间的关系。这种方法可以揭示出隐藏在数据背后的规律和模式，为决策者提供更准确的信息，从而做出更明智的决策。

回归分析的作用主要表现在以下方面。

第一，评估因变量显著变化的能力和程度，需要考量自变量的影响是否显著，从而确定其对因变量变化的解释能力。

第二，揭示自变量与因变量关系的结构和形式，以及预测因变量的能力，需要分析两者之间的关系结构，例如线性、非线性、正向或负向关系。

第三，控制自变量以评估特定变量或变量组对因变量的贡献，可以通过控制变量分析消除其他自变量对因变量的影响，从而准确评估特定自变量的贡献。

在研究变量间的相关关系时，研究者可以利用相关分析的相关理论和方法。相关分析是一种统计技术，用于衡量两个或多个变量之间的关系密切程度。尽管相关分析包括回归分析在内，但它们有着明显的区别。回归分析适用于自变量为非随机变量且因变量为随机变量的情况，而相关分析则适用于两者均为随机变量的情况。相关分析不仅考察了变量之间的关联性，还可以确定其方向和密切程度，而回归分析则更专注于确定变量之间的具体关系和因果关系，并且可以用数学模型来表示。

具体而言，相关分析的重点在于评估变量之间的相关性，而不强调自变量和因变量的区别。它旨在揭示变量之间是否存在相关关系，以及这种关系的方向和程度。通过相关系数的计算，可以量化这种关系的强度，从而判断变量之间的相关性。如果两个变量之间的关系非常密切，那么可以使用回归方程来精确地预测一个变量的取值，从而相互补充。

举例来说，假设相关分析表明产品质量与用户满意度之间存在密切的正相关关系，这意味着随着产品质量的提高，用户的满意度也随之增加。然而，相关分析并不能提供关于这种关系的具体细节，例如产品质量提高一个单位，用户满意度将提高多少个单位。这时候，回归分析就能派上用场了。通过回归分析，研究者可以建立一个数学模型，确定产品质量对用户满意度的影响程度，并精确地预测在不同质量水平下用户满意度的取值。

因此，尽管相关分析和回归分析都是研究变量之间关系的有效工具，但它们的应用场景和重点有所不同。相关分析主要用于衡量变量之间的关联性和关系密切程度，而回归分析则更专注于确定变量之间的具体关系和因果关系，为研究者提供了更深入的理解和预测能力。

二、回归算法分析

对于一组给定的统计数据，进行回归分析时，需要规定因变量和自变量，建立回归模型，并根据实测数据来求解模型的各个参数，来确定变量之间的因果关系，并对回归模型与实测数据的拟合程度进行评价。符合评价标准的回归模型，则可以根据自变量做进一步预测。

回归分析的主要内容和过程如下：

第一，在数学建模中，估计未知参数是一个关键步骤，通常采用最小二乘法。该方法通过最小化观测值与模型预测值之间的残差平方和来确定参数值，从而使模型与实际数据拟合最佳。这种建模方式有助于从数据中提取隐藏的规律和趋势，为后续分析提供基础。

第二，一旦建立了数学模型，就需要对其关系式进行可信度检验，以确保模型的准确性和可靠性。这种检验通常涉及对模型残差进行统计分析，如检验残差是否服从正态分布以及是否具有同方差性等，从而评估模型是否符合基本假设。

第三，在确定模型可信度之后，需要进一步判断自变量对因变量的显著性影响，并选择影响显著的自变量建立最终的模型。这一步骤通常涉及对模型参数的显著性检验，以确定哪些自变量对因变量的影响是显著的，进而筛选出最相关的变量进行建模。

第四，利用建立好的回归模型进行预测或控制是回归分析的核心目标之一。通过输入自变量的值，可以利用回归模型对因变量进行预测，或者通过调整自变量的值来控制因变量的变化，从而实现对系统的有效管理和优化。

回归分析涵盖了多种形式，包括简单线性回归、多元线性回归和非线性回归等。每种形式都有其特定的应用场景和建模方法，在不同的情况下可以选择合适的回归模型来进行分析和预测，从而更好地理解数据之间的关系和变化规律。

(一) 一元线性回归

一元线性回归问题仅有一个自变量与一个因变量，如果发现因变量 y 和自变量 x 之间存在高度的正相关，且其关系大致上可用一条直线表示，则可以确定一条直线的方程，使得所有的数据点尽可能接近这条拟合的直线。

设 y 是一个可观测的随机变量，它受到一个非随机变量因素 x 和随机误差 ε 的影响。若 y 与 x 有如下线性关系：

$$y = \beta_0 + \beta_1 x + \varepsilon \tag{4-12}$$

则定义 y 为因变量，x 为自变量，称此 y 与 x 之间的函数关系表达式为一元线性回归模型。其中，随机误差 ε 的均值 $E(\varepsilon)=0$，方差 $\text{Var}(\varepsilon)=\sigma^2$ ($\sigma>0$)；β_0、β_1 是固定的未知系数，称为回归系数，有时，β_0 也会被称为回归直线的截距，β_1 称为回归直线的斜率。

建立的一元线性回归经验模型如下式所示：

$$\hat{y} = \hat{\beta}_0 + \hat{\beta}_1 x \tag{4-13}$$

其中，系数值可以根据数据用最小二乘法计算得出：

$$\begin{cases} \hat{\beta}_0 = \bar{y} - \bar{x}\hat{\beta}_1 \\ \hat{\beta}_1 = \dfrac{\sum\limits_{i=1}^{n}(x_i - \bar{x})(y_i - \bar{y})}{\sum\limits_{i=1}^{n}(x_i - \bar{x})^2} \end{cases} \tag{4-14}$$

式中：$\bar{x} = \dfrac{1}{n}\sum\limits_{i=1}^{n} x_i$ ——自变量样本的平均值；

$$\bar{y} = \frac{1}{n}\sum_{i=1}^{n} y_i$$ ——因变量样本的平均值。

该模型在用于预测之前，先要对该模型进行评估，以判定其是否能够良好地体现训练数据所蕴含的关联关系。

(二) 多元线性回归

多元线性回归是简单线性回归的推广，指的是多个因变量对多个自变量的回归。其中最常用的是一个因变量、多个自变量的情况，称为多重回归。多重回归的一般形式如下：

$$y = \beta_0 + \beta_1 x_1 + \beta_2 x_2 + \cdots + \beta_m x_m + \varepsilon \tag{4-15}$$

式中：β_0——截距；

$\beta_1, \beta_2, \cdots, \beta_m$——回归系数。

建立的多元线性回归经验模型如下式所示：

$$\hat{y} = \hat{\beta}_0 + \hat{\beta}_1 x_1 + \hat{\beta}_2 x_2 + \cdots + \hat{\beta}_m x_m \tag{4-16}$$

(三) 非线性回归

在线性回归问题中，样本点落在空间中的一条直线上或该直线的附近，因此可以使用一个线性函数来表示自变量和因变量间的对应关系。然而在一些应用中，变量间的关系呈曲线形式，因此无法用线性函数表示自变量和因变量间的对应关系，而需要使用非线性函数来表示。下面给出一些数据挖掘中常用的非线性回归模型。

1. 渐近回归

设 y 是一个可观测的随机变量，它受到一个非随机变量因素 x 和随机误差 ε 的影响。若 y 与 x 有如下非线性关系：

$$y = a + b\mathrm{e}^{-rx} + \varepsilon \tag{4-17}$$

则 y 定义为因变量，x 定义为自变量，称此 y 与 x 之间的函数关系表达式为渐近回归模型。建立的渐近回归经验模型如下式所示：

$$\hat{y} = \hat{a} + \hat{b}\mathrm{e}^{-\hat{r}x} \tag{4-18}$$

2. 二次曲线回归

设 y 是一个可观测的随机变量，它受到一个非随机变量因素 x 和随机误差 ε 的影响。若 y 与 x 有如下非线性关系：

$$y = a + b_1 x + b_2 x^2 + \varepsilon \tag{4-19}$$

则 y 定义为因变量，x 定义为自变量，称此 y 与 x 之间的函数关系表达式为二次曲线回归模型。建立的二次曲线回归经验模型如下式所示：

$$\hat{y} = a + \hat{b}_1 x + b_2 x^2 \tag{4-20}$$

3. 双曲线回归

设 y 是一个可观测的随机变量，它受到一个非随机变量因素 x 和随机误差 ε 的影响。若 y 与 x 有如下非线性关系：

$$y = a + \frac{b}{x} + \varepsilon \tag{4-21}$$

则称 y 为因变量，x 为自变量，称此 y 与 x 之间的函数关系表达式为双曲线回归模型。建立的双曲线回归经验模型如下式所示：

$$\hat{y} = \hat{a} + \frac{\hat{b}}{x} \tag{4-22}$$

由于许多非线性模型是等价的，所以模型的参数化并不是唯一的，这就使非线性模型的拟合和解释比线性模型复杂得多。在非线性回归分析中估算回归参数的最通用的方法依然是最小二乘法。

（四）Logistic 回归

对于因变量 y 为分类型变量的问题，从数学角度很难找到一个函数 $y=f(x)$，当自变量 x 变化时，对应的函数值 y 仅取两个或有限的几个值，且分类型因变量也不符合线性回归分析的假设条件，因此需要转换思路，分析因变量 y 的取值出现的概率 p 与自变量 x 之间的关系，即寻找一个连续函数 $p=p(x)$，使得当 x 变化时，其对应的函数值 p 不超出区间 $[0,1]$ 的范围。从数学上来说，这样的函数存在且不唯一，Logistic 回归模型就是满足这种要求的函数之一，它非常巧妙地解决了分类型变量的建模问题，补充完善了线性回归模型，或者说是广义线性回归分析的缺陷。

Logistic 回归分析属于概率型非线性回归。其定义为：假设在自变量 x 的作用下，因变量 y 是取值为 1 或 0 的二值变量，其发生概率为 p，则可以表示成

$$p = p(y=1 \mid x) = \frac{e^{\alpha+\beta x}}{1+e^{\alpha+\beta x}} \tag{4-23}$$

则该事件不发生的概率为

$$1 - p = \frac{1}{1+e^{\alpha+\beta x}} \tag{4-24}$$

对于多元的情况，即假设在自变量 $x_1, x_2, \cdots, x_m$ 的作用下，因变量 y 是取值为 1 或 0 的二值变量，其发生概率为 p，则可以表示成

$$p = p(y=1 \mid x_1, x_2, \cdots, x_m) = \frac{e^{\beta_0+\beta_1 x_1+\beta_2 x_2+\cdots+\beta_m x_m}}{1+e^{\beta_0+\beta_1 x_1+\beta_2 x_2+\cdots+\beta_m x_m}} \tag{4-25}$$

则该事件不发生的概率为

$$1 - p = \frac{1}{1+e^{\beta_0+\beta_1 x_1+\beta_2 x_2+\cdots+\beta_m x_m}} \tag{4-26}$$

对发生概率与不发生概率的比值 $\dfrac{p}{1-p}$ 取自然对数，即得到 Logistic 函数为

$$\text{Logit}(p) = \ln\left(\frac{p}{1-p}\right) \tag{4-27}$$

上式称为 p 的 Logit 变换。通过变换，可以将 Logistic 回归问题转化为线性回归问题，即可按照多元线性回归的方法求解回归参数。因此，Logistic 回归模型为

$$\text{Logit}(p) = \ln\frac{p}{1-p} = \beta_0 + \beta_1 x_1 + \beta_2 x_2 + \cdots + \beta_m x_m + \varepsilon \tag{4-28}$$

其中，β_0 为常数项，β_0，β_1，$\cdots$，β_m 称为回归系数，误差项 ε 是均值为 0、方差为 σ^2 的随机变量。可以看出，当 p 在区间 $(0，1)$ 内变化时，对应的 Logit(p) 在区间 $(-\infty，+\infty)$ 内变化，这样，自变量 x_0，x_1，$\cdots$，x_m 可以在任意范围内取值。模型中的回归系数采用最大似然估计方法来确定，因而要求要有足够的样本数量，以保证参数估计的准确性。

第五章　数据挖掘的相关算法

数据挖掘的相关算法包括分类预测算法、决策树算法和智能优化算法。分类预测算法用于对数据进行分类和预测，如 k- 近邻算法、朴素贝叶斯算法等。决策树算法基于树形结构进行数据分类和决策，如 ID3 算法、C4.5 算法等。智能优化算法通过模拟生物进化或其他优化策略来解决复杂的优化问题，如遗传算法、粒子群优化算法等。本章主要论述数据挖掘的分类预测算法、决策树算法、智能优化算法。

第一节　数据挖掘的分类预测算法

一、数据挖掘分类原理

（一）分类的基本原理

"分类是数据挖掘的研究分支，用于发现数据中隐含的模式并实现数据的类别划分，通常将每一个类别称作概念。"[①] 分类的基本过程可以分为建立分类模型和应用分类模型两个阶段。在建立分类模型时，根据训练数据集进行归纳和学习，建立起初步的分类模型。很显然，能够用于数据分类从而建立分类模型的数据，必须具有一个类别属性，分类算法将根据数据的其他属性与类别属性的关联关系，采用不同的学习算法进行归纳、划分和汇聚，从而建立起分类模型。为了确保分类模型能够学习到准确的算法，还需要在形成分类模型后，用另一组数据，也就是测试数据集，对该分类模型进行测试和检验，并对检验结果进行评估。经检验和评估且能够满足要求的分类模型，才可以用于对新采集到的数据或者是尚未确定分类的数据，进行分类处理。

通常，建立分类模型时，会将一组原始数据分成两个部分：一部分数据用于分类模型学习建立分类算法，称其为数据的训练数据集；另一个部分用来对建立的模型进行测试和评估，这部分称为数据的测试数据集。虽然训练数据集和测试数据集因其同源而具有相同的统计特性，但样本间是相互独立的，且在建立分类模型的过程中会进行一定的舍弃、近似和合并，所以用这样的方法获得测试数据集来进行检验和评估是可行的和有意义的。

（二）建立分类模型的算法

1. 决策树

决策树算法是用于分类和预测的主要技术之一，使用决策学习来建立决策树模型，

[①] 韩成成. 基于数据挖掘任务的分类方法综述 [J]. 软件，2023，44(06)：95.

可以发现和表示出属性和类别间的关系，并据此预测将来未知类别的记录的类别。决策树分类算法采用自顶向下的递归方式，在决策树的内部节点进行属性的比较，根据不同属性值构造分支，最终在决策树的叶节点得到结论。

主要的决策树算法有 ID3、C4.5（C5.0）、CART、PUBLIC、SLIQ 和 SPRINT 等算法。它们在选择测试属性所采用的技术、生成的决策树的结构、剪枝的方法和时刻，以及能否处理大数据集等方面都有各自的特点。

2. 贝叶斯

贝叶斯分类算法是一类利用概率统计知识进行分类的算法，如朴素贝叶斯算法。该算法利用贝叶斯定理来预测一个未知类别的样本属于各个类别的可能性，并选择其中可能性最大的一个类别作为该样本的最终类别。由于贝叶斯定理的成立本身就需要一个很强的条件独立性假设前提，而此假设在实际情况中经常是不成立的，因而其分类准确性就会下降。由此就出现了许多降低独立性假设的贝叶斯分类算法，如树扩展型朴素贝叶斯算法，它是通过在贝叶斯网络结构的基础上增加属性对之间的关联来实现的。

3. k- 近邻

k- 近邻算法是一种基于实例的分类方法。该方法就是找出与未知样本 x 距离最近的 k 个训练样本，看这 k 个样本中多数属于哪一类，就把 x 归为那一类。k- 近邻算法是一种懒惰学习方法，它采集和存放样本，直到需要分类时才进行分类。如果样本集比较复杂，就会导致很大的计算开销，因此无法应用到实时性很强的场合。

4. 规则归纳

规则归纳方法是一种用于分类的机器学习技术，它根据训练数据集产生一组决策规则，以便对新数据进行分类。这些分类规则通常用析取范式（DNF）来表示，它是一种由若干个子句组成的逻辑表达式。

直接生成方法是一种常见的规则归纳技术，它直接从训练数据中推导出分类规则。这些方法通过对数据集进行分析和学习，生成一组可以准确分类数据的规则。例如，首先对特征的频繁项集进行挖掘，然后将这些频繁项集转化为分类规则。

间接生成方法则是从其他分类模型中提取规则。这些模型可以是决策树、人工神经网络等。解析这些模型的结构和参数可以推导出一组逻辑规则，用于对数据进行分类。这种方法的优势在于可以利用已有的分类器来提取规则，而不需要重新学习。

无论是直接生成方法还是间接生成方法，规则归纳技术都可以生成易于理解和解释的分类规则，从而帮助人们理解数据中的模式和规律。这些规则对于实际应用中的决策制定和问题解决都具有重要的意义，因此规则归纳方法在机器学习和数据挖掘领域中得到了广泛的应用。

5. 基于关联规则的分类

关联规则挖掘是数据挖掘领域中的一个重要研究方向。其中，关联分类方法专注于挖掘形如 condset → C 的规则，其中 condset 表示项或属性 - 值对的集合，而 C 是类标号，这样的规则被称为类关联规则（CARS）。

关联分类方法通常包括以下步骤。

（1）关联规则挖掘算法。从训练数据集中使用关联规则挖掘算法，挖掘出所有满足预先指定的支持度和置信度阈值的类关联规则。支持度衡量规则出现的频率，置信度则表示规则的可信度。这一步骤旨在找到数据集中的潜在关联规则，以便后续分类使用。

（2）规则选择。使用启发式方法从挖掘出的关联规则中选择一组高质量的规则用于分类。这些规则需要具有良好的泛化能力，能够对新的未见样本进行准确分类。选择高质量的规则是关联分类方法中至关重要的一步，通常需要综合考虑规则的支持度、置信度、覆盖率等指标，并可能采用基于交叉验证或其他评估方法来评估规则的性能。

通过这两个步骤，关联分类方法能够从数据集中挖掘出具有一定泛化能力的类关联规则，并将其应用于分类任务中，从而实现对未知数据的准确分类。这种方法在实际应用中被广泛使用，例如在市场分析、医疗诊断等领域中都具有重要价值。

（三）对分类算法的要求

在比较和评估分类及预测方法时，可以考虑以下标准。

第一，预测的准确率。预测的准确率是评估分类和预测模型性能的基本指标之一，它反映了模型在正确预测新数据类标号方面的能力。高准确率意味着模型对于未知数据的分类预测能力更强，能够更可靠地进行分类和预测。在实际应用中，高准确率的模型能够提供更准确的决策支持，降低错误分类的风险，提高系统的可信度和稳定性。因此，在选择和比较不同的分类和预测方法时，预测准确率是一个至关重要的考虑因素，通常是评估模型性能的首要指标之一。

第二，速度。速度是评估分类和预测模型的另一个关键指标，它直接关系到模型的计算效率。一个好的模型应该能够在合理的时间内生成和使用，尤其是在处理大规模数据集时。速度快的模型可以提高工作效率，加快决策过程，并节省计算资源。在实际应用中，快速的模型能够更及时地对数据进行处理和响应，提高系统的实时性和响应性。因此，当选择和比较不同的分类和预测方法时，需要考虑模型的计算时间复杂度，以确保模型能够在实际应用中达到高效的性能表现。

第三，强健性。强健性是评估分类和预测模型的另一个重要指标，它衡量模型对于包含噪声数据或遗漏值数据时的正确预测能力。一个强健的模型能够有效地处理不完美的数据，即使在存在数据噪声或缺失值的情况下，也能产生可靠的预测结果。在现实世界中，数据往往是不完美的，可能存在各种噪声、错误或缺失。因此，模型的强健性对于保证模型在实际应用中的稳定性和可靠性至关重要。强健性高的模型能够更好地适应不完美的数据，并产生更准确和可信的预测结果，从而提高了模型在真实场景下的应用价值和可靠性。

第四，规模化。规模化是评估分类和预测模型的关键指标之一，它指模型在处理大规模数据时的能力。一个好的模型应能够有效地处理大规模数据，并能够在给定大量数据的情况下构建和使用。在当今的大数据时代，处理大规模数据集已成为日常。因此，模型必须具备良好的规模化能力，能够在合理的时间内处理海量数据，而不至于导致性能下降或计算资源耗尽。高效的规模化模型能够加速数据处理过程，提高工作效率，并且为处理现实世界中的大型数据集提供可靠的解决方案。因此，当选择和评估不同的分类和预测方法时，需要考虑模型的规模化能力，以确保其能够在大规模数据场景下稳健地运行。

第五，可解释性。可解释性是评估分类和预测模型的重要因素之一，它指的是模型提供的理解和洞察层次。高可解释性的模型能够清晰地揭示数据中的模式和规律，使人们能够理解模型的预测依据和决策过程。通过了解模型的内部机制，人们可以更好地理解数据背后的信息，从而增强对模型的信任和接受度。此外，可解释性还可以帮助用户发现模型中的潜在问题或偏差，并加以修正，提高模型的准确性和可靠性。尤其在一些对决策结果有重要影响的领域，如医疗诊断、金融风险评估等，高可解释性的模型能够提供更可信的决策支持，使决策者更有信心地应用模型结果。因此，可解释性在选择和评估分类和预测模型时是一个关键的考虑因素。

二、基于规则的分类器

为了建立基于规则的分类器，需要提取一组规则来识别数据集的属性和类标号之间的关键联系。提取分类规则的方法有两种类型：① 直接方法，直接从数据中提取分类规则；② 间接方法，从其他分类模型（如决策树和人工神经网络）中提取分类规则。直接方法把属性空间分为较小的子空间，以便属于一个子空间的所有记录可以使用一个分类规则进行分类。间接方法使用分类规则为较复杂的分类模型来提供简洁的描述。

（一）规则提取的直接方法

1. 顺序覆盖算法

顺序覆盖算法是一种常用的规则提取方法，通常用于从原始数据中提取规则。该算法基于某种评估度量以贪心的方式逐步生成规则。在处理包含多个类别的数据集时，该算法一次只提取一个类别的规则。确定哪个类别的规则首先生成取决于多种因素，其中包括类别的普遍性和误分类的代价。

类别的普遍性指训练数据集中属于特定类别的记录的比例。如果某个类别在数据集中非常普遍，那么可能优先考虑提取该类别的规则，以确保模型的覆盖度。另一个因素是给定类别中误分类记录的代价。如果某个类别的误分类会带来严重的后果或损失，那么可能会优先提取与该类别相关的规则，以最大程度地减少误分类的发生。

2. Learn-One-Rule 函数

Learn-One-Rule 函数的目标是提取一个分类规则，该规则旨在覆盖训练集中的大量正例，同时尽可能少地覆盖反例。然而，由于搜索空间的大小呈指数级增长，因此寻找一个最佳规则的计算成本相当高。为了解决这一指数级搜索问题，Learn-One-Rule 函数采用了一种基于贪心策略的规则增长方法。该算法首先生成一个初始规则 r，然后不断对该规则进行求精操作，直到满足预设的终止条件。随后，对规则进行修剪，以优化其泛化误差，即提高其在未知数据上的预测准确性。

3. 规则评估

在规则的增长过程中，评估度量是至关重要的，因为它们指导着规则的演化方向。其中一种常见的评估度量是准确率。准确率是指规则正确分类的训练样例的比例。使用准确率作为评估度量，可以直观地了解规则在当前数据集上的性能表现。

准确率的计算相对简单，它将规则正确分类的样例数量除以总样例数量。这种度量方式能够清晰地告诉我们规则对于给定数据集的分类效果如何。如果准确率高，说明规则在当前数据集上表现良好，反之则需要进一步调整或添加规则。

准确率作为唯一的评估度量也存在一些缺陷，最主要的是它无法表征规则的覆盖率。覆盖率是指规则所能覆盖的样本空间的比例。一个高准确率的规则可能只覆盖了数据集中的一小部分，这意味着它在更广泛的数据集上可能表现不佳。因此，仅依赖准确率可能导致过度拟合或忽视了某些重要的数据模式。

为了弥补准确率的不足，可以结合其他评估度量，例如规则的覆盖率。综合考虑准确率和覆盖率，可以更全面地评估规则的质量和适用性。这样的综合度量可以帮助规则学习系统更好地平衡精度和泛化能力，从而生成更具有普适性和实用性的规则集。在规则增长的过程中，持续地评估和调整这些度量，是确保规则系统有效学习和适应不断变化的数据的关键步骤。

4. RIPPER算法

RIPPER算法是一种应用较为广泛的直接提取规则的方法。对于分类问题，RIPPER算法选择以多数类作为默认类，并为预测少数类学习规则。

（1）规则增长。RIPPER算法使用从一般到特殊的策略进行规则增长，使用FOIL信息增益来选择最佳合取项添加到规则前件中。当规则开始覆盖反例时，停止添加合取项。新规则将会根据其在确认集上的性能进行剪枝。

（2）建立规则集。规则生成后，其所覆盖的所有正例和反例都要被删除。只要该规则不违反基于最小描述长度的终止条件，就把它添加到规则集中。

RIPPER算法也采用其他的优化步骤来决定规则集中现存的某些规则能否被更好的规则替代。RIPPER算法的复杂度几乎随训练样例的数目线性地增长，它适用于基于类分布不平衡的数据集的模型的建立。RIPPER算法通过一个确认数据集来防止模型过度拟合，因而能够很好地处理噪声数据集。

（二）规则提取的间接方法

原则上，决策树从根节点到叶节点的每一条路径都可以表示为一个分类规则。路径中的测试条件构成规则前件的合取项，叶节点的类标号赋给规则后件。规则集是完全的，而它所包含的规则是互斥的。C4.5规则算法所采用的从决策树生成规则集的方法如下。

第一，规则产生。决策树中从根节点到叶节点的每一条路径都产生一条分类规则。给定一个分类规则 $r: A \rightarrow y$，考虑简化后的规则 $r': A' \rightarrow y$，其中 A' 是从 A 中去掉一个合取项后得到的。只要简化后规则的误差率低于原规则的误差率，就保留其中悲观误差率最低的规则。重复规则剪枝步骤，直到规则的悲观误差不能再改进为止。由于某些规则在剪枝后会变得相同，因此必须丢弃重复规则。

第二，规则排序。产生规则集后，C4.5规则算法使用基于类的排序方案对提取的规则定序。预测同一个类的规则分到同一个子集中。计算每个子集的总描述长度，然后各类按照总描述长度由小到大排序。具有最小描述长度的类优先级最高，因为期望

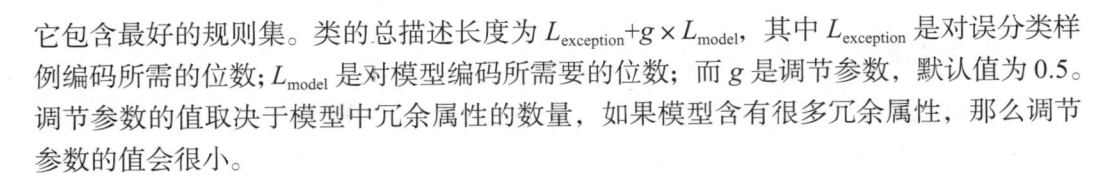

它包含最好的规则集。类的总描述长度为 $L_{exception}+g \times L_{model}$，其中 $L_{exception}$ 是对误分类样例编码所需的位数；L_{model} 是对模型编码所需要的位数；而 g 是调节参数，默认值为 0.5。调节参数的值取决于模型中冗余属性的数量，如果模型含有很多冗余属性，那么调节参数的值会很小。

（三）基于规则的分类器的特征

第一，规则集的表达能力几乎等价于决策树，因为决策树可以用互斥和穷举的规则集表示。基于规则的分类器和决策树分类器都对属性空间进行直线划分，并将类指派到每个划分。然而，基于规则的分类器允许一条记录触发多条规则的话，就可以构造一个更加复杂的决策边界。

决策树的每个节点代表一个属性的划分，而规则集中的每条规则则表示对应的属性条件。虽然每个划分和规则都对应着一个决策边界，但决策树只能生成互斥的划分，而规则集允许多个规则同时匹配一条记录，因此可以构造更加复杂和灵活的决策边界。这种灵活性使得基于规则的分类器在处理复杂数据集时能够更好地适应数据的真实分布情况，提高了模型的泛化能力。

第二，基于规则的分类器常被用来生成易于解释的描述性模型。这是因为规则本身直观易懂，能够清晰地呈现出数据的特征与类别之间的关系，使得模型结果更具可解释性。与此同时，这些模型不仅更易于理解，而且它们的性能与决策树分类器相媲美，甚至在某些情况下性能更好。因此，基于规则的分类器不仅提供了清晰的模型解释，还能够在分类性能上达到与其他复杂模型相当的水平，使其成为许多实际应用中的理想选择。

第三，许多基于规则的分类器，如 RIPPER 算法，采用基于类的规则定序方法，对处理类分布不平衡的数据集非常有效。这种方法通过优先考虑少数类别来生成规则，确保了生成的规则能够更好地覆盖少数类别。这样做不仅提高了模型对于少数类别的识别能力，也提高了整体模型的性能和可靠性。因此，基于类的规则定序方法在处理类别不平衡的情况下，能够使基于规则的分类器更加健壮，更适用于实际应用中的各种场景。

三、人工神经网络

人工神经网络（ANN）是一种应用类似于大脑神经突触连接的结构进行信息处理的数学模型。在这种模型中，大量的节点（即神经元或单元）之间相互连接构成网络（即"神经网络"），以达到处理信息的目的。人工神经网络通常需要进行训练，训练的过程就是网络进行学习的过程。训练改变了网络节点的连接权的值，使其具有分类的功能，经过训练的网络就可用于对象的识别。

目前，人工神经网络已有上百种不同的模型，常见的有 BP（反向传播）网络、径向基函数（RBF）网络、Hopfield 网络、随机神经网络（Boltzmann 机）、竞争神经网络（Hamming 网络，自组织映射网络）等。

(一) 基本结构

人工神经网络的研究起源于对生物神经元的研究。人的大脑中有很多神经元细胞，每个神经元都伸展出一些短而逐渐变细的分支（树突）和一根长的纤维（轴突）。一个神经元的树突从其他神经元接收信号并把它们汇集起来，如果信号足够强，该神经元将会产生一个新的信号并沿着轴突将这一信号传递给其他神经元。正是这上百亿个神经元，才构成了高度复杂的、非线性的、能够并行处理的人体神经网络系统。

1. 多层结构

人工神经网络模仿人体神经网络系统进行抽象建模，设计成由相互连接的处理单元组成，单元之间是由信号通路进行连接的处理系统。如果把人工神经网络看作一个图，则其中的处理单元称为节点，处理单元之间的连接称为边。边的连接表示各处理单元之间的关联关系，边的权值体现了关联性的强弱，二者相结合，表示信息的传递和处理的方法。因此，可以说人工神经网络是由大量的节点（或称神经元）进行相互连接而构成的多层信息处理系统。这种形态和处理机制与人体神经网络系统较为类似，也是一种模拟人脑思维的计算机建模方式。

人工神经网络的复杂程度与网络的层数和每层的处理单元有关。按照层级关系，整个网络拓扑结构可以分为输入层、输出层和隐藏层（有时也可以没有隐藏层）。

(1) 输入层。位于输入层的节点称为输入节点（或输入单元），负责接收和处理样本数据集中各输入变量的数值。输入节点的个数由样本数据的属性维度决定。输入的信息称为输入向量。

(2) 输出层。位于输出层的节点称为输出节点（或输出单元），负责实现系统处理结果的输出。输出的信息称为输出向量。

(3) 隐藏层。输入层和输出层之间众多神经元和连接组成的各个层面为隐藏层，它能够实现人工神经网络的计算和非线性特性。隐藏层可以有多层，层数的多少视对网络的非线性要求以及功能和性能的要求而定。位于隐藏层的节点称为隐藏节点（或隐单元），它处在输入和输出单元之间，从系统外部无法观察到。隐藏层的节点（神经元）数目越多，人工神经网络的非线性就越显著，鲁棒性也越就强。习惯上会选择输入节点的 1.2~1.5 倍设立隐藏层节点。

人工神经网络工作时，各个自变量通过输入层的神经元输入网络，输入层的各个神经元和第一层隐藏层的各个神经元连接，每一层隐藏层的神经元再和下一层（可能是隐藏层或输出层）的各个神经元相连接。输入的自变量通过各个隐藏层的神经元进行转换后，在输出层形成输出值作为对应变量的预测值。

人工神经网络中的节点也被称为感知器或人工神经元，可以被赋予不同的处理算法（函数），在整个人工神经网络中发挥着相应的作用。多个人工神经元连接在一起，就构成了人工神经网络。

在人工神经网络中，神经元处理单元可用来表示不同的对象，例如特征、字母、概念，或者一些有意义的抽象模式。利用人工神经网络，可以对训练数据集进行学习，将学习到的"知识"存储在每个感知器中，从而建立起一个分析与处理的模型。利用这个经过学习的人工神经网络模型，可以对未知数据进行分析、处理和判断，得到有用的信息。

2. 感知器

人工神经元(感知器)的结构如图 5-1 所示[①]，以模拟生物神经元的活动。I_1, I_2, $\cdots$, I_s 为输入信号，它们按照连接权 w_{1j}, w_{2j}, $\cdots$, w_{sj} 通过神经元内的组合函数 $\sum_j(\cdot)$ 组成 μ_j，再通过神经元内的激活函数 $f_{Aj}(\cdot)$ 得到输出 O_j，沿"轴突"传递给其他神经元。

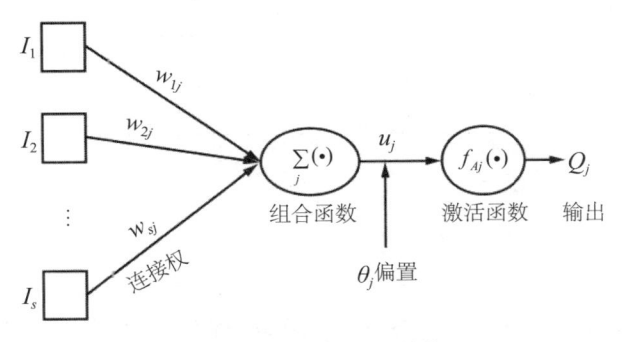

图 5-1 人工神经元结构

（1）组合函数。组合函数简单地将感知器的输入，通过结构上的连接或关联关系，按照各连接的连接权数进行加权求和进行组合。考虑到组合函数的输出范围可能会需要一定的线性调整，以符合激活函数的输入范围，因此，要对组合函数的结果设置一个偏置量(有些资料中也称为阈值)，组合函数便写为一个线性组合表达式，表达式如下：

$$u_j = \sum_i w_{ij} \cdot I_i + \theta_j \tag{5-1}$$

（2）激活函数。在人体神经网络中，并非每个神经元都全程参与信息的传递和处理，只有那些在某一时刻被"激活"的神经元，才构成那一时刻的动态的信息处理系统。人工神经网络沿用了这一概念和名词，在每个感知器中设置了一个用数学函数来表达的元素，称为激活函数。虽然激活函数在人工神经网络中并没有所谓的"激活"的作用，但仍将其定义为符号函数 sign 或与之相接近的非线性函数，使人工神经网络具有充分的非线性，以处理复杂的应用问题。如果没有非线性性质的激活函数，则人工神经网络的每一层输出都仅仅是上一层输入的线性函数，即便是再复杂的人工神经网络络，输出也都将是输入的线性组合，无法满足复杂的实际应用的需要。激活函数给神经元引入非线性因素后，使人工神经网络可以任意逼近任何非线性函数，以应用到众多的非线性模型中。人工神经元的公式如下：

$$O_j = f_{Aj}(u_j) \tag{5-2}$$

常见的激活函数如下：

第一，sign 函数。sign 函数也称为符号函数，可析离出函数的正、负符号：当

[①] 图片引自：葛东旭. 数据挖掘原理与应用[M]. 北京：机械工业出版社，2020：175-177.

$x>0$ 时，sign $(x)=1$；当 $x=0$ 时，sign $(x)=0$；当 $x<0$ 时，sign $(x)=-1$。符号函数的公式如下：

$$f(x)=\begin{cases} 1, & x>0 \\ 0, & x=0 \\ -1, & x<0 \end{cases} \tag{5-3}$$

sign 函数的输入/输出函数关系图如图 5-2 所示。

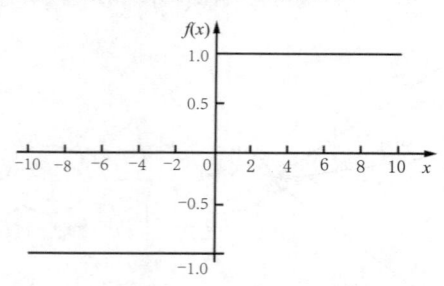

图 5-2　sign 函数

第二，sigmoid 函数。sigmoid 函数公式如式 (5-4) 所示，其输入/输出函数关系如图 5-3(a) 所示。

$$f(x)=\frac{1}{1+\mathrm{e}^{-x}} \tag{5-4}$$

sigmoid 函数的优点是其输出映射在区间 (0，1) 内，输出范围有限，且单调连续，易于求导。优化效果稳定，适合用于输出层感知器的激活函数。

在作为激活函数应用时，需要对该函数求导，求导后的函数公式如下：

$$f'(x)=\frac{\mathrm{e}^{-x}}{1+\mathrm{e}^{-x}}=f(x)[1-f(x)] \tag{5-5}$$

$f'(x)$ 的函数关系如图 5-3(b) 所示。可以看出，sigmoid 函数的导数只有在 $x=0$ 附近的时候才会有比较好的激活性，而在正负饱和区的梯度都接近于 0，造成梯度弥散，无法完成深层网络的训练。

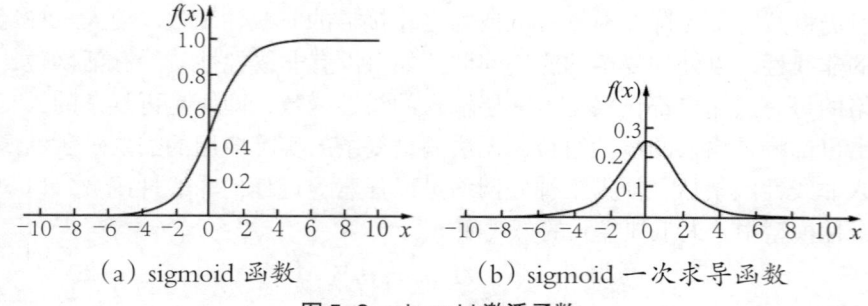

(a) sigmoid 函数　　　　(b) sigmoid 一次求导函数
图 5-3　sigmoid 激活函数

第三，tanh 函数（双曲正切函数）。tanh 函数公式如下：

$$f(x)=\tanh(x)=\frac{\mathrm{e}^{x}-\mathrm{e}^{-x}}{\mathrm{e}^{x}+\mathrm{e}^{-x}} \tag{5-6}$$

将式 (5-1) 代入式 (5-6), 可得

$$\tanh(x) = 2 \cdot \text{sigmoid}(2x) - 1 \tag{5-7}$$

其图像如图 5-4 所示。

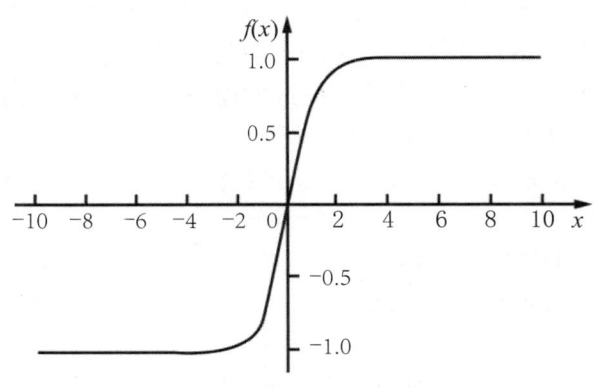

图 5-4 tanh 激活函数

tanh 函数的取值范围为 [-1, 1], tanh 函数在特征相差明显时的应用效果较好, 在人工神经网络的循环训练过程中会不断扩大特征效果。与 sigmoid 函数的区别是, tanh 函数是零均值的。因此, 在实际应用中 tanh 函数会比 sigmoid 函数有更强的应用性。tanh 函数同样具有饱和性, 也会造成梯度消失。

第四, ReLU 函数。ReLU 函数公式如下:

$$f(x) = \begin{cases} x, & x \geq 0 \\ 0, & x < 0 \end{cases} \text{ 或 } f(x) = \max\{0, x\} \tag{5-8}$$

其函数图像如图 5-5 所示。

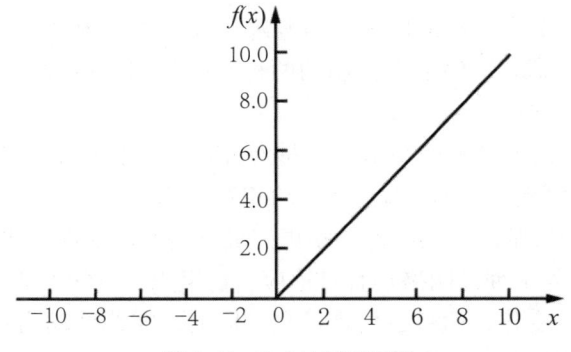

图 5-5 ReLU 激活函数

ReLU 函数用于某些算法 (如随机梯度下降) 时, 较 sigmoid 函数或 tanh 函数具有较快的收敛速度。当 $x < 0$ 时, ReLU 硬饱和, 而当 $x > 0$ 时, 则不存在饱和问题。所以, ReLU 函数能够在 x>0 时保持梯度不衰减, 从而缓解梯度消失问题, 应用时可以直接以监督的方式训练深度人工神经网络, 而不必依赖无监督的逐层预训练。但是, 随着训练的推进, 部分输入会落入硬饱和区, 导致对应权重无法更新, 这种现象被称为神经元死亡。与 sigmoid 函数类似, ReLU 函数的输出均值也大于零, 偏移现象和神经元死亡会共同影响网络的收敛性。

(二)基本分类及特性

1. 人工神经网络的分类

人工神经网络是一种具有自适应性的,体现大脑活动风格的非程序化的信息处理系统,其本质是通过网络的变换和动力学行为得到并行分布式的信息处理功能,并在不同程度和层次上模仿人脑神经系统的信息处理功能,是涉及神经科学、思维科学、人工智能、计算机科学等多个领域的交叉学科。

(1)按照拓扑结构划分,人工神经网络可以分为两层神经网络、三层神经网络和多层神经网络。

(2)按照节点间的连接方式划分,人工神经网络可分为层间连接神经网络和层内连接神经网络,连接强度用权值表示。层内连接方式指人工神经网络同层内部同层节点之间相互连接。

(3)按照节点间的连接方向划分,人工神经网络可分为前馈式神经网络和反馈式神经网络两种。

前馈式神经网络的连接是单向的,上层节点的输出是下层节点的输入。目前数据挖掘软件中的人工神经网络大多为前馈式神经网络。反馈式神经网络除单向连接外,输出节点的输出又可作为输入节点的输入,即它是有反馈的连接。

2. 人工神经网络的特性

人工神经网络是并行分布式系统,它采用了与传统人工智能和信息处理技术完全不同的机理,克服了传统的基于逻辑符号的人工智能在处理直觉、非结构化信息方面上的缺陷,具有自适应、自组织和实时学习的特点。这些特点来自人工神经网络具有的四个基本特征,具体如下:

(1)非线性。非线性关系是自然界的普遍特性。人工神经元中的激活函数由非线性函数构成,可以模拟处于激活或抑制的两种不同状态,在数学上则表现为一种非线性关系。

(2)非局限性。人工神经网络由多个神经元广泛连接而成,系统的整体行为不仅取决于单个神经元的特征,也由单元之间的相互作用、相互连接所决定。通过单元之间的大量连接来模拟大脑的非局限性。联想记忆就是非局限性的典型例子。

(3)非常定性。人工神经网络具有自适应、自组织、自学习能力。人工神经网络处理的信息可以有各种变化,而且在处理信息的同时,非线性动力系统本身也在不断变化。经常采用迭代过程来描写动力系统的演化过程。

(4)非凸性。一个系统的演化方向,在一定条件下将取决于某个特定的状态函数。非凸性是指这种函数有多个极值,故系统具有多个较稳定的平衡态,这将导致系统演化的多样性。

(三)BP 人工神经网络

BP 网络是一种按误差逆传播算法训练的多层前馈网络,也是目前应用最广泛的人工神经网络模型之一。BP 网络能学习和存储大量的输入/输出模式映射关系,而不必事前揭示描述这种映射关系的数学方程。

1. 算法过程

BP 算法的基本过程包括信号的前向传播和误差的后向传播,具体步骤如下:

(1) 初始化网络权值和处理单元的阈值。最简单的办法就是随机初始化,分别为 w_{ij}, w_{jk}, …, w_{kl} 和 b_{ij}, b_j, …, b_{kl} 赋随机值。

(2) 信号的前向传播,计算各处理单元的输出。按照网络连接以及组合函数和激活函数的关系式,逐层计算隐藏层处理单元和输出层处理单元的输入和输出。

输入层的输出公式如下:

$$u_j = \sum_j \left(w_{ij} \cdot x_i\right) + b_j \tag{5-9}$$

$$O_j = \frac{1}{1+e^{-u_j}} \tag{5-10}$$

隐藏层的输出公式如下:

$$u_k = \sum_k \left(w_{jk} \cdot I_k\right) + b_k = \sum_k w_{jk} O_j + b_k \tag{5-11}$$

$$O_k = \frac{1}{1+e^{-u_k}} \tag{5-12}$$

输出层的输出公式如下:

$$u_l = \sum_l \left(w_{kl} \cdot I_l\right) + b_l = \sum_l \left(w_{kl} O_k\right) + b_l \tag{5-13}$$

$$O_l = \frac{1}{1+e^{-u_l}} \tag{5-14}$$

对于训练数据 x_i,输出应为 y_l,与人工神经网络的实际输出 O_l 存在差异,需要根据差异的情况对系统内各连接的权值进行调整,使二者相等或逼近。

定义系统的总输出误差为系统输出层各处理单元输出误差的平均值(即各输出 O_l 与训练数据 y_l 的差异),是输出与其期望值的均方差,公式如下:

$$E = \frac{1}{m}\sum_{l=1}^{m} E_l = \frac{1}{m}\sum_{l=1}^{m}\left(O_l - y_l\right)^2 \tag{5-15}$$

式中:m——输出层处理单元个数;

O_l——样本实际输出;

y_l——训练数据希望的输出。

(3) 误差的后向传播。输出误差是关于 w_{kl} 的函数,因此可以对 w_{kl} 求偏微分,利用梯度下降算法,对 w_{kl} 进行调整,也就是使其最小化,以降低系统输出误差,公式如下:

$$\frac{\partial E}{\partial w_{kl}} = \frac{1}{m}\sum_{l=1}^{m}\frac{\partial E_l}{\partial w_{kl}} = \frac{1}{m}\sum_{l=1}^{m}\frac{\partial E_l}{\partial O_l} \cdot \frac{\partial O_l}{\partial u_l} \cdot \frac{\partial u_l}{\partial w_{kl}} \tag{5-16}$$

式中，输出层的 u_l 为 I_k 的线性组合 $u_l = \sum_l (w_{kl} \cdot I_k) + b_l$，则式 (5-16) 可以写成以下公式：

$$\frac{\partial E_l}{\partial w_{kl}} = \delta_{kl} \cdot I_k \tag{5-17}$$

$$\delta_{kl} = \frac{\partial E_l}{\partial O_l} \cdot \frac{\partial O_l}{\partial u_l} \tag{5-18}$$

即为输出层的误差计算公式。

2. 海量数据对人工神经网络进行训练

由样本总数为 P 的样本对人工神经网络进行训练。输出层的公式如下：

$$\frac{\partial E}{\partial w_{kl}} = \frac{1}{m}\sum_{p=1}^{P}\frac{\partial E_l^{(p)}}{\partial w_{kl}} = \frac{1}{m}\sum_{p=1}^{P}\sum_{l=1}^{m}\frac{\partial E_l^{(p)}}{\partial O_l^{(p)}} \cdot \frac{\partial O_l^{(p)}}{\partial u_l^{(p)}} \cdot \frac{\partial u_l^{(p)}}{\partial w_{kl}} \tag{5-19}$$

如果感知器的激活函数为 sigmoid 函数，则公式如下：

$$E^{(p)} = \frac{1}{2}\sum_l\left(O_l^{(p)} - y_l^{(p)}\right)^2, u_l^{(p)} = \sum_k \left(w_{kl} \cdot x_k^{(p)}\right) + b_o, y_l^{(p)} = \frac{1}{1+e^{-u_l^{(p)}}} \tag{5-20}$$

所以，则有下式：

$$\frac{\partial E}{\partial w_{kl}} = -\sum_{p=1}^{P}\sum_{l=1}^{m}\left[\left(O_l^{(p)} - y_l^{(p)}\right) \cdot O_l^{(p)} \cdot \left(1 - O_l^{(p)}\right)\right] \cdot I_k^{(p)} \tag{5-21}$$

可以写成下式：

$$\frac{\partial E}{\partial w_{kl}} = \sum_{p=1}^{P}\delta_{kl}^{(p)} \cdot I_k^{(p)} \tag{5-22}$$

其中

$$\delta_{kl}^{(p)} = \frac{\partial E_l^{(p)}}{\partial O_l^{(p)}} \cdot \frac{\partial O_l^{(p)}}{\partial u_l^{(p)}} \tag{5-23}$$

即为输出层的误差计算公式。

对于隐藏层，其公式如下：

$$\frac{\partial E_A}{\partial w_{kl}} = \sum_{p=1}^{P}\frac{\partial E^{(p)}}{\partial w_{kl}} = \sum_{p=1}^{P}\sum_{l=1}^{m}\frac{\partial E_l^{(p)}}{\partial O_l^{(p)}} \cdot \frac{\partial O_l^{(p)}}{\partial u_l^{(p)}} \cdot \frac{\partial u_l^{(p)}}{\partial I_l} \cdot \frac{\partial O_k}{\partial u_k^{(p)}} \cdot \frac{\partial u_k^{(p)}}{\partial w_{kl}}\bigg|_{I_l = O_k} \tag{5-24}$$

可以写成下式：

$$\frac{\partial E_A}{\partial w_{kj}} = \sum_{p=1}^{P}\sum_{l=1}^{m}\delta_{kl}^{(p)} \cdot w_{kl} \cdot O_k^{(p)} \cdot \left(1 - O_k^{(p)}\right) \cdot I_j^{(p)} = \sum_{p=1}^{P}\delta_{jk}^{(p)} \cdot I_j^{(p)} \tag{5-25}$$

其中

$$\delta_{jk}^{(p)} = \delta_{kl}^{(p)} \cdot \frac{\partial u_l^{(p)}}{\partial I_l} \cdot \frac{\partial O_k}{\partial u_k^{(p)}} \tag{5-26}$$

即为隐藏层的误差计算公式。

3. 算法及应用

算法中的终止条件，可以根据系统及其应用的特点和要求，设为以下条件中的某一项。

(1) Δw_{ij} 已足够小，小于某个指定的阈值。

(2) 对于有监督的人工神经网络训练，未正确分类的样本百分比足够小，小于某个指定的阈值。

(3) 达到预先指定的迭代次数。

(4) 人工神经网络的实际输出值和期望输出值的均方误差足够小，小于某个指定的阈值。在实际使用 BP 人工神经网络的过程中，还应注意以下方面。

第一，样本处理。对于输出结果为二元化的系统，输出值通常为 0 和 1，而处理单元中（以激活函数为 sigmoid 函数为例）只有当 u_i 趋近正负无穷大时才趋向于输出 0 或 1。因此，可适当放宽判别条件，系统输出 > 0.9 时就认为是 1，输出 < 0.1 时就认为是 0。对于输入，必要时样本也需要做归一化处理。

第二，网络结构的选择。人工神经网络的隐藏层层数及其处理单元个数决定了系统的网络规模，网络规模和性能与学习效果密切相关。网络规模过大，会导致计算量庞大，也可能导致模型过度拟合；而系统规模过小，则可能会导致模型拟合不足。

第三，初始权值、阈值的选择。初始值对学习结果是有影响的，选择一个合适的初始值也非常重要。

第四，增量学习和批量学习。批量学习适用于离线学习，学习效果稳定性好；增量学习适用于在线学习，它对输入样本的噪声是比较敏感的，不适合剧烈变化的输入模式。

第五，选择合适的激活函数和误差函数。可以根据数据特性和人工神经网络在系统性能等方面的要求，来选择合适的激活函数和误差函数，BP 算法的可选项比较多，针对特定的训练数据往往有比较大的优化空间。

(四) 其他人工神经网络

1. 卷积神经网络

卷积神经网络由三部分构成：① 输入层；② n 个卷积层和池化层 D 组合；③ 一个全连接的多层感知机分类器。

卷积神经网络主要用于图像和音频等处理应用，是一种特殊的深层人工神经网络模型，其特殊性体现在两个方面：① 神经元间的连接是非全连接的；② 同一层中某些神经元之间的连接的权重是共享的。这样的非全连接和权值共享的网络结构使之更接近于生物神经网络，降低了网络模型的复杂度，减少了权值的数量。

以图像处理为例，卷积神经网络的处理过程的步骤为：输入图像通过可训练的滤波器组进行非线性卷积，卷积后在每一层产生特征映射图，然后特征映射图中每组的四个像素再进行求和、加权值、加偏置，在此过程中这些像素在池化层被池化，最终得到输出值。

2. 反馈神经网络

在反馈神经网络系统中，每个处理单元会同时将自身的输出信号作为输入信号反馈给其他处理单元。这种反馈机制是反馈神经网络的核心特点。有代表性的反馈神经网络包括 Hopfield 模型、Elman 模型以及 Boltzmann 机等，这些模型在各自的应用领域中均有着重要的地位。

Hopfield 神经网络作为一种循环神经网络，其特点在于输出端与输入端之间的反馈连接。由于这种反馈机制，Hopfield 网络在输入激励的作用下会产生持续的状态变化。在训练过程中，网络的每个节点在训练前接受输入，随后在训练期间进行隐藏并输出。网络可以通过将神经元的值设置为期望的模式进行训练，一旦训练完成，权重将保持不变。当网络训练了一个或多个模式后，它将收敛到一个稳定的学习模式。

Elman 神经网络是一种典型的局部回归网络，具有全局前馈和局部递归的特点。Elman 神经网络可以看作是一个融合了局部记忆单元和局部反馈连接的前向神经网络，这种结构使得它在处理序列数据和时间依赖性问题时具有优势。

Boltzmann 机则是一种随机神经网络，其神经元仅具有两种输出状态，即二进制的 0 或 1。这两种状态的取值是根据概率统计法则决定的，这与著名统计力学家 L.Boltzmann 提出的 Boltzmann 分布相似，因此这种网络被命名为 Boltzmann 机。这种随机性和概率性使得 Boltzmann 机在处理不确定性问题和模式识别任务时表现出色。

四、支持向量机

支持向量机是在统计学理论的基础上最新发展起来的新一代学习算法，是一种借助最优化方法解决机器学习问题的新工具，也是数据挖掘中的一项新技术。

支持向量机（SVM）是一种基于统计学习理论的学习方法，由 Vapnik（万普尼克）提出。其最大特点在于利用结构风险最小化准则，通过构建最优分类超平面来提高学习机的泛化能力。这个最优超平面能够最大化不同类别样本之间的间隔，从而更好地区分不同类别的数据点。这种方法有效地解决了非线性、高维数和局部极小点等问题。

在分类问题中，支持向量机通过分析样本空间中的数据点来确定决策曲面，以此决定新样本所属的类别。支持向量机不仅能够处理线性可分的情况，还可以通过核函数将非线性问题映射到高维空间中进行处理，从而更好地拟合复杂的数据分布。

SVM 的优势在于对训练数据的泛化能力较强，对于小样本数据和高维数据的处理效果显著，同时能够避免过拟合问题。由于其理论基础坚实且方法简捷有效，SVM 在模式识别、文本分类、图像识别等领域得到广泛应用。支持向量机的独特性质使其成为机器学习领域中的一种重要方法，对于解决各种分类和回归问题都具有重要意义。

（一）支持向量机的原理

支持向量机（SVM）是一种强大的监督学习算法，广泛应用于分类和回归分析中。其原理基于找到能够有效分隔不同类别数据的超平面，并且使得超平面与最接近的数据点之间的间隔最大化。

1. 最大化间隔

支持向量机（SVM）的核心思想是通过找到最大化间隔的超平面来实现分类。"间隔"指的是不同类别数据点到超平面的距离，最大化间隔意味着更好地分离数据点，提高了分类器的泛化能力，减少了过拟合的风险。通过这种方式，SVM 能够找到对新数据具有更好鲁棒性的决策边界，从而更好地适应不同数据集的特征，使得其在实际应用中具有更高的准确性和可靠性。

2. 支持向量

SVM 在寻找决策边界时，不仅考虑到数据的线性可分性，还通过核函数将数据映射到高维空间，使得在高维空间中寻找超平面更为容易。因此，SVM 在实际应用中具有较高的准确性和可靠性，被广泛应用于分类、回归和异常检测等领域。其强大的泛化能力使得 SVM 成为处理复杂数据集和解决实际问题的重要工具之一。

3. 损失函数与优化

为了找到最佳的超平面，支持向量机（SVM）引入了损失函数来衡量超平面的性能。常用的损失函数是 Hinge loss，它用于对误分类的样本施加惩罚，并鼓励形成较大的间隔。Hinge loss 函数以 0 为基准，对于误分类的样本，损失会随着分类错误的程度而线性增加；而在正确分类的情况下，损失则保持为 0。这种设计使得 SVM 在寻找超平面时，更加关注于使决策边界更具泛化性和鲁棒性，而非单纯的最小化训练误差。

SVM 的优化目标是通过最小化损失函数来寻找最佳的超平面。同时，通过正则化技术，使得超平面的权重尽可能小，从而避免模型过于复杂。这种正则化的目的在于防止过拟合，使得模型具有更强的泛化能力，能够更好地适应新的、未见过的数据，而不仅是适应训练数据。

在 SVM 中，损失函数和正则化项共同构成了优化问题的目标函数。通过求解这个优化问题，可以找到最佳的超平面，使得模型在分类任务上表现优异。此外，SVM 的性能不仅取决于损失函数和正则化项的选择，还受到核函数、软间隔等因素的影响。因此，在实际应用中，需要根据具体问题和数据特点来选择合适的 SVM 参数和配置。

4. 核技巧

在支持向量机（SVM）中，当数据不是线性可分时，可以利用核技巧将数据映射到更高维的空间中，使得数据在该空间中变得线性可分。核函数是一种用于计算两个数据点之间相似性的函数，常用的核函数包括线性核、多项式核和高斯核等。这些核函数可以将数据从原始空间映射到更高维的空间中，通过在高维空间中进行线性分割，从而使得数据可以被线性超平面有效地分割。例如，高斯核函数将数据映射到一个无限维的空间中，使得数据在该空间中变得线性可分。核技巧有效地克服了在高维空间中计算的复杂性，并且使得 SVM 在处理非线性分类问题时具有很好的性能和泛化能力。

5. 正则化

在支持向量机（SVM）中，为了避免过拟合，会采用正则化技术。正则化通过在损失函数中引入一个惩罚项来约束模型的复杂度，从而引导模型寻找更为简洁的解决方案。这个惩罚项可以是 L1 正则化项（也称为 Lasso 正则化）或者 L2 正则化项（也称为 Ridge 正则化），它们分别针对模型参数的绝对值和平方值进行惩罚。

正则化的主要作用是限制模型的复杂度，防止模型在训练数据上过拟合，从而提高模型在未见数据上的泛化能力，使得模型的性能更加强健。在 SVM 中，正则化项与损失函数一起被最小化，调整正则化参数可以有效地平衡模型的复杂度与泛化能力，进而实现更佳的分类性能。

此外，正则化参数的选择对于 SVM 的性能至关重要。如果正则化参数设置得过

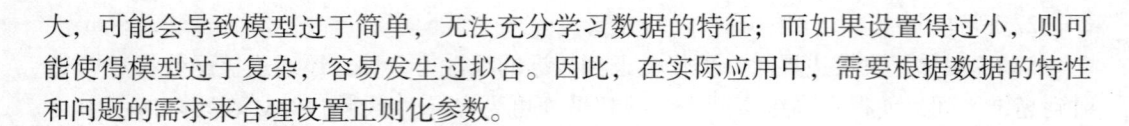

大，可能会导致模型过于简单，无法充分学习数据的特征；而如果设置得过小，则可能使得模型过于复杂，容易发生过拟合。因此，在实际应用中，需要根据数据的特性和问题的需求来合理设置正则化参数。

（二）求解分割超平面

1. 拉格朗日函数

利用拉格朗日函数将目标函数和约束条件合并成一个表达式，即

$$\Gamma(\boldsymbol{w},b,\alpha) = \frac{1}{2}\|\boldsymbol{w}\|^2 - \sum_{i=1}^{N}\left[\alpha_i\left(c_i\left(\boldsymbol{w}^T z_i + b\right) - 1\right)\right] \tag{5-27}$$

这里，给每一个约束条件加上一个拉格朗日乘子 α_i（$\alpha_i \geqslant 0$），可将约束条件融合到目标函数里去，用一个单一的函数表达式来简洁地表述问题，约束问题可以用下式表述：

$$\max_{\alpha_i \geqslant 0}\Gamma(\boldsymbol{w},b,\alpha) = \max_{\alpha_i \geqslant 0}\left\{\frac{1}{2}\|\boldsymbol{w}\|^2 - \sum_{i=1}^{N}\left[\alpha_i\left(c_i\left(\boldsymbol{w}^T z_i + b\right) - 1\right)\right]\right\} \tag{5-28}$$

函数达到最优（最大）时，式（5-28）中减去的部分，即 $\sum_{i=1}^{N}\left[\alpha_i\left(c_i\left(\boldsymbol{w}^T z_i + b\right) - 1\right)\right]$ 为 0，也就是要求 $c_i\left(\boldsymbol{w}^T z_i + b\right) - 1 \geqslant 0$（这时，取 α_i 等于 0），即约束问题能够得到满足。如果约束条件不满足，则取 α_i 等于无穷大，这时，$\max_{\alpha_i \geqslant 0}\Gamma(\boldsymbol{w},b,\alpha)$ 为无穷大。因此，得到下式：

$$\max_{\alpha_i \geqslant 0}\Gamma(\boldsymbol{w},b,\alpha) = \begin{cases} \frac{1}{2}\|\boldsymbol{w}\|^2, & x \in \text{可行域} \\ \infty, & x \notin \text{可行域} \end{cases} \tag{5-29}$$

约束问题已经通过式（5-29）解决后，则可以表述为下式：

$$\min_{\boldsymbol{w},b}\max_{\alpha_i \geqslant 0}\Gamma(\boldsymbol{w},b,\alpha) \tag{5-30}$$

2. 拉格朗日函数对偶性

在式（5-30）中，要面对带有参数 w 和 b 的方程，而 α_i 又是不等式约束，求解较为困难。因此，利用拉格朗日函数对偶性，将最小和最大的位置进行交换，得到下式：

$$\max_{\alpha_i \geqslant 0}\min_{\boldsymbol{w},b}\Gamma(\boldsymbol{w},b,\alpha) \leqslant \min_{\boldsymbol{w},b}\max_{\alpha_i \geqslant 0}\Gamma(\boldsymbol{w},b,\alpha) \tag{5-31}$$

按照对偶性定理，式（5-31）的等号成立，则原问题变为下式：

$$\begin{cases} \max_{\alpha_i \geqslant 0}\min_{\boldsymbol{w},b}\Gamma(\boldsymbol{w},b,\alpha) \\ \Gamma(\boldsymbol{w},b,\alpha) = \frac{1}{2}\|\boldsymbol{w}\|^2 - \sum_{i=1}^{N}\alpha_i\left[c_i\left(\boldsymbol{w}^T z_i + b\right) - 1\right] \end{cases} \tag{5-32}$$

3. 求解

求解分成两步进行。首先，把 α_i 当作常数，对 w、b 求偏微分并求最小值，解决式中内层的 min 问题；然后，再利用其他方法，求解式中外层的 max 问题。

(1) 把 α_i 当作常数，对 w、b 求偏微分并求最小值。
对 w、b 求偏微分，并令其等于 0，则得到下式：

$$\begin{cases} \dfrac{\partial \Gamma}{\partial w} = w - \sum_{i=1}^{N} \alpha_i c_i z_i = 0 \Rightarrow w = \sum_{i=1}^{N} \alpha_i c_i z_i \\ \dfrac{\partial \Gamma}{\partial b} = -\sum_{i=1}^{N} \alpha_i c_i = 0 \Rightarrow \sum_{i=1}^{N} \alpha_i c_i = 0 \end{cases} \tag{5-33}$$

将上述结果代回式 (5-32)，得到下式：

$$\begin{aligned} \min \Gamma(w,b,\alpha) &= \frac{1}{2} \| w^2 - \sum_{i=1}^{N} \alpha_i \left[c_i \left(w^{\mathrm{T}} z_i + b \right) - 1 \right] \\ &= \frac{1}{2} w^{\mathrm{T}} w - w^{\mathrm{T}} \sum_{i=1}^{N} \alpha_i c_i z_i - b \sum_{i=1}^{N} \alpha_i c_i + \sum_{i=1}^{N} \alpha_i \\ &= \frac{1}{2} w^{\mathrm{T}} \sum_{i=1}^{N} \alpha_i c_i z_i - w^{\mathrm{T}} \sum_{i=1}^{N} \alpha_i c_i z_i - b \cdot 0 + \sum_{i=1}^{N} \alpha_i \\ &= \sum_{i=1}^{N} \alpha_i - \frac{1}{2} \left(\sum_{i=1}^{N} \alpha_i c_i z_i \right)^{\mathrm{T}} \sum_{i=1}^{N} \alpha_i c_i z_i \\ &= \sum_{i=1}^{N} \alpha_i - \frac{1}{2} \sum_{i,j=1}^{N} \alpha_i \alpha_j c_i c_j z_i^{\mathrm{T}} z_j \end{aligned} \tag{5-34}$$

此时的 $\Gamma(w,b,\alpha)$ 函数只含有一个变量，即 α_j。
(2) 求解外层的 max 问题。求解外层的 max 问题的公式如下：

$$\max_{\alpha} \sum_{i=1}^{N} \alpha_i - \frac{1}{2} \sum_{i,j=1}^{N} \alpha_i \alpha_j c_i c_j z_i^{\mathrm{T}} z_j$$

$$\text{s.t.} \begin{cases} \alpha_i \geq 0, i = 1, 2, \cdots, N \\ \sum_{i=1}^{N} \alpha_i c_i = 0 \end{cases} \tag{5-35}$$

五、模型评估

一个好的分类算法不仅要能够很好地拟合训练数据，而且对未知样本也要能准确分类。模型建立之后，需要对其性能进行评估，这包括对准确性进行评估，评价模型在一定程度上是否能够满足准确性的标准；以及对模型的有效性进行评估，评价模型是否能够处理实际的问题（数据）。

（一）混淆矩阵及二元分类评估

考虑一个二分问题，实例有正和负两个类别。进行分类预测分析时，会出现四种情况：① 实例是正且被预测为正，记为 TP，称为真阳性；② 实例为正而被预测为负，记为 FN，称为假阴性；③ 实例为负而被预测为正，记为 FP，称为假阳性；④ 实例为负且被预测为负，记为 TN，称为真阴性。

对各种预测情况的实例数进行统计,并填入如表5-1[①]所示的混淆矩阵,则可以根据这组数据,计算分类预测的评价指标。

表5-1 混淆矩阵

混淆矩阵		预测结果		合计
		正	负	
实例类别	正	f++ TP	f+− FN	真正 TP+FN
	负	f−+ FP	f−− TN	真负 FP+TN
合计		预测正 TP+FP	预测负 FN+TN	样本总数 TP+FP+TN+FN

评价模型性能的指标有很多,目前应用较为广泛的有准确度、精确度、灵敏度、召回率、特异性等。表5-2中给出了这些指标的计算公式和相应的说明。

表5-2 分类算法评价指标

名称	评价指标	计算公式	说明
准确度	accuracy	$\dfrac{TP+TN}{TP+FP+TN+FN}$	对于整个数据集(包括阳性和阴性数据),预测总共的准确比例,表示算法对真阳性和真阴性样本分类的正确性。 准确度是一个较为简明和直观的评价指标,但在正负分类样本不平衡的情况下,仍有较大的缺陷
错误率	error rate	$\dfrac{FP+FN}{TP+FP+TN+FN}$	描述被分类器错分的比例: error rate = 1 − accuracy
精确度	precision	$\dfrac{TP}{TP+FP}$	表示被分为正例的示例中实际为正例的比例
灵敏度 真阳性率 召回率	sensitivity TPR(true positive rate) recall	$\dfrac{TP}{TP+FN}$	表示分类为阳性的实例占所有真阳性实例的比例,反映了分类算法对真阳性样本分类的准确度。灵敏度越大,表示分类算法对真阳性样本的分类越准确
假阳性率	FPR(false positive rate)	$\dfrac{FP}{TN+FP}$	也称为虚警率(false alarm rate),反映了分类算法错分为阳性的阴实例占所有阴实例的比例: $FPR=\dfrac{FP}{TN+FP}=1-\dfrac{TN}{TN+FP}=1-\text{specificity}$

[①] 表格引自:葛东旭. 数据挖掘原理与应用 [M]. 北京:机械工业出版社,2020:193.

续表

名称	评价指标	计算公式	说明
特异性	specificity	$\dfrac{TN}{TN+FP}$	表示在分类为阴性的数据中，算法对阴性样本分类的准确度。特异性越大，表示分类算法对真阴性样本的分类越准确。
真阴率	TNR（true negative rate）		$\text{specificity}=TNR=\dfrac{TN}{TN+FP}=1-FPR$

（二）马修相关系数

马修相关系数（简称 MCC）是一种用于评估二分类器性能的重要指标。它综合考虑了分类器的真阳性、真阴性、假阳性和假阴性的数量，因此对于不平衡数据集和样本量较小的情况也具有较好的鲁棒性。MCC 的取值范围为 –1～1，其中 1 表示完美预测，0 表示随机预测，–1 表示完全错误的预测。通过计算 MCC，我们可以量化分类器的预测准确性和泛化能力，从而进行模型选择、参数调优和性能比较。

MCC 的计算基于混淆矩阵，混淆矩阵是一个 2×2 的矩阵，用于总结分类模型的预测结果。在混淆矩阵中，行代表实际类别，列代表预测类别，四个单元格分别表示真阳性（TP）、真阴性（TN）、假阳性（FP）和假阴性（FN）的数量。通过混淆矩阵中的这些值，可以计算 MCC 以衡量分类器的性能。MCC 的计算公式如下：

$$\text{MCC}=\frac{TP\cdot TN-FP\cdot FN}{\sqrt{(TN+FN)(TN+FP)(TP+FN)(TP+FP)}} \tag{5-36}$$

MCC 的分子部分是真阳性和真阴性的乘积减去假阳性和假阴性的乘积，分母部分是四个单元格的乘积的平方根。通过这个公式，MCC 综合考虑了分类器的精确度、召回率和特异度等指标，能够更全面地评估分类器的性能。

MCC 具有许多优点，它对于不平衡数据集和样本量较小的情况具有较好的鲁棒性。由于 MCC 综合考虑了各种类型的分类结果，因此即使在某一类别的样本数量较少时，也能够准确评估分类器的性能。MCC 不受类别分布不均衡的影响，对于不同类别的样本数量不平衡的情况下，也能够提供准确的评估结果。此外，MCC 可以作为模型评估指标，帮助选择最佳的分类器和优化模型参数。

MCC 是一种用于评估二分类器性能的重要指标，具有较好的鲁棒性和准确性。通过综合考虑分类器的各种分类结果，MCC 能够提供全面准确的评估结果，帮助人们更好地理解和优化分类器的性能。在实际应用中，MCC 常常与其他性能指标一起使用，共同评估分类器的性能，为机器学习和数据挖掘任务提供有效的指导和支持。

（三）F- 度量

当精确度（precision）和召回率（recall）指标得出的结论有时出现背离时，需要对二者进行综合考虑，最常见的方法就是 F- 度量（又称为 F-Score）。F- 度量是精确度（precision）和召回率（recall）的加权调和平均，其计算公式如下：

$$F_\beta = \frac{(1+\beta^2)}{\beta^2} \cdot \frac{\text{recall} \cdot \text{precision}}{\text{recall} + \text{precision}}$$
$$= \frac{(1+\beta^2)}{\beta^2} \cdot \frac{\frac{TP}{TP+FN} \cdot \frac{TP}{TP+FP}}{\frac{TP}{TP+FN} + \frac{TP}{TP+FP}} = \frac{(1+\beta^2)}{\beta^2} \cdot \frac{TP}{TP+FP+TP+FN} \quad (5\text{-}37)$$

式中，β 为参数值，当 $\beta=1$ 时，即为最常见的 F_1-度量，计算公式如下：

$$F_1 = 2 \cdot \frac{\text{recall} \cdot \text{precision}}{\text{recall} + \text{precision}} = 2 \cdot \frac{TP}{2TP+FP+FN} \quad (5\text{-}38)$$

（四）PR 曲线

PR（Precision-Recall）曲线是以召回率（recall）为横坐标，精确度（precision）为纵坐标的曲线图形。对于某些情况，例如，在类别为负的实例数量远远大于类别为正的实例数量的情况下，若 FP 很大，即有很多负被预测为正，则所得到的 FPR 值仍会很小，根据 ROC 曲线则会得出性能较好的判断，但实际上并非如此。而对于 PR 曲线，因其中精确度（precision）综合考虑了 TP 和 FP 的值，所以在极度不平衡的数据下（正的样本较少），PR 曲线可能比 ROC 曲线得出更为准确的结论。

第二节　数据挖掘的决策树算法

决策树是通过一系列规则对数据进行分类的过程，它提供一种在什么条件下会得到什么值的类似规则的方法。决策树分为分类树和回归树两种，分类树对离散变量做决策树，回归树对连续变量做决策树。

决策树也是最经常使用的数据挖掘算法，它的概念非常简单。决策树算法之所以如此流行，一个很重要的原因就是使用者基本上不用了解机器学习算法，也不用深究它是如何工作的。直观看上去，决策树分类器就像判断模块和终止块组成的流程图，终止块表示分类结果（也就是树的叶子），判断模块表示对一个特征取值的判断（该特征有几个值，判断模块就有几个分支）。

在决策树的构造过程中，即使在不考虑效率的情况下，样本所有特征的判断级联起来，最终会将某一个样本分到一个类终止块上。这意味着决策树的构造并非简单的特征随机组合，而是一种有序、递归的过程。该过程旨在找到具有决定性作用的特征，以将数据集进行最佳划分。因此，构造决策树的过程本质上是根据数据特征将数据集分类的递归过程。要解决的第一个问题是确定当前数据集上哪个特征在划分数据分类时起决定性作用。为了找到这个决定性的特征和划分出最好的结果，必须评估数据集中的每个特征，寻找分类数据集的最佳特征。

一旦特征被评估，原始数据集就被划分为多个数据子集。这些子集分布在第一个决策点的所有分支上。如果某个分支下的数据属于同一类型，则该分支处理完成，成为一个叶节点，确定了分类。但如果数据子集内的数据不属于同一类型，则需要重复划分数据子集的过程，直到所有具有相同类型的数据在一个数据子集内（叶节点）。

一、决策树表示法

决策树通过把实例从根节点排列到某个叶节点来分类实例，叶节点即为实例所属的分类，树上的每个节点指定了对实例的某个属性的测试，并且每个节点的每一个后继分支对应于该属性的一个可能的值。分类实例的方法是从这棵树的根节点开始，测试这个节点指定的属性，然后按照给定实例的该属性值对应的树枝向下移动，然后这个过程在以新的节点为根的子树上重复。

决策树表示法是一种直观易懂且强大的决策分析工具，它通过构建树状图来展现决策过程中不同因素之间的关系，以及这些因素如何影响最终的决策结果。决策树由节点和分支组成，节点代表决策点或状态，分支则代表不同的决策路径或结果。

在决策树表示法中，每个内部节点都表示一个属性上的测试，即决策过程中需要考虑的一个因素。这些因素可以是定量的，也可以是定性的，它们共同构成了决策的基础。每个分支则代表该属性上测试的一个可能输出，即根据不同的因素取值，决策过程可能走向不同的方向。

决策树表示法的优点在于其直观性和易于理解。通过将复杂的决策过程简化为树状结构，决策者可以更容易地识别关键因素、分析潜在风险，并找到最优的决策方案。此外，决策树还可以用于评估不同方案的期望收益和风险，帮助决策者做出更明智的决策。

决策树表示法是一种强大而灵活的决策分析工具，它可以帮助决策者更好地理解和应对复杂的决策问题。无论是在商业决策、医疗诊断，还是其他领域，决策树都可以发挥重要作用，提高决策的质量和效率。

二、决策树学习过程

一棵决策树的生成过程主要分为以下部分。

第一，特征选择。特征选择是决策树学习过程中的关键步骤，它决定了每个节点依据哪个特征进行分裂。选择恰当的特征可以大大提高决策树的分类或预测性能。特征选择依赖于不同的量化评估标准，这些标准帮助算法判断哪个特征对于划分数据集最有效。

常见的评估标准包括信息增益、增益率和基尼指数。信息增益衡量了使用某个特征进行划分前后，数据集纯度的提升程度。增益率则是对信息增益的改进，它考虑了特征本身的复杂度，有助于避免选择取值过多的特征。基尼指数则通过计算基尼不纯度来评估特征的重要性，基尼不纯度越小，说明划分后的数据集纯度越高。

第二，决策树生成。根据所选的特征评估标准，决策树的生成过程采用自顶向下的递归方式。从根节点开始，算法先计算每个特征的信息增益、增益率或基尼指数等评估指标，以确定哪个特征最具分类能力。然后，依据这一特征的不同取值，数据集被划分为若干个子集，每个子集对应一个子节点。这一过程在每个子节点上重复进行，即对每个子集再次进行特征选择和划分，直至满足停止条件。这些条件可能包括子集纯度达到预设阈值、特征已全部使用或子集样本数过少等。当数据集不可再分时，即所有样本都属于同一类别或没有更多特征可用时，决策树停止生长，当前节点成为叶节点，标记为相应的类别或预测值。

递归结构的决策树直观易懂，每一层的划分都基于前一层的结果，层层递进，直至最终决策。这种结构不仅便于理解和实现，而且能够有效地表示复杂的决策逻辑。

第三，剪枝。决策树在构建过程中，为了追求对训练数据的完美拟合，有时会导致树结构过于复杂，进而引发过拟合问题。过拟合使得模型在训练数据上表现优异，但泛化能力较差，难以对新数据进行准确预测。因此，为了避免过拟合，通常需要对决策树进行剪枝。

剪枝技术主要分为预剪枝和后剪枝两种。预剪枝是在决策树生成过程中提前停止树的生长，通过设定一些停止条件（如节点数、信息增益阈值等）来限制树的规模。后剪枝则是在决策树生成完毕后，通过删除部分子树或叶节点来简化树的结构。这两种剪枝方式都可以有效缩小树结构规模，提高模型的泛化能力。

在实际应用中，剪枝技术的选择需要根据具体任务和数据特点来决定。合理的剪枝可以在保持模型性能的同时，降低过拟合的风险，使决策树更加稳健和可靠。

三、决策树学习算法

划分数据集的最大原则是使无序的数据变得有序。如果一个训练数据中有20个特征，选取的划分依据就必须采用量化的方法来判断，量化划分方法有多种，其中一项就是"信息论度量信息分类"。基于信息论的决策树算法有ID3、CART和C4.5等算法，其中C4.5和CART两种算法从ID3算法中衍生而来。

ID3算法建立在"奥卡姆剃刀"的基础上：越是小型的决策树越优于大型的决策树。ID3算法中根据信息论的信息增益评估和选择特征，每次选择信息增益最大的特征做判断模块。ID3算法可用于划分标称型数据集，没有剪枝的过程，为了去除过度数据匹配的问题，可通过裁剪合并相邻的无法产生大量信息增益的叶节点。使用信息增益有一个缺点，那就是它偏向于具有大量值的属性，在训练集中，某个属性所取的不同值的个数越多，那么越有可能拿它来作为分裂属性，而这样做有时候是没有意义的，另外ID3不能处理连续分布的数据特征，于是就有了C4.5算法。CART算法也支持连续分布的数据特征。

CART和C4.5支持数据特征为连续分布时的处理，主要通过使用二元切分来处理连续型变量，即求一个特定的值——分裂值，特征值大于分裂值就走左子树，否则就走右子树。这个分裂值的选取的原则是使得划分后的子树中的"混乱程度"降低，具体到C4.5和CART算法则有不同的定义方式。

C4.5是ID3的一个改进算法，继承了ID3算法的优点。C4.5算法用信息增益率来选择属性，克服了用信息增益选择属性时，偏向选择取值多的属性的不足，在树构造过程中进行剪枝；能够完成对连续属性的离散化处理；能够对不完整数据进行处理。C4.5算法产生的分类规则易于理解、准确率较高，但效率低，因为在构造过程中，需要对数据集进行多次的顺序扫描和排序。正因为必须进行多次数据集扫描，C4.5只适合于能够驻留于内存的数据集。

CART算法采用的是GINI指数作为分裂标准，同时它也包含后剪枝操作。ID3算法和C4.5算法虽然在对训练样本集的学习中可以尽可能多地挖掘信息，但其生成的决策树分支较大，规模较大。为了简化决策树的规模，提高生成决策树的效率，就出现了根据GINI指数来选择测试属性的决策树算法CART。

决策树适用于数值型和标称型（离散型数据，变量的结果只在有限目标集中取值），能够读取数据集合，提取一系列数据中蕴含的规则。在分类问题中使用决策树模型有很多的优点，决策树计算复杂度不高、便于使用，而且高效，决策树可处理具有不相关特征的数据，可以很容易地构造出易于理解和解释的规则。

四、ID3算法的基本原理

ID3算法的核心问题是选取在树的每个节点要测试的属性，又希望选择的是最有助于分类实例的属性。因而如何衡量属性的价值标准就需要ID3程序有一个统一的规定。这里定义一个统计属性，称为"信息增益"，用来衡量给定的属性区分训练样例的能力。ID3算法在增长树的每一步使用这个信息增益标准，从候选属性中选择属性。

（一）用熵度量样例的均一性

信息论中广泛使用的一个度量标准，可以用来定义信息增益，它就是熵，它刻画了任意样例集的纯度。给定包含关于某个目标概念的正反样例的样例集 S，如果目标属性具有 c 个不同的值，那么 S 相对于 c 个状态的分类熵定义式如下：

$$\text{Entropy}(S) = \sum_{i=1}^{c} -p_i \log_2 p_i \tag{5-39}$$

式中，p_i 是 S 中属于类别 i 的比例。

（二）用信息增益度量期望的熵降低

有了熵作为衡量训练样列集合纯度的标准，就可以定义属性分类训练数据的能力的度量标准。这个标准就是"信息增益"（Information Gain）。一个信息增益就是由于使用这个属性分割样例而导致的期望熵降低。更准确地说，一个属性 A 相对训练样例集合 S 的信息增益 $\text{Gain}(S, A)$ 被定义为下式：

$$\text{Gain}(S, A) = \text{Entropy}(S) - \sum_{v \in \text{Value}(A)} \frac{|sv|}{|S|} \text{Entropy}(sv) \tag{5-40}$$

式中：Value(A)——属性 A 所有可能值的集合；

sv——S 中属性 A 的值为 v 的子集，计算公式如下：

$$sv = \{s \in S | A(s) = v\} \tag{5-41}$$

为了演示ID3算法的具体操作，考虑训练数据所代表的学习任务。目标属性Play Tennis对于不同的星期六上午具有yes和no两个值，将根据其他属性来预测这个目标属性值。先考虑这个算法的第一步，创建决策树的最顶端节点。ID3算法计算每一个候选属性的信息增益,然后选择信息增益最高的一个。

所有四个属性[天气趋势(Outlook)、湿度(Humidity)、风(Wind)、温度(Temperature)]的信息增益主要包括:

第一,Gain(S, Outlook)=0.246;

第二,Gain(S, Humidity)=0.161;

第三,Gain(S, Wind)=0.048;

第四,Gain(S, Temperature)=0.0216。

S来自如表5-3[①]所示的训练样例的集合(目标概念 Play Tennis 的训练样例)。

表5-3 目标概念 Play Tennis 的训练样例

天数	天气趋势	温度	湿度	风	打网球
第1天	晴	炎热	高	微弱	否
第2天	晴	炎热	高	强烈	否
第3天	阴	炎热	高	微弱	是
第4天	雨	温暖	高	微弱	是
第5天	雨	凉爽	正常	微弱	是
第6天	雨	凉爽	正常	强烈	否
第7天	阴	凉爽	正常	强烈	是
第8天	晴	温暖	高	微弱	否
第9天	晴	凉爽	正常	微弱	是
第10天	雨	温暖	正常	微弱	是
第11天	晴	温暖	正常	强烈	是
第12天	阴	温暖	高	强烈	是
第13天	阴	炎热	正常	微弱	是
第14天	雨	温暖	高	强烈	否

根据信息增益标准,Outlook 被选作根节点的决策属性,并为它的每一个可能值在根节点下创建分支,得到的部分在决策树中显示,同时还有被排列到每个新的后继节点的训练样例。因为每一个 Outlook=Overcast 的样例也都是 Play Tennis 的正例,所以树的这个节点称为一个叶节点,它对目标属性的分类是 Play Tennis=Yes。相反,对应 Outlook=Sunny 和 Outlook=Rain 的后继节点还有非0的熵,所以决策树还会在这些节点下进一步展开。

对于非终端的后继节点,再重复前面的过程选择一个新的属性来分割训练样例,这一次使用与这个节点关联的训练样例。已经被树的较高节点测试的属性排除在外,以便任何给定的属性在树的任意路径上最多仅出现一次。对于每一个新的叶节点继续这个过程,直到满足两个条件中的任意一个:① 所有的属性已经被这条路径包括;② 与这个节点关联的所有训练样例都具有相同的目标属性(也就是它们的熵为0)。

[①] 表格引自:王玲. 数据挖掘学习方法[M]. 北京:冶金工业出版社,2017:50.

五、C4.5算法的基本原理

经典的C4.5算法的出现，即是对ID3算法的改进，它在ID3算法的基础上进行数据的处理分析，保留了ID3算法的大多优点，而且在预测变量的处理分析技术方面都有了很大的进步，这种算法的出现可以解决决策树数集分类问题。①

（一）信息增益比选择最佳特征

以信息增益进行分类决策时，存在偏向于取值较多的特征的问题。于是为了解决这个问题人们又开发了基于信息增益比的分类决策方法，也就是C4.5。C4.5与ID3都是利用贪心算法进行求解，不同的是分类决策的依据不同。因此，C4.5算法在结构与递归上与ID3完全相同，区别就在于C4.5算法在选取决断特征时选择信息增益比最大的。

信息增益比率度量是用ID3算法中的增益度量 Gain（D, X）和分裂信息度量 Split Information（D, X）来共同定义的。分裂信息度量 Split Information（D, X）就相当于特征X（取值为x_1, x_2, …, x_n，各自的概率为P_1, P_2, …, P_n，P_k就是样本空间中特征X取值为x_k的数量除上该样本空间总数）的熵。

在ID3算法中，使用信息增益选择属性时，往往倾向于选择分支较多或取值较多的属性。而在C4.5算法中，引入分裂信息度量 Split Information（D, X）并计算其熵值$H(X)$，可以有效地削弱这种倾向，使得算法在选择属性时更加均衡和准确。

（二）处理连续数值型特征

C4.5既可以处理离散型属性，也可以处理连续性属性。在选择某节点上的分支属性时，对于离散型描述属性，C4.5的处理方法与ID3相同。对于连续分布的特征，其处理方法是：先把连续属性转换为离散属性再进行处理。计算这$N-1$种情况下最大的信息增益率。另外，对于连续属性先进行排序（升序），只有在决策属性发生改变（即分类发生了变化）的地方才需要切开，这可以显著减少运算量。在决定连续特征的分界点时采用信息增益这个指标，而选择属性的时候才使用信息增益率这个指标能选择出最佳分类特征。

在C4.5中，对连续属性的处理如下。

第一，对特征的取值进行升序排序。这样做的目的是确定可能的分裂点。

第二，两个特征取值之间的中点作为可能的分裂点，将数据集分成两部分，计算每个可能的分裂点的信息增益。为了优化计算过程，C4.5仅计算那些导致分类属性发生改变的特征取值处的分裂点信息增益，这样可以显著减少计算量。

第三，接下来，从所有计算出的信息增益中选择最大的那个，其对应的分裂点即被选为该特征的最佳分裂点。

第四，计算最佳分裂点的信息增益率，并将其作为该特征的信息增益比率，用于后续的决策树构建过程。

---

① 蒲海坤，高鑫，桑鑫. 基于C4.5数据挖掘算法研究与实现[J]. 科学技术创新，2021（23）：55.

(三)叶子裁剪

分类回归树是一种常用的机器学习算法，但其递归建树过程存在数据过度拟合的问题，导致分类准确性不高。当分类回归树算法在构建树过度拟合训练数据时，树的结构变得过于复杂，捕捉了数据中的噪声和异常值，而非真正的模式。这导致在新数据上的表现不佳，称为过拟合问题。为了解决这一问题，树剪枝成为一种常用的方法，其目的在于减少过拟合问题，检测和减去异常分支。剪枝可以分为预剪枝和后剪枝两种方法，它们各自有着不同的实现和应用。

预剪枝是在树的构建过程中提前停止树增长的一种方法，以防止过度拟合。在预剪枝中，根据一些预定的停止准则，例如最大深度、节点中最小样本数等，来决定是否继续分裂节点。其中，最大深度是预剪枝中的核心问题，因为它直接影响了树的复杂度。设置合适的最大深度可以有效地控制模型的复杂度，避免了树在训练数据上过度拟合的问题。

与预剪枝不同，后剪枝是在完全生长的树上进行的修剪操作。在后剪枝过程中，可以采用多种方法来剪去一些分支，例如基于节点的不确定性、信息增益或者基于统计学方法的剪枝方法。不同的剪枝方法可以根据具体的需求和场景选择。后剪枝的优势在于，它在树完全生成之后，利用测试数据来验证每个子树的效果，从而更加准确地确定哪些分支应该被剪去。具体来说，后剪枝操作是边修剪边检验的过程，通常标准是在测试数据上检验剪枝后的决策树预测精度。如果剪枝后的子树在测试数据上的性能不降低，那么可以安全地剪去该子树，以达到减少过拟合的目的。

第三节 数据挖掘的智能优化算法

随着仿生学、遗传学和人工智能科学的蓬勃发展，智能优化算法已然应运而生。这些算法以模拟自然现象或过程为基础，具备高度并行、自组织、自学习与自适应等特征。相较于传统的精确数学算法，智能优化算法为解决复杂问题提供了新的途径，其核心思想在于通过信息传播和演变方法获取问题的最优解。随着人工智能应用领域的不断拓宽，传统基于符号处理的算法面临着诸多挑战，尤其在知识表示、处理模式信息以及解决组合爆炸等方面。这些问题引发了一些学者对人工智能的质疑，他们认为传统方法可能无法很好地解决复杂问题。在人工智能领域，寻找最优解或准优解的问题往往需要在极其复杂的搜索空间中进行。如果无法利用固有知识来缩小搜索空间，就会导致搜索的组合爆炸。因此，研究能够在搜索过程中自动获取和积累有关搜索空间知识，并自适应地控制搜索过程的通用搜索算法备受关注。

智能优化算法就是在这种背景下产生并经实践证明特别有效的算法。传统的智能优化算法包括进化算法、粒子群算法、禁忌搜索算法、分散搜索算法、模拟退火算法、人工模拟系统算法、蚁群算法、遗传算法、人工神经网络技术等。随着智能优化算法的发展出现了一些新的算法，如萤火虫算法，该算法随着遇到事物的复杂性增加显现出混合智能优化算法的优势。这些算法在农业、电子科技行业、计算机应用中有很大

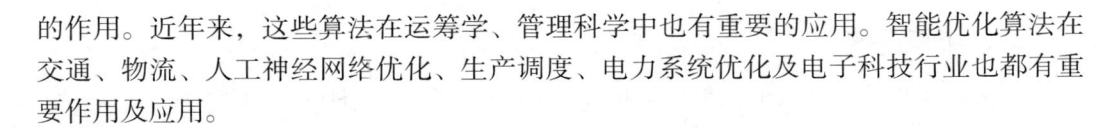

的作用。近年来，这些算法在运筹学、管理科学中也有重要的应用。智能优化算法在交通、物流、人工神经网络优化、生产调度、电力系统优化及电子科技行业也都有重要作用及应用。

一、智能优化算法

智能优化算法又称为现代启发式算法，是一种具有全局优化性能、通用性强，且适合于并行处理的算法。这种算法一般具有严密的理论依据，而不是单纯凭借专家的经验，理论上可以在一定的时间内找到最优解或近似最优解。

智能优化算法是一种基于人工智能技术的计算方法，旨在解决复杂的优化问题。这些问题可能涉及多个变量、多个约束条件以及目标函数的最大化或最小化。智能优化算法的发展源于传统优化方法的不足，它们能够通过模拟自然界中的进化、群体行为或其他启发式方法来有效地搜索解空间，找到问题的最优解或者近似最优解。

进化算法是智能优化算法中的重要分支之一。通过模拟生物进化的过程，进化算法逐步改进候选解，以寻找最优解。著名的进化算法包括遗传算法、进化策略等。遗传算法模拟了自然界中的生物进化过程，通过选择、交叉和变异的操作，逐代进化出更好的解决方案。而进化策略则侧重于随机搜索解空间，通过自然选择和自适应机制，逐步改进解的质量。

另一个重要的智能优化算法是群体智能算法，它模拟了群体生物在求解问题时的协作行为。其中，蚁群算法模拟了蚂蚁寻找食物的行为，通过信息素的沉积和挥发，实现了群体的协作搜索。粒子群算法则模拟了鸟群或鱼群的行为，每个个体代表一个解，在解空间中搜索，并根据历史经验和邻居的信息调整自己的位置。

智能优化算法的应用领域广泛，涵盖了工程优化、机器学习、数据挖掘、金融、医学等诸多领域。在工程领域，智能优化算法被广泛应用于设计优化、参数调优、资源分配等方面，能够帮助工程师们快速找到最优解决方案。在机器学习和数据挖掘领域，智能优化算法能够帮助优化模型参数、提高模型性能、加快模型训练过程。在金融领域，智能优化算法被用于投资组合优化、风险管理等方面，帮助投资者制定更加有效的投资策略。在医学领域，智能优化算法被应用于疾病诊断、药物设计等方面，有助于提高医疗效率和质量。

智能优化算法也存在着一些挑战和局限性。算法的收敛性和稳定性可能会受到问题复杂度、参数设置等因素的影响，导致算法无法找到全局最优解或者收敛速度较慢。算法的计算成本可能较高，特别是在处理高维、大规模问题时，需要耗费大量的计算资源。此外，算法的鲁棒性和适用性也需要进一步提升，以适应不同领域、不同类型的优化问题。

智能优化算法作为一种强大的计算工具，对于解决复杂的优化问题具有重要意义。随着人工智能技术的不断发展和普及，相信智能优化算法将会在更多领域发挥更加重要的作用，为人类解决现实生活中的各种挑战提供有力支持。

二、遗传算法

遗传算法是一类借鉴生物界的进化规律（适者生存、优胜劣汰遗传机制）演化而来的随机化搜索算法。遗传算法的这些性质已被人们广泛地应用于组合优化、机器学习、信号处理、自适应控制和人工生命等领域。它是现代有关智能计算中的关键技术之一。

（一）遗传算法的原理

遗传算法（GA）是一种基于自然选择和基因遗传学原理的优化算法，模仿生物进化中的优胜劣汰和基因重组、突变机制。GA 从随机生成的初始解（种群）开始，种群由经过基因编码的个体组成，个体实际上是具有特征的染色体。染色体作为遗传物质的主要载体，内部表现为基因型，决定个体的外部表现，因此需要实现表现型到基因型的映射（编码工作）。按照优胜劣汰的原理，逐代演化产生更好的近似解，每代根据适应度大小选择个体，利用遗传算子进行组合交叉和变异生成新的种群。这个过程使得种群像自然进化一样，后代种群更适应环境，末代种群中的最优个体通过解码可作为问题的最优解。

在计算开始时，实际问题的变量被编码形成染色体，随机生成一定数量的个体（种群），并计算每个个体的适应值。通过终止条件判断初始解是否最优，若是则停止计算输出结果，否则通过 GA 操作产生新的一代种群，循环执行直到满足优化准则，产生问题的最优解。GA 通过模拟生物进化的过程，通过选择、交叉和变异操作在解空间中寻找最优解。选择操作通过适应度函数评价个体的优劣，交叉操作模拟基因的重组，而变异操作则引入新的基因信息，增加种群的多样性，从而避免陷入局部最优解。通过不断迭代优化，GA 能够在复杂的搜索空间中找到较好的解，尤其适用于解空间连续但不可导或具有多个局部最优解的问题。

（二）遗传算法的特点

（1）遗传算法是一种模仿生物遗传进化机制的优化算法，其运算对象是通过编码控制的变量，其核心思想在于模拟生物进化过程中的自然选择、交叉和变异等操作。这种算法的独特之处在于其处理各种变量的便利性，以及应用遗传操作算子的灵活性。通过将问题的解表示为染色体编码，遗传算法能够有效地进行搜索和优化。

（2）遗传算法具有内在的本质并行性，这一特性在外部表现为多台计算机进行独立种群演化计算。然而，其内在的本质并行性更为重要，这体现在通过种群方式组织搜索。在遗传算法中，同时搜索解空间内多个区域，并且这些区域之间能够相互交流信息，从而提高搜索效率，并且避免陷入局部最优解。

（3）遗传算法直接以目标函数值作为搜索信息。与其他优化算法不同，遗传算法不需要额外的知识或辅助信息，仅通过适应度函数评估解的优劣。适应度函数的约束较少，只需对输入产生可比较的输出，这使得遗传算法在各种问题领域都具有较广泛的适用性。

（4）遗传算法采用概率的变迁规则指导搜索方向，从而朝着搜索空间中更优解的区域移动。相比于随机算法，遗传算法具有更高的效率，搜索性能也优于其他优化算法。这是因为遗传算法能够利用已有的信息和经验，有针对性地进行搜索，而不是简单地依靠随机试错。这种概率引导的搜索方式使得遗传算法在解决实际问题中具有更好的效果和应用前景。

（5）遗传算法是一种模拟自然进化过程的优化算法，其原理简单且易于操作。它通过模拟生物遗传学中的自然选择、交叉和变异等机制，逐代迭代地搜索解空间中的优秀解。遗传算法通常只需存储少量个体的信息，因此占用的内存较少，适用于计算机进行大规模计算。

由于遗传算法具有良好的全局搜索能力和对复杂问题的适应性，因此特别适合处理传统搜索方法难以解决的大规模、非线性组合复杂优化问题。例如，在组合优化问题中，遗传算法能够有效地搜索组合空间，找到最优解或近似最优解。在多目标优化问题中，遗传算法也能够通过多种适应度评价的方式来搜索最优解的帕累托前沿。

（6）遗传算法在处理非连续混合整数规划问题时具有独特的优越性，主要得益于其使用的遗传基因串码具有不连续性的特点。这种不连续性使得遗传算法能够有效地搜索离散的解空间，而非像其他优化方法那样受到解空间连续性的限制。

由于遗传算法可以直接操作非连续的遗传基因串，因此能够轻松地处理包含整数变量的混合整数规划问题，而不需要进行额外的处理或转换。这使得遗传算法在工程设计、资源分配等领域中的应用变得更加便捷和高效。

此外，由于遗传算法的搜索过程是基于群体的进化机制，具有一定的随机性和多样性，因此对于某些病态结构问题，遗传算法能够通过群体的多样性来有效地避免陷入局部最优解，从而更好地找到全局最优解或近似最优解。

（7）遗传算法与其他算法具有良好的兼容性，这使得它可以与其他算法相互配合，充分发挥各自的优势。在遗传算法中，初始种群的生成是关键的一步。而遗传算法允许使用其他算法来生成初始解，如贪心算法、模拟退火等，以更快速地获得一组初始种群，加速收敛过程。

在每一代种群的进化过程中，也可以利用其他方法对新种群进行进一步的优化和改进。例如，可以结合局部搜索方法对个体进行局部调整，以提高种群的多样性和全局搜索能力。这样的配合可以在遗传算法的基础上加入其他算法的优势，进一步优化搜索过程，提高算法的收敛速度和搜索效果。

(三) 遗传算法的步骤

1. 初始参数

第一，种群规模 n。种群数目影响遗传算法的有效性。种群数目太小，不能提供足够的采样点；种群规模太大，会增加计算量，使收敛时间增长。一般种群数目在 20~160 比较合适。

第二，交叉概率 p_c。p_c 控制着交换操作的频率，p_c 太大，会使高适应值的结构很快被破坏掉，p_c 太小会使搜索停滞不前，一般 p_c 取 0.5~1.0。

第三，变异概率 p_m。p_m 是增大种群多样性的第二个因素，p_m 太小，不会产生新的基因块，p_m 太大，会使遗传算法变成随机搜索，一般 p_m 取 0.001~0.1。

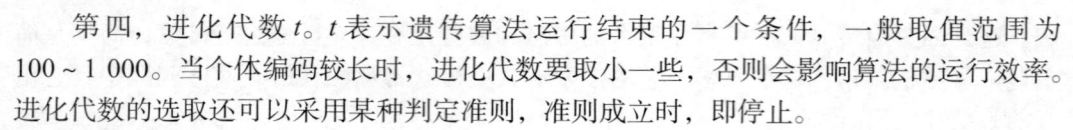

第四，进化代数 t。t 表示遗传算法运行结束的一个条件，一般取值范围为 100～1 000。当个体编码较长时，进化代数要取小一些，否则会影响算法的运行效率。进化代数的选取还可以采用某种判定准则，准则成立时，即停止。

2. 染色体编码

在染色体编码中，建立问题空间与编码空间的联系至关重要。这意味着需要将待解决问题的特征与染色体编码进行有效映射。这种联系能够确保编码后的染色体在问题空间中有意义，使得遗传算法能够正确处理问题。例如，对于解决优化问题，染色体中的每个基因对应于问题的一个决策变量，因此必须确保编码方式能够准确表示问题的特征。在建立联系的过程中，需要考虑到问题的特点和要求，以便选择合适的编码方式。

编码原理包括有意义积木块编码规则和最小字符集编码规则。有意义积木块编码规则是指将问题的特征划分成为有意义的积木块，并将这些积木块按照一定的规则组合成染色体。而最小字符集编码规则则是将问题的特征表示为最小的字符集合，并将其映射到染色体上。这两种编码原理各有优缺点，选择合适的原理取决于具体的问题需求和算法设计。

常用的编码方式有两种：二进制编码和浮点数（实数）编码。

第一，二进制编码是最常见的一种编码方式，使用字符集 {1，0} 构成染色体位串。它简单易行，便于分析和操作，但存在映射误差，特别是在连续函数离散化时会产生映射误差。随着解的精度需求增加，导致二进制编码串长度增加，从而导致搜索空间和计算量急剧增加。

第二，浮点数（实数）编码是将每个基因用参数指定范围内的浮点数表示，编码长度等于决策变量的总数。在交叉、变异操作中，新个体的基因值需在指定范围内，交叉操作需要在基因之间的分界字节处进行。相比于二进制编码，浮点数编码能更精确地表示连续函数的性质，但也增加了计算复杂度和搜索空间的难度。

3. 适应度函数

适应度函数是遗传算法中的一个核心概念，用于衡量个体的优劣程度。该函数将个体的特征映射到一个数值上，这个数值越大，代表个体越优秀；反之，数值越小则意味着个体越差。在遗传算法中，适应函数的作用至关重要，因为它决定了个体在进化过程中的生存和繁衍机会。通过对适应度函数值的评估，算法可以有针对性地选择出优秀个体，并确保它们有更多机会参与后代的繁衍。通常情况下，适应度函数由问题的目标函数经过某种变换得到，这种变换能够将问题的求解转化为适合遗传算法的形式。而为了保证适应度值的非负性，常常需要将目标函数转换为最大化问题的形式，这样才能确保适应度函数的有效性和合理性。

4. 约束条件的处理

在遗传算法中必须对约束条件进行处理，但目前尚无处理各种约束条件的一般方法，根据具体问题可选择三种方法：罚函数法、搜索空间限定法和可行解变换法。

第一，罚函数法。罚函数法是一种常见的优化算法，在遗传算法中被广泛应用。其基本思想是对于无对应可行解的个体，通过施加罚函数降低其适应度，从而减小其

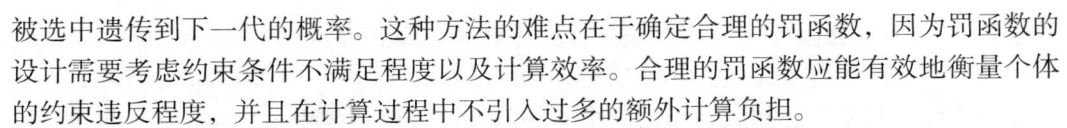

被选中遗传到下一代的概率。这种方法的难点在于确定合理的罚函数,因为罚函数的设计需要考虑约束条件不满足程度以及计算效率。合理的罚函数应能有效地衡量个体的约束违反程度,并且在计算过程中不引入过多的额外计算负担。

第二,搜索空间限定法。搜索空间限定法旨在将遗传算法的搜索范围限制在解空间内的可行解点上。其基本思想是通过适当的编码方式简化约束条件,使得搜索空间中的点与解空间中的可行解点一一对应。为实现这一目标,研究者们采用各种编码策略,如二进制编码、格雷编码等。这些编码方式的设计旨在确保交叉和变异后的解个体仍然能在解空间中有对应的解。这种方法的优点在于提高算法的效率,但需要仔细设计编码方式,以确保搜索空间的充分覆盖。

第三,可行解变换法。可行解变换法是一种灵活的方法,通过在个体基因型到表现型的转换过程中增加满足约束条件的处理步骤,将搜索空间中的个体转化为解空间中的可行解。与搜索空间限定法不同,可行解变换法不限制个体的编码方式、交叉和变异操作,但可能会降低算法的运行效果。

5. 遗传算子

在遗传算法中,遗传算子是控制群体进化的基本操作。它主要包括选择、交叉、变异和倒位四个方面。这些操作的目的是产生新一代群体,从而实现群体的进化和优化。

第一,选择操作。选择操作决定了哪些个体会被遗传到下一代。选择操作通常基于个体的适应度评价,这意味着越适应环境的个体越有更大的概率被选中。常见的选择方法包括轮盘赌法、排序选择法和两两竞争法等。

简单的选择方法为轮盘赌法,通常以第 i 个个体入选种群的概率以及群体规模的上限来确定其生存与淘汰,这种方法称为轮盘赌法。轮盘赌法是一种正比选择策略,能够根据与适应函数值成正比的概率选出新的种群。轮盘赌法由五步构成:① 计算各染色体 v_k 的适应值 $F(v_k)$;② 计算种群中所有染色体的适应值的和;③ 计算各染色体 v_k 的选择概率 p_k;④ 计算各染色体 v_k 的累计概率 q_k;⑤ 在 [0,1] 区间内产生一个均匀分布的伪随机数 r,若 $r \leq q_1$,则选择第一个染色体 v_1;否则,选择第 k 个染色体,使得 $q_{k-1} < r \leq q_k$ 成立。

排序选择法是一种常见的遗传算法选择操作,其主要思想是根据个体的适应度大小进行排序,并基于排序结果分配选中概率。具体操作包括将个体按适应度降序排列,然后设计概率分配表,按排名次序分配概率给每个个体。接着,利用分配的概率值选择下一代个体。这种方法的优点在于避免了超级个体对选择过程的影响,同时有效地防止了过早收敛和停滞现象的发生。通过这种方式,遗传算法能够更好地维持种群的多样性,从而促进搜索过程的全局收敛。

两两竞争法的基本做法是随机选择 k 个个体进行锦标赛比较,选出适应值最好的个体进入下一代,并重复这一过程直到下一代个体数达到种群规模。这种方法的特点在于,适应值较好的个体有较大的生存机会,但并不会完全排斥适应值较低的个体,从而保持了一定的种群多样性。与排序选择法类似,两两竞争法也是根据适应值的相对大小来进行选择,从而避免了某些个体对选择过程的主导作用。这种方法同样有效地避免了过早收敛和停滞的问题，使得遗传算法能够更好地在解空间中搜索出优秀的解。

第二，交叉操作。交叉操作是遗传算法中的核心步骤之一，旨在通过基因互换生成新的个体。其基本思想是利用两个个体的基因信息相互交叉，产生具有不同基因组合的新个体。这一过程通常采用不同的交叉算子，如单点、两点和多点交叉。单点交叉是最简单的一种方式，它通过随机选取交叉点，在该点之后互换基因串的部分，从而生成新的个体。与之类似的是两点交叉，其在基本原理上与单点交叉相似，但区别在于随机选择了两个交叉点，将这两点之间的基因串进行互换，从而形成两个全新的个体。而多点交叉则更为复杂，它允许基因串的交叉点不仅限于相邻的子字符串，这一特性破坏了基因串的部分结构，从而促进了更广泛的搜索，有助于避免陷入局部最优解。

第三，变异操作。变异操作是遗传算法中的一个重要环节，其定义为在个体染色体编码串中，通过替换某些基因座的基因值，形成一个新的个体。这一操作有着重要的作用。首先，它辅助产生新个体，增加了种群的多样性。其次，结合选择和交叉算子，确保了遗传算法的有效性，使得种群在演化过程中能够不断进化和优化。此外，变异操作还提供了局部的随机搜索能力，有助于提高搜索效率，并且能够防止种群过早收敛于局部最优解，从而保持了算法的全局搜索能力。然而，变异率的设置对遗传算法的性能影响至关重要。如果变异率过大，遗传算法将退化为随机搜索，丧失了一些重要的数学特性和搜索能力，导致算法效率下降，难以找到近似最优解。因此，合理设置变异率对于算法的有效性至关重要。

在设计变异算子时，需要考虑两个关键点：确定变异点的位置和进行基因值替换。变异操作的方法主要有两种：基本位变异和均匀变异。基本位变异是随机指定某一位或某几位基因进行变异，尽管作用较慢且效果不明显，但可以确保每个基因都有可能发生变化。而均匀变异则是用符合某一范围内均匀分布的随机数替换个体编码串中的原有基因值，其优点在于可以保证变异后的个体在整个搜索空间中均匀分布。

具体执行变异操作的过程如下：首先，对于每个基因座，根据设定的变异概率 p_m 来确定是否作为变异点。然后，对于每个确定的变异点，随机选择一个新的基因值进行替换，从而生成一个新的个体，完成了一次变异操作。通过这样的过程，遗传算法不断地在种群中引入变异，保持了种群的多样性，有利于全局搜索，从而更好地找到问题的优化解。

第四，倒位操作。倒位操作通过颠倒个体编码串中随机指定的两个基因座之间的基因排列顺序，来生成新的个体。具体而言，该过程首先随机选择两个基因座作为倒位点，然后以一定的倒位概率，将这两个基因座之间的基因排列顺序颠倒。这样做的目的在于增加个体间的多样性，从而有助于更广泛地搜索解空间，并且有助于逃离局部最优解。

三、模拟退火算法

模拟退火算法（SAA）源于对物理中固体物质的退火过程与组合优化问题的相似性的认识。这一算法以一种温度参数下降的方式，在解空间中寻找全局最优解。出发点在于理解固体退火与组合优化之间的类比，即固体在高温下能够脱离局部极小状态，

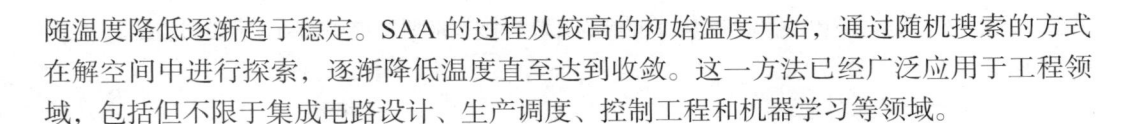

随温度降低逐渐趋于稳定。SAA 的过程从较高的初始温度开始，通过随机搜索的方式在解空间中进行探索，逐渐降低温度直至达到收敛。这一方法已经广泛应用于工程领域，包括但不限于集成电路设计、生产调度、控制工程和机器学习等领域。

（一）模拟退火算法的原理

在工程中，往往存在着非凸目标函数，这导致了局部最优解较多，难以确定全局最优解。因此，需要一种方法来克服这一问题。模拟退火算法可分为确定性方法和随机性方法，传统方法往往容易陷入局部最优解，而随机性方法则能够更好地避免陷入局部最优解。其原理源于固体的退火过程，即加热后缓慢冷却，粒子逐渐趋于有序状态。在实际应用中，重点步骤在于任一恒定温度下达到热平衡，通常使用 Monte Carlo 算法来模拟这一过程。此外，着重取贡献比较大的状态以达到效果，这是保证算法有效性的重要一环。

在把模拟退火算法应用于最优化问题时，一般可以将温度 T 当作控制参数，目标函数值 f 视为内能 E，而固体在某温度 T 时的一个状态对应一个解 x。然后算法试图随着控制参数 T 的降低，使目标函数值 f（内能 E）也逐渐降低，直至趋于全局最小值（退火中低温时的最低能量状态），就像固体退火过程一样。

（二）模拟退火算法的特点

1. 高效性

与局部搜索算法相比，模拟退火算法有望在较短时间里求得近似最优解。模拟退火算法既允许任意选取初始解和随机数序列，又能得出近似最优解，因此应用该算法求解优化问题的前期工作量大大减少。

2. 健壮性

在可能影响模拟退火算法实验性能的诸因素中，问题规模 n 的影响最为显著：n 的增大导致搜索范围的绝对增大，会使 CPU 时间增加；而对于解空间而言，搜索范围又因 n 的增大而相对减小，将引起解质量的下降，但 SAA 的解和 CPU 时间均随 n 增大而趋于稳定，且不受初始解和随机数序列的影响。SAA 不会因问题的不同而蜕变。

3. 通用性和灵活性

模拟退火算法能应用于多种优化问题，为一个问题编制的程序可以有效地用于其他问题。SAA 的解质与 CPU 时间呈反向关系，针对不同的实例以及不同的解质要求，适当调整冷却进度表的参数值可使算法执行获得最佳的"解质–时间"关系。

（三）模拟退火算法的步骤

1. 符号说明

退火过程由一组初始参数，即冷却进度表控制，它的核心是尽量使系统达到准平衡，以使算法在有限的时间内逼近最优解。冷却进度表包括：① 控制参数的初值 T_0：冷却开始的温度；② 控制参数 T 的衰减函数：由于计算机能够处理的都是离散数据，因此需要把连续的降温过程离散化成降温过程中的一系列温度点，衰减函数即计算这一系列温度的表达式;③控制参数T的终值T_f(停止准则);④Markov链的长度L_k:任一温度T的迭代次数。

2. 算法基本步骤

步骤一,令$T=T_0$,即开始退火的初始温度,随机生成一个初始解x_0,并计算相应的目标函数值$E(x_0)$。

步骤二,令T等于冷却进度表中的下一个值T_t。

步骤三,根据当前解x_i进行扰动,产生一个新解x_j,计算相应的目标函数值$E(x_j)$,得到$\Delta E=E(x_j)-E(x_i)$。

步骤四,若$\Delta E<0$,则新解x_j被接受,作为新的当前解;若$\Delta E>0$,则新解x_j按概率$\exp(-\Delta E/T_t)$接受T_t为当前温度。

步骤五,在温度T_t下,重复L_k次的扰动和接受过程(L_k是Markov链长度),即执行步骤三和步骤四。

步骤六,判断T是否已达到T_f,是,则终止算法;否则,转到步骤二继续执行。

模拟退火算法的核心思想是基于两层循环的结构。在任一温度下,算法通过随机扰动产生新解,并计算目标函数值的变化来决定是否接受新解。在初始温度较高时,算法可以接受使目标函数值增大的新解,这有助于跳出局部极小值,从而增加全局搜索的机会。通过缓慢降低温度的方式,模拟退火算法逐渐收敛到可能的全局最优解。在整个退火过程中,算法不仅记录历史最优解,还维护着最后一个被接受的解,以便在需要时进行回溯或调整。

3. 算法说明

第一,状态表达是模拟退火算法中至关重要的一环,它指的是如何将优化问题的解以数学形式表达出来,以便算法求解。常见的状态表达方式包括0-1编码、自然数编码和实数编码等。

第二,新解产生机制是模拟退火算法成功的关键之一。该机制尽量遍及解空间的各个区域,以便在不同温度下不断产生新解并跳出当前区域,从而进行广域搜索。这种广泛的搜索能力是模拟退火算法有效搜索的重要条件之一,它有助于算法更好地探索解空间,找到可能的全局最优解。

第三,模拟退火算法的收敛具有一般性条件,包括初始温度足够高、热平衡时间足够长、终止温度足够低以及降温过程足够缓慢。

第四,参数的选择。

控制参数T的初值T_0。求解全局优化问题的随机搜索算法一般都采用大范围的粗略搜索与局部的精细搜索相结合的搜索策略。只有在初始的大范围搜索阶段找到全局最优解所在的区域,才能逐渐缩小搜索的范围,最终求出全局最优解。模拟退火算法是通过控制参数T的初值T_0和其衰减变化过程来实现大范围的粗略搜索与局部的精细搜索。一般来说,只有足够大的T_0才能满足算法要求。在问题规模较大时,过小的T_0往往导致算法难以跳出局部陷阱而达不到全局最优。但为了减少计算量,T_0不宜取得过大,而应与其他参数折中选取。

控制参数T的衰减函数。衰减函数可以有多种形式,常用的衰减函数如下:

$$T_{k+1}=aT_k, k=0, 1, 2, \cdots \tag{5-42}$$

其中，a 是一个常数，可以取 0.5～0.99，它的取值决定了降温的过程。小的衰减量可能引起算法进程迭代次数的增加，从而使算法进程接受更多的变换，访问更多的领域，搜索更大范围的解空间，返回更好的最终解。同时，由于在 T_k 值上已经达到准平衡，则在 T_{k-1} 时只需少量的变换就可达到准平衡。这样就可选取较短长度的 Markov 链来减少算法时间。

Markov 链长度的选取原则是：在控制参数 T 的衰减函数已选定的前提下，L_k 应使在控制参数 T 的每一取值上达到准平衡。从经验上说，对简单的情况可以令 $L_k=100n$，n 为问题规模。

第五，算法停止准则。对 Metropolis 准则中的接受函数 $\exp\left[\dfrac{-(E_j-E_i)}{k \times T}\right]$ 分析可知，在 T 比较大的高温情况下，指数上的分母比较大，而这是一个负指数，所以整个接受函数可能会趋于 1，即比当前解 x_i 更差的新解 x_j 也可能被接受，因此就有可能跳出局部极小而进行广域搜索，去搜索解空间的其他区域；而随着冷却的进行，T 减小到一个比较小的值时，接受函数分母小了，整体也小了，即难于接受比当前解更差的解，也就是不太容易跳出当前的区域。如果在高温时，已经进行了充分的广域搜索，找到了可能存在最好解的区域，而在低温时再进行足够的局部搜索，则可能最终找到全局最优解。因此，一般 T_f 应设为一个足够小的正数。

四、其他智能算法

（一）粒子群算法

粒子群优化算法（PSO）又称为粒子群算法、微粒群算法或微粒群优化算法，是通过模拟鸟群觅食行为而发展起来的一种基于群体协作的随机搜索算法。通常认为它是集群智能（SI）的一种，可以被纳入多主体优化系统（MAOS）。PSO 模拟鸟群的捕食行为。一群鸟在随机搜索食物，在这个区域里只有一块食物，所有的鸟都不知道食物在哪里，但是它们知道当前的位置离食物还有多远。最简单有效的方法就是搜寻目前离食物最近的鸟的周围区域。PSO 从这种模型中得到启示并用于解决优化问题。

在 PSO 中，每个优化问题的解都是搜索空间中的一只鸟，称之为"粒子"。所有的粒子都有一个由被优化的函数决定的适应值，每个粒子还有一个速度，决定它们飞翔的方向和距离。然后粒子们就追随当前的最优粒子在解空间中搜索。

PSO 初始化为一群随机粒子（随机解），然后通过迭代找到最优解。在每一次迭代中，粒子通过跟踪两个"极值"来更新自己：① 粒子本身所找到的最优解，这个解叫作个体极值 pbest；② 整个种群目前找到的最优解，这个极值是全局极值 gbest，另外也可以不用整个种群而只是用其中一部分最优粒子的邻居，那么在所有邻居中的极值就是局部极值。

PSO 算法源自对鸟群觅食行为的观察与借鉴，其设计理念旨在模拟鸟群在觅食过程中的最佳决策机制。与人类决策类比，PSO算法也涉及综合个人经验与他人经验两种重要信息。在鸟群觅食的过程中，每只鸟的初始状态及飞行方向皆为随机，然而随着时间的推移，通过经验的积累以及群内的学习与信息共享，鸟群逐渐形成自组织群落的结构。在这个过程中，鸟群能够根据个体经验来估计当前位置对寻找食物的适应值，并记忆并更新局部最优和全局最优位置。此外，鸟群还展现出一种称为"同步效应"的行为特征，即整体趋向于全局最优移动的趋势。通过迭代移动，鸟群逐步朝着食物的方向紧逼，这一过程形象地展现了PSO算法的工作原理。PSO算法通过模拟鸟群觅食的行为方式，将搜索空间中的解空间抽象成鸟群在空间中搜索食物的过程，从而实现了对复杂优化问题的求解。PSO算法在实际应用中展现出了较好的效果，并被广泛应用于各领域的优化问题中，如神经网络训练、工程优化、数据挖掘等。

（二）蚁群算法

蚁群算法（ACO）是一种概率型算法，用于在图中寻找优化路径，源自蚂蚁觅食的最短路径原理。这一算法已经被广泛应用于组合优化问题，并在多个领域取得了成功，包括但不限于图着色、车间流、车辆调度、机器人路径规划以及路由算法设计。蚁群算法基于蚂蚁释放的信息素，模拟了蚂蚁在寻找食物源时的行为，通过信息素的浓度影响蚂蚁选择路径的概率。这种自催化行为会带来正反馈过程，类似于自然界中蚁群觅食的过程。

蚁群算法的基本思想是将工作单元视为"蚂蚁"，模拟蚂蚁寻优的过程来解决优化问题。具体而言，蚁群算法通过构建一个虚拟的"蚁群"来解决优化问题。在这个虚拟蚁群中，每个"蚂蚁"代表着问题空间中的一个可能解，它会根据一定的规则选择路径，并且根据路径的质量释放信息素。这些信息素会在路径上累积，导致后续的蚂蚁更有可能选择经过信息素浓度较高的路径，从而逐渐形成一个近似最优解。

在蚁群算法中，信息素的更新遵循着一定的规则。通常情况下，经过的路径上信息素浓度较高的蚂蚁会释放更多的信息素，而信息素的蒸发会导致信息素浓度逐渐减少，防止算法陷入局部最优解。这种信息素的更新机制使得蚁群算法具有一定的自适应性和全局搜索能力，能够在搜索空间中寻找到近似最优解。

蚁群算法的应用不仅限于静态问题，在动态环境下也有一定的适用性。例如，在动态路径规划问题中，蚁群算法能够通过即时更新信息素来适应环境的变化，从而实现路径的动态优化。此外，蚁群算法还可以与其他优化算法结合使用，形成混合算法，以充分发挥各自的优势，提高问题求解的效率和质量。

（三）禁忌搜索算法

禁忌搜索算法（TS）是一种全局性邻域搜索算法，模拟人类具有记忆功能的寻优特征。禁忌搜索算法通过引入一个灵活的存储结构和相应的禁忌准则来避免迂回搜索，并通过藐视准则来赦免一些被禁忌的优良状态，进而保证多样化的有效搜索以最终实现全局优化。迄今为止，禁忌搜索算法在组合优化、生产调度、机器学习、电路设计和神经网络等领域取得了很大的成功，近年来又在函数全局优化方面得到较多的研究，并大有发展的趋势。

禁忌搜索算法的核心思想是在搜索过程中禁止访问一些已经搜索过的解,以避免陷入局部最优解,从而有望找到更好的解。

1. 初始解的生成

禁忌搜索算法首先需要生成一个初始解,这一步骤至关重要。初始解可以通过多种方式得到,包括随机生成和贪心算法。随机生成的初始解可以帮助算法在解空间中进行广泛的探索,而贪心算法则会尝试根据某种启发式规则生成相对较好的初始解。初始解的质量直接影响着搜索过程的起点,决定了算法搜索的解空间的起始位置,因此对于禁忌搜索算法的效率和搜索结果具有重要影响。

2. 定义目标函数

在禁忌搜索算法中,定义一个合适的目标函数至关重要,它用于衡量每个解的优劣程度。目标函数的选择通常基于具体问题的特性。例如,在旅行商问题中,目标函数可以是旅行路径的总长度,因为旅行商的目标是找到最短的路径以访问所有城市。而在作业调度问题中,目标函数可能是总的完成时间,因为作业调度的目标是尽可能快地完成所有作业。通过定义一个合适的目标函数,禁忌搜索算法能够在搜索过程中评估每个解的质量,并朝着更优的解不断演进。因此,目标函数的选择对于算法的效率和搜索结果的质量具有重要影响。

3. 禁忌表的维护

禁忌表在禁忌搜索算法中扮演着至关重要的角色。它记录了搜索过程中的关键信息,如已经搜索过的解和最近搜索的移动。禁忌表的设计旨在防止算法陷入局部最优解,通过禁止某些移动,算法能够更广泛地探索搜索空间。禁忌表中记录了一些被禁忌的移动,这些移动可能会导致算法陷入局部最优解或者进入循环。通过规定这些移动为禁忌,算法在搜索过程中避免了这些不利的情况,从而能够更有效地探索解空间,找到更优的解。禁忌表的更新和管理是禁忌搜索算法的关键步骤之一,它需要根据搜索过程中的情况不断地进行调整,以确保算法能够达到更好的搜索效果。

4. 邻域搜索

禁忌搜索算法的邻域结构是搜索过程中的核心组成部分之一。它定义了当前解的相邻解的生成方式,为算法提供了探索解空间的方向。通常,邻域结构包括各种移动操作,如交换两个元素的位置、插入一个元素、删除一个元素等。这些移动操作可以从当前解中生成一系列可能的相邻解。

在生成相邻解之后,禁忌搜索算法会利用定义好的目标函数对每个相邻解进行评估,以确定下一个要搜索的解。通常情况下,算法会选择使目标函数值最优化的相邻解作为下一步的搜索对象。这样,禁忌搜索算法就能够在解空间中不断地进行局部搜索,并朝着更优解的方向逐步演进。

通过定义合适的邻域结构和移动操作,禁忌搜索算法能够灵活地搜索解空间,并在目标函数的引导下逐步靠近最优解。因此,邻域结构的设计对算法的搜索效率和结果质量具有重要影响。

5. 移动的选择

在禁忌搜索算法中,选择下一个要搜索的解是一个关键步骤,通常会基于目标函数的值和禁忌表中的信息作出决定。如果某个相邻解比当前解更优,则优先选择该相邻解作为下一步搜索的对象。然而,如果这个更优的相邻解已经在禁忌表中,则需要进行考虑。

一种策略是采取这个移动,即使它在禁忌表中,但这可能导致算法陷入局部最优解;另一种策略是尝试解除该移动的禁忌状态,通常通过设定一个禁忌期限或者惩罚系数来实现。这样,即使禁忌表中记录了这个移动,但在一定条件下,仍然可以选择它作为下一步搜索的目标。

选择合适的策略对于禁忌搜索算法的性能和搜索效果至关重要。这需要在利用禁忌表避免陷入局部最优解的同时,又能够灵活地探索解空间,找到更优的解。因此,搜索策略的设计是禁忌搜索算法中一个重要的考虑因素。

6. 更新禁忌表

在禁忌搜索算法中,禁忌表的更新至关重要,以反映搜索过程中的关键信息。通常,禁忌表会根据搜索过程中出现的移动来进行更新。当一个移动被执行时,会将它记录在禁忌表中,并给予一个固定的禁忌期限。在这段期限内,该移动将不能再次执行,以避免陷入循环。

禁忌表的更新可以有不同的策略。一种策略是采用FIFO(先进先出)原则,即当禁忌表已满时,删除最早加入的移动记录以腾出空间;另一种策略是根据移动的重要性或频率来调整禁忌期限,使得更重要或更频繁的移动能够被禁忌更长的时间。

通过及时更新禁忌表,禁忌搜索算法可以避免陷入局部最优解或者循环,并且能够更有效地探索解空间,找到更优的解。因此,禁忌表的更新是算法成功的关键之一,需要仔细设计和调整以满足具体问题的需求。

7. 收敛判断

禁忌搜索算法在一定的搜索步数或时间内停止搜索,以防止无限制地进行搜索。停止搜索后,根据搜索过程中获得的解来确定最终解。通常会选择搜索过程中得到的最优解或者近似最优解作为最终结果。

如果禁忌搜索算法已经记录了最优解,则在停止搜索后,可以直接选择这个最优解作为最终结果。如果没有找到最优解,则算法可能会返回搜索过程中获得的最好的解,即局部最优解。另外,也可以设置一个阈值,当搜索到一定程度后,即使没有找到最优解,也可以返回当前的最好的解作为结果。

选择最终解的策略取决于具体的问题和算法设计,目标是尽可能接近最优解,同时在合理的时间范围内停止搜索,以保证算法的实用性和有效性。因此,决定最终解的方法应该考虑到问题的特点以及算法的性能。

第六章 数据挖掘技术的应用研究

数据挖掘技术作为一种从大量数据中提取有价值信息的方法，已在众多领域中展现出了其强大的功能和广泛的应用潜力。本章重点探讨数据挖掘技术在关键领域中的应用研究，包括网络安全、态势感知、公共管理和档案管理工作。

第一节 数据挖掘在网络安全中的应用

"基于大数据背景，虚拟网络构成发展逐渐多元化和复杂化，因此增加了网络安全管理工作的难度。就现如今的网络安全技术来讲，虽然取得了一定的进步，但整体上仍然存在防护能力较弱的现实弊端，容易导致网络安全事故的发生。因此，配合数据挖掘技术，尤其是强大的网络数据分析和预测功能，对提升网络入侵检测准确性和效率、提升网络安全指数是很有必要的。"[①]

一、网络安全中的信息隐患

（一）信息窃听

网络安全一直是当今社会面临的重要挑战之一，其中信息隐患是其核心问题之一。信息窃听作为网络安全领域的一大威胁，对个人、组织以及社会都带来了严重的风险和损失。

首先，信息窃听可能通过病毒程序入侵移动终端等相关设备，导致网络通话信息或其他相关活动信息被窃取。这种窃听行为可能会引发信息泄密事件，从而直接威胁到个人的隐私和安全。例如，个人的敏感信息、财务数据，甚至是公司机密信息都有可能成为窃听者的目标。在这种情况下，用户的经济安全可能受到极大的威胁，因为泄露的信息可能被用于不法用途，如盗取资金或者进行身份盗窃。

其次，信息窃听还可能导致账户被盗等严重后果。随着移动终端设备在人们日常生活中的广泛应用，用户的个人账户信息也被存储在这些设备中，包括但不限于银行账户、电子支付账户等。如果这些账户信息遭到窃取，则不法分子可能会利用这些信息进行盗窃活动，直接损害用户的财产安全。而一旦账户被盗，恢复损失往往十分困难，给用户带来经济损失和心理负担。

[①] 蒋亚平. 数据挖掘技术在网络安全中的应用 [J]. 信息系统工程，2023(05)：73.

(二) 数据存储处理

在当今网络安全领域，数据存储处理的环节扮演着至关重要的角色。然而，尽管计算机系统在运行过程中依赖着数据存储，但在实际应用网络时，数据存储却存在着一系列潜在的安全隐患，其中包括存储介质泄密的风险。

首先，数据存储介质的泄密风险是网络安全中的一个重要问题。尽管在存储过程中采用了各种相关的存储设备，但这并不能完全杜绝信息被窃取的风险。病毒程序等恶意软件可能会悄然植入系统中，利用漏洞或者其他手段获取存储介质中的档案信息和其他敏感数据。一旦这些数据被窃取，就可能会造成严重的信息泄露事件，不仅损害个人和组织的隐私，还可能导致经济损失和声誉受损。

其次，数据存储过程中的安全问题也增加了信息安全隐患。现代计算机系统通常采用复杂的存储架构，包括本地存储、云存储等多种形式。然而，这些存储方式在设计和运行过程中可能存在漏洞和缺陷，使得数据容易受到攻击和窃取。特别是在云存储等外部存储服务中，由于数据需要通过网络传输和存储在第三方服务器上，其安全性更加容易受到挑战，可能会面临更大的风险。

因此，数据存储处理环节的安全问题是网络安全中的一个重要方面，给个人、组织和社会都带来了严重的风险和挑战。为了有效应对这一问题，需要采取一系列措施，包括但不限于加强数据存储设备的安全性、加强存储介质的加密和访问控制、提高系统和软件的安全性等。只有通过综合的、系统化的安全措施，才能够有效保护数据存储过程中的信息安全，确保网络系统的稳定和可靠运行。

(三) 身份伪造

身份伪造在网络安全领域中是一项严重的隐患，它可能导致系统被不法分子入侵，从而引发一系列安全问题。在应用网络系统时，程序代码的可修改特性、开源性以及构成的复杂性使得网络病毒利用程序漏洞伪造盗取他人身份信息成为可能。这种行为可能会被不法分子用作伪造他人信息或盗用他人信息的方式，从而实施各种不法行为，如非法获取财产、散布虚假信息等。

首先，身份伪造可能导致网络安全系统受到欺骗。不法分子通过伪造他人身份信息，可能会欺骗网络系统，使其认为攻击者是合法用户，从而获得对系统的访问权限。一旦入侵者成功进入系统，就有可能进行各种破坏性操作，如篡改数据、窃取敏感信息等，从而对系统的安全和稳定造成严重威胁。

其次，身份伪造可能导致个人隐私被泄露。当不法分子盗用他人身份信息时，可能会获取到该人的个人隐私信息，如姓名、身份证号码、银行账号等。这些个人隐私信息的泄露可能会导致受害者遭受经济损失、身份盗窃等风险，严重影响个人的生活和财产安全。

二、数据挖掘技术在网络安全中的价值

数据挖掘技术在网络安全中的应用价值不可低估。随着改革开放政策的深入实施

以及经济全球化的推进，中国与其他国家的联系日益密切，这使得网络安全问题成为一个日益突出的挑战。在这种背景下，数据挖掘技术的应用能够为网络安全提供有效的解决方案和强大的支持。

首先，数据挖掘技术的发展与应用已经在信息传递和处理方面取得了显著的成就。通过对大量数据的分析和挖掘，人们可以发现潜在的威胁、异常行为和安全漏洞，从而及时采取相应的防范措施。这种针对性的安全监测和预警能力，大大提高了网络安全的防御水平，有助于人们及时发现和应对各种安全威胁。

其次，数据挖掘技术在网络安全中的应用可以弥补传统网络技术的不足之处。传统的网络安全技术主要依靠规则和签名来识别和阻止威胁，但这种方法往往无法应对新型和未知的攻击。而数据挖掘技术能够通过对数据模式和行为的深入分析，发现隐藏在数据背后的规律和趋势，从而实现对未知威胁的识别和预防。这种基于数据的智能安全防御方式，使得网络安全能够更加全面和高效地保护网络系统和用户的安全。

最后，数据挖掘技术的应用还可以提高网络安全的响应速度和效率。随着网络攻击手段的不断演变和复杂化，传统的安全防御往往需要花费大量的时间和人力来进行手动分析和处理。而数据挖掘技术可以通过自动化的方式对大量的数据进行快速分析和处理，提取出关键信息并及时做出响应，从而极大地缩短了安全事件的处理时间，降低了安全事件对系统和用户造成的损失。

三、数据挖掘技术在网络安全中的运用

(一) 数据挖掘技术在网络安全中的运用机制

1. 数据收集

数据挖掘技术在网络安全中的应用机制是一个复杂而又关键的过程，它涉及从海量数据中提取有用信息、发现潜在威胁、并建立有效的防御机制。在这个过程中，数据收集是一个至关重要的步骤。

随着大数据时代的到来，网络信息呈现出爆炸式增长的趋势，而个人隐私数据的数量也在急剧上升。这给网络安全带来了严峻的挑战。在这种情况下，数据挖掘技术的应用显得尤为重要。首先，数据挖掘技术可以有效保护个人隐私，其可以通过分析数据中的敏感信息，识别出潜在的隐私泄露风险，并采取相应的措施加以保护。其次，数据挖掘技术还可以针对网络安全问题进行有针对性的查找。举例来说，网络病毒作为一种常见的网络安全威胁，可以以代码的形式在计算机系统中传播，泄露和损坏网络数据信息。而数据挖掘技术可以通过分析大数据中的模式和异常，及时发现潜在的病毒程序，并采取相应的措施进行防御。

数据挖掘技术之所以能够发挥以上优势，主要在于其能够深入分析各种代码程序，并明确其中的关键点。通过对网络病毒程序和计算机软件进行比对分析，该技术可以发现它们之间的相似性，从而找出潜在的威胁。此外，数据挖掘技术还可以帮助识别出网络病毒的隐蔽性特点，从而避免其被忽视而造成更大的安全隐患。有效的数据挖掘技术可以收集并分类病毒代码程序信息，为构建网络安全防护机制提供可靠的数据支持。

2. 数据处理

在网络安全领域，数据处理是数据挖掘技术应用的一个重要环节。数据处理可以深入挖掘和分析相关数据信息，以关键信息为依据，明确各种网络安全问题的源头。然而，由于网络安全问题通常以程序代码的形式攻击计算机系统，要想有效提升网络安全水平，需要完成各种网络程序代码的转换和破解。这一过程不仅可以提高内容的易识别性，还能有效地保证网络安全防护的及时性。

数据挖掘技术在数据处理方面发挥着重要作用。其利用数据处理模块全方位对网络安全问题进行针对性识别与转换，有助于精准定位安全问题的源头。一旦确定了防护目标，数据挖掘技术会立即封锁传播通道，阻止安全问题影响范围的扩大。此外，数据挖掘技术还可以通过归类、整理和分析各项数据信息，在数据信息终端实施处理，提高网络安全问题分析和破解效率的同时，也提高了数据信息的应用完整性。

3. 网络安全

网络安全是当今互联网时代中至关重要的一个议题，而应用数据挖掘技术在网络安全中的作用愈发凸显。其中，数据挖掘技术的规则库模块和数据挖掘模块可以实现相关数据的匹配，从而高效挖掘网络安全隐患。尽管计算机用户通常会使用安全防护软件如腾讯管家、360防火墙等，这些软件在一定程度上为用户提供了便利，但由于其决策模块在功能方面尚需完善，因此存在精度不高的问题，难以精准判断网络病毒属性。

为解决这一问题，结合数据挖掘技术是至关重要的。数据挖掘技术能够在配合相应决策模块支持的前提下，有效归纳病毒特征，从根本上解决计算机网络安全问题。然而，如果没有与其匹配的决策模块，数据挖掘技术也可能会出现应用误判的情况。因此，为了确保数据挖掘技术的准确性和有效性，在应用该技术时还需要进行详细的针对性分析。

4. 数据库

数据库在数据挖掘技术中扮演着至关重要的角色。通过关联数据库，数据挖掘技术可以获取聚类分析功能，进而充分考虑网络安全问题的特征，深度分析与识别潜在的隐患问题数据信息。例如，当计算机系统受到恶意攻击时，关联数据库能够及时记录下攻击的基本特征、执行的程序以及运行的轨迹。在这种情况下，结合关联数据库的信息，可以将上述数据信息汇总，并应用聚类分析算法来有效识别网络病毒等相关安全问题，从而真正意义上提高网络安全水平。

数据库的关联功能为数据挖掘提供了丰富的数据来源，使得挖掘出的信息更加全面和准确。通过数据库记录的数据信息，可以追溯到安全事件的发生，从而进行更深入的分析和处理。聚类分析算法则能够将大量的数据进行分类和归纳，找出其中的规律和异常，进而帮助识别出潜在的网络安全威胁。通过关联数据库，数据挖掘技术能够更有效地发现和应对各种网络安全问题，为网络安全防护提供重要的支持和保障。

5. 数据预处理

数据预处理在数据挖掘技术中扮演着至关重要的角色。通常情况下，进行数据预处理需要以病毒特征信息、决策条件信息等为基础，来完成后续的数据归类、数据分析和数据审核操作。这一过程对于网络安全问题的信息验证至关重要，能够帮助提取关键数据参数、验证相关指标，从而更好地为构建防御系统提供支持。

在实际应用大数据挖掘技术的环节中，数据预处理对于有效提高防护网络安全问题的能力至关重要。进行数据预处理可以准确判断和分析病毒类型及系统漏洞，为进一步的安全防护工作奠定基础。具体而言，数据预处理可以包括数据清洗、数据转换、数据规约和数据集成等步骤，以确保数据的准确性、完整性和一致性。通过对数据进行预处理，可以消除噪声和冗余，提高数据的质量，使其更适合进行后续的数据挖掘和分析工作。

总的来说，数据预处理在数据挖掘技术中具有重要的作用，特别是在网络安全领域。对数据进行有效的预处理可以为构建防御系统提供准确的支持，从而有效地提高防护网络安全问题的能力。因此，在实际应用大数据挖掘技术时，我们必须充分重视数据预处理的工作，以确保数据的质量和可靠性，为网络安全问题的解决提供坚实的基础。

（二）数据挖掘技术在网络安全中的运用流程

任何网络安全问题对于计算机系统的侵害都是有迹可循的，特别是网络病毒。应用数据挖掘技术，配合相应技术手段针对计算机用户数据展开分类、归集和评估工作，可以达到动态化扫描系统数据的要求。但由于数据挖掘技术在应用过程中存在流程复杂、数据量大的特点，为保证网络应用的安全性，有必要清晰掌握各环节特征，并进行合理规划。具体可以通过构建如下五个分析模块，提高网络安全问题防范成效。

第一，数据源模块。数据源模块在整个数据挖掘流程中扮演着关键的角色。其主要功能包括截取、转存、重发或编辑网络传输的数据。这意味着所有经过网络传输的数据包都需要经过该模块的处理和传输。数据源模块的任务是确保数据的完整性和可用性，为后续的数据处理提供可靠的基础。通过对数据包的处理和传输，数据源模块为后续的预处理模块提供了高质量的数据源。

第二，预处理模块。预处理模块是数据挖掘流程中的核心部分。该模块旨在满足多种数据类型的预处理需求，涉及多种数据处理工具和技术的运用。预处理的目标是将原始数据转化为适用于挖掘的格式，并对数据进行映射变换和规范化处理。通过预处理，可以提高数据挖掘的效率，降低挖掘成本，使得后续的分析更加准确和有针对性。预处理模块的作用是将原始数据转化为高质量的可挖掘数据，为数据挖掘模块提供合适的输入。

第三，数据挖掘模块。数据挖掘模块是整个流程中的核心环节之一。该模块涵盖了多种信息处理方法，包括但不限于事例推理、统计方法、决策树、模糊集和遗传算法等。这些方法能够有效地分析和处理数据库中的各种信息，从而揭示出潜在的安全威胁或异常行为。通过对数据挖掘模块的处理，可以发现隐藏在海量数据中的规律和趋势，为网络安全问题的预防和应对提供重要依据。处理完成的信息将被传送到下一个模块，即规则库模块，以进行进一步的分析和应对措施的制定。

第四，规则库模块。规则库模块在网络安全中扮演着至关重要的角色。该模块的主要任务是记录各类恶意攻击、异常侵入和网络病毒等安全问题的特征,并对其进行完整的总结和分类。通过积累和分析大量的安全事件数据,规则库模块可以构建起一套完备的规则库,其中包括了各种安全事件的特征描述、相关因果关系以及对应的应对策略。这些规则的建立不仅为网络安全的实时监测和响应提供了理论支持,还能够帮助安全专家更加准确地识别和应对潜在的安全威胁,从而提高整个网络的安全性和稳定性。

第五,决策模块。决策模块在网络安全中扮演着至关重要的角色。该模块的功能是促使数据挖掘模块和规则库模块之间的有效匹配,从而实现对网络安全问题的快速响应和防范。具体而言,决策模块通过分析数据挖掘模块和规则库模块之间的匹配情况,来评估计算机网络安全是否受到了外部威胁。

举例来说,假设在数据包中存在某些特征,这些特征与规则库模块中记录的恶意攻击或网络病毒的特征高度匹配。在这种情况下,决策模块可以迅速做出判断,指示系统实施相应的防御措施。这些措施包括阻止数据包传输、隔离受感染的设备或系统、通知网络管理员等。

决策模块的作用不仅在于识别潜在的安全威胁,还在于根据这些威胁的特征提供相应的解决对策。通过与规则库模块和数据挖掘模块的协同工作,决策模块能够实现网络安全防护的高效率和准确性。因此,决策模块在网络安全体系中扮演着决策制定和执行的关键角色,为维护网络安全提供重要支持。

(三)数据挖掘技术在网络安全中的运用方向

网络安全防护中入侵检测技术的检测形式主要包括正常入侵检测和异常入侵检测两种,通常需要将两种检测形式配合使用。在入侵检测中应用数据挖掘技术,可以起到提高入侵检测技术水平、提高网络安全水平的作用。

1. 正常入侵检测

正常入侵检测是网络安全领域中重要的一环,其主要目标是识别并防范正常网络行为之外的不正常入侵。这一过程通常通过对正常网络行为进行分析和建模来实现。

正常入侵检测的对象主要是正常的网络行为。为了实现有效的检测,科学系统地分析与建模是必不可少的。这包括对正常网络行为的特征进行筛选、提取和建模。通过建立正常模型特征,系统能够对比用户的行为特征与正常模型特征的匹配度,从而判断用户行为是否为正常的网络行为。然而,这种判断模式在技术层面上可能存在一定程度的误差。因此,在实际应用中,需要配合划分同类别数据信息的方法,以提高数据分析的精准性。这可以通过引入更加精细化的数据分类和标记方法来实现,使得系统能够更准确地识别出异常行为,并进一步加强对不正常入侵的检测和防范。

2. 异常入侵检测

异常入侵检测是网络安全领域中重要的一部分,其核心在于识别和防范未知的、异常的入侵行为。以下是关于异常入侵检测的详细论述。

异常入侵检测的过程首先涉及异常数据的收集。这意味着系统需要收集和记录网络上出现的异常活动和数据。随后,配合分析模型的构建,对异常数据进行进一步分析，以汇总入侵行为的特征，并丰富异常数据模型。通过这一系列操作，系统能够建立起对异常入侵行为的有效识别机制。

在发生非法入侵时，如果这些入侵行为与之前的异常入侵行为具有相似的特征，那么应用入侵检测技术就可以迅速而准确地识别出这些入侵行为，从而提高网络安全水平。然而，从技术层面来看，异常入侵检测数据信息相对简单，容易建立数据模型。但是，这种方法只能针对已经发生过入侵行为的异常进行识别，而对于尚未发生或未被攻破的入侵特征则无法准确识别，这也是该技术存在的一个局限性。

为了弥补这一不足，可以配合使用数据挖掘技术，通过建立协助入侵检测技术预测功能来对未知的入侵行为进行有效预测。这种对策主要借助数据关联技术，针对性地提取和分析曾经发生过入侵行为的数据，然后通过深度挖掘攻击路径，探索数据分类参数设定标准，再应用算法实施科学预测。通过对数据挖掘技术与异常入侵检测技术的有机结合，可以充分发挥数据分析预测功能，更有效地检测和预测未知的入侵行为，从而提高了系统对网络安全的保护水平，使系统具有了精准检测入侵行为的优势。这种综合应用的方法为网络安全提供了更为全面和可靠的保障。

第二节　数据挖掘在态势感知方面的应用

态势感知是指通过系统性地收集、整合、分析和解释多源信息，以获取对某一特定领域、环境或情境的全面了解和准确把握的能力。这一概念源自军事领域，用于描述军事指挥官在作战过程中对战场情况的全面把握和准确判断。然而，随着信息技术的不断发展和普及，态势感知的概念逐渐扩展到了其他领域，如商业、安全、应急响应等。"网络安全态势感知技术可以对网络安全态势未来走势进行有效预测，将安全反馈结果提供给客户，支撑网络管理员做出正确决策。"[①]

一、数据挖掘与态势感知结合的必要性

在当今信息化的时代，数据挖掘技术与态势感知的结合具有重要的必要性。数据挖掘技术是指从大量数据中发现隐藏模式、关联、异常或其他有用信息的过程，而态势感知则是通过系统性地收集、整合、分析和解释多源信息，以获取对某一特定领域、环境或情境的全面了解和准确把握的能力。将这两者结合起来，可以带来以下方面的重要好处。

首先，数据挖掘技术能够帮助加工和分析大规模数据，从中挖掘出有用的信息和模式。这些信息和模式可以为态势感知提供更加深入和全面的数据支持，从而使得态势感知更加准确和及时。例如，在安全领域，数据挖掘可以用于分析大量的网络流量数据和安全事件日志，发现潜在的威胁和攻击模式，从而加强对网络安全态势的感知和应对能力。

其次，数据挖掘技术可以帮助发现数据之间的潜在关联和规律。通过对多源数据

---

① 田进，程江，王许培，等.大数据时代网络安全态势感知关键技术探析[J].软件，2023，44（04）：168.

的整合和分析，可以发现不同数据之间的相关性和影响，从而帮助人们更好地理解和预测复杂的情境和趋势。例如，在商业领域，数据挖掘可以用于分析市场数据、消费者行为数据和竞争对手数据，发现市场趋势和竞争策略的变化，为企业的战略决策提供更可靠的依据。

最后，数据挖掘技术还可以帮助发现异常和异常模式。通过监测和分析数据的变化和异常情况，人们可以及时发现潜在的问题和风险，从而采取预防或应对措施。例如，在应急响应领域，数据挖掘可以用于监测气象数据、地理信息数据和社交媒体数据，有助于发现突发事件和灾害的异常模式，及时采取救援和应对措施，减少损失和风险。

二、态势感知的核心要素与流程

态势感知作为一个综合性的信息分析过程，其核心要素与流程涉及多个关键步骤。

（一）数据采集与预处理

态势感知作为一个综合性的信息分析过程，在其核心要素与流程中涉及多个关键步骤，其中数据采集与预处理是至关重要的环节。这两个步骤的有效执行对于后续的分析和决策制定至关重要。

首先，数据采集是态势感知的首要任务。这一步骤涉及从各种来源（如传感器、日志文件、数据库等）收集相关信息。这些数据可能包括结构化数据（如数据库记录）和非结构化数据（如社交媒体帖子、视频流等）。确保数据采集的准确性、完整性和实时性至关重要。准确性保证了后续分析的可靠性，完整性则确保了不会因为遗漏关键信息而导致错误的判断，实时性则使得态势感知能够及时响应不断变化的情况。

其次，数据采集后的数据需要经过预处理的过程。预处理包括清洗、转换和标准化等步骤。首先，清洗数据是为了去除噪声数据、纠正错误，确保数据的质量。噪声数据和错误可能来自传感器故障、数据传输错误等原因，清洗这些数据可以提高后续分析的准确性。其次，转换数据是将数据转换为适合后续分析的格式。这可能包括将数据从原始格式转换为标准格式，或者将数据进行归一化处理以消除不同数据源之间的差异性。最后，标准化确保了数据的一致性，使得后续分析更加方便和有效。此外，预处理还包括对数据进行特征提取的步骤。进行特征提取可以更好地揭示数据的内在规律和模式，为后续的分析建模提供基础。

（二）数据融合与整合

在态势感知的信息分析过程中，数据融合与整合是至关重要的步骤，它们确保了从多个来源收集的数据被有效地整合和利用，以支持全面的态势分析和决策制定。

首先，数据融合是将来自不同源的数据进行合并和关联的过程。由于态势感知涉及多个数据源，这些数据源可能包括传感器数据、社交媒体数据、日志文件等，因此需要将它们融合在一起以获得更全面的信息。数据融合过程中需要处理不同数据类型、格式和时空分辨率之间的差异。例如，传感器数据可能以不同的格式和时间间隔进行采集，而社交媒体数据可能包含文本、图片和视频等多种类型的信息。因此，在数据融合过程中需要进行数据格式转换、时间对齐等操作，以确保融合后的数据可以被有效地分析和利用。

其次，整合是将融合后的数据整合到一个统一的态势感知框架中的过程。整合过程有助于消除数据冗余和冲突，并形成一个连贯的态势画面。在整合过程中，需要考虑数据的时空特性，以确保对态势的准确描述。例如，对于时空数据，需要考虑数据的时间戳和地理坐标，以确保数据的时空关系能够被正确地反映在态势感知中。此外，整合过程中还需要考虑数据的一致性和完整性，以确保整合后的数据能够准确地反映实际情况并支持后续的分析和决策。

（三）态势分析与评估

态势分析与评估是态势感知过程中至关重要的环节，它们通过对整合后的数据进行深入的分析和验证，为决策者提供准确的态势认知和支持。

首先，态势分析是通过运用数据挖掘、机器学习等技术对整合后的数据进行深入分析和挖掘的过程。这一步骤涉及识别数据中的模式、关联和趋势，以及发现潜在的威胁和风险。通过数据挖掘和机器学习技术，态势分析可以从海量数据中提取出有用的信息和见解，帮助决策者更好地理解当前的态势和未来的发展趋势。例如，对历史数据的分析可以发现特定模式或异常情况，从而预测未来可能发生的事件或趋势。态势分析的结果可以为决策者提供重要的参考，帮助决策者做出及时、准确的决策。

其次，评估是对分析结具的验证和评估过程。评估涉及对分析结果的可靠性、准确性和有效性进行检验，以确保态势感知的准确性。评估还可以帮助发现分析过程中的不足和局限性，为后续的改进提供依据。在评估过程中，可以采用多种方法和技术，包括对分析结果的重复测试、与实际情况的比对以及专家评审等。进行评估可以验证分析结果的可信度，并及时发现可能存在的错误或偏差，从而提高态势感知的准确性和可靠性。

（四）结果展示与决策支持

结果展示与决策支持在现代信息化社会中扮演着至关重要的角色。结果展示是将态势感知的分析结果以直观、易懂的方式呈现给决策者或用户的过程。这一过程不仅是简单地将数据呈现给用户，更是通过可视化技术（如图表、热力图等）来展示态势的时空变化、威胁分布等信息，以便决策者可以迅速把握局势。结果展示的重要性在于它通过图表化、可视化的方式呈现数据，使得决策者能够更直观地理解复杂的信息，从而为后续的决策提供基础和依据。

决策支持则是在结果展示的基础上为决策者提供具体的建议和措施。这种支持能够帮助决策者更好地理解当前态势，制定出更有效的应对策略，并优化资源配置。决策支持还具有预测未来态势变化的能力，它能够通过分析历史数据、模拟预测等方法，帮助决策者提前预知可能出现的问题，并制定相应的预防和应对措施。因此，决策支持不仅是在现有数据基础上提供决策建议，更是在一定程度上具有预见性，为决策者提供全面、长远的决策支持。

通过以上核心要素与流程，态势感知能够实现对复杂环境的全面、准确和实时的监测与分析，为决策者提供有力的支持和参考。

三、数据挖掘在态势感知中的应用价值

数据挖掘在态势感知中的应用价值不言而喻，其对提高准确性和实时性、发现潜在威胁与风险以及优化资源配置与决策制定具有显著影响。

首先，数据挖掘技术能够通过对大量数据的分析和处理，提高态势感知的准确性和实时性。通过对多种数据源的整合与分析，数据挖掘能够发现数据之间的关联性和规律性，从而及时捕捉到态势的变化和演变，使得决策者能够更加准确地把握当前形势，及时采取相应措施。

其次，数据挖掘技术能够帮助识别和发现潜在的威胁与风险。通过对数据进行深入挖掘和分析，可以发现隐藏在数据背后的模式和异常，从而及时识别出可能存在的威胁和风险因素。这种及早发现潜在威胁的能力，对于提前预警和防范具有重要意义，有助于避免潜在的损失和危害。

最后，数据挖掘技术还能够为资源配置和决策制定提供支持和优化。通过对各类数据进行全面的分析和挖掘，可以为决策者提供更为全面和准确的信息基础，从而更加科学地进行资源配置和制定决策。例如，通过分析市场需求和供应情况，结合资源投入和产出效益，数据挖掘可以实现资源的最优配置和利用，提高整体效益和竞争力。

综上所述，数据挖掘在态势感知中的应用价值不可低估。通过提高准确性和实时性、发现潜在威胁与风险以及优化资源配置与决策制定，数据挖掘技术能够为各领域的决策者提供强有力的支持和帮助，推动态势感知工作的不断优化和提升。

四、数据挖掘在态势感知中的具体应用

（一）网络安全态势感知

1. 威胁情报收集与分析

威胁情报收集是网络安全态势感知的首要步骤。它涉及从各种渠道（如开源情报、安全社区、合作伙伴等）获取关于潜在威胁的信息。这些情报可能包括恶意软件样本、黑客组织信息、漏洞利用情况等。收集到威胁情报后，需要进行深入的分析，包括情报的筛选、验证和分类，以及挖掘情报中的关键信息。通过分析可以了解威胁的性质、攻击方式、目标对象等，为后续的防御和应对提供有力支持。

2. 异常流量监测与预警

网络流量是反映网络安全态势的重要指标之一。通过实时监控网络流量，可以发现异常流量模式，从而预警潜在的攻击行为。异常流量监测通常基于流量分析和机器学习技术。通过对大量正常流量的学习，可以建立流量模型，并识别与模型不符的异常流量。当监测到异常流量时，系统会及时发出预警，通知安全人员进行处理。

3. 攻击溯源与影响评估

在网络安全事件发生后，攻击溯源是关键的一步，涉及对攻击行为的来源、路径

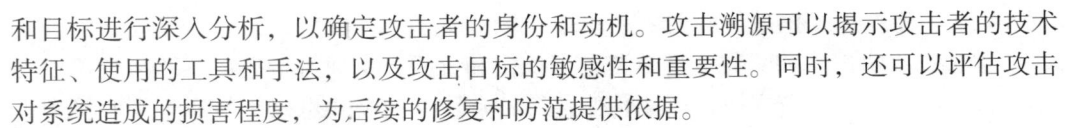

和目标进行深入分析，以确定攻击者的身份和动机。攻击溯源可以揭示攻击者的技术特征、使用的工具和手法，以及攻击目标的敏感性和重要性。同时，还可以评估攻击对系统造成的损害程度，为后续的修复和防范提供依据。

4. 安全事件关联分析与预测

安全事件关联分析是对多个安全事件进行关联分析，以发现它们之间的内在联系和规律。关联分析可以揭示不同事件之间的因果关系、时间顺序和相互影响，从而更全面地了解网络安全的整体态势。

基于关联分析的结果，还可以进行安全事件的预测。通过挖掘历史数据中的模式和趋势，可以预测未来可能发生的安全事件类型、时间和影响范围。这有助于提前制定应对策略，减少潜在损失。

综上所述，网络安全态势感知通过威胁情报收集与分析、异常流量监测与预警、攻击溯源与影响评估以及安全事件关联分析与预测等多个环节，实现对网络环境的全面监控和有效防御。这有助于提升网络安全的整体水平和应对能力，保障信息系统的安全和稳定运行。

（二）交通流量态势感知

1. 交通拥堵预测与疏导

交通拥堵是城市交通中常见的问题，对市民出行和经济发展造成严重影响。交通流量态势感知系统通过实时监测道路交通流量、车速等数据，结合历史交通数据和天气、节假日等影响因素，运用数据挖掘和预测算法，对交通拥堵进行预测。一旦预测到即将发生拥堵，系统可以立即启动疏导措施。这包括调整交通信号灯的配时、优化道路交叉口的设计、提供实时路况信息给驾驶员等，以缓解拥堵情况。同时，系统还可以为交通管理者提供决策支持，制定长期的交通疏导策略。

2. 交通事故预警与应急响应

交通事故是威胁道路安全和人们生命财产的重要因素。交通流量态势感知系统通过实时监测车辆行驶状态、道路环境等数据，结合事故历史数据和事故发生的规律，对潜在事故进行预警。当系统检测到异常行驶状态（如急刹车、超速等）或道路环境异常（如路面湿滑、能见度低等）时，会立即向驾驶员和交通管理部门发出预警信息，提醒他们注意行车安全。同时，系统还可以自动触发应急响应机制，如呼叫救援车辆、调整交通流量等，以最大程度地减少事故损失。

3. 车辆行驶轨迹分析与优化

通过对车辆行驶轨迹的实时监测和分析，交通流量态势感知系统可以揭示车辆的行驶规律、出行需求等信息。基于这些信息，系统可以对车辆行驶轨迹进行优化，减少不必要的绕行和拥堵，提高道路利用效率。此外，系统还可以为出行者提供个性化的出行建议，如选择最佳的出行时间、路线等，以提升出行体验。同时，对于公共交通系统而言，通过分析乘客的出行轨迹和需求，可以优化公交线路的设计和运行，提高公共交通的覆盖率和满意度。

4. 交通流量模式挖掘与规划

通过对长期积累的交通流量数据进行挖掘和分析，交通流量态势感知系统可以发现交通流量的时空分布规律、周期性变化等特点。这些模式可以为交通规划和管理提供重要参考。基于挖掘出的交通流量模式，系统可以辅助交通管理部门制定科学的交通规划方案，如优化道路网络布局、增加交通设施等。同时，系统还可以为交通政策的制定提供数据支持，推动城市交通的可持续发展。

（三）市场动态态势感知

在市场动态态势感知中，数据挖掘技术的应用已经成为商业决策的重要工具。

1. 消费者行为分析与预测

数据挖掘技术在消费者行为分析中发挥着关键作用。通过分析大规模的消费者数据，如购买记录、搜索历史、社交媒体活动等，企业可以深入了解消费者的偏好、习惯和行为模式。基于这些数据，企业可以构建精确的消费者画像，并利用机器学习算法预测消费者未来的购买意向和行为趋势。这为企业提供了有力的决策支持，帮助其精准定位目标客户群体，优化营销策略，提高销售转化率。

2. 竞争对手动态监测与分析

数据挖掘技术还可以用于竞争对手的动态监测与分析。通过收集和分析竞争对手的产品信息、价格策略、营销活动等数据，企业可以及时了解市场竞争格局的变化，把握竞争对手的优势和劣势，发现市场机会和威胁。同时，借助文本挖掘技术，企业可以对竞争对手在网络上的口碑和舆情进行监测和分析，及时发现并应对潜在的声誉危机。

3. 产品需求趋势预测与调整

通过数据挖掘技术对市场数据和消费者反馈进行分析，企业可以更准确地预测产品需求的趋势。这包括对新产品的市场反应、现有产品的改进方向以及市场对不同功能和特性的偏好等方面的预测。基于这些预测结果，企业可以及时调整产品设计和开发方向，满足市场需求，提高产品竞争力。

4. 市场风险评估与应对策略

数据挖掘技术可以帮助企业进行市场风险评估，并制定相应的应对策略。通过对市场数据、行业趋势以及竞争对手行为的分析，企业可以识别出潜在的市场风险因素，如市场需求下滑、竞争加剧、供应链中断等。在此基础上，企业可以制定灵活的风险管理策略，包括调整产品组合、优化供应链、加强市场营销等，以应对不确定性和挑战，保持市场竞争优势。

（四）医疗健康态势感知

在医疗健康态势感知中，数据挖掘技术的应用已经成为提高医疗效率和服务质量的重要手段。

1. 病情监测与预警

数据挖掘技术在病情监测与预警中发挥着关键作用。通过分析大规模的医疗数据、病例报告以及社交媒体数据，数据挖掘可以及时发现病情的爆发和传播趋势，预测病

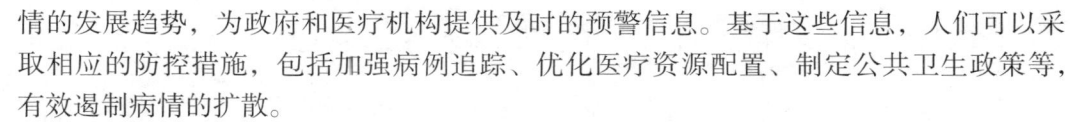

情的发展趋势，为政府和医疗机构提供及时的预警信息。基于这些信息，人们可以采取相应的防控措施，包括加强病例追踪、优化医疗资源配置、制定公共卫生政策等，有效遏制病情的扩散。

2. 患者健康状况分析与预测

数据挖掘技术可以帮助医疗机构对患者的健康状况进行分析与预测。通过分析患者的临床数据、生物标志物、基因组数据等，数据挖掘可以识别出患者的风险因素和疾病预测模型，为医生提供个性化的诊断和治疗方案。同时，还可以利用机器学习算法对患者的病情进行预测，帮助医疗机构提前采取预防措施，减少疾病的发生和恶化。

3. 医疗资源配置与优化

数据挖掘技术可以帮助医疗机构更合理地配置和优化医疗资源。通过分析医院的就诊数据、患者流动情况以及医疗设备的利用率，医疗机构可以发现资源利用的瓶颈和不足之处，优化资源配置方案，提高医疗服务的效率和质量。例如，可以根据就诊量和病情严重程度调整医生的排班安排，优化手术室和检查设备的使用计划，确保医疗资源的充分利用和合理分配。

4. 医疗服务质量评估与提升

数据挖掘技术可以帮助医疗机构对医疗服务质量进行评估与提升。通过分析患者的就诊经历、医疗记录以及医疗费用数据，医疗机构可以评估医疗服务的满意度和质量水平，发现服务中存在的问题和不足之处。基于这些分析结果，医疗机构可以采取相应的改进措施，提升医疗服务的质量和用户体验，增强患者的信任和满意度。

（五）社会治理态势感知

社会治理态势感知是指通过有效的数据收集、分析和挖掘，及时了解和把握社会各方面的动态变化，为政府和相关部门提供决策支持和管理指导。在这一过程中，数据挖掘技术发挥着重要作用。

1. 社会舆论监测与分析

社会舆论的变化对于政府决策和社会稳定具有重要影响。数据挖掘技术可以通过分析新闻报道、社交媒体数据、舆论调查结果等多种信息源，实现对社会舆论的监测和分析。通过识别关键词、主题和情感倾向，可以及时发现和了解社会热点事件、舆论焦点和民意变化趋势，为政府应对舆论压力、及时调整政策提供重要参考。

2. 公共安全风险评估与应对

数据挖掘技术在公共安全领域具有重要作用，可以帮助政府及时评估和应对各种安全风险。通过分析犯罪数据、交通事故数据、灾害事件数据等，政府可以发现安全隐患和风险点，提前预警和防范潜在的安全事件发生。同时，还可以利用数据挖掘技术对应急响应和资源调度进行优化，提高应对突发事件的效率和准确性。

3. 城市规划与发展趋势预测

数据挖掘技术可以帮助政府进行城市规划和发展趋势预测。通过分析人口流动数据、经济发展数据、土地利用数据等，政府可以发现城市发展的趋势和规律，为城市规划和基础设施建设提供科学依据。同时，还可以利用数据挖掘技术对城市交通、环境、能源等方面进行分析和优化，实现城市可持续发展。

4. 社会稳定态势评估与决策支持

数据挖掘技术可以帮助政府及时评估社会稳定的态势，并提供决策支持。通过分析社会经济数据、民生指标数据、社会信用数据等，政府可以了解社会各个方面的发展状况和变化趋势，发现社会不稳定因素和矛盾问题。基于这些分析结果，政府可以制定相应的政策和措施，促进社会和谐稳定，提高政府治理的效能和水平。

五、数据挖掘与态势感知的未来发展

随着科技的不断进步和应用范围的扩展，数据挖掘技术在态势感知领域的未来发展前景令人振奋。

（一）技术创新与应用拓展

未来，数据挖掘技术将会继续在算法、模型和工具方面进行创新，以适应不断增长的数据规模和复杂的应用场景。随着人工智能、机器学习和深度学习等技术的不断成熟，数据挖掘将更加精准、高效地从海量数据中挖掘出有价值的信息。同时，数据挖掘技术也将向更多领域拓展，如物联网、生物医学、智慧城市等，为各行业提供更智能、更创新的态势感知解决方案。

（二）多学科交叉融合

未来的数据挖掘与态势感知发展将更加强调多学科交叉融合。人们除了需要计算机科学和数据科学领域的专业知识外，还需要结合统计学、数学建模、社会科学、生物学等多个学科的知识，以更全面的视角理解和解决复杂的态势感知问题。跨学科的合作与交流将促进创新思维的碰撞，推动数据挖掘技术在不同领域的深入应用和发展。

（三）对未来态势感知的影响与推动

未来，数据挖掘技术将对态势感知产生深远影响并推动其发展。通过数据挖掘技术，人们可以更及时、精准地感知和理解各种复杂的态势，包括社会、经济、环境、健康等方面的态势。这将有助于政府部门和企业组织做出更有效的决策，优化资源配置，提升服务水平，促进社会的可持续发展和进步。同时，数据挖掘技术的发展也将催生新的商业模式和产业生态，为经济增长和社会创新注入新的活力。

第三节 数据挖掘在公共管理方面的应用

数据挖掘技术"是一种可以从一些零散与模糊的数据中提取有价值的信息资源的重要工具，在公共管理中为满足不同的决策需要具有重要的意义"。[①] 公共管理涉及政府、非营利组织和其他公共部门对资源的管理和服务的提供，而数据挖掘技术能够帮助这些组织更好地理解和利用其拥有的数据，以实现更高效的运营和更好的公共服务。

[①] 孙振国. 公共管理中的数据挖掘技术应用之研究 [J]. 环渤海经济瞭望，2017(11): 199.

一、理解公共需求和趋势

在当今社会，数据挖掘技术在公共管理中的应用正变得越来越重要。政府和公共机构通过利用数据挖掘技术，能够更好地理解公共需求和趋势，从而为社会发展提供更有效的支持和服务。数据挖掘技术的应用使政府能够分析大规模的数据，从中发现人口结构、经济发展趋势、社会问题等方面的模式和趋势。

首先，数据挖掘技术可以帮助政府深入了解人口结构。通过分析各种来源的数据，包括人口普查、医疗保健记录、教育数据等，政府可以获得对不同人群的详细了解。这包括年龄分布、性别比例、教育水平、职业分布等信息。通过对这些数据的挖掘，政府可以更准确地了解社会的人口组成，为人口政策的制定提供有力支持。

其次，数据挖掘技术还可以揭示经济发展的趋势。政府可以对各种经济指标、贸易数据、就业数据等进行分析，以了解经济的增长率、产业结构变化、消费模式等方面的情况。这些信息对于制定经济政策、吸引投资、促进就业等都具有重要意义。

此外，数据挖掘技术也可以帮助政府发现社会问题并制定相应的解决方案。通过分析社会媒体数据、犯罪记录、健康统计等信息，政府可以识别出社会上存在的问题，如犯罪高发区域、健康问题的流行趋势等。基于对这些数据的分析，政府可以采取针对性的政策措施，有助于加强社会治安、改善医疗卫生等方面的工作。

二、优化资源分配

数据挖掘技术在公共部门资源分配优化中扮演着至关重要的角色。政府和公共机构经常面临有限的资源，必须以最有效的方式运用它们来满足社会需求。数据挖掘技术通过深入分析大量数据，提供了一种可靠的方法，帮助政府更好地理解资源的利用情况和效果，从而指导决策，优化资源的分配。

首先，数据挖掘技术能够帮助政府识别资源利用的现状。通过对各个领域的数据进行收集、整理和分析，政府可以清晰地了解资源分配的情况，包括各个领域的资金投入、人力配置以及服务覆盖范围等方面。这样的分析可以揭示出资源利用的潜在问题，例如某些领域的资源过度配置或者资源不足的情况。

其次，数据挖掘技术有助于政府确定资源分配的优先级。通过对各项指标进行综合分析，政府可以确定哪些领域需要更多的资源投入，以及在不同领域之间如何进行优先级排序。例如，政府可以根据社会需求、效益评估等因素，确定哪些领域是最需要优先考虑的，从而在有限资源下实现最大化的社会利益。

最后，数据挖掘技术还可以帮助政府进行资源利用效果的评估和监测。政府可以利用数据挖掘技术建立监测指标体系，实时跟踪各项资源的利用效果，并及时调整资源分配策略，以确保资源得到最大程度的有效利用。这种持续的监测和评估过程有助于政府及时发现问题、改进措施，提高资源利用的效率和效果。

三、社会舆情监测和应对

数据挖掘技术在监测社会舆情和公众意见方面发挥了重要作用。随着社交媒体和新闻媒体的普及，公众的声音和意见在网络上得到了广泛表达，而政府需要及时了解和应对这些舆情，以更好地制定政策和解决社会问题。数据挖掘技术可以帮助政府从海量的社交媒体和新闻数据中提取有用信息，洞察公众对政策和事件的反应，及时发现社会热点和舆论焦点，为政府决策提供重要参考。

首先，数据挖掘技术可以帮助政府监测社交媒体上的舆情。通过对社交媒体平台上用户发布的帖子、评论、转发等数据进行分析，政府可以了解公众对各种政策和事件的态度和看法。例如，政府可以通过分析社交媒体上的关键词和话题，了解公众对某一政策的支持程度、关注点以及可能存在的争议，从而及时调整政策方向和提出解决方案。

其次，数据挖掘技术也可以用于分析新闻媒体的报道和评论。政府可以通过对新闻报道的文本内容、报道频次以及评论互动等数据进行挖掘和分析，了解媒体对政府政策和事件的态度和看法。这有助于政府了解舆论的倾向性和发展趋势，及时做出应对措施，有效引导舆论，维护社会稳定。

最后，数据挖掘技术还可以帮助政府识别社会热点和舆论焦点。通过对大数据进行挖掘和分析，政府可以发现公众关注的热点话题和事件，及时了解社会动态，把握舆论走向，为政府决策提供重要参考。这有助于政府更加敏锐地洞察社会需求和民意，及时调整政策和应对措施，更好地满足公众的需求，维护社会和谐稳定。

四、提升服务质量和效率

数据挖掘技术在提升政府和公共机构服务的质量和效率方面具有显著的潜力。通过深入分析公共服务领域的数据，政府可以发现服务中存在的瓶颈和问题，并据此采取相应的措施进行改进，以提高服务的质量和效率。以下就数据挖掘技术在预测犯罪和优化警力部署、医疗数据分析方面的应用，阐述其对公共服务改进的作用。

首先，数据挖掘技术在预测犯罪和优化警力部署方面具有重要意义。政府可以利用历史犯罪数据以及其他相关数据（如人口密度、经济状况等）建立预测模型，识别犯罪发生的可能地点和时间。通过这些模型，政府可以提前了解潜在的犯罪热点区域，合理调配警力资源，加强对这些区域的巡逻和监控，从而减少犯罪发生的可能性，提高社区安全水平。这种数据驱动的警务管理可以帮助政府更有效地利用警力资源，提高执法效率，保障社会的安全和稳定。

其次，数据挖掘技术在医疗领域也具有广泛的应用前景，可以帮助政府优化医疗服务。政府可以利用医疗数据进行分析，发现潜在的医疗服务瓶颈和问题，采取相应的措施进行改进。例如，政府可以利用数据挖掘技术分析就诊数据和医疗资源分布情况，优化医疗资源的配置，提高医疗服务的覆盖范围和供给能力。同时，政府还可以利用数据挖掘技术分析医疗数据，提高诊断的准确性和治疗效果，从而提升医疗服务的质量和效率，满足民众日益增长的健康需求。

第四节　数据挖掘在档案管理工作中的应用

随着科学技术的进步和互联网技术的快速发展，档案数据量呈现几何式暴增，使用传统的数据分析工具和技术进行数据处理存在很大的局限性。数据挖掘技术结合传统数据分析和大数据处理算法，为挖掘大量数据中包含的潜在价值提供了可能性。"大数据技术的发展对传统的档案管理模式提出了挑战，随着档案管理信息化和数字化的发展，以数据挖掘为核心，构建档案管理新模式成为新时代发展的重要方向。"[1]

一、数据挖掘技术应用于档案管理的背景

随着现代信息技术的蓬勃发展和广泛应用，档案管理领域的数据量呈现出了指数级增长的趋势。档案资源作为社会发展和治理的重要支撑，其数量和种类的增加，反映了社会活动的广度和深度。然而，随着物联网技术的普及和应用，大量档案资源的数字化进程进一步加速，使得各领域对档案数据的需求和应用也日益增长，这进一步加剧了数据量的膨胀。在这一背景下，如何从海量档案资源中有效地挖掘出"价值信息"，成为当前档案管理领域亟待解决的关键问题。

传统的档案管理方式虽然能够收集和查询信息，但在面对海量数据时，往往难以有效地分析潜在的规律或进行未来的预测。因此，引入数据挖掘技术成为解决这一难题的重要途径之一。档案管理作为对各类业务工作的统称，直接管理着档案实体和信息，同时提供着利用服务，是国家档案的基本组成部分之一。

数据挖掘技术在档案管理中的应用具有多方面的价值体现。首先，通过数据挖掘技术，用户可以实现档案的多元分类，将海量的档案资源进行有效分类整理，为后续的管理和利用提供便利。其次，数据挖掘技术可以实现档案信息的准确检索，使用户能够更快速地找到所需的信息，提高了档案利用的效率。此外，数据挖掘技术还可以实现档案内容的综合呈现，将不同来源和类型的档案信息进行综合分析和展示，为用户提供更全面的信息视角。最后，数据挖掘技术还可以为档案鉴定提供科学规范，通过对档案信息的分析，帮助鉴定人员准确判断档案的真实性和价值。

为了找到适合当前数据挖掘技术发展的新路径，必须重点探索数据挖掘技术在档案管理中的应用实践情况，并分析数据挖掘算法在档案管理中应用的有效对策。只有充分挖掘和利用数据挖掘技术的潜力，才能更好地应对档案管理领域日益增长的数据挑战，推动档案管理工作的现代化和智能化发展。

二、档案管理中数据挖掘技术应用的价值特征

在档案管理领域，数据挖掘技术应用的价值特征表现为推动数据增值、模式创新性、有效性和预测性。

---

[1] 赵洋. 数据挖掘技术在档案管理工作中的应用[J]. 兰台世界，2023(08)：89.

(一) 深挖数据价值，推动档案数据增值

在大数据时代，数据被认为是重要的生产要素，甚至被视为新型生产力的体现。在传统的档案管理模式下，档案通常仅被视为原始记录，其信息凭证价值较低。然而，随着大数据挖掘技术的不断发展，档案资源的利用方式也在逐渐改变。现如今，主动挖掘用户的行为规律以及深入挖掘数据的价值推动了档案数据的增值，并且技术支持在这一过程中发挥了关键作用。一方面，利用决策树、规则推理等技术，可以深入挖掘用户的使用规律，从而更好地发现用户的需求；另一方面，利用关联分布特征、人工神经网络等技术，可以进行档案科学分类管理与控制，制定个性化的服务方案，从而更好地满足用户的需求。这些技术手段的运用使得档案数据资源的特征得到了更好的挖掘，从而推动了档案数据的增值。

在这一过程中，不仅能够提高档案数据的利用效率，更能够为用户提供更加个性化、精准的服务。同时，深挖数据的价值也能够发现更多的潜在商业机会，为档案管理带来新的发展方向。因此，深挖数据价值，推动档案数据的增值，不仅是当前档案管理工作的需要，也是适应大数据时代发展的必然选择。

(二) 创新智慧档案管理模式，提升档案服务能力

在信息技术飞速发展的今天，创新智慧档案管理模式已成为提升档案服务能力的关键途径。其中，数据挖掘技术与档案工作的结合功不可没，它推动了管理模式的创新，为各行业带来了巨大变革。以医院档案管理为例，智慧医疗已成为提升医院管理质量、缓和医患关系的重要手段。

首先，电子病历成为现代医疗机构临床工作的重点发展方向，它是医疗业务发展的必需支撑系统，不仅是医疗服务的重要组成部分，也是居民健康档案的重要来源。智能化的档案管理系统能够规范记录，减少医疗事故，并且提高医疗服务质量和工作效率。特别是基于数据挖掘技术的 B/S 模式医院档案管理系统，改变了传统的病历归档方式，实现了自动化归档，从而降低了管理员的劳动强度，提高了档案服务的能力。

其次，数据挖掘技术在医院管理中的应用也具有重要意义。通过充分分析医院信息数据，数据挖掘技术可以挖掘出潜在的规则和模式，为医院管理提供快速、准确、方便的决策支持。例如，对病历数据的挖掘分析可以及时发现患者的就诊趋势和疾病流行趋势，为医院资源的合理配置提供科学依据；对医疗费用数据的挖掘分析可以发现患者的费用结构和支付习惯，为医院的财务管理提供有效支持。

(三) 优化档案管理，实现档案管理工作的预测性

优化档案管理是档案工作中的重要任务之一，而通过数据挖掘技术的运用，档案管理工作的预测性得到了实现。

首先，数据挖掘技术在档案管理中的应用，通过对档案用户每次查阅信息的相关性和串联分析，能够发现不同信息之间的数据规律。这种分析有利于档案资料的进一步优化，使得档案管理工作更加精细化和智能化。对档案数据文本特征进行对比分析，

可以构建档案使用管理的模型和算法，从而实现对档案管理工作的预测性。

其次，利用数据挖掘技术对档案文本、数字图像进行科学分类、关联分析和聚类分析等，能够大大提高档案资源的利用效率。这些技术的应用使得档案管理者能够更好地理解档案资料的特征和内在关联，从而更加灵活地进行档案管理和利用。

另外，基于数据挖掘技术的聚集算法，可以统计档案资源的拒用集及频率利用集，有效发掘档案资源的缺失情况，为档案管理者提供了重要的决策支持。通过提前发现档案资源的缺失情况，管理者可以及时采取措施，改进档案管理工作，保证档案资源的完整性和可用性。

三、数据挖掘技术在各类档案管理工作中的应用方法

（一）基于大数据挖掘的档案分类分析与管理方法

大数据挖掘技术在档案分类管理中的应用是企事业单位档案管理工作的重要创新，它通过贝叶斯分类算法和基于关联规则分类算法等方法，提高了档案管理的效率和准确性，极大地促进了生产力的提升。

传统的人工分类管理模式存在着劳动力、材料和时间消耗相对较高的问题，工作效率和准确性相对较低。而引入计算机数据挖掘技术后，档案管理工作得以快速完成分类和排序，从而大幅提高了生产率。在企事业单位档案分类管理工作中，数据挖掘技术的具体应用过程如下。

第一，根据大量数据中申请人的具体需求，将相关数据整合到训练集中。这一步骤是为了建立分类模型的基础，通过整合数据，使得模型能够更好地理解不同档案之间的关系和特征。

第二，归纳训练集和其他未处理的档案数据，有助于管理人员对档案进行分类。通过对数据的归纳和分析，管理人员可以更准确地判断档案的类别，从而提高分类的准确性和效率。

第三，分析用户的查询档案信息，并在此基础上提供服务。通过分析用户的查询需求，管理人员可以针对性地提供档案数据服务，使用户在尽可能短的时间内获得所需档案资源，提高了档案管理工作的服务水平和效率。

（二）基于数据分割法的档案收藏管理法

基于数据分割法的档案收藏管理法是一种有效的方法，它通过多种技术手段对档案数据进行划分、聚类和管理，以提高管理效率。这种方法包括划分方法、基于网络的方法、基于密度的方法和层次方法等。由于海量档案数据的格式类型多样，数据结构丰富，传统的管理方法往往难以应对其复杂性和多样性，因此数据分割法应运而生。

数据分割法的核心思想是根据档案的属性进行分割和聚类，以便更有效地管理和利用这些数据。应用数据挖掘技术可以快速分析大量档案数据，并将其存储在数据库中，然后将其合并到相应的数据模型中。这种方法使得管理者能够更加清晰地了解档案数据的特点和价值，从而为工作人员提供更准确的参考数据，使其能够更好地指导

实际工作。

与传统的档案收藏管理模型相比，基于数据分割法的方法具有诸多优势。首先，它能够利用数据挖掘技术对海量数据进行快速分析和处理，大大提高了管理效率。其次，通过智能比较模型和计算机存储的样本数据，它可以清楚地识别出不同数据之间的差异，进而准确判断档案数据的价值。最重要的是，这种方法能够根据实际需求灵活调整数据模型，使其更好地适应不同的管理场景和任务需求。

(三) 基于关联分析法的档案记录信息提取法

基于关联分析法的档案记录信息提取法是一种利用数据挖掘技术来提高档案数据提取效率和准确性的方法。这种技术的主要目的是通过算法（例如 Apriori 算法、DHP 算法和 DIC 算法等）来计算数据信息之间的关联性，以便找到所需的档案数据。以驾驶档案信息为例，其中包含了丰富的内容，不仅包括了驾驶员的基本信息，还涉及驾驶证件、医疗体检报告以及职业资格证书等。然而，由于数据量庞大，传统的手动提取方法效率低下，而且无法保证信息的准确性。

在交通档案管理中应用关联分析法，可以帮助建立相关模式，从而更加及时地管理驾驶员信息的状态，并准确提取驾驶员的交通违规记录。这种方法不仅可以提高信息提取的效率，还能保证信息的准确性，从而有助于推动事故处理工作的开展。

关联分析法的核心思想是发现数据之间的相关性和模式，而不是简单地依赖手动搜索或者传统的统计方法。通过分析数据集中项目之间的关联规则，人们可以发现隐藏在数据背后的规律和趋势，从而更加精确地提取所需的档案信息。这种方法不仅可以应用于驾驶档案管理，还可以在其他领域如市场营销、医疗保健等方面发挥重要作用。

(四) 基于人工智能算法的决策、预测分析与应用

在当今信息时代，基于人工智能算法的决策、预测分析与应用正日益成为各行各业关注的焦点。其中，人工神经网络与决策树等人工智能算法具有显著的优势，其庞大的数据处理能力使其能够完成预测模型的任务，并在智慧医疗档案管理等领域得到广泛应用。

智能医疗系统作为一项创新技术最初应用于医院环境，然而，其大规模应用却受到了一系列限制因素的制约。这些限制因素包括医疗系统自身的局限性、传统业务流程的根深蒂固以及智能医疗技术本身的不成熟。尽管智能医疗系统能够有效检测患者的身体情况并将数据传输给医生，但其推广遇到了种种挑战。

随着计算机技术的不断发展，大数据的概念逐渐引起人们的关注。尽管大数据在许多领域已经得到了应用，但其定义仍然存在争议。大数据不仅是数据量庞大，更是一种需要具备更强决策能力、洞察力和流程优化能力的信息处理模式。

第七章　面向 Web 视频的数据挖掘及检索实现

在数字化浪潮席卷之下，Web 视频已成为信息传播的重要载体。本章研究了视频数据挖掘与视频编码技术、基于内容的视频检索技术原理与关键技术、Web 视频检索原型系统设计和视频数据挖掘关键算法与模块实现。

第一节　视频数据挖掘与视频编码技术

一、视频数据挖掘及分类

（一）视频数据挖掘的内容

视频数据是当今数字时代的重要组成部分，它呈现出一种特殊的形式——以数据流的方式存在，并具有非结构化的特性。这意味着视频数据的处理和管理需要采用特定的技术和方法。随着科技的不断进步，视频数据的规模持续扩大，这主要源于采集设备的普及和存储设备价格的下降。监视设备、互联网娱乐以及数字电视等领域的普及也为视频数据的不断涌现提供了基础。因此，面对这些海量视频数据，有效的管理和访问机制成为迫切需要解决的问题之一。

为了应对这一挑战，计算机需要具备处理视频数据的能力，这包括自动发现异常和挖掘隐含信息。数据挖掘技术的引入为解决这一问题提供了新的思路。数据挖掘的目标是从大量数据中提取有效、新颖、有用且可理解的模式和过程。因此，视频数据挖掘成为处理视频数据的重要手段之一。

视频数据挖掘不仅要处理视频的视听特性，还需要考虑时间结构、事件关系和语义信息分析等方面。这些复杂的数据属性使得视频信息管理的智能化程度得到提升。然而，视频数据挖掘面临的主要挑战之一是视频数据与人类语义理解之间存在巨大的鸿沟。视频数据处理的时间开销也是一个不可忽视的问题。为了解决这些挑战，需要采用多种技术手段，包括计算机视觉、数字图像处理等技术，并创新数据挖掘方法，以提高处理效率和智能化水平。

总的来说，视频数据挖掘的目标是解决视频资源的检索与定位问题，提取大量视频数据中的智能信息。通过这种方式，视频数据处理的效率和智能化水平将得到进一步提升，为用户提供更好的视频体验和更高效的信息管理。因此，视频数据挖掘不仅是一种技术手段，更是推动视频信息管理发展的重要动力。随着技术的不断进步和应用范围的扩大，视频数据挖掘将在未来发挥更为重要的作用，成为数字时代信息处理的核心技术之一。

(二)视频数据挖掘的主要分类

视频数据挖掘的研究开始于 21 世纪初,时间还较为短暂。作为数据挖掘中的一个研究方向,其技术尚未成熟,也没有经典和公认的分类理论。在这部分中,将从多个角度对视频数据挖掘的工作进行分类,以求读者对视频数据挖掘技术有较为深刻的感性认识。

1. 基于领域的视频数据挖掘分类

可以根据视频数据挖掘的相关领域进行分类,包括但不限于交通、医学、娱乐等。尽管这种分类表面上似乎毫无意义,但实际上,每个领域都拥有其独有的特征,这些特征直接影响了数据挖掘的目的和方法。以交通视频挖掘为例,这类视频通常是监视视频,其画面背景稳定不变,这简化了处理过程并提高了准确性。相反,体育娱乐视频挖掘可能更关注于场景语义的识别,如射门、犯规等关键动作,这需要通过更高级的算法和技术来实现。不同领域的视频数据研究方法有助于降低研究难度,并展现广阔的应用前景。通过深入挖掘不同领域的视频数据,可以更有效地提取有用信息,满足各种实际应用需求。

2. 基于挖掘对象的视频数据挖掘分类

视频数据挖掘是一个复杂而又关键的领域,它的工作并不直接在巨大的视频文件上进行。通常情况下,视频数据挖掘需要对原始视频进行切割和剪辑,以便更有效地进行处理。这种切割和剪辑可以分为两类,每一类都有各自不同的挖掘对象。

(1)数据挖掘以镜头为基本单位。镜头是连续多帧的集合,其中携带着基本的语义信息。相对于单帧而言,镜头更有意义,因为它们能够展示出一定的视觉故事,使得视频的内容更加完整和连贯。因此,在视频数据挖掘的过程中,将镜头作为基本单位进行分析和挖掘,能够更好地捕捉到视频中的信息。

(2)数据挖掘以对象为基本单位。对象是视频中有意义的物体,既可以是固定的,例如字幕;也可以是运动的,例如车辆。对象数据挖掘需要跟踪多帧影像,以便对对象的运动轨迹和特征进行分析。通过以对象为基本单位进行挖掘,可以更深入地理解视频中的内容,从而为后续的应用提供更有用的信息。

对象数据挖掘的目标是突出重要信息,丢弃次要信息。这种挖掘可以分为两种情况,一种需要在时间上对视频进行分割,另一种则需要在空间上对视频进行分割。突出重要信息和丢弃次要信息,可以使得挖掘结果更加精确和有效。在实际应用中,根据不同的需求和场景,选择合适的挖掘方法和技术,能够更好地利用视频数据的信息。

3. 基于挖掘目的的视频数据挖掘分类

视频数据挖掘的分类涵盖了多个重要方面。它主要归纳出以下三种类型。

(1)特殊模式探测。特殊模式探测是指通过预先建模来探测视频中的特殊模式,这些模式通常与特定事件相关联。这种方法有助于识别和提取视频中的关键信息。

(2)视频聚类和分类。视频聚类和分类是指按视频主题对其进行分组。在分类中,各个主题是事先确定的,因此可以将视频划分到预定义的类别中。而在聚类中,主题没有事先确定,系统会根据视频的相似性或特征自动进行分组。这种方法有助于理解和组织大量的视频数据。

（3）视频关联挖掘。视频关联挖掘是指使用关联挖掘技术来发现视频中隐藏的信息。通过关联分析，可以找出视频中不同元素之间的关联关系，从而揭示出更深层次的信息和模式。

这种分类方法能够覆盖绝大多数视频挖掘方面的工作，为我们提供了一种全面而系统的视角来理解和应用视频数据挖掘技术。

4. 基于挖掘技术的视频数据挖掘分类

视频挖掘技术主要可划分为两大类：传统数据挖掘和基于内容的挖掘。传统方法侧重于利用数值型数据库技术或其模拟形式，以文本或其他标注信息为对象进行挖掘。而基于内容的方法则采用数字图像处理、计算机视觉等技术，以反映视频数据的本质特征为目标，从而避免了人工标注所带来的主观性和随意性。然而，基于内容的挖掘技术面临着一系列挑战，主要源于视频数据结构的复杂性以及数学理论的不完善。特别是在建立视频流结构模型和理论方面，存在着较大的困难。恰恰是这些挑战使得基于内容的视频挖掘技术成为当前研究的焦点。通过攻克这些难题，可以更好地理解视频数据的内在规律，提高视频挖掘技术的效率和准确性。

5. 基于信息来源的视频数据挖掘分类

在视频数据挖掘中，信息来源主要是视频画面，此时，可以利用一些其他的辅助数据。按照挖掘所用的信息来源，将现有工作分为以下三类。

（1）只使用视频数据。视频数据是视频流的核心，它由一系列关联的静态帧组成，这些帧反映为具有静态图像特征的信息。这种信息包含在视频中，为分析和理解提供了基础。

（2）使用视频和音频数据。音频数据是视频的重要补充，它有助于增强和说明视频信息。通过音频数据，观众能够更全面地理解视频内容，因此挖掘音频信息具有意义。

（3）使用文字数据。视频文件中的文字信息也是重要的补充。文字可以直接说明和解释视频内容，加深观众对视频内容的理解。因此，挖掘基于视频流的文字信息是视频挖掘的关键之一。

二、视频编码技术及分类

（一）视频编码技术

视频信号必须通过数字化处理，以使其适用于计算机的处理、传输和存储。这个过程包括将连续模拟信号转换为离散数字信号，并对其进行编码以减少冗余。

第一，视频数字化。视频数字化主要包括采样和量化两个过程：① 采样确定了数字视频数据的空间或时间分辨率，即数据的精度和大小；② 量化将连续的模拟信号转换为离散的数字值，以便计算机进行处理。采样率和量化级别的选择直接影响着数字视频的质量和文件大小。较高的采样率和量化级别可以产生更准确的数字表示，但也会增加数据量。因此，在数字视频处理中需要权衡数据精度和存储、传输效率。此外，编码技术的运用也是至关重要的，可通过减少数据冗余来提高存储和传输效率。

数字化的语音信号具有非常巨大的数据量，语音信号的存储、传输和处理对计算机的性能、数据传输率和信道带宽提出极高的要求。[①]

第二，视频编码。视频编码是数字视频处理、传输、存储中的重要组成部分，其主要任务是对数据量庞大的视频进行压缩。这种压缩的基础是视频中的数据存在高度相关性，这导致了信息的冗余。静止图像压缩主要关注于去除空间冗余数据，例如相邻像素之间的相似性。然而，在视频信号压缩中，除了空间冗余外，还需要处理时间和其他形式的冗余，以进一步提高压缩比并降低数码率。

视频编码的核心目的是减少视频数据量，以便在有限存储器中存储更多视频序列或实时传输。为了达到这一目的，视频编码器使用各种压缩技术。其中包括空间域技术，如离散余弦变换（DCT）和运动补偿，以及时间域技术，如帧间预测和帧内编码。这些技术帮助识别和去除视频信号中的不必要信息，从而实现高效压缩。

在视频编码中，运动补偿是一项关键技术，利用视频帧之间的运动信息来减少帧间的冗余。通过比较相邻帧之间的像素差异，并对这些差异进行编码和传输，可以大大降低数据量。此外，帧内编码则关注于单个帧内的像素值编码，利用空间域压缩技术来进一步减少冗余。

（二）常用的视频编码技术

1. 熵编码技术

熵编码是一种无损压缩编码技术，旨在实现尽可能接近图像熵值的比特率。这种编码方法采用各种技巧，如霍夫曼编码、算术编码和游程编码等，来有效地减少数据的表示形式。

霍夫曼编码，作为最经典的无损压缩编码方法之一，利用变字长编码理论，通过分析输入信息符号的统计概率，为每个符号分配不同长度的二进制码字，从而实现最佳压缩效果。

在信源概率分布不确定的情况下，算术编码展现出其优势。它采用自适应算术编码方式，能够根据输入数据的概率动态地调整编码方式，因此在概率接近时比霍夫曼编码更高效。然而，算术编码的实现复杂度也相应增加。

另一种重要的无损压缩编码方法是游程编码，它专注于静止图像数据在压缩标准算法中的应用。游程编码通过识别连续相同数值的序列，并用一个数值和一个重复次数来表示它们，从而实现无失真的数据压缩。这些编码方法各有优劣，但都在不同场景下发挥着重要作用，为数据压缩和传输提供了有效的解决方案。

2. 变换编码技术

变换编码技术是将数据从一种形式转换成另一种形式，即对信号作数学变换，产生一组变换系数，然后对这些系数进行量化、编码，以利于压缩目标的实现。时间域中的信号需要用许多数据点来表示，但一旦变换到频率域，只需要几个点就可表示这个相同的信号。这是因为信号往往只含有少量的频率成分。

变换编码的目的是除去信号之间的相关性，如通过正交矩阵交换，选取了重要的特征，使其易于压缩。但变换编码是有损压缩，往往以丢失部分信息为代价。最常见

---

① 曾冬梅. 基于预测编码的语音压缩技术研究 [J]. 无线互联科技，2019，16(14)：128.

的两种变换为 DCT，即离散余弦变换，它的性能接近于 K-L 变换；另外一种变换为小波变换，它是一种新变换编码技术，综合考虑了空间和时间因素。

（1）最佳正交变换——K-L 变换。离散 Karhunen-Loeve（K-L）变换是以图像的统计特性为基础的一种正交变换，也称为特征向量变换或主分量变换。K-L 变换从图像统计特性出发用一组不相关的系数来表示连续信号，实现正交变换。

K-L 变换使向量信号的各个分量互不相关，因而在均方误差准则下，它是失真最小的一种变换，故称为最佳变换。虽然 K-L 变换是最佳正交变换方法，但是由于它没有通用的变换矩阵，因此，对于每一个图像数据都要计算相应的变换矩阵，计算量相当大，很难满足实时处理的要求，所以在实际中很少用 K-L 变换对图像数据进行压缩。K-L 变换的压缩性能是：对语音而言，用 K-L 变换在 13.5Kbp/s 下得到的语音质量可与 56Kbp/s 的 PCM（脉冲编码调制）编码相比拟；对图像来讲，2 位/pixel 的质量可与 7 位/pixel 的 PCM 编码相当。

（2）次最佳正交变换——DCT 变换。余弦变换是傅里叶变换的一种特殊情况。在傅里叶级数展开式中，如果被展开的函数是实偶函数，那么，其傅里叶级数只包含余弦项，再将其离散化，由此可导出余弦变换，或称之为离散余弦变换（DCT）。

对众多的正交变换技术进行比较后，发现离散余弦变换编码与 K-L 变换性能最接近，而该算法的计算复杂度适中，又具有算法快速的特点，所以近年来的图像数据压缩中采用离散余弦变换编码方法日益受到重视，如 JPEG、MPEG（运动图像专家组格式）、H.261 等压缩标准，都用到离散余弦变换编码进行数据压缩。

DCT 变换原理：DCT 是一种正交变换，它将信号从空间域变换到频率域。在频率域中，大部分的能量集中在少数几个低频系数上，而且代表不同空间频率分量的系数间的相关性大为减弱，只利用几个能量较大的低频系数就可以很好地恢复原始图像。对于其余的那些低能量系数，可允许其有较大的失真，甚至可以将其设置为 0，这是 DCT 能够进行图像数据压缩的本质所在。

DCT 可分为一维离散余弦变换、二维离散余弦变换、借助傅里叶变换（FFT）实现离散余弦变换、二维快速离散余弦变换等。

DCT 是目前最佳的图像变换技术，它有很多优点：DCT 是正交变换，它可以将 8×8 图像的空间表达转换为频率域，只需要用少量的数据点表示图像；DCT 产生的系数很容易被量化，因此能获得很好的块压缩；DCT 算法的性能很好，它有快速算法，如用快速傅里叶变换可以进行高效的运算，因此它在硬件和软件中都容易实现，而且 DCT 算法是对称的，所以利用逆 DCT 变换可以用来解压缩图像。

3. 预测编码技术

（1）预测编码原理。预测编码原理基于两个关键概念：首先，它不直接对当前符号进行编码，而是利用相邻符号的信息进行预测。其次，它通过对预测误差进行编码来减少冗余信息。

（2）帧内预测。帧内预测是一种应用预测编码的方法，通过利用同一帧内相邻值之间的相关性来实现。例如，在图像处理中，水平和竖直方向的像素通常存在相关性，因此可以利用相邻像素的值来预测未知像素，从而实现帧内预测。

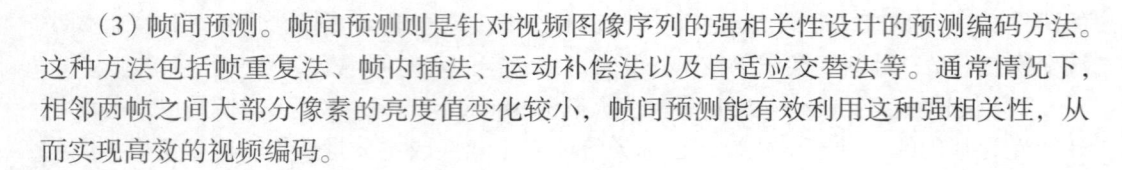

(3) 帧间预测。帧间预测则是针对视频图像序列的强相关性设计的预测编码方法。这种方法包括帧重复法、帧内插法、运动补偿法以及自适应交替法等。通常情况下，相邻两帧之间大部分像素的亮度值变化较小，帧间预测能有效利用这种强相关性，从而实现高效的视频编码。

(三) 视频编码的新技术

1. 小波编码技术

小波变换与傅里叶变换、窗口傅里叶变换（Gabor 变换）相比，是一个时间和频率的局域变换，因而能有效地从信号中提取信息，通过伸缩和平移等运算功能对函数或信号进行多尺度细化分析，解决了许多傅里叶变换不能解决的难题。

小波分析与电子信息技术紧密结合，已在科技信息产业领域取得显著成就。电子信息技术作为六大高新技术之一，重点应用在图像和信号处理领域。信号处理在科技工作中至关重要，其目的是准确分析、诊断、编码压缩、传递或存储、精确重构。小波分析从数学角度统一了信号与图像处理，特别适用于处理非稳定信号。其应用广泛，涵盖数学、信号分析、图像处理、量子力学、军事电子对抗、医学成像等领域。在具体应用中，小波分析可以用于数值分析、滤波、去噪声、图像压缩、医学成像等方面。

小波分析作为一种灵活且高效的信号处理工具，为电子信息技术的发展提供了重要支持。在图像和信号处理领域，电子信息技术发挥着关键作用，而小波分析则为其提供了强大的数学工具。通过小波分析，可以对信号和图像进行更精确的分析和处理，从而提高了信息处理的效率和准确性。例如，在图像处理中，小波变换能够将图像分解成不同尺度的频率分量，从而实现对图像的多尺度分析和处理，这在图像压缩和去噪声等方面具有重要应用价值。

小波分析在多个领域都有着广泛的应用。除了在电子信息技术领域的应用外，小波分析还在数学、量子力学、军事电子对抗、医学成像等领域发挥着重要作用。在医学成像中，小波分析可以用于对医学图像进行分析和处理，从而帮助医生更准确地诊断疾病。在军事电子对抗中，小波分析可以用于信号处理和信息隐藏，提高通信的安全性和隐蔽性。因此，小波分析的广泛应用不仅体现了其在电子信息技术领域的重要地位，也展现了其在其他领域的潜在应用前景。

2. 基于对象的视频编码技术

传统视频编码采用以帧为单位的方式，即将视频分解成一帧一帧的像素，每帧都是独立编码的单元。这种编码方式虽然能够实现视频的压缩和传输，但其局限性在于对视频内容的处理较为粗糙，无法有效利用视频中的对象和场景信息，因此限制了视频的交互性发展。为了克服这一限制，基于对象的视频编码技术应运而生。基于对象的视频编码不再将视频划分为帧，而是将视频中的对象作为编码的基本单元，这些对象可以是任意形状的，如人物、背景等。以 MPEG4 为代表的基于对象的视频编码标准，引入了视频对象的概念，将视频分割成不同的对象，并对其进行独立编码和提取。

在基于对象的视频编码中，编码的基本单元是视频对象，而不是整个帧。这样的设计使得用户可以根据需要有选择性地合成视频对象，而不必处理整个视频帧。例如，用户可以选择只合成视频中的某些对象，从而实现对视频内容的交互操作，使得观看体验更加灵活和个性化。此外，基于对象的视频编码技术还允许根据视频内容的特点灵活配置编码比特，以提供更好的压缩效果和视觉质量。通过对不同对象采用不同的编码方式和比特分配策略，可以实现对视频内容的优化，从而提升整体的视觉体验和传输性能。一般来说，基于对象的视频编码技术主要包括自动分割和半自动分割两个方面，具体如下：

（1）自动分割在不需要人工参与的情况下，通过综合利用序列图像的时域和空域信息，由计算机自动完成对视频内容的分割。时域分割确定运动对象的位置，空域分割确定对象区域的精确轮廓，最终产生分割结果。目前的自动分割算法主要用来实现运动对象的分割，只适合于一些简单景物或特定的视频序列。它能够实现实时分割，但分割结果往往不能令人满意。这是由于视频对象的分割涉及对视频内容的分析和理解，因而与人工智能、模式识别等学科有着密切联系。鉴于相关领域的研究现状，自动分割要达到很好的效果目前还存在相当大的难度。

（2）半自动分割技术结合了人工辅助和计算机图像处理的优势，以提升视频分割效果。在这一过程中，用户首先参与画出序列关键帧中视频对象的基本轮廓，这为计算机提供了重要的参考。接着，计算机利用图像处理技术得到精确的边缘曲线，并自动跟踪视频对象，从而实现了对视频对象的准确分割。这种半自动分割的方法充分结合了人类的直观感知能力和计算机的高效处理能力，有效提高了视频分割的精度和效率。

基于对象的视频编码是以任意形状的视频对象的编码为基础的一种编码方式。在这种编码方式中，视频序列被分解成多个视频对象，每个对象由一系列在时间上相继的视频对象平面构成。视频对象平面作为编码单位，综合运用形状、纹理和运动信息进行全面描述。形状信息在其中起着至关重要的作用。首先，形状信息的准确描述提升了图像的主观质量，使得画面更加细腻逼真。其次，形状信息的使用可以提高编码效率，减少冗余数据，从而提高了视频编码的压缩率。此外，形状信息还便利了基于对象的视频描述和交互性操作功能的实现，为用户提供了丰富灵活的交互体验。

在技术方法上，形状信息的应用主要涉及形状编码、运动估计和纹理编码等方面。这些技术方法针对不同的视频特性进行优化，共同构成了高效且灵活的编码体系，满足了不同应用场景的需求。形状编码技术用于准确描述视频对象的轮廓信息，运动估计技术则用于捕捉视频对象在时间上的运动变化，而纹理编码技术则用于保留视频对象表面的纹理细节。这些技术方法的综合运用使得基于对象的视频编码更加全面、准确和高效，为视频处理领域的发展带来了新的可能性。

第二节　基于内容的视频检索技术原理与关键技术

一、基于内容的视频检索技术的原理

若对视频数据进行层次划分，确实可将之分为大小不同的结构单元，最小的结构单元是帧，它代表了视频中的每一幅静态图像。镜头是由一系列连续的帧组成的，它

反映了摄像机拍摄的一段连续画面。场景则是由多个镜头组成的，它代表了视频中的一个完整段落或情节。

第一，从视频的结构层次来看，帧作为最底层的组成单元，是视频分析的基础。基于内容的视频检索正是利用计算机视觉处理技术对这些帧进行分析，进而提取出视频的视觉特征。这些特征包括但不限于颜色、纹理、形状以及运动信息等。图像处理技术在这一过程中发挥着关键作用，有助于用户从原始视频数据中提取出有意义的特征。

第二，基于内容的视频检索还依赖于数据库系统对视频数据进行高效的管理和存储。通过使用新的数据模型，能够更好地表示视频数据，并根据其特征进行检索。这种方法克服了传统文本检索在视频领域的局限性，因为它能够直接根据视频内容而非简单的文本标签进行搜索。

第三，基于内容的视频检索系统通常还配备了可视化查询接口，这为用户提供了直观、友好的交互方式。用户可以通过这些接口选择特定的视觉特征或示例视频进行查询，从而得到更加精确和符合需求的检索结果。

基于内容的视频检索主要处理过程如下：

首先，需将视频的层次化结构分解成若干个镜头。由于镜头通常描述了一段故事或一个摄像机的连续动作，因此镜头内的帧具有语义相关的特性，这意味着它们之间的特征变化通常不会超出特定的阈值范围。当镜头发生突变时，突变点的前一帧和后一帧在内容上会有显著变化，相应的特征差异也会较大。通过比较镜头中两帧之间的特征变化与预设的阈值范围，可以判断是否存在镜头变换的边界。依据这一原理，可将视频分割成多个镜头的组合。

其次，对分割得到的每个镜头，需要分别提取其关键帧。这些关键帧能够反映该镜头想要表达的主要内容信息，从而有效地描述视频的内容。

最后，提取关键帧的底层特征并建立索引。这些底层特征可以是颜色、纹理、形状等，它们通过特定的算法被计算和提取。然后，通过建立索引，可以快速检索到具有相似底层特征的视频，从而使用户能够检索到相似的视频内容。

在整个过程中，需要确保处理过程的准确性、高效性，并符合视频处理和计算机视觉领域的学术规范。同时，所使用的算法和技术应当保持实时性，以应对大规模视频数据的处理需求。

二、基于内容的视频检索技术的关键技术

（一）镜头检测的算法

镜头检测算法是视频处理中的关键环节，其目的在于准确地识别视频中的不同镜头以及它们之间的过渡。这个算法的核心理念在于理解视频是由多个镜头组成的，而这些镜头之间的连接方式有突变和渐变两种。突变是指直接连接两个镜头，没有过渡效果，而渐变则是通过编辑手法进行平滑过渡。镜头切换时，视频中会产生视觉上的差异，镜头检测算法的任务就是找到这些变化的边界。这一过程的关键在于区分镜头内帧之间的小差异和镜头间帧之间的大差异，这种差异是由于不同镜头拍摄环境、角

度等因素导致的。此外，镜头检测算法的研究也与视频数据是否经过压缩有关，因为压缩可能会影响视频帧的质量和相似性，进而影响镜头检测的准确性。

1. 基于边缘的算法

基于边缘的算法是镜头检测算法中的一种重要方法，它利用了镜头变换后对象轮廓的改变这一特性。在这种算法中，边缘的变化距离可以被用来计算帧间的差异，从而判断是否存在镜头变换。算法的具体过程包括计算帧间的总体位移，这有助于确定镜头变换的可能性；接着进行图像配准，以确保不同帧之间的对齐；然后利用高斯平滑来降低图像中的噪声；最后，采用 Canny 算法提取边缘特征，这些特征对于识别镜头变换提供了重要线索。

在该算法中，使用入边缘 ρ_{in}、出边缘 ρ_{out} 和边缘变化系数 ρ 来刻画对象边缘的改变程度。其中，入边缘 ρ_{in} 是指第二幅边缘图像 E_{i+1} 中，和第一幅边缘图像 E_i 中最近边缘超过给定阈值 T_l 的边缘像素数目的百分比。出边缘 ρ_{out} 是指第一幅边缘图像 E_i 中，和第二幅边缘图像 E_{i+1} 中最近距离大于给定阈值 T_l 的边缘像素数目的百分比。边缘变化系数 ρ 是指入边缘和出边缘的最大值，则 $\rho=\max(\rho_{in}, \rho_{out})$。边缘变化系数就可以描述帧间的不相似性。如果 ρ 大于阈值，则认为镜头发生了变换。

在一个给定的时间窗口中，如果相邻帧出现边缘非常靠近的情况，则为了减少对象运动的影响，不认为这两帧之间存在分界点。

2. 基于直方图的算法

基于颜色直方图的视频分析方法是目前应用最广泛的技术之一。相对于基于像素的方法，基于直方图的比较方法具有更强的抗噪能力，这意味着它在复杂场景下仍能保持较高的准确性。这种方法的基本思想是，颜色在视频中对运动的容忍度相对较高，这意味着即使视频中的对象发生运动，其颜色直方图通常也不会出现显著变化。因此，基于直方图的方法可以利用这种颜色不变性来检测视频中的变化和移动。

颜色直方图描述了图像中颜色的分布情况，通常在同一镜头内的帧具有相似的背景和颜色分布，因此它们的颜色直方图也表现出相似性。相邻帧之间如果直方图出现很大差异，则意味着可能存在镜头变换或者场景变化。基于这一原理，视频分析算法将颜色空间划分为小分区，然后统计相邻帧分区中的像素数，通过计算两帧之间的直方图差来作为帧间的差异度。如果直方图差异超过了设定的阈值，则可以推断出帧之间存在着显著的变化或者运动。

设颜色空间被划分为 N 个小分区，$h_i(k)$、$h_{i+1}(k)$ 分别表示相邻两帧落在颜色空间中的第 k 个小区间内的像素数目。那么这两帧图像的帧间差，即直方图距离定义如式 (7-1) 所示：

$$D_{i,i+1} = \sum_{N}^{k=1} |h_i(k) - h_{i+1}(k)| \tag{7-1}$$

在单纯的直方图基础上，为了更精确地描述两帧之间的距离，提出了几种基于直方图的帧间距离计算方法。其中，用 χ^2 直方图法来计算帧间差，直方图平方差比单纯的直方图差更放大了两帧之间的距离。

距离定义如式 (7-2) 所示：

$$D_{i,i+1} = \sum_N \frac{\left(h_i(k) - h_{i+1}(k)\right)^2}{h_{i+1}(k)} \bigg|_{k=1} \tag{7-2}$$

Rainer Lienhart（莱纳·莱恩哈特）提出的直方图交集算法利用了最值相似系数。其距离定义如下：

$$D_{i,i+1} = 1 - \frac{\sum_N^{k=1} \min\left(h_i(k), h_{i+1}(k)\right)}{\sum_N^{k=1} \max\left(h_i(k), h_{i+1}(k)\right)} \tag{7-3}$$

虽然直方图在处理图像时对运动具有一定的容忍性，但当镜头中的对象运动导致颜色整体发生显著变化时，基于直方图的方法的性能确实不是最优的。此外，当属于不同镜头的两幅本来结构就不同的图像帧，它们的直方图却表现出相似性时，基于直方图比较来计算帧间差异的方法在判断镜头变换时就可能出现漏检，从而导致其性能下降。针对上述的问题，用累积直方图来代表视频帧间的特征差。其中累积直方图帧差为

$$\sigma_c(i, i+1) = \left[\frac{1}{n-1}\sum_{k=1}^{n}\left(DC_{i,i+1}(k) - \overline{DC}\right)^2\right]^{1/2} \tag{7-4}$$

式中，n 是累积直方图差异的级别总数，$DC_{i,i+1}(k)$ 是第 i 帧和第 $i+1$ 帧的累积直方图差异在差异级别 k 上的值，$\overline{DC}$ 是 $DC_{i,i+1}(k)$ 的平均值。在累积直方图的基础上结合下面介绍的滑动窗口方法，使得基于直方图的方法在镜头突变边界检测减少漏检和误检。同样地，在直方图的基础上，通过分析帧间差值曲线，忽略掉帧间差值波动，直接去计算帧间差值波动前后的两帧的差值，该方法解决了因运动引起的波动过程造成的镜头渐变误检问题。

3. 基于像素的算法

基于像素的算法，顾名思义就是将像素差作为帧间差的基础。其基本思想是若两图像帧对应位置的像素的差值，大于事先设定好的阈值，那么就认为该像素发生了改变。设两帧图像在 (x,y) 处的像素分别为 $f_i(x,y)$ 和 $f_{i+1}(x,y)$，则两帧图像对应像素的差值的定义如式 (7-5) 所示：

$$D_{i,i+1}(x,y) = |f_i(x,y) - f_{i+1}(x,y)| \tag{7-5}$$

最后统计两帧图像中，发生变化的像素数目是否超过设定值，如果是，那么就认为此处发生了镜头变换。

不过此方法对运动很敏感，因此容易出现错误的检测。研究人员提出了一种改进的算法，就是将这每帧图像都划分为 $m \times m$ 的小块，然后通过计算两帧对应小块的灰度差，比较这个灰度差和事先设定的阈值之间的大小。如果超过这个阈值，则认为子图像发生了变化。同样，对应子块 (n_x, n_y) 的像素差值的定义如式 (7-6) 所示：

$$D_{i,i+1} = \sum_{y=-n_y/2}^{y=n_y/2} \sum_{x=-n_x/2}^{x=n_x/2} |f_i(x,y) - f_{i+1}(x,y)| \tag{7-6}$$

最后，该算法在检测运动时采取了一种智能的策略，通过统计变化的子图像数来评估镜头是否发生变换，当超过预设的阈值时，便触发镜头的变换，从而提高了对运动的敏感性。这种方法的优势在于它能够动态地适应场景中的变化，而不是简单地依赖于固定的阈值。通过动态调整镜头的敏感性，算法能够更准确地捕捉到运动的变化，提高了检测的准确性和鲁棒性。

4. 双阈值法

为了克服单一阈值方法在检测渐变时可能出现的漏检问题，研究人员提出了双阈值方法。这种方法通过设定两个阈值，一个较大的阈值用于判断突变，另一个较小的阈值用于检测渐变。这样一来，即使在帧间距离较小的情况下，也能够准确地捕捉到渐变的变化。这种双阈值方法在实践中被证明能够有效地解决渐变漏检的问题，提高了检测的准确性和稳定性。大阈值 T_h 用来检测镜头的突变，如果帧间差超过了 T_h，那么就认为此处发生了镜头的突变变换；如果没有超过 T_h，则用小阈值 T_l 去检测是否存在镜头渐变。如果帧间差超过 T_l 则认为可能存在渐变，记录下当前帧，该帧可能为渐变的起始帧。将后续帧与该起始帧比较，如果仍超过 T_l，则累加帧间距离，继续向后检测；如果低于 T_l 则停止累加。如果累加后的帧间差超过了大阈值 T_h，则认为检测到了渐变的结束帧，否则不存在渐变。

双阈值法的局限性在于小阈值 T_l 的设定必须能检测出渐变的起始帧。因此，研究人员提出了基于多帧抽样的双阈值法。这种算法的基本思想是对视频帧进行抽样，抽取多个帧，然后利用这些帧之间的距离来检测可能的渐变点。再在这些检测出来的可能的渐变内部，利用各帧与渐变首帧的距离，与阈值进行比较，以此来判断是否存在渐变。多帧抽样的帧间距离定义如下：

$$D_i^k = d(x_i, x_{i+k}) \tag{7-7}$$

其中，k 为抽样频率，设视频总帧数为 N，则 $i=1，2，3，\cdots，N-k$。当 D_i^k 满足以下条件，则认为存在渐变。

（1）时间 i 处的邻域距离差值变化很小：$D_i^k \approx D_j^k$，$j \in [i-s, i+s]$，其中 s 是度量差值变化的时间值。

（2）标明高低临界：$D_i^k \geq 1 * D_{i-[k/2]-1}^k$，$D_i^k \geq 1 * D_{i+[k/2]+1}^k$。基于多帧抽样的方法能够克服难以检测渐变起始的问题，能够更好地定位渐变起始点。

5. 滑动窗口

常见的针对镜头突变变换的且能免去选择适当阈值的困难的方法是滑动窗口检测法。该方法首先定义一个窗口，其长度为 $2R+1$。然后将待检测的帧放在该窗口的中间，接下来就可计算帧间差。帧间差的公式定义如下：

$$D = \sum_{i=-R}^{R} |f(x,y,i) - f(x,y,i+1)| \tag{7-8}$$

当帧间差满足两个条件：① 在窗口中 D 最大；② $D > k \times D_2$（D_2 是窗口中的第二大帧间差）时，则认为需要检测的帧处存在镜头的突变。

该方法的不足在于当拍摄时有晃动，且镜头中有大对象的运动时容易造成镜头内

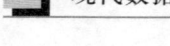

的差异较大，造成漏检。

（二）关键帧提取的方法

关键帧在基于内容的视频检索中扮演着至关重要的角色。它们被用来描述镜头的主要内容，其核心作用在于减少索引数据量，从而提高检索效率。视频通常包含大量的帧，但并非每一帧都对表达视频内容至关重要。通过提取关键帧，可以将视频的内容精练地表达出来，同时提取出关键帧的视觉特征，以便后续检索与分析。这种方法避免了对每一帧进行重复的特征提取工作，从而节省了计算资源和时间成本。

关键帧提取的质量直接影响着视频检索的准确性。因此，关键帧的选择必须准确地代表镜头的主要内容。此外，还需要考虑关键帧之间的不相似性，以确保覆盖到视频中各种不同的场景和动作。这种考虑对于提高检索的准确性至关重要，因为不同的关键帧可以帮助系统更好地理解视频内容，从而提高检索的精确度和全面性。

关键帧提取的研究可以分为压缩与非压缩两个方面。压缩方面的研究旨在开发针对不同视频格式和存储需求的高效提取方法，以减少存储空间和传输带宽的消耗。而非压缩方面的研究则侧重于提高关键帧提取的准确性和表达能力，以确保所选取的关键帧能够最大限度地代表视频内容，从而提高检索效率。这两个方面的研究相辅相成，共同推动着基于内容的视频检索技术的发展，为用户提供更加高效、准确的视频检索服务。

1. 镜头分析的方法

在视频处理中，确定关键帧是一项关键任务，可以帮助压缩视频、提取关键信息以及进行视频检索等。有几种常见的方法可以实现这一目标，但每种方法都有其优缺点。基于帧间特征变化小的假设，一种简单的方法是选择镜头的首帧、末帧或二者结合作为关键帧。但这种方法可能无法准确反映镜头内容，因为关键帧可能无法捕捉到镜头内的关键信息，而且固定关键帧数目的做法在实践中可能不够灵活。

（1）帧平均值法。帧平均值法以确定位置上的像素平均值作为阈值，然后选择最接近阈值的帧作为关键帧。尽管这种方法在一定程度上考虑了帧内像素的平均值，但对于特殊位置的选择要求较高，因为像素平均值可能无法充分反映镜头内的重要信息。此外，由于阈值的选取可能存在一定的主观性，因此可能无法保证关键帧的选取是一致和稳定的。

（2）直方图平均法。直方图平均法是一种通过统计镜头内所有帧的直方图并取平均值的方法，然后选择与平均值最接近的帧作为关键帧。这种方法考虑了整个镜头内像素分布的平均情况，因此相对而言更能够全面地反映镜头内容。然而，这种方法也存在一些挑战，例如直方图的计算和比较可能会增加计算难度，并且对于某些特定类型的镜头，可能无法有效地确定关键帧。

2. 内容分析的方法

基于镜头的关键帧选择方法是一种常用的视频处理技术，其优点在于计算复杂度相对较低。通过该方法，可以有效地从视频序列中提取出具有代表性和信息量丰富的关键帧，用以快速浏览和理解视频内容。然而，这种方法也存在一定的缺点，最显著的是可能选取不合理的关键帧数量。过多或过少的关键帧都会影响后续的视频分析和处理过程。为了克服这一缺点,一种常见的方法是从视频序列中选择最具信息量和代表性的帧作为关键帧。具体而言,从视频序列的第一帧开始,通过计算后续帧与参考帧的直方图差异,当差异超过预先设定的阈值时,选择新帧作为关键帧。这种方法可以确保所选出的关键帧充分反映了镜头内容,并且避免了选择重复或不相关的帧,从而提高了关键帧选择的准确性和效率。研究人员基于此思想提出了一种比较简单有效的算法,算法描述如下:

设 Shot=$\{f_i, i=1, 2, \cdots, N\}$ 表示一个具有 N 帧的镜头,其中 f 表示一帧图像,帧间差的定义如下:

$$D(f_i, f_j) = \sum_{x,y} |f_i(x,y) - f_j(x,y)| \tag{7-9}$$

首先选择三帧作为候选的关键帧,分别是首帧 f_1,中间帧 $f_{N/2}$,结束帧 f_N。针对这三帧,先两两计算帧间差,得到 $D(f_1, f_{N/2})$,$D(f_1, f_N)$,$D(f_{N/2}, f_N)$。然后将这三个值与事先设定的阈值比较。如果它们都比阈值小,则说明它们比较接近,那么取中间帧 $f_{N/2}$ 为关键帧;如果它们都比阈值大,则说明它们之间差别较大,这三帧的不相关性很强,则选择这三帧作为关键帧;如果前两种情况都不满足,则取 $D(f_1, f_{N/2})$,$D(f_1, f_N)$,$D(f_{N/2}, f_N)$ 中距离最大的值,将其对应的两帧图像作为关键帧。

基于内容分析的方法可以根据镜头的不同,提取相应数目的关键帧。不过关键帧数量是 1~3 帧,位置也都是固定了的,不能够很好地描述镜头,且当镜头内对象高速运动时,容易选取过多的关键帧,如此提取的关键帧不一定具有代表性。

3. 运动分析的方法

采用运动分析方法提取关键帧,相较于之前讨论的两种方法,更加全面地考虑了镜头的运动特性,这种方法通过计算镜头中的运动量,选取运动量局部达到最小值的帧作为关键帧,从而在一定程度上反映了镜头中的静态时刻。运动分析方法的出发点在于:在视频中,为了强调某个对象或人物的重要性,摄像机往往会在该对象或人物的某个动作上停留较长时间。为了实现这一目标,可以运用 Horn-Schunck 算法来计算某一图像帧中的光流,随后对每个像素的光流分量模进行求和,从而得到该帧的运动量 $M(k)$,则 $M(k)$ 的定义如式 (7-10) 所示:

$$M(k) = \sum_i \sum_j |O_x(i,j,k)| + |O_y(i,j,k)| \tag{7-10}$$

其中,$O_x(i, j, k)$ 是第 k 帧内像素 (i, j) 在光流 X 方向的分量,$O_y(i, j, k)$ 是第 k 帧内像素 (i, j) 在光流 Y 方向的分量。

根据算法,计算镜头中对象或目标的运动量,再在这些运动量序列中找出局部最小值。首先,找出运动量序列中的局部最大值 m_1 和 m_2,这两个值应相差至少 $p\%$,其中 p 的值可根据经验来定;其次,再在以 m_1 和 m_2 为边界的局部区间内,找到该区间的最小值,那么最小值对应的帧则选为关键帧;最后,将 m_2 当作 m_1,继续去寻找下一个 m_2,如此重复,直到镜头的结束帧。

（三）特征提取

视频特征在内容检索中发挥着至关重要的作用，其中静态特征尤为重要。视频特征一般可以分为静态和动态两大类。而内容检索往往依赖于静态特征构建特征空间，进而进行聚类和检索。在这一过程中，关键帧序列作为视频的静态特征的重要体现，对内容检索起着关键的作用。静态特征通常包括颜色、纹理和形状等底层视觉特征，这些特征能够有效地描述视频的静态内容，为视频的检索提供了重要的信息支持。

1. 颜色特征提取

颜色特征提取是图像处理中的重要一环，其目的是从图像中提取出代表色彩信息的特征，为后续的分析和识别提供基础支持。首先，选择合适的色彩空间模型是必不可少的。常用的色彩空间模型包括RGB（红、绿、蓝）、HSV（色相、饱和度、色明度）、YUV（亮度、色度）等，每种模型都有其独特的优势和适用场景。其次，对选定的色彩空间模型进行颜色量化，即将连续的色彩空间划分为有限个离散的颜色类别，以便后续的处理和分析。最后，通过计算颜色直方图来描述图像中各种颜色的分布情况，从而得到图像的颜色特征。颜色直方图能够直观地反映图像中各种颜色的分布情况，为后续的图像分析提供了重要的参考依据。

2. 纹理特征提取

纹理特征提取关注于图像中的纹理信息，即描述图像中局部区域的细微结构和纹理特征。纹理可以从多个方面描述，包括粗糙度、近似线性、对比度、粗略度、方向性和规则性六个方面。常用的方法之一是使用共生矩阵来提取纹理特征。这种方法通过建立像素间的方向和距离共生矩阵，提取出图像中具有统计意义的纹理特征，如能量、对比度、同质性等。此外，也可以利用小波变换来提取纹理特征，通过分析图像在不同尺度和方向上的频率成分，捕捉图像中的纹理信息。这种方法适用于对图像进行多尺度和多方向的纹理分析，能够更全面地描述图像的纹理特征，为图像识别和分类提供更丰富的信息。

3. 形状特征提取

形状特征提取在图像处理中扮演着至关重要的角色。首先，形状作为图像语义内容的重要表达方式，对于识别、分类等任务至关重要。然而，图像中目标的形状描述复杂，且受到视角影响，这导致研究中缺乏统一的形状模型。尽管面临诸多挑战，研究者们仍在努力提取形状特征。主要的方法包括傅里叶描述子和不变矩。傅里叶描述子通过将图像转换为频域来捕获形状信息，而不变矩则利用对象的几何矩来描述其形状，具有旋转、平移和缩放不变性。这些方法虽然各有优劣，但都为形状特征提取提供了有力的工具，为进一步的图像处理和理解奠定了基础。

（四）相似性度量

相似性度量在基于内容的视频检索系统中扮演着关键角色。在这样的系统中，关键帧特征是索引和检索的重要组成部分，而相似性判断则主要考虑特征之间的相似性。为了度量特征之间的相似性，许多研究采用了向量空间模型，通过计算特征向量之间的距离来衡量它们之间的相似程度。

然后这两者的相似程度就由距离函数返回值表示。常用的距离计算函数有 Minkowsky（闵可夫斯基）距离、Manhattan（曼哈顿）距离、欧氏距离、Mahalanobis（马哈拉诺比斯）距离、相关系数、相对熵等。

1. Minkowsky 距离

Minkowsky 距离是首次提出的距离公式，它是后续很多种相似性度量的基础，其公式则是常见距离公式的通式表示：

$$D(x,y) = \left[\sum_{k=1}^{K}|x_k - y_k|^q\right]^{1/q} (1 \leqslant q < \infty) \tag{7-11}$$

2. 欧氏距离

欧氏距离广泛应用于距离度量。因为它的公式计算简单，并且与参照系的旋转不变量相关。它表示了 Minkowsky 距离在 $q=2$ 时的情况。因此，其距离公式为

$$D(x,y) = \left[\sum_{i=1}^{n}|x_i - y_i|^2\right]^{1/2} \tag{7-12}$$

3. Mahalanobis 距离

Mahalanobis 距离即马氏距离。公式定义如下，其中 **Y** 为查询图像的特征向量，**C** 为所有特征向量的协方差矩阵。

$$D^2 = (X - Y)^{\mathrm{T}} C^{-1}(X - Y) \tag{7-13}$$

4. Manhattan 距离

Manhattan 距离则是 Minkowsky 距离在 $q=1$ 时的特例，因此，其距离公式为

$$D(x,y) = \sum_{K=1}^{k}|x_k - y_k| \tag{7-14}$$

第三节　Web 视频检索原型系统设计

一、Web 视频检索系统设计

音视频检索系统可以为用户提供文本检索、视频检索、音频检索等多形式的检索查询服务。[1]

网络爬虫是一种自动化程序，能够在互联网上抓取网页并提取信息。对于视频网站而言，网络爬虫可以用于抓取包含视频链接的网页，并解析其中的信息。首先，爬虫需要浏览视频网站，抓取页面上的链接。这些链接通常指向包含视频的页面或直接指向视频文件。通过解析页面的 HTML（超文本标记语言）代码，爬虫可以提取这些链接，从而建立一个视频链接的列表。接下来，爬虫需要解析这些链接指向的页面，以提取视频相关的信息。这包括视频标题、描述、上传时间等。为了更好地组织和管理

---

[1] 何丽媛. 音视频检索系统的研究与实现 [J]. 数字传媒研究，2018，35(11)：44.

这些信息，爬虫还需要对文本信息进行分词处理，以便后续的搜索和检索。

在获取了视频链接和相关信息后，下一步是进行视频的下载和标准化处理。爬虫可以模拟浏览器行为，通过发送 HTTP 请求来打开视频链接，并从 TCP 包头中提取视频的真实地址。然后，可以使用专门的下载器来下载这些视频文件。下载完成后，视频需要进行格式转换和标准化处理。这包括将视频转换为统一的格式和分辨率，以便后续的处理和管理。这样，就可以构建一个统一格式的视频库，以方便后续的关键帧提取和索引建立。

提取关键帧是视频内容分析的重要步骤之一。通过对视频进行镜头分割，可以提取出其中有代表性的关键帧。这些关键帧通常包含了视频内容的主要信息，可以用于视频的快速浏览和索引。将需要提取的关键帧保存起来，构建本地的关键帧库。这样一来，就可以在后续的视频检索过程中使用这些关键帧作为索引，快速地定位到相关的视频内容。

将获取的视频信息、文本信息和关键帧信息导入数据库后，接下来是进行特征处理和索引建立。对于关键帧库中的关键帧，可以提取其特征值，并对特征值进行降维处理，以简化后续的检索匹配复杂度。同时，可以根据视频的关键字和关键帧的特征值，对关键帧进行聚类操作，并计算每个类的类中心向量。这些类中心向量可以作为索引，用于快速地检索和匹配用户的查询请求。

基于关键帧的检索方式使用户可以通过输入图像示例来进行检索。系统会根据用户提供的图像示例，寻找与之相似的关键帧所在的视频，并返回给用户。这种基于关键帧的检索方式不仅提高了检索的准确性，同时也提升了用户的检索体验，使其能够更直观地找到所需的视频内容。

二、Web 视频检索系统模块设计

根据系统的整体设计，该系统按功能可划分为四大模块，即数据下载模块、视频处理模块、视频分类模块、检索模块。

（一）数据下载模块

数据下载模块由三部分构成。第一部分负责采集视频相关信息，由网络爬虫完成；第二部分负责视频的下载；第三部分负责标准化视频，构建视频库。

第一，视频网站的网页具有固定框架，视频地址出现的位置有规律。制定提取规则，爬取并解析符合规则的网页，存储视频相关文字信息。视频网站通常具有统一的网页结构，包括标题、描述、发布日期等信息，并且视频地址往往位于特定的位置或者遵循一定的规律。为了有效地获取视频相关信息，研究者们制定了一系列提取规则，用以爬取并解析符合规则的网页内容。这些规则可能包括 HTML 标签的特征、特定的类或 ID 标识符等。通过程序自动化访问网页，按照提取规则解析页面内容，可以有效地获取视频的标题、描述、发布日期等文字信息，并将其存储在数据库或文本文件中，以供后续处理和管理。

第二，部分视频网站仅支持官方下载程序，不适用于网络爬虫系统。必须有自动解析视频地址的地址解析器，模拟浏览器打开网页，从 TCP 包头提取实际地址，交给多协议视频下载器下载，实现多线程下载。一些视频网站采用了防爬虫机制，只支持官方提供的下载程序，而不允许普通的网络爬虫系统直接获取视频地址。为了突破这种限制，必须设计一个自动解析视频地址的地址解析器。该解析器模拟浏览器的行为，通过发送 HTTP 请求，获取网页内容，并从中提取视频的实际地址。在这个过程中，解析器可能需要解析 TCP 包头等底层数据，以获取视频地址的准确信息。得到视频地址后，可以将其交给多协议视频下载器进行下载，实现多线程下载，提高下载效率和速度。

第三，网络视频格式不一致，为便于处理，需标准化视频格式。下载的视频主要为 FLV、WMV 和 AVI 等格式，需要将非 AVI 视频转换为 AVI 格式，存储到本地视频库。网络视频存在多种格式，这些格式的不一致给视频处理和管理带来了一定的困难。为了方便后续处理和管理，需要对下载的视频进行格式标准化。一种常见的处理方法是将非 AVI 格式的视频转换为 AVI 格式，这样可以统一视频格式，便于后续处理和播放。转换格式后的视频可以存储到本地视频库中，以供用户随时观看或者进一步编辑处理。这种标准化处理能够提高视频管理的效率和便利性，使得用户能够更加方便地管理和利用网络视频资源。

（二）视频处理模块

视频处理模块的重要组成部分包括结构化处理和特征提取。首先，在结构化处理方面，该模块负责对视频进行镜头分割和关键帧提取，以构建视频的层次结构。通过镜头分割，系统可以将视频分解为逻辑上相对独立的片段，有利于后续的分析和检索。而提取关键帧则是为了从每个片段中挑选出最能代表其内容的帧，以便更有效地表示视频内容。其次，在特征提取方面，该模块会对关键帧进行颜色特征提取，并运用 PCA 降维算法对这些特征进行简化处理，然后将其存入数据库，构建特征库。这样的处理方式有助于减少特征维度，提高存储和检索效率，同时确保提取到的特征能够准确地表征视频内容。

（三）视频分类模块

有效的组织和分类方式对面向 Web 的视频检索至关重要。在互联网上，视频数量庞大，没有有效的组织和分类方式将导致用户在检索所需视频时花费大量时间和精力。因此，通过对视频关键帧进行自动聚类，并结合视频语义信息和关键帧的视觉特征，以及利用视频相关文字信息进行预分类，可以实现对视频的有效分类和组织，从而提高检索效率。

视频分类模块是实现有效视频组织和分类的关键。该模块通过对视频关键帧进行自动聚类，无须人工干预，从而实现了高效的视频分类。通过结合语义信息和视觉特征，视频分类模块能够确保关键帧的聚类准确性和效率。这种自动化的方法不仅节省了人力成本，而且提高了分类的准确性和速度。

为了进一步提高关键帧的聚类效果，可以利用大致的预分类和颜色特征聚类方法。预分类可以将关键帧划分到大致的类别中，然后再利用颜色特征聚类方法提高关键帧在语义和特征上的相似度。同时，为了保持类与类之间的距离尽可能大，这种方法还能够有效地避免类别之间的混淆和重叠。

视频的分类相较于关键帧而言更加复杂，因为一个视频可以同时隶属于不同的类别。这就需要视频分类系统具备更强大的灵活性和智能性，以便准确地将视频归到多个相关类别中，从而更好地满足用户的检索需求。

在实际应用中，视频文本库存储爬虫处理的视频文件集合，而关键帧库则采用 SQL Server 进行存储，包含了关键帧的特征、类型和文件路径等信息。随着关键帧库规模的增大，特征库的检索和匹配成为系统的瓶颈，因此视频分类对系统具有重要意义。通过有效的视频分类，可以减轻系统的负担，提高视频检索的效率和准确性，从而为用户提供更好的检索体验。

（四）检索模块

检索模块的主要功能包括提供查询界面和进行特征匹配处理。在查询界面方面，该模块设计了用户友好界面，以便用户能够方便快捷地输入查询信息，并提供了图像示例查询功能，使用户可以通过上传图像来进行检索，这种直观的交互方式提高了系统的易用性。在特征匹配处理方面，检索模块会精确提取查询图像的特征向量，并与数据库中的关键帧特征向量进行匹配，以快速找出最相似的三个类别。接着，进一步对这些类别进行处理，系统会精确地找出最相似的 20 幅图像帧，这样的处理方式能够有效地缩小检索范围，提高检索结果的准确性和可靠性。

由于每帧图像都与一个特定的视频相关联，检索模块将统计这 20 幅图像帧所关联的视频，并按照关联度的大小进行排序。最终，将返回关联度最高的前 5 个视频，并按照关联度的大小从高到低进行显示。这样，用户能够直观地看到与输入图像最为相似的视频内容。

返回的三类结果对应着三列不同的视频列表。这些列表按照与待检索图像的相似度进行排序，从左到右，相似度逐渐降低。这样的设计有助于用户快速了解哪些视频与输入图像最为接近，从而更有效地进行视频检索。

第四节　视频数据挖掘关键算法与模块实现

一、数据库的设计

数据库系统中主要的数据库有视频库、关键帧库、特征库，因此首先设计这些数据库对应的表结构，如表 7-1 ~ 表 7-6 所示[①]。

视频信息表用于存储视频的名称、存储路径、视频类型、视频大小、视频类别等信息，为后续检索提供视频的信息。通过此表可以查知视频的位置以便在返回结果中显示。

---

① 表格引自：李向伟. 基于内容的视频检索关键技术研究 [D]. 兰州：西北师范大学，2007：44-47.

表 7-1 视频信息表

列名	数据类型	长度	允许空	备注
vid	int	4	否	视频全局唯一 ID，主键，递增
VideoName	varchar	200	是	视频名
VideoPath	varchar	200	是	视频存储路径
VideoType	varchar	50	是	视频类型
VideoDescription	varchar	200	是	视频描述
VideoSize	int	4	是	视频大小

关键帧表用于存储关键帧的名称、存储路径、关键帧类型、关键帧大小、关键帧类别等信息，为后续检索提供关键帧的信息。通过此表可以查知关键帧所关联的视频是哪个，并且可知道关键帧所属的聚类类号等。

表 7-2 关键帧表

列名	数据类型	长度	允许空	备注
pid	int	4	否	所有关键帧的全局唯一 ID，主键，递增
ImageName	varchar	200	是	图像帧名
ImagePath	varchar	200	是	图像帧存储路径
ImageType	varchar	50	是	图像帧类型
ImageDescription	varchar	200	是	图像帧描述
Belongvideo	varchar	50	是	图像帧所关联的视频 ID
ImageSize	int	4	是	图像帧大小
Class	int	4	是	图像帧所属的大类类号
Subclass	int	4	是	图像帧所属的小类类号

关键帧特征表存储的是关键帧的颜色特征，这些是经 PCA 算法降维后所形成的 256 维特征向量。

表 7-3 关键帧特征表

列名	数据类型	长度	允许空	备注
pid	int	4	否	关键帧全局唯一 ID，关联关键帧表中的 pid
pca0	float	8	是	降维后的图像帧颜色特征向量第 1 个分量
pca1	float	8	是	降维后的图像帧颜色特征向量第 2 个分量
……	……	……	……	……
pca255	float	8	是	降维后的图像帧颜色特征向量第 256 个分量

PCA 降维算法的变换矩阵就保存在 PCA 变换矩阵表中，一共 1 024 行 256 列。

表 7-4 PCA 变换矩阵表

列名	数据类型	长度	允许空	备注
pid	int	4	否	PCA 降维算法变换矩阵行号
pca0	float	8	是	PCA 降维算法变换矩阵第 1 个列向量
pca1	float	8	是	PCA 降维算法变换矩阵第 2 个列向量
……	……	……	……	……
pca255	float	8	是	PCA 降维算法变换矩阵第 256 个列向量

视频类向量表保存了视频的类向量，表明视频所属类的情况。由于视频的关键帧可能被聚到多个类中，因此说明视频的类向量也是多维的，此处设置视频类向量的维数为 50。

表 7-5 视频类向量表

列名	数据类型	长度	允许空	备注
cid	int	4	否	视频全局唯一 ID
c0	int	4	是	视频类向量的第 1 个分量
c1	int	4	是	视频类向量的第 2 个分量
……	……	……	……	……
c50	int	4	是	视频类向量的第 51 个分量

视频关键字表保存视频相关文字信息，每个视频最多有 8 个关键字作为它的语义信息。

表 7-6 视频关键字表

列名	数据类型	长度	允许空	备注
vid	int	4	否	视频全局唯一 ID
k0	nvarchar	20	是	视频的第 1 个关键字
k1	nvarchar	20	是	视频的第 2 个关键字
……	……	……	……	……
k7	nvarchar	20	是	视频的第 8 个关键字

聚类中心向量表如表 7-7 所示，用于保存聚类后每个类簇的中心特征向量，方便后续检索时用于匹配计算。降维后更简化了该计算。

表 7-7 聚类中心向量表

列名	数据类型	长度	允许空	备注
cid	int	4	否	类簇的全局唯一 ID
pca0	float	8	是	降维后的类簇中心的特征向量第 1 个分量
pca1	float	8	是	降维后的类簇中心的特征向量第 2 个分量
……	……	……	……	……
pca255	float	8	是	降维后的类簇中心的特征向量第 256 个分量

二、关键帧生成子系统的设计

该子系统的功能是获取视频库中视频的关键帧。其主要是对视频进行镜头分割，提取镜头中的关键帧，并将关键帧存储为 JPG 格式的图像。因此，此部分的主要功能有镜头分割和关键帧提取，这是构建关键帧库的重要部分。

(一) 镜头检测算法

视频分析中的镜头检测算法关键在于其基本思想和颜色特征变化的利用。首先，其基本思想是通过比较帧间的差异来识别镜头的变换，这一过程涉及对视频帧之间的色彩和构图等方面进行分析。具体来说，视频中的镜头变换通常伴随着颜色特征的变化，因此颜色特征变化成为确定镜头变换位置的重要依据。在方法选择上，采用 HSV 色彩模型计算帧间颜色差异度，因为 HSV 模型能更好地反映人的视觉对色彩的感知，从而提高了算法的准确性和鲁棒性。

利用两帧图像在 H、S、V 三个分量的差异度 D_H、D_S、D_V 及 ω_1、ω_2、ω_3 来定义相邻两帧 f_i 和 f_{i+1} 的帧间差 $D_{i,i+1}$，公式如下：

$$D_{i,i+1} = (\omega_1 D_H + \omega_2 D_S + \omega_3 D_V) / 3 \tag{7-15}$$

其中

$$D_H = \left[\left| A_H(f_i) - A_H(f_{i+1}) \right| + \left(E_H(f_i) - E_H(f_{i+1}) \right)^2 \right]^2 \tag{7-16}$$

$$D_S = \left[\left| A_S(f_i) - A_S(f_{i+1}) \right| + \left(E_S(f_i) - E_S(f_{i+1}) \right)^2 \right]^2 \tag{7-17}$$

$$D_V = \left[\left| A_V(f_i) - A_V(f_{i+1}) \right| + \left(E_V(f_i) - E_V(f_{i+1}) \right)^2 \right]^2 \tag{7-18}$$

$$\omega_1 = D_H / (D_H + D_S + D_V) \tag{7-19}$$

$$\omega_2 = D_S / (D_H + D_S + D_V) \tag{7-20}$$

$$\omega_3 = D_V / (D_H + D_S + D_V) \tag{7-21}$$

式中，$A_H(f_i)$、$A_S(f_i)$、$A_V(f_i)$ 分别表示帧 f_i 中对应的 H、S、V 三个颜色分量的均值，而 $E_H(f_i)$、$E_S(f_i)$、$E_V(f_i)$ 分别表示帧 f_i 中 H、S、V 三个颜色分量的方差。

利用公式 (7-15) 就可以计算得到相邻两帧的帧间差，接下来就可以与定义的阈值进行比较。阈值的设置对镜头检测算法来说很重要。如果阈值设置得当，那么单个帧变化时对整个视频帧间差的计算影响不大，甚至可以忽略。这样一来就可以检测到一般的突变和渐变的镜头。如果阈值设得严格，则会使算法对视频各帧中的细微变化都很敏感，在没有镜头变换的地方还能检测出镜头变化，这就失去了镜头检测的意义；如果阈值设得宽松，则会导致检测不到镜头的转换，如此也不利于镜头检测工作进行。

因此，该模块定义了三个经验阈值 t_1，t_2 和 t_3。帧间差与阈值的判断具体实现如下：
// 计算两帧的帧间差
diff=（w1×DH+w2×DS+w3×DV）/3;
// 与阈值进行判断
if（diff<t1&&t1-diff>t2）
   continue;
elseif（diff>t1&&diff-t1>t3）
{
   if（(loop-m_shotBoundary[m_shotBoundary.size（）-1]）>minFrames/mstep）
   {
      m_shotBoundary.push_back（loop）;
   }
}
else
{
   // 比较 DH，DS，DV 与 t1 的大小，若任意两个大于 t1，则出现镜头变换
   if((DH>t1&&DS>t1)||（DH>t1&&DV>t1)||（DS>t1&&DV>t1))
   {
      if（(loop-m_shotBoundary[m_shotBoundary.size（）-1]）>minFrames/mstep）
      {
         m_shotBoundary.push_back（loop）;
      }
   }
}

（二）关键帧提取方法

关键帧生产子系统在视频分析中扮演着重要角色，其关键点包括关键帧的用途、提取方法和代表性。关键帧作为视频索引的一部分，有助于减少索引数据量，提高检索效率，并作为视觉特征库的数据源，为后续分析提供基础。一般采用简单有效的方式提取关键帧，首先计算镜头内各帧的 HSV 颜色空间全局直方图，然后通过直方图相似度聚类帧，选取各类的第一帧作为关键帧。这种方法不仅操作简便，而且能够保证选取的关键帧具有代表性。由于不同类别的帧之间的不相关性更强，因此选取的关键帧更具代表性。同时，还可以根据镜头的长短和内容的特点选择相应数量的关键帧，以更好地反映视频的内容特征。算法步骤如下：

第一，设镜头 Shot 有 N 帧，将第一帧 f_i 直接构成第一类，并作为关键帧。具体实现如下：
   if（framesequence==bound_of_shot[i]+1）// 第一帧直接构造第一类

```
        {
            class_center.push_back (vector<vector<int>> (L, S);
            for (inti=0; i<QH; i++)
                for (intj=0; j<QS; j++)
                {
                    class_center[0][i][j]=frame_Hist[framesequence][i][j];
                }
        frame_in_class.push_back (0);
        frame_in_class[classnum]++;
        keyframe.push_back (framesequence);
        classnum++;
        continue;
        }
```

第二，计算当前帧 f_i ($i=2$，3，$\cdots$，N) 与已有的所有类中心的直方图相似度得到相似度序列 D_1，D_2，$\cdots$，D_c (目前共有 c 个类)，找出相似度序列中的最大值 D_{max}。具体实现如下：

```
        for (intclassloop=0; classloop<classnum; classloop++)
        {
            …
            for (inti=0; i<QH; i++)
                for (intj=0; j<QS; j++)
                {
                    temp[i][j]=class_center[classloop][i][j];
                }
            similar=CalSimilar (frame_hist[framenum], temp);
            if (similar>maxSimilar)
            {
                maxSimilar=similar;
                classresult=classloop;
            }
            …
        }
```

第三，比较 D_{max} 与事先设定的阈值 T，如果 $D_{max}>T$，则调整该类 max 的类中心，该类的帧数加一。若 $D_{max}<T$，则 f_i 构成新的一类，并选取作为关键帧。主要实现如下：

```
        if (maxSimilar>=gate) // 在阈值内则把该帧加到选中的类中，并调整类中心
        {// 调整类中心
            for (inti=0; i<QH; i++)
                for (intj=0; j<QS; j++)
```

                {
                        class_center[classresult][i][j]=
(class_center[cateresult][i][j]*frame_in_class[classresult]+
frame_hist[framesequence][i][j]) / (frame_in_class[classresult]+1);
                }
// 该类帧数加 1
frame_in_class[classresult]++;
}

第四，如此重复，直到镜头的最后一帧。

三、数据库子系统的管理与分析

数据库子系统的数据库主要有视频库、关键帧库、特征库等。该子系统需要负责数据库的管理、维护和聚类分析，包括数据库表的创建、添加、更新、查找和聚类分析等功能。

（一）数据库子系统的管理

数据库子系统主要实现了视频库、关键帧库的导入和特征库、类中心向量特征库的建立，并对聚类后的类计算类中心向量，方便后续的检索匹配，以简化计算，缩短检索时间。在数据库管理界面，点击导入视频按钮，设置批量视频文件所在的文件夹路径，并确定输入，就可以将该路径下的所有视频批量导入数据库中。同理，可批量导入视频关键帧，通过 PCA 训练得到关键帧的降维后的特征库，同时将特征库按照 k 均值聚类算法聚类并计算类中心向量和建立视频类向量等。

（二）特征库聚类分析

检索算法的关键则在于结合语义对特征库进行聚类分析，以达到将具有相似语义和相似特征的图像聚在一起的目的。系统在导入关键帧的同时，首先依据关键字语义将具有相似语义的关键帧聚在一起，在计算得到降维后的特征库后再利用 k 均值聚类算法在每个大类中使具有相似特征的关键帧聚为一类，并计算得到各类的中心向量。

第一，根据关键字聚成大类。

第二，利用 k 均值聚类算法，对特征库进行聚类分析，从而将具有相似特征的图像帧聚为一类。k 均值聚类算法用 MATLAB 写成，编译成 DLL 文件，vs2003.net 即可通过添加引用方式，将该 DLL 文件作为 COM 组件添加，C# 后台程序只需函数调用便可使用 k 均值聚类算法对特征库进行聚类分析。其具体实现如下：

stringstrcmd1=" select × frompcafeawherepidin（selectpidfrom
KeyFrameTablewhereclass=" +i.ToString（）+"）orderbypid";
DataSetds1=DbClass.GetDs（sqlConn, strcmd1);
DataTabledt1=ds1.Tables[0];
double[,]stdvec=newdouble[dt1.Rows.Count, 256];

```
int[]pidvalue=newint[dt1.Rows.Count];
for (intk=0; k<dt1.Rows.Count; k++)
for (intj=0; j<256; j++)
stdvec[k, j]=Convert.ToDouble (dt1.Rows[k][j+1].ToString ( ));
for (intk=0; k<dt1.Rows.Count; k++)
pidvalue[k]=Convert.ToInt32(dt1.Rows[k][0].ToString ( ));
// 进行聚类
kmeans.kmeansclasskc=newkmeansclass ( );
MWNumericArray
mstdvec= (MWNumericArray) kc.K_means ((MWNumericArray) stdvec, 8);
kc.Dispose ( );
…
double[, ]subvec= (double[, ]) mstdvec.ToArray (MWArrayComponent.Real);
…
```

四、基于内容的视频检索子系统的设计

基于内容的视频检索子系统实现了与用户交互进行视频检索，为用户提供了示例查询的方式。用户可供图像示例，点击浏览按钮，便可以从本机中选择图像进行检索查询。系统将自动提取图像颜色特征，与特征库中类簇中心进行相似性度量，最终返回与图像具有相似性的视频。

(一) 图像特征匹配

特征匹配是判断相似性的首要任务。特征库规模大时，若不建立索引而是一个个进行特征匹配则太耗时，效率不高。因此，系统首先将查询图像的特征与类中心特征向量进行比较，简化了与特征库中所有关键帧的特征进行比较的流程，提高了检索的效率。同时，相似性度量的算法会影响到匹配的效果。视频检索子系统中采用了欧氏距离来进行相似性度量，主要代码如下：

```
for (inti=0; i<num; i++)
{
total=0;
    for (intk=1; k<table.Columns.Count; k++)
{
    floatfeatures=float.Parse (dt1.Rows[i][k].ToString ( ));
    total+=System.Math.Pow (features-pfea_query[k-1], 2.0)
}
total=1/System.Math.Sqrt (total);
similar.Add (dt1.Rows[i][0].ToString ( ) +": " +total.ToString ( ));
```

（二）图像查询及结果显示界面

这一部分包括了显示查询样例图像和返回的检索结果图像。视频检索子系统通过对示例图像进行特征提取，然后根据示例图像的特征与类中心特征向量，按照选定的算法进行相似性匹配，最后选出距离最近的三类，并在每一类中再进行一次匹配，找到相似度最高的前 20 幅图像帧，每帧都关联了一个视频，统计关联最多的前 5 个视频进行返回，按关联度大小从高到低显示 5 个视频。由于计算机自动为特征库进行聚类，因此会出现某些类中图像数较某些类的少，那么关联的视频也就少一些，于是会出现有些类返回的视频数目少于 5 个的情况。

用户在使用此系统时，需要先输入所要检索的图像。检索页面最上面较大的一幅图像即是用户想要检索的图像。用户点击检索按钮进行检索，系统在检索时会先对用户输入的图像进行分析，提取特征值。而后系统将在数据库中检索与该特征值相似的关键帧，并将关键帧关联的视频显示出来。最后系统将检索出来的结果分成三列，与待检索图像的相关性逐次递减。

考虑到用户可能需要查看检索出来的结果，看是不是其所需的视频，因此此系统设计了一个视频播放页面。用户通过点击检索结果中某个视频的关键帧或视频名称，由系统自动播放该视频，方便用户查看是不是所需视频。

第八章 云计算及其与大数据的关系

随着信息技术的飞速发展，云计算作为一种新兴的计算模式，已经深刻地改变了人们对计算资源的使用和分配方式。本章深入探讨云计算的概念、架构、模式及其与大数据的紧密关系，帮助人们深入理解这一重要技术领域。

第一节 云计算的认知

云计算是一种基于互联网的计算模式，通过将计算资源（包括计算能力、存储空间、网络带宽等）以服务的形式提供给用户，实现了按需获取、灵活使用和按实际使用量付费的特点。在云计算模式下，用户可以通过互联网随时随地访问和利用云服务提供的计算资源，而无须拥有和管理实际的物理设备。

云计算发展至今，已经成为新兴技术产业中最炙手可热的领域，受到媒体、企业和高校的广泛关注。由于各种云计算产品不断更新，相关产业基地也在发展壮大，再加上政府的政策支持，IT行业的云计算模式知名度越来越高，作为互联网的新模式，越来越广泛地被应用于人们的日常工作和生活中。云计算正在悄然无声地改变着人们的生产和生活方式。

当前，国内外的云计算都在蓬勃发展，云计算相关产品和服务也层出不穷，被应用于多个行业和领域。从本质上来看，云计算是一种虚拟计算资源，能够自我维护和管理，由多个大型服务器组成，包括计算服务器、存储服务器、宽带资源等。云计算集中了各种计算资源，在特定软件上进行自我管理，不需要人的干预。用户可以随时获取所需资源，各种应用程序都可以运转，不用在意无关紧要的细节，便于用户集中精力处理业务，工作效率大大提高，同时成本也大为降低。

一、云计算的基本特点

云计算是一种新型的计算模式，具有可扩展性、灵活自如、根据需要使用等特点，受到学界和业界的一致好评。云计算的基本特点主要有以下几个。

（一）提供自助服务

云计算平台通过自助服务的方式，使客户能够根据自身需求灵活使用资源。这意味着客户无须与云服务提供商直接交流，而是可以直接获取所需的服务器、网络存储、计算能力等资源。举例来说，一个公司可以根据其业务需要，动态地调整和配置云资源，而无须等待烦琐的人工审批或配置过程。这种灵活性和自主性使得云计算成为企业实现快速响应市场需求的重要工具，同时也提高了资源利用率和效率。

（二）网络访问方式多样化

云计算提供了多种网络访问方式，客户可以通过各种类型的客户端在互联网上访问云资源池。无论是通过手机、平板电脑、工作站点，还是其他类型的设备，用户都能够便捷地连接到云服务。这种多样化的访问方式为用户提供了极大的便利性和灵活性，使得他们可以随时随地通过任何设备访问所需的云服务，从而提高了工作效率和便捷性。举例来说，一个销售团队可以通过他们的移动设备随时随地访问销售数据和客户信息，从而更好地管理客户关系和促进销售业绩的增长。

（三）资源池的抽象性

在云计算环境下，客户无须关心资源的具体位置，而是可以直接从资源池中获取各种计算资源。这意味着客户无须了解服务器的物理位置或网络存储的具体分布情况，而是通过云服务提供商提供的统一接口直接获取所需资源。资源池的抽象性使得客户能够更加专注于自身业务需求，而不必过多关注底层的物理设施。此外，资源池还具有动态扩展和自我分配的能力，即当客户需求增加时，云计算平台可以自动地扩展资源池的规模，以满足客户的需求，从而提高了系统的灵活性和可扩展性。

（四）速度快且弹性大

云计算提供的计算能力在分配和释放方面具有很大的弹性。例如，当有新的任务需要执行时，云计算平台可以快速地分配所需的计算资源，并在任务完成后及时释放这些资源，以避免资源闲置浪费。这种弹性的计算能力使得云计算平台能够更加高效地响应客户需求，同时也能够有效地应对不确定的工作负载变化。换句话说，云计算平台打破了传统计算资源分配中的时间和数量的限制，使得资源的使用更加灵活和高效。

（五）服务可评测

云计算系统能够根据各项指标如存储、处理、活跃用户账号等方面的具体情况，自动控制资源分配，使其更合理。这种自动化的资源分配不仅能够提高资源利用率，还能够确保服务的稳定性和性能表现。同时，云计算平台还可以为客户提供数据服务，使得服务的运行更加透明化。通过监控和评估各项指标，云计算系统能够及时调整资源分配，确保用户能够获得最优质的服务体验。

（六）用户界面友好

相比于其他计算模式如网格计算、全局计算以及互联网计算等，云计算具有更加友好的客户界面。用户在使用云计算时可以遵循之前的工作习惯，保留原有的工作环境。只需安装较小的云客户端软件，用户即可快速接入云计算平台。这种客户端软件占用内存较小，安装成本也相对较低。云计算的界面与用户所在地理位置无直接关联，利用成熟的 Web 服务框架和互联网浏览器等接口，用户能够直接访问云计算资源，而无须受时间和地点的限制。这种界面友好性不仅提升了用户体验，还增强了安全性和可靠性，使得用户能够更加便捷地享受云计算所提供的各种资源和服务。

（七）根据需要配置服务资源

云计算平台能够提供的资源和服务完全根据客户自身的需求或购买权限进行配置。客户在选择计算环境时可以结合自身的具体情况，根据业务需求、预算限制以及其他因素，灵活地配置所需的服务资源。与传统的 IT 模式相比，云计算赋予了客户更大的管理特权，使其能够更加精确地控制和管理所使用的计算环境，从而提高了资源利用率和运行效率。

（八）能够保证服务质量

云计算平台为客户提供的计算环境质量都得到了保证。客户无须担心质量问题，因为云计算提供的底层基础设施建设和维护等方面都是安全可靠的。云服务提供商会对基础设施进行持续监控和管理，确保其处于稳定、可靠的状态，并且按照约定的服务水平协议（SLA）提供服务。这种服务质量保证使得客户能够放心地将业务和数据部署在云计算平台上，同时减少了因为基础设施故障或性能问题而造成的业务中断和损失。

（九）拥有独立系统

云计算系统是一个完全独立的体系，其管理模式也是透明化的。在云计算系统中，软件、硬件和数据能够实现自动化配置和强化，使得整个系统运行更加高效稳定。客户看到的是一个统一的平台，无论是在操作系统层面，还是应用层面，都能够体现出一致性和统一性。这种独立系统的特性使得客户能够更加方便地管理和使用云计算平台，同时也增强了系统的安全性和稳定性。

（十）具有可扩展性和极大的弹性

可扩展性和极大的弹性是云计算最重要的特征，也是将其与其他计算模式区分开来的本质特征。云计算服务具有多方面的可扩展性，包括地理位置、硬件功能、软件配置等方面。无论是在全球范围内扩展数据中心，还是根据客户需求动态调整硬件资源，云计算都能够灵活应对。同时，云计算还具有极大的弹性，能够根据客户的多样化需求进行快速调整和适应。无论是在业务高峰期还是资源需求增加时，云计算都能够迅速扩展计算资源，以满足客户的需求。这种可扩展性和弹性使得云计算成为企业应对不断变化的业务环境和需求的重要工具。

二、云计算的类型划分

云计算模式涵盖的范围非常广，从底层的软硬件资源聚集管理，到虚拟化计算池乃至通过网络提供各类计算服务。因此，具体的云计算系统具有多种形态，可提供不同的计算资源服务。

针对云计算系统可以提供何种类型的计算资源服务，以服务类型为划分标准，可以将云计算划分为基础设施类、平台类、应用类三类不同的云计算系统；以所有权划分，可以分为公有云、私有云、混合云和社区云。

（一）根据服务类型划分

1. 基础设施类

基础设施类云计算系统通过网络向企业或个人提供各类虚拟化的计算资源，包括虚拟计算机、存储、虚拟网络与网络设备，以及其他应用虚拟化技术所提供的相关功能。虚拟化技术是指通过对真实的计算元件进行抽象与模拟，虚拟出各种类型的计算资源。虚拟化技术可以在一台服务器中虚拟出多个虚拟计算资源，也可以使用多台服务器虚拟出一个大型的虚拟设备。例如，一台计算机中可以虚拟出多个虚拟机，分别安装不同的操作系统，实现一台服务器当多台服务器使用；也可以将多个存储设备虚拟成一台大的存储服务器。在基础设施类的云计算系统中，用户可以远程操纵所有虚拟的计算资源，几乎接近于操作真实的计算机硬件服务。

在基础设施类的云计算系统中，最为典型的基础设施类云计算系统当属亚马逊虚拟私有云服务。亚马逊是全球最大的在线图书零售商，在发展主营业务即在线图书零售的过程中，亚马逊为支撑业务的发展，全面部署IT基础设施，其中包括存储服务器、带宽、CPU资源。

亚马逊以其闲置的资源，诸如存储服务器、带宽以及CPU资源，向第三方用户提供租赁服务，这一云服务被称为亚马逊网络服务（AWS）。同时，亚马逊还设立了网络服务部门，专门为各类企业提供云计算基础架构网络服务平台。用户（包括软件开发者和企业）可以通过亚马逊网络服务获得存储、带宽以及CPU资源，同时还能享受其他IT服务，如亚马逊私有云（VPC）等。

AWS主要由简单存储服务（S3）、弹性云计算（EC2）、简单排列服务，以及目前正在测试阶段的SimpleDB四大核心服务组成。AWS提供的服务简单易用，主要应用包括提供虚拟机、在线存储和数据库、类似大型机时代的远程计算处理以及一些辅助工具。

在这些服务中，Amazon EC2系统采用Xen虚拟化技术，利用Amazon掌握的服务器虚拟出三个不同等级的虚拟服务器，然后向用户出租这些虚拟服务器。用户租用后，可以通过网络控制虚拟服务器，装载系统镜像文件，并配置其中的应用软件和程序。亚马逊为用户提供了非常简便的使用方式：只需通过基于Web页面的登录即可使用，按使用量及时间付费。在这种模式下，用户可以以非常低廉的价格获得计算和存储资源，并且可以方便地扩充或缩减相关资源，从而有效地应对诸如流量突然暴涨等问题。通过网络，用户可以像控制自己本地机器一样使用Amazon提供的虚拟服务器，只需按使用时间付费即可。

2. 平台类

平台类的云计算系统旨在为用户提供包含应用及服务开发、运行、升级、维护，以及存储数据等在内的一系列服务。简言之，这类云计算系统的核心功能是提供中间件服务，用户可利用该系统调用各类中间件提供的服务，实现自身应用的开发、配置和运行。平台类云计算系统解决了应用所需的中间件软件、虚拟化服务器与网络资源以及应用负载平衡等维护方面的需求。

典型的平台类云计算系统包括Google App Engine（GAE）。GAE面向用户提供Web应用开发和运行支持等各类服务。支持的开发语言包括Python、Java等多种Web应用开发语言，同时也支持Django、Cherry、Pylons等Web应用框架。开发者可以利用Google提供的基础设施构建Web应用，开发完成后部署到Google的基础设施上，由GAE托管，并运行在Google数据中心的多个服务器上。GAE负责应用的集群部署、监控和失效恢复，并根据应用的访问量和数据存储需求自动扩展。

GAE在最初推出时提供免费服务。然而，在2012年9月，Google宣布作为核心云计算服务内容的GAE将结束预览期，正式转为收费服务。其收费标准主要基于开发者的使用时间和带宽流量进行。

3. 应用类

应用类云系统直接向用户提供所需的软件服务，这些服务以Web应用的形式提供。用户可以通过浏览器远程登录到软件服务的界面，利用服务提供的各类软件功能。虽然用户使用软件的方式类似于现有的B/S（Browser/Server，浏览器/服务器）系统，但它们在本质上有所不同。应用类型的云计算系统采取租赁式收费模式，用户根据使用的资源、时间等标准付费，而云计算系统的产权归云服务商所有，而B/S系统则通常以整体打包形式出售给用户，产权归用户所有。

典型的应用类云计算系统提供商包括Salesforce公司。Salesforce的运营模式可以简单概括为通过网络服务实现ERP（企业资源计划）软件的功能。用户只需支付少量的软件月租费，即可节约大笔的购买开支。用户购买了Salesforce的使用权，便可获得Salesforce公司提供的appexchange目录，其中存储着上百个预先建立、预先集成的应用程序，涵盖从财务管理到采购招聘等各方面。用户可以根据需要将这些程序定制安装到自己的Salesforce账户上，或者根据公司特定需求对这些应用程序进行修改。用户只需支付少量的软件月租费即可享受这些服务。

（二）根据所有权划分

将云计算系统的所有者与其服务用户作为划分依据，可以将云计算系统划分为公有云、私有云、混合云和社区云。

1. 公有云

公有云又称为公共云，即传统主流意义上所描述的云计算服务。公有云由服务供应商创造各类计算资源，诸如应用和存储，社会公众以免费或按量付费的方式通过网络来获取这些资源，公有云运营与维护完全由云提供商负责。随着信息化技术及云计算技术的发展和普及，企业的传统客户关系管理和拓展方式的弊端日益凸显，需要通过信息化技术来提高效率。目前，大多数云计算企业主打的云计算服务就是公有云服务，一般可以通过互联网接入使用。此类云一般是面向一般大众、行业组织、学术机构、政府机构等，由第三方机构负责资源调配。

(1) 公有云的优点。

第一，公有云具备灵活性。在公有云模式下，用户几乎可以即时配置和部署新的计算资源，这使得用户可以将注意力集中在更为关键的业务方面，从而提升整体商业价值。此外，用户在应用运行期间，能够更加便捷地根据需求变化对计算资源进行调整和组合。

第二，公有云具备可扩展性。当应用程序的使用量或数据量增长时，用户能够轻松地根据需求增加计算资源。许多公有云服务商还提供自动扩展功能，帮助用户自动增加计算实例或存储容量。

第三，公有云提供高性能。在企业中，若某些任务需要高性能计算（HPC）支持，选择在自己的数据中心安装 HPC 系统将成本高昂。相比之下，公有云服务商可以轻松部署最新的应用和程序，并提供按需支付的服务。

第四，公有云成本较低。由于规模经济的效益，公有云数据中心可以获得大部分企业无法达到的经济效益，因此公有云服务商的产品定价通常相对较低。除了购买成本外，通过公有云，用户还能够节省其他成本，如员工成本和硬件成本等。

(2) 公有云的缺点。

第一，安全问题。当企业放弃基础设备并将数据和信息存储于云端时，很难保证这些数据和信息会得到足够的保护。同时，公有云庞大的规模和涵盖用户的多样性也让其成为黑客们喜欢攻击的目标。

第二，不可预测成本。按使用付费的模式其实是把"双刃剑"，一方面它确实降低了公有云的使用成本，但另一方面它也会带来一些难以预料的花费。

2. 私有云

私有云，是指某个公司与社会组织单独构建的云计算系统，该组织拥有云计算系统的基础设施，并可以控制在此基础设施上部署应用程序的方式。私有云可部署在组织的防火墙内，也可以交由云提供商构建与托管。私有云是仅仅在一个企业或组织范围内部所使用的"云"。使用私有云可以有效地控制其安全性和服务质量。

(1) 私有云的优势。

第一，安全性。私有云提供了高水平的安全性。通过内部的私有云，企业可以全面控制其中的各项设备和资源，从而能够根据自身需求和标准部署各种安全措施。这种自主性使得企业能够更好地保护敏感数据和信息资产，防范来自网络攻击和数据泄露的威胁。

第二，法规遵从。在私有云环境中，企业能够确保其数据存储和处理方式符合任何相关的法律法规要求。此外，企业可以全面掌控安全措施，甚至可以选择将数据存储在特定的地理区域，以满足跨境数据流转的法律要求。

第三，定制化。内部私有云使得企业能够精确地选择用于自身程序和数据存储的硬件设备。尽管实际上这些服务往往由服务商提供，但企业仍然能够根据自身需求进行定制化配置，以满足特定业务和技术要求。这种灵活性可以提高企业的运行效率和性能，并最大限度地满足其个性化的需求。

(2) 私有云的劣势。

第一，总体成本高。由于企业购买并管理自己的设备，因此私有云不会像公有云那样节约成本。且在私有云部署时，员工成本和资本费用依然会很高。

第二，管理具有复杂性。企业建立私有云时，需要自己进行私有云中的配置、部署、监控和设备保护等一系列工作。此外，企业还需要购买和运行用来管理、监控和保护云环境的软件。而在公有云中，这些事务将由服务商来解决。

第三，有限的灵活性、可扩展性和实用性。私有云的灵活性不高，如果某个项目所需的资源尚不属于目前的私有云，那么获取这些资源并将其增添到云中的工作可能会花费几周至几个月的时间。同样，当需要满足更多的需求时，扩展私有云的功能也会比较困难，而实用性则需要由基础设施管理和连续性计划及灾难恢复计划工作的成果决定。

3. 混合云

混合云就是将单个或多个私有云和单个或多个公有云结合为一体的环境。它既拥有公有云的功能，又可以满足客户基于安全和控制原因对私有云的需求。出于信息安全方面的考虑，某些组织机构的信息无法放置在公有云上，但又希望能使用公有云提供的计算资源，由此出现了混合云。混合云可以让应用程序运行在公有云上，而最关键的数据和敏感数据的应用程序运行在私有云上。这样就能够借助公有云的高可扩展性与私有云的较高安全性，根据应用需求的不同和出于节约成本的考虑，在私有云和公有云之间灵活选择。

混合云的独特之处：混合云集成了公有云强大的计算能力和私有云的安全性等优势，让云平台中的服务通过整合变为更具备灵活性的解决方案。混合云可以同时解决公有云与私有云的不足，如公有云的安全和可控问题，私有云的性价比不高、弹性扩展不足的问题等。当用户认为公有云不能够满足企业需求的时候，在公有云环境中可以构建私有云来实现混合云。

4. 社区云

社区云是一种云计算模式，其特点在于由多个组织或个体共同使用、管理和维护。社区云通常由特定行业、领域或利益相关方共同组成，旨在满足他们共同的需求和目标。

（1）社区云强调共享资源。不同组织或个体之间共享同一云平台和基础设施，从而实现资源的共享和最大化利用。这种共享可以降低成本，提高效率，避免资源浪费，特别是对于那些无法独立建立自己的云基础设施的小型组织或个体来说，社区云提供了一个成本效益高且可持续发展的选择。

（2）社区云注重定制化和专业化。由于社区云通常由特定领域或行业的利益相关者组成，因此其服务和解决方案往往针对特定需求进行定制和优化。这种专业化和定制化能够更好地满足用户的需求，提供更高水平的服务质量和用户体验。

（3）社区云具有安全性和隐私保护的特点。由于社区云的成员通常具有相似的业务需求和安全标准，因此能够更容易实施统一的安全措施和隐私保护政策。这有助于降低安全风险，并增强用户对数据隐私和安全的信心。

（4）社区云注重合作和共同发展。社区云成员之间通常存在紧密的合作关系，共同推动云计算技术和服务的发展，共享最佳实践和经验，促进行业的创新和进步。

社区云作为一种共享、定制化、安全性高且注重合作的云计算模式，具有重要的意义和价值，为不同组织或个体提供了一个有效的云计算解决方案，有助于推动数字化转型和信息化建设。

三、云计算的未来发展

云计算的发展带动了整个产业链的发展，对中国IT产业的发展产生了重要的影响，主要涉及包括基础架构（服务器、存储器、通信设备、网络设备等）、中间件、应用软件、操作系统、网络服务的规范和信息安全等在内的诸多领域，云计算将开创IT领域全新的应用前景。

未来，云计算主要有两个发展方向：① 发展更大规模的底层基础设施，构建与应用程序紧密结合的大规模底层基础设施，使得其应用能够扩展到更大的规模；② 创建更适应社会发展的云计算应用软件，通过构建新型的云计算应用软件，在网络上提供更加丰富的用户体验。

概括地说，云计算未来的发展将会体现在以下方面：

第一，走在前端的用户将逐渐摒弃将IT基础设施视为资本性开支的观念，而是将其部分转化为服务购买。这一转变将使得用户能够更加灵活地获取所需的计算资源，并将应用程序从特定的架构中解放出来，更加便捷地构建和部署各类服务。

第二，云计算已经成为不可阻挡的发展趋势，但同时也带来了国家信息安全面临的严峻挑战。因此，国家必须加大力度研发具有自主核心技术的云计算平台，以保障信息安全和国家利益。

第三，计算的发展将对产业链产生深远影响。尤其对中小型企业而言，云计算的应用将极大地促进其发展。因此，我国必须积极发展自己的云计算技术与系统，以提升整体产业竞争力和创新能力。

对中小型企业而言，由于自己投入资金建立数据中心成本太高，回报率低，所以采用云计算的租用模式正好可为中小型企业提供比较合适的解决方案。对服务器、存储等硬件厂商和软件提供商而言，可以通过云计算这个平台更好地推广自己的产品以获得更多更好的市场机会。目前云计算运营商正在大力地、快速地部署云计算。如全国各地正在兴建的数据中心，由政府部门及旗下事业单位主导的超级数据中心将有望成为面向公众的云计算主营。运营商、大型互联网公司、托管服务商、服务器提供商、存储器等硬件提供商、软件平台提供商等将成为最具有潜力的云计算运营商。

云计算作为新一代产业浪潮的重要驱动，将会对社会和经济的发展带来深远影响。主要表现包括：① 将推动中国信息技术设施的建设和信息化发展的进程；② 将促进构建更大规模的生态系统，推动IT产业的发展；③ 促进提升科技创新能力；④ 可以实现降低成本，有助于绿色IT发展和节能减排。

第二节　云计算的基本架构

云计算是一种商业计算模型，它将计算任务分布在大量计算机构成的资源池上，使用户能够按需获取计算力、存储空间和信息服务。美国国家标准和技术研究院提出云计算的三个基本框架（服务模式），即基础设施即服务、平台即服务、软件即服务。

一、基础设施即服务

基础设施即服务（IaaS）是云计算架构的重要组成部分，在架构当中处于最底层。IaaS 的功能是提供存储服务、虚拟服务器以及其他与计算有关的资源。IaaS 通过提供功能，可以协助用户处理计算资源定制过程当中遇到的问题。用户可以利用购买的方式获得部署权限、操作系统权限、访问应用程序的权限。获取权限之后，用户不需要付出额外的精力对基础设施进行维护或者管理。除此之外，用户也可以在权限允许范围内对网络组件作出更改，让组件更好地满足自身的使用需求。IaaS 通常按照所消耗资源的成本进行收费。

（一）基础设施即服务的功能

当云服务提供商不同时，云服务所使用的基础设施也会有所不同。但是，所有的云服务提供商所提供的底层基础资源服务在一般情况下会显现出普遍特征。具体来讲，基础设施层具备如下功能。

1. 资源抽象

在基础设施层的建设过程中首先需要解决的是硬件资源。基础设施层建设需要利用到存储设备、服务器设备等硬件资源。基础设施层想要做到更高层次的资源管理，那么需要抽象化处理资源，这样才能建立资源管理逻辑。抽象化处理资源是对硬件资源做出虚拟化的处置。

在虚拟化过程中首先要忽略硬件产品存在的不同之处，其次要为所有的硬件资源配备一致的数据接口，对所有的硬件资源使用一致的管理逻辑。如果基础设施层使用的逻辑有差异，那么即使资源类型相同，资源在虚拟化的过程中也会展现出较大的不同。

分析具体的业务逻辑以及实际工作需要使用到的基础设施层服务接口，可以发现资源的抽象化处理需要涉及多个层次。举例来说，目前资源模型当中涉及的资源抽象层次主要有虚拟机、云以及集群。基层设施层的构建需要以资源抽象作为前提和基础。在资源抽象化处理的过程中需要解决的首要核心问题就是如何从全局角度出发对各种各样品牌、型号的资源展开抽象化处理，并将资源呈现给用户。

2. 资源监控

资源监控功能直接影响到基础设施层的工作效率，想要实现负载管理，那么必须做到资源监控。基础设施层使用的资源监控方法多种多样，通常情况下，基础设施层会监控中央处理器的使用率，会监测其他存储器的使用率以及监控读写操作。除此之外，基础设施层还会监控网络的输入情况、输出情况、路由状态。

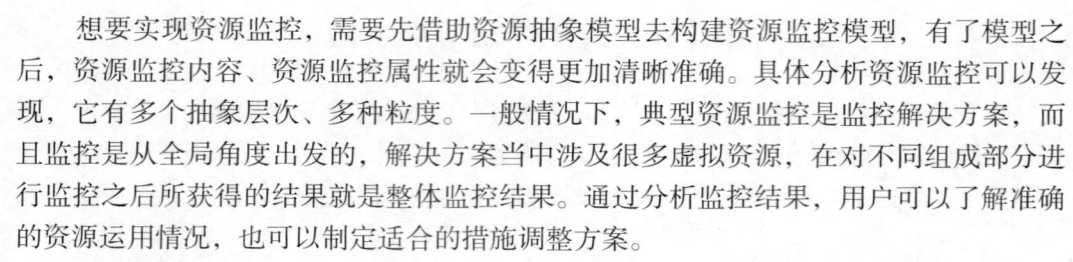

想要实现资源监控，需要先借助资源抽象模型去构建资源监控模型，有了模型之后，资源监控内容、资源监控属性就会变得更加清晰准确。具体分析资源监控可以发现，它有多个抽象层次、多种粒度。一般情况下，典型资源监控是监控解决方案，而且监控是从全局角度出发的，解决方案当中涉及很多虚拟资源，在对不同组成部分进行监控之后所获得的结果就是整体监控结果。通过分析监控结果，用户可以了解准确的资源运用情况，也可以制定适合的措施调整方案。

3. 资源部署

资源部署是指遵照自动化部署流程进行资源转运，让资源可以被上层应用使用的资源转移过程。如果虚拟化的硬件资源环境已经基本构建完成，那么就应该开始初步作出资源部署。除此之外，应用开始真正运行的时候，也会发生二次或者更多次的资源部署。多次的资源部署是为了让上层应用提出的资源需求得到有效满足。总的来看，在运行过程中需要展开多次动态的资源部署。

动态部署涉及很多应用场景，在所有场景当中最为经典的是基础设施层动态可伸缩性的实现场景。也就是可以通过云的应用，快速地调整部署，以满足用户提出的需求或者满足服务状况出现的变化。如果用户面临过高的负载工作，那么通过动态部署，用户可以扩张服务实例的数量，自主获取相应的资源。一般情况下，伸缩操作完成速度非常快，而且规模变大时，操作的复杂程度并不会随之增加。

除此之外，还有一个经典场景，那就是故障恢复以及硬件维护。因为云计算涉及很多数量、很大规模的服务器，所以，云计算这一分布式系统当中经常会出现一些硬件故障。在故障修复或者硬件维护的过程中，需要将有故障的硬件暂时移除，此时就需要基础设施层复制原来服务器的数据以及原来服务区的所处环境，如此，才能快速修复云计算分布式系统所遇到的故障，才能保证分布式系统始终提供有效服务。

如果基础设施层使用了不同的技术，那么资源部署使用的方法也会有所不同。如果基础设施层使用了服务器虚拟化技术，那么资源部署将会变得更容易。但是，如果没有使用技术，而是单纯地依靠传统的物理环境，那么资源部署操作将会变得更加困难。

4. 负载管理

因为基础设施层当中涉及大量的资源集群，所以，基础设施层的节点面临非均匀分布的负载。如果节点能够保持合理的资源利用率，那么，即使出现了负载不均匀的情况，也并不会引起更为严重的问题。但是，如果节点没有办法保持合理的利用率或者不同节点之间呈现出了较大的负载差异，那么就会导致出现严重问题。假如大多数的节点都处于负载较低的状态，那么资源就会被大量浪费，此时，基础设施层就需要启动自动化负载平衡机制。该机制的作用是提升资源使用率，关闭不被利用的资源。假如资源利用率呈现出较大的差异，那么就会有一部分节点面临过高的负载，这时，上层服务性能会直接受到不良影响。与此同时，一部分节点面临过低的负载，资源无法发挥作用。在这样的情况下，需要利用自动化负载平衡机制转移节点负载。通过转移的方式，所有节点将会面临更加合理的负载，所有的资源也将会得到充分利用。

5. 计费管理

云计算会根据使用量计费。云计算可以对上层使用情况进行监控，并且计算某个时间段当中存储资源、网络资源的消耗情况，计算出的结果就是具体的收费依据。如果传输任务涉及大量的数据，那么单纯地依靠网络传输可能要花费更多的费用，而且传输时间比较久。在这样的情况下，云计算可以转换数据提供方式，将数据存储在可以移动的设备当中，然后通过快递运输设备的方式传输数据。这样的传输方式既能够完成相关的业务，也能够帮助用户节约数据传输费用。

6. 存储管理

在云计算环境当中，有多种多样的数据种类需要被软件系统处理，例如，非结构化形式的二进制数据、结构化形式的 XML 数据、低级关系类型的数据库数据都是需要被软件处理的数据，当基础设计层具备的功能有所差异时，数据管理也会面临较大的不同。基础设施层当中包括很多以数据为中心的规模比较大的服务器集群，而且服务器集群可能来自不同的数据中心，在此种情况下，基础设施层要求数据要具备完整性、可靠性，并且数据必须可管理。

7. 安全管理

安全管理的目的是保证基础设施资源可以合法利用。个人电脑为了保证电脑自身数据的安全、程序的稳定通常会设置防火墙来预防其他潜在的威胁。数据中心也是一样，会专门设置防火墙，并设置隔离区。设置隔离区的目的是阻止其他恶意程序的访问和入侵。云计算当中有很多的数据，所以，必须设置安全级别特别高的保护机制，并且要跟踪所有数据操作。

云环境相对开放，用户可以更简单容易地执行相关程序和操作。但是，这也为一些恶意代码提供了机会。相比于传统的程序，云环境当中程序的运行以及资源的使用更加特殊。所以，当下程序管理人员需要解决的问题是如何对云计算环境当中的代码行为进行控制，如何识别和阻止恶意代码。与此同时，管理人员也要考虑如何更好地保证云环境当中的数据安全，如何避免工作人员泄露数据。

（二）基础设施即服务的优势

相对于传统的企业数据中心，IaaS 服务在某些方面显现出了优势。具体来讲，优势主要体现在以下五个方面。

第一，成本方面的优势显著。使用 IaaS 服务无须用户单独购买硬件设备，从而避免了大量的资金投入。此外，用户只需根据实际使用情况付费，避免了资金的闲置浪费。IaaS 还提供突发性服务，用户无须提前购买服务，节省了成本。

第二，用户无须承担系统维护工作。维护工作由云计算服务商负责，用户可以将精力集中在核心业务上，而无须担心系统的日常维护和管理。

第三，IaaS 应用具有灵活的迁移性。一旦制定了云计算技术标准，IaaS 应用就可以轻松跨越平台进行迁移，不再局限于特定企业数据中心。这意味着应用可以在不同的服务平台上灵活运用，提高了资源的利用效率。

第四，IaaS 具有较强的伸缩性。在提供计算资源时，IaaS 能够在几分钟内实现资源的更新，远远少于传统数据中心需要花费的时间，这使得企业可以更加灵活地应对业务需求的变化。

第五，IaaS 支持的应用范围较广。采用虚拟机的方式提供资源，使得 IaaS 可以适用于多种操作系统，从而扩大了其应用范围，满足了不同用户的需求。

（三）基础设施即服务的产品

比较具有代表性的 IaaS 产品有 Amazon EC2、IBM Blue Cloud 和阿里云等。

第一，Amazon EC2。EC2（Elastic Compute Cloud）主要提供各种规格的计算资源，即虚拟机，以满足企业级需求。通过 Amazon 的优化和创新，EC2 在性能和稳定性方面均已达到企业级水准。同时，EC2 提供了完善的 API 和 Web 管理界面，方便用户使用和管理。

第二，IBM Blue Cloud，也就是蓝云计划。作为首个业界企业级解决方案，蓝云计划能够整合企业现有基础架构，并利用虚拟化和自动化管理技术创建云计算中心。通过该计划，企业能够统一管理、分配、部署、备份以及监控硬件和软件资源，带来更高的管理效率和资源利用率。

第三，阿里云。作为国内市场最大的 IaaS 提供商，阿里云提供多样化的云计算基础服务，包括弹性计算、数据库、存储与 CDN（内容分发网络）服务、分析、云通信、网络结构、管理与监控、应用服务、互联网中间件、移动服务和视频服务等。阿里云拥有自主核心技术，提供业界最为完善的云产品体系，并积累了大量成功案例。企业可以根据自身业务需求选择购买相应功能，形成符合发展战略的产品组合。目前，阿里云已经在全球主要互联网市场建立起了覆盖广泛的云计算基础设施。

二、平台即服务

平台即服务（PaaS）位于云计算三层架构的最中间，它的作用是为用户搭建能够连接互联网的应用开发平台或者构建应用开发环境，为应用的创建提供需要的软件资源、硬件资源或者工具资源。在此种层面当中，服务商会直接提供具备逻辑或者具备 IT 能力的资源，例如文件系统、数据库。用户可以借助平台部署应用的开发程序。但是，所有的运作都需要遵循平台设置的规定，通常按照用户或登录情况计费。

（一）平台即服务的功能

分析云计算平台和传统应用平台可以发现，它们提供的服务存在某些重合之处。相比之下，云计算平台是以传统应用平台为基础，在此基础上进行理论方面的创新、实践方面的积累升级。通过创新和升级，应用的开发、应用的运行以及应用的运营都有了一定程度的变革，平台可以提供变革所需的基本功能、基本服务。

1.开发测试环境

对于平台层当中的应用来讲，平台层主要承担的是开发应用的任务。作为开发平台，应该确定应用模型、编程接口和代码库。也就是说，开发平台必须提供开发需要的测试环境。

应用模型当中应该涉及与开发应用有关的元数据模型、编程语言以及应用打包发布格式。通常情况下，平台会依托已有的传统应用平台为基础扩建，所以，平台可以使用当下相对受欢迎的编程语言。即使平台本身的实现架构相对具有特色，在语言选择方面也应该使用现有的编程语言或者和现有编程语言类似的语言，这样开发人员才能更快地学习和掌握这门语言。需要借助元数据应用和平台之间的关联，举例来说，平台层的应用部署需要依托应用的元数据展开相应的配置工作。除此之外，应用运行过程中也需要依托元数据记录提供相应的服务。在确定应用打包格式时，需要明确代码文件以及各种各样的资源应该使用哪种方式组织起来，并确定如何对文件进行整合，让文件变成平台认可的形式统一的文件包。

应用开发需要平台层的代码库以及 API，其中代码库包括的服务内容有界面绘制服务、消息机制服务。如果代码库有非常清晰明确的定义，并且功能相对丰富，那么应用开发将会有效避免工作重复，也能够缩短开发时间。

平台层应该为用户提供构建、测试应用的环境。具体来讲，可以使用的方式如下：

第一，借助网络为用户提供在线开发和测试环境。通过在服务器端进行相关操作，开发人员可以直接利用平台提供的在线开发工具和测试环境。这种方式的优点在于开发人员无须额外安装开发软件，直接在网络上进行开发和测试，节省了时间和资源。然而，需要注意的是，开发人员应处于网络稳定且带宽足够的环境下，以确保良好的体验和操作效果。

第二，平台可以为用户提供离线集成开发环境。在这种环境下，开发人员可以在本地进行应用开发和测试工作。许多开发人员更喜欢这种模式，因为他们可以在熟悉的本地环境中进行工作，提高了工作效率和舒适度。在完成开发和测试后，开发人员需要将应用上传到平台，以便在平台层上运行。

2. 运行环境

应用测试、应用开发之后，开发人员需要让应用正式部署上线，应用上线需要遵循以下步骤：首先，在云平台当中上传设计好的应用；其次，云平台应该分析元数据信息，然后配置应用，让应用和平台建立关联。平台当中所有用户都处于独立状态，在此种情况下，开发人员没有办法提前对应用的创建作出约定，无法提前确定应用配置和平台层之间的结合是否会影响到其他应用的正常运行。所以，应用上线、应用配置的时候，需要对应用进行一定的验证，如此，才能避免应用之间相互冲突。应用配置结束之后，需要激活应用，应用才能有效运行。

平台层提供基本的应用部署激活功能。除此之外，该层还需要配备其他的高级别功能，如此一来，基础设施层提供的资源才能够得到有效利用，平台才可能为用户提供性能更高、安全性更高的应用。和传统的运行环境比较，可以发现平台层具备鲜明的三个独特特征：

（1）隔离性。具体来讲，隔离性体现在两个方面：首先是应用间隔离，指的是不同的应用彼此独立，并不会彼此干扰，应用可以独立进行业务处理、数据处理。应用间隔离可以让应用在具体的隔离工作区域当中运行，为了保证工作区域的彼此隔离，平台层需要设置管理机制，以此来控制不同应用之间的访问权限；其次是用户间隔离，指的是相同解决方案当中的用户彼此处于隔离状态，所有的用户都有权限对解决方案展开自主配置，并且每一个用户的自主设定不会对其他用户的配置情况产生影响。

(2) 可伸缩性。具体来讲，指的是平台层可以根据具体的工作负载情况以及业务规模情况灵活分配应用所需要的存储空间及带宽。如果工作负载比较大或者业务规模有所扩大，那么平台层会给应用分配更多的处理能力。相反，如果面临的工作负载比较小或者业务规模逐渐缩小，那么平台层给应用分配的处理能力就会有所降低。可伸缩性的重要作用是保护应用性能，充分利用资源。

(3) 资源具备可复用性。具体来讲，指的是平台层可以让许多应用同时使用平台，同时在平台当中存在。如果用户发现有更大的业务量，并且需要其他的资源支持，那么用户可以向平台层提出要求。平台层在收到要求申请之后，会为其分配所需要的资源。当然，平台层所提供的资源也有限度，平台层可以让资源反复发挥作用，这样就能够保证应用稳定可靠运行。这就需要平台层所能使用的资源数量本身是充足的，并要求平台层能够高效利用各种资源，对不同应用所占有的资源根据其工作负载变化来进行实时动态的调整。

3. 运维环境

在用户提出新的需求、业务出现新的形式之后，开发人员也需要进行系统更新。但是，在云计算环境下，开发人员进行升级更新时，操作更为简单。平台层可以提供自动化的流程向导，平台在提供这一功能时，需要对自身使用的应用自动化升级流程进行完善和升级创新，并制作升级补丁模型。如果应用开发人员发现应用需要更新，那么可以按照升级补丁模型的制作要求去制作应用升级需要的补丁。制作出补丁之后，开发人员需要将补丁上传到平台，并同时提出升级请求。平台需要根据开发人员提出的请求对补丁进行解析，以此来完成应用的自动化升级。

平台需要监控应用的具体运行过程。一方面，应用开发人员需要关注应用的具体运行状态，了解应用是否出现运行错误或者运行异常状况；另一方面，平台也需要监控应用的运行状况，整体了解运行过程中系统资源的消耗情况。当平台设置不同的监控任务时，使用的技术也有所差异。例如，监控运行状态可以借助应用响应时间、工作负载信息进行监控。在监控资源消耗情况时，可以通过基础设施层服务信息来判断具体的消耗状况。之所以可以通过基础设施层的服务信息作出判断，是因为平台层是从基础设施层获取资源，也就是说，基础设施层对各种资源的运用获取是有记录的，平台层可以通过基础设施层资源的运用情况去监控资源的消耗情况。

用户会对应用提出许多需求，市场也会不断地发展变化，市场当中会不断地创造新的应用，也会不断地淘汰一些旧的应用。所以，平台要为用户提供应用卸载功能。平台层除了将应用程序卸载之外，还需要对应用使用过程当中获取到的数据进行处理。一般情况下，平台层可以根据用户提出的数据处理需求使用差异化的处理策略。例如可以直接删除数据，也可以备份数据之后再删除和卸载应用。平台应该和用户达成应用卸载方面的共识，并签署协议，让用户了解应用卸载之后会产生哪些影响。和用户达成共识可以避免业务操作带来的数据损失，也可以避免出现不必要的纠纷。

平台层运维环境还应该涉及统计计费功能。计费功能需要包括两方面内容：首先，

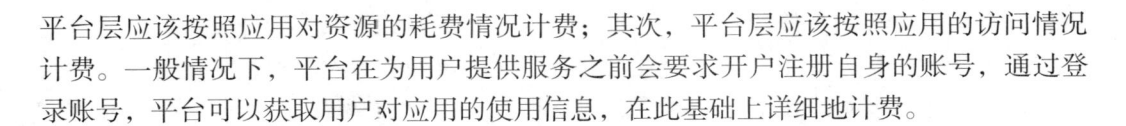

平台层应该按照应用对资源的耗费情况计费；其次，平台层应该按照应用的访问情况计费。一般情况下，平台在为用户提供服务之前会要求开户注册自身的账号，通过登录账号，平台可以获取用户对应用的使用信息，在此基础上详细地计费。

（二）平台即服务的优势

和传统的本地开发以及部署环境比较，可以发现 PaaS 平台体现出了以下六个方面的优势。

第一，开发环境友好。PaaS 平台提供了丰富的应用开发工具，使用户能够在本地进行应用开发，并能够通过远程方式对应用进行部署、设计和操作。这种友好的开发环境大大提高了开发者的工作效率和便利性。

第二，丰富的服务。PaaS 平台以 API 的形式向应用提供各种各样的服务。这些服务包括系统软件（如数据库系统）、通用中间件（如认证系统、高可靠消息队列系统）以及行业中间件（如 OA 流程、财务管理等），为应用开发者提供了丰富的选择和功能支持。

第三，管理和监控更加精细。PaaS 平台能够更好地管理和监控应用层，提供更准确的数值信息统计。通过分析这些信息，可以更好地了解应用的运行状态，并实现更精确的计费和资源调配。

第四，强大的伸缩性。PaaS 平台可以自动调整资源，以满足应用的需求量变化。当应用负载突然增加时，平台会迅速增加相应的资源来应对负载，而在负载高峰期过后，平台也能自动回收资源，实现资源的高效利用。

第五，多租户机制。PaaS 平台采用多租户机制，使得一个应用实例可以同时被多个组织使用，且各组织之间保持一定的安全隔离。这种机制不仅能够提高应用实例的经济收益，也能够满足不同用户的特殊需求，提高了平台的灵活性和利用率。

第六，较高的经济性能和整合率。PaaS 平台具有较高的整合率和经济性能。PaaS 平台表现出更强的整合率和更高的经济性能，使得企业能够更加有效地利用资源，降低成本并提升效率。

（三）平台即服务的产品

PaaS 非常适合于小企业软件工作室，小企业软件工作室借助于 PaaS 平台可以创造更有影响力的产品，而不用承担内部生产方面的经济开销。目前，PaaS 的主要提供者包括 Force.com、Heroku、新浪 SAE 等。

第一，Force.com，它是首个被建立起来的 PaaS 平台，它的作用是为企业或者其他的供应商提供环境支持、基础设施支持，让企业或者供应商可以创造出可靠性更高并具有伸缩性的在线应用，它使用的是多用户的架构模式。

第二，Heroku。作为最早的云平台之一，Heroku 初始是一个用于部署 Ruby On Rails 应用的 PaaS 平台，但后来增加了对 Java、Node.js、Scala、Clojure、Python 以及（未记录在正式文件上）PHP 和 Perl 的支持。

第三，新浪 SAE。作为国内最早最大的 PaaS 服务平台，它使用的是 Web 开发语

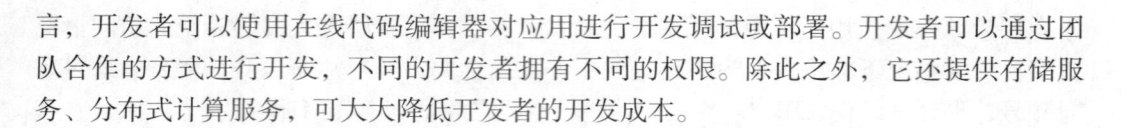

言，开发者可以使用在线代码编辑器对应用进行开发调试或部署。开发者可以通过团队合作的方式进行开发，不同的开发者拥有不同的权限。除此之外，它还提供存储服务、分布式计算服务，可大大降低开发者的开发成本。

三、软件即服务

软件即服务（SaaS）是最常见的云计算服务，位于云计算三层架构的顶端。软件即服务是将软件服务通过网络（主要是互联网）提供给客户，客户只需通过浏览器或其他符合要求的设备接入使用即可。SaaS 所提供的软件服务都是由服务提供商或运营商负责维护和管理，客户根据自身需求进行租用，从而省去了客户购买、构建和维护基础设施和应用程序的过程。

（一）软件即服务的特性

SaaS 服务的特性需要依赖于软件支持和互联网支持。从技术角度或生物角度来看，SaaS 服务与传统软件有着明显的区别，具体表现在以下六个方面。

第一，SaaS 服务具有互联网特征。SaaS 服务依赖互联网为用户提供支持，因此具有明显的互联网技术特征。此外，SaaS 服务通过缩短用户和供应商之间的距离，在营销和支付方面展现出独特之处，与传统软件存在较大差异。

第二，SaaS 服务具有多租户特征。通常情况下，SaaS 服务利用标准软件系统为众多租户提供服务。因此，SaaS 服务必须确保不同租户之间的隔离，并提供数据安全保障，满足用户的个性化需求。为此，SaaS 服务平台需要具备良好的性能和稳定性。

第三，SaaS 服务具有服务特征。SaaS 服务以互联网或软件为基础，因此需要特别关注合同签订、费用收取和质量保证等问题。

第四，SaaS 服务具有可扩展特征。可扩展特征意味着系统具有较高的并发性，能够有效利用资源。

第五，SaaS 服务具有可配置特征。SaaS 服务对配置进行不同设置，以满足用户需求，但无须进行专门定制。虽然使用的代码相同，但配置不同，从而实现个性化需求。

第六，SaaS 服务具有随需应变特征。相较于传统应用程序，SaaS 模式的应用程序更加灵活，不受限制也不被封装，更能灵活应对需求变化。动态使用的应用程序可以更好地应对市场竞争和风险挑战。

（二）软件即服务的架构

SaaS 服务本质上是一种技术的进步，这涉及 SaaS 服务所采用的架构。SaaS 服务的架构可以分为三种，分别为：多用户、多实例、多租户。其中，多租户模式具有较强的软件配置能力，在商业 SaaS 服务中最为常见。

多用户，即不同的用户拥有不同的访问权限，但是多个用户共享同一个实例。

多实例，指的是为每个用户单独创建各自的软件应用和支撑环境。通过单租户的模式，每个用户都有一份分别放在独立的服务器上的数据库和操作系统，或者放在使用强有力的安全措施进行隔离的虚拟网络环境中。

多租户，也称为多重租赁技术，是一种软件架构技术，它是在探讨与实现如何于多用户的环境下共用相同的系统或程序组件，并且仍可确保各用户间数据的隔离性。

多租户是实现 SaaS 的核心技术之一。通常，应用程序支持多个用户，但前提是它认为所有用户都来自同一个组织，这种模型适用于未出现 SaaS 的时代，组织会购买一个软件应用程序供自己的成员使用。但是在 SaaS 和云的世界中，许多组织都将使用同一个应用程序。它们必须能够允许自己的用户访问应用程序，但是应用程序只允许每个组织自己的成员访问其组织的数据。从架构层面来说，SaaS 和传统技术的重要区别就是多租户模式。

多租户是决定 SaaS 效率的关键因素。它将多种业务整合到一起，降低了面向单个租户的运营维护成本，实现了 SaaS 应用的规模经济，从而使得整个运维成本大大减少，同时使收益最大化。多租户实现了 SaaS 应用的资源共享，充分利用了硬件、数据库等资源，使服务供应商能够在同一时间内支持多个用户，并在应用后端使用可扩展的方式来支持客户端访问以降低成本。而对用户而言，他们是基于租户隔离的，同时能够根据自身的独特需求实现定制。

在一个多租户的结构下，应用都是运行在同样或者是一组服务器下，这种结构被称为"单实例"架构，单实例多租户。多个租户的数据保存在相同位置，依靠对数据库分区来实现隔离操作。既然用户都在运行相同的应用实例，服务运行在服务供应商的服务器上，用户无法去进行定制化的操作。因此，多租户比较适合通用类需求的客户，即不需要对主线功能进行调整或者重新配置的客户。

（三）软件即服务的产品

SaaS 是一种全新的软件应用模式，它通过互联网提供软件服务，以成本低、部署迅速、定价灵活及满足移动办公而颇受企业欢迎。SaaS 产品种类众多，既有面向普通用户的，也有直接面向企业团体的，用以帮助处理工资单流程、人力资源管理、协作、客户关系管理和业务合作伙伴关系管理等。主要的 SaaS 产品有以下几种。

第一，用友畅捷通——小微企业 SaaS 模式成功应用的典范。畅捷通隶属于中国最大的企业级软件服务公司——用友集团，自成立以来，畅捷通基于 SaaS 模式，打造财务及管理服务平台，向小微企业提供财务专业化服务及信息化服务，致力于建立"小微企业服务生态体系"。平台服务范畴主要包括以代理记账报税为核心，涵盖审计、社保、工商代理等范畴的专业化服务。平台还为财务人员提供财税知识、培训与交流等咨询服务的会计家园社区；为小微企业提供财务及管理云应用服务（易代账、好会计、工作圈、客户管家等）；还面向不同成长阶段的小微企业提供专业的会计核算及进销存等管理软件。该平台的建立在一定程度上改变着中国整个财务服务产业，也提供了基于互联网的全新业务模式。

第二，金蝶云之家——中国领先的移动工作平台。作为国内老牌传统软件商，金蝶软件一直在拥抱 SaaS 和致力于互联网软件的转型升级，为超过 100 万家企业和政府组织提供云管理产品及服务，是中国软件市场的领跑者之一。作为金蝶旗下的重要产品之一，金蝶云之家定位于移动的工作平台，聚焦于"移动优先、工作全连接、平台的生态圈"三大板块，以组织、消息、社交为核心，提供移动办公 SaaS 应用，通过开放平台可连接企业现有业务（ERP），接入众多第三方企业级服务。

第三，八百客——中国在线 CRM（客户关系管理）开拓者。八百客作为中国企业云计算、SaaS 市场和技术的领导者，大型企业级客户关系管理提供商，为不断满足中国企业的本土化、规范化、多元化等多种需求，相继推出了包含 CRM、OA（办公自动化）、HR（人力资源）社交论坛等功能在内的企业套件，属于成熟的在线 CRM 供应商。

第四，XTools——打造最懂业务的销售管理平台。XTools（客户宝）作为国内知名的客户关系管理提供商，自 2004 年成立以来，一直致力于 SaaS 模式，为中小型企业提供在线 CRM 产品和服务，帮助企业低成本、高效率地进行客户管理与销售管理。随着应用的不断深入，XTools 的产品线已十分全面，企业管理软件群已经建立起来，为企业用户提供多元化的移动办公服务，并形成"应用＋云服务"的整体 CRM 解决方案。与此同时，它还向外传播推广"企业维生素"理念，借助 XTools 系列软件，它真正让企业体会到了科学管理对销售的重要作用。

第三节 云计算模式与商业价值

一、云计算的商业模式

"商业模式在创新性研究中依据云计算分析，已经成为企业现代化经营建设的主要方向。"[1] 云服务以互联网服务的交付使用模式为基础，并利用互联网提供的动态虚拟化资源，实现常态化运转。以用户需求为服务宗旨的云服务，将与互联网、软件、信息技术相关的扩展服务全部包括在内，使系统的计算能力成为互联网领域常见的流通商品，并因而具有极为特殊的商业价值。由于商业模式的选择能够影响企业的未来发展，提供云服务的企业必须深入探索独特的商业模式，并挖掘潜在的客户群体，才能在充满竞争的环境中生存并发展壮大。

（一）基础通信资源云服务

无论是终端软件，还是互联网数据中心，基础通信服务商都可以依托云平台的支撑优势，利用平台即服务模式，为软件的开发与测试提供理想的应用环境。基础通信服务商与平台合作，可以借助终端软件的平台即服务，带动基础设施即服务和软件即服务的有机整合，从而能够为终端之间提供高效、便捷的云计算服务。

基础通信资源云服务商业模式可以借助信息技术、多媒体电信业务和公众服务的云端化发展，获得理想的建构效果：① 实现信息技术云端化发展，为了满足自身的云计算需求，降低信息技术经营成本，促进数据分析与资料备份的云端转移，有必要推动信息技术服务的云端化发展；② 实现多媒体电信业务的云端化发展，电信业务和多媒体业务的云端化发展，有利于减轻基础通信资源云服务商业模式背后的运营压力；③ 实现公众服务的云端化发展，推动信息技术即服务、平台即服务、软件即服务的有机整合，开

---

[1] 王银辉. 基于云计算视野的商业模式创新性研究 [J]. 现代商业, 2016(27): 137.

发基础设施资源，为个人用户和企业用户提供优质的云服务。

借助基础通信资源云服务商业模式盈利，主要有以下途径：

第一，用户为满足应用软件的使用需求付费。用户对诸如杀毒软件、客户关系管理软件、企业资源规划软件以及即时通信服务、网络游戏服务、地图和搜索服务等的需求不断增长。为了获取这些服务，用户需要向云计算服务供应商支付相应的费用，从而带动了云服务商业模式的盈利。

第二，云软件供应商通过节约设备维护成本和软件版权费用来获利。利用平台云服务提供的开发与测试环境，软件开发者可以在无须支付高额费用的情况下进行应用研发，从而推动了软件即服务模式的整体发展。这种模式不仅使得软件开发更加便捷高效，也降低了软件供应商的成本，提升了其盈利能力。

第三，通过租用基础设备，云服务商可以帮助终端用户减少信息技术维护的成本。终端用户无须自行购买、维护昂贵的硬件设备，而是通过租用云服务商提供的基础设备来实现业务需求，从而降低了运营成本，提高了效率。

第四，云服务商还可以根据服务等级进行收费，拓宽管理服务、安全服务和孵化服务等的销售渠道。通过提供不同等级的服务，并针对企业的特定需求提供定制化服务，云服务商能够吸引更多客户，并通过不同服务的收费来实现盈利。这种灵活的服务模式不仅满足了客户的多样化需求，也为云服务商带来了更多的商机和盈利空间。

（二）软件资源云服务

软件供应商和硬件生产厂商联合云服务提供商，为个人用户和企业用户提供硬件维护和软件升级服务，由此形成的商业模式被称为软件资源云服务商业模式。此种商业模式的合作手段既可以是服务的简单集成，也可以是数据的存储共享。在软件即服务模式下，软件开发商可以利用工具包处理多元化的用户需求，并将数据存储在云端，方便用户访问、下载。由于该模式能够以硬件生产厂商和软件供应商提供的服务为建构基础，从用户角度出发，布局云计算终端产业链，该模式在产品销售与盈利方面，已经取得了比较理想的效果。

围绕信息技术即服务、平台即服务、软件即服务三种模式，设计云计算整体解决方案，利用软件资源云服务商业模式，向用户提供有价值的运营托管业务，并以此作为稳定的经营来源，是云服务提供商拓展盈利渠道的前提与基础。

目前，软件资源云服务商业模式主要的盈利方式如下。

第一，利用第三方获益。云服务商可以面向第三方开放云服务环境，为其提供软件即服务模式，通过接口开发、用户推广和服务运营等方式获取收益。这种模式使得云服务商能够与第三方合作，共同开发并推广软件服务，从而实现共赢。

第二，从软件即服务模式的开发商处获益。云服务商可以通过与软件即服务模式的开发商合作，获得股息红利、分成收入以及平台租金等。通过与开发商的合作，云服务商不仅能够提供更多优质的软件服务，还能够分享软件销售收入，实现收益最大化。

第三，根据提供的软件孵化服务级别收费。软件资源云服务商可以提供不同级别的软件孵化服务，如深度孵化和远程孵化等。通过收取孵化服务费用，云服务商为软件开发者提供全方位的支持和服务，帮助其顺利开发和推广软件产品。

第四，利用软件升级和系统维护获得收益。云服务商可以通过为用户提供软件升级和系统维护服务，收取相应的费用。随着技术的不断发展和用户需求的变化，软件和系统的升级维护是必不可少的，云服务商可以通过提供这些服务来获取稳定的收益。

（三）互联网资源云服务

网络业务的多元化发展，为互联网企业拓宽交易渠道奠定了基础。为了创造安全的数据环境和便捷的沟通方式，拥有丰富服务器资源的互联网企业，已经开始尝试使用云计算技术发展云端业务。互联网企业云服务的研发前沿，旨在研究用户的行为习惯，并从中获得有价值的研究方向。

以互联网企业的云计算平台为基础，借助相关服务整合，推动软件业务转型，利用云计算软件服务模式替代传统的软件销售模式，是互联网资源云服务商业模式发展的根本理念。围绕用户需求开发云服务产品，是互联网资源云服务商业模式运作的主要手段。

互联网资源云服务商业模式的主要盈利途径如下。

第一，通过出租服务器资源获取收益。互联网资源云服务商可以将自己的服务器资源出租给用户，让用户在云端租用所需的计算资源，如虚拟服务器、存储空间等。这种方式使得用户无须投入大量资金购买硬件设备，而是根据需要灵活租用资源，从而降低了用户的成本，同时也为云服务商带来了稳定的收益。

第二，通过出租云端工具获取收益。互联网资源云服务商提供各种云端工具，如协同科研平台和远程办公管理软件等，用户可以通过租用这些工具来实现团队协作、远程办公等需求。云服务商可以根据工具的使用量或者服务时长等方式收取费用，从而获取收益。

第三，通过提供定制服务获取收益。互联网资源云服务商可以根据用户的需求提供定制化的服务，满足用户个性化的需求。用户可以按需选择定制服务类型，并为使用这类服务付费。这种方式不仅能够提高用户满意度，还能够为云服务商带来额外的收益。

第四，通过提供资源存储服务获取收益。互联网资源云服务商可以提供资源存储服务，为用户提供数据备份、存储和恢复等服务。用户可以将数据存储在云端，随时随地进行访问和管理。云服务商可以根据存储容量、使用时长等方式收取费用，从而实现盈利。

云存储利用软件集合不同类型的设备，并借助不同设备之间的协同运作，对外提供资源存储服务。与传统的存储技术相比，云存储服务系统依靠网络服务器、数据访问接口、客户端程序和应用软件等，可以为用户提供更加安全、可靠、方便管理的资源存储服务。

作为云存储商业模式的主要推广手段，免费提供资源存储服务，免费与付费相结合提供附加服务，已经发展成为互联网云服务向用户提供资源存储业务的主流商业模式。

为了有效解决业务模式的趋同化发展问题，云服务供应商在业务盈利方式上开展了积极有益的探索。例如，企业需要付费使用资源存储服务；普通用户虽然可以免费使用系统的基础功能，但是，使用增值与扩容功能需要付费，使用文件恢复、备份与云端分享等服务也需要付费。

(四) 即时通信云服务

能够有效增进用户交流的互联网即时通信软件，为用户之间实现即时沟通创造了条件。无论是文字、语音，还是文件、视频，都可以借助互联网即时通信软件进行转发与互动。

提供简单的编程接口，掌握移动即时通信技术，是即时通信云服务整合云端功能的前提。以云端技术为基础的即时通信系统，既能发挥自身的弹性计算功能，又可以根据开发者的需求，不受时空限制，自动完成扩容任务。此种独特的融合架构设计理念，降低了软件接入难度，能够通过客服平台直接提供基于场景的解决方案，在某种程度上促进了系统扩展能力与界面结构的定制化发展。

收费模式与免费模式是即时通信云服务常见的商业模式。其中，收费模式是目前的主流模式，免费模式则是未来的发展趋势。

即时通信云服务商业模式的盈利途径如下。

第一，按照常规用户数量收费。即时通信云服务商可以根据用户的注册数量收取费用。无论这些用户是否活跃，服务商都会按照注册用户数量来计费。这种方式对于那些希望拥有大量用户基础的企业或应用来说是一种常见的收费模式。

第二，按照日均活跃用户数量收费。除了考虑到注册用户数量，即时通信云服务商也可以根据每日实际活跃用户的数量来收费。活跃用户是指在特定时间段内使用即时通信服务的用户。这种按照活跃用户数量收费的方式更加贴近实际使用情况，对于用户量波动较大的应用或企业来说，可以更加灵活地控制成本。

第三，按照存储空间收费。即时通信云服务商还可以根据用户存储在云端的数据量来收取费用。这些数据可以包括用户的聊天记录、文件、图片、视频等。服务商提供的存储空间越大，收费通常也会相应增加。

第四，按照即时通信业务的推送服务收费。即时通信云服务商可以提供消息推送服务，将实时信息及时推送给用户。这种服务对于需要实时通知和提醒的应用或企业尤为重要。服务商可以根据推送消息的数量或频率来收取费用，通常是按照推送消息的条数或推送次数计费。

(五) 安全云服务

为了维护网络时代的信息安全，云计算利用存储在云端的病毒特征数据库，判断未知病毒的异常行为，拦截木马病毒和恶意程序，为用户使用计算机设备提供安全保障。

当用户启动免费的云安全防病毒模式后，系统可以根据用户的网络使用习惯，为

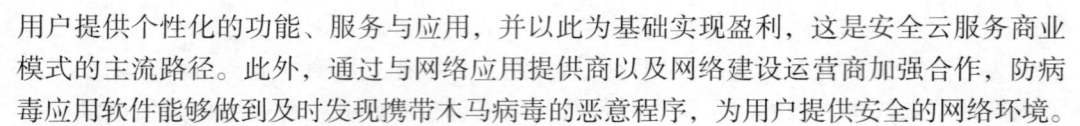

用户提供个性化的功能、服务与应用，并以此为基础实现盈利，这是安全云服务商业模式的主流路径。此外，通过与网络应用提供商以及网络建设运营商加强合作，防病毒应用软件能够做到及时发现携带木马病毒的恶意程序，为用户提供安全的网络环境。

安全云服务商业模式的盈利途径如下。

第一，以免费杀毒为基础，利用云端软件的个性化服务获得收益。许多安全云服务商会提供基础的免费杀毒软件作为吸引用户的手段，然后通过向用户提供个性化的、高级的安全服务来获取收益。这些个性化服务可能包括实时威胁情报、恶意软件检测和防护、网络安全审计等，用户可以根据自己的需求选择并支付相应费用。

第二，为用户提供完整的安全防护服务体系获得收益。安全云服务商可以提供全方位的安全防护服务，包括网络安全、终端安全、数据安全等方面。通过为用户提供完整的安全解决方案，包括安全咨询、安全策略制定、安全培训等服务，安全云服务商可以获得收益。这些服务可能涉及定期漏洞扫描、风险评估、安全事件响应等，用户可以根据自身需求选择并支付相应费用。

二、云计算的商业价值

云计算在短短的几年时间里逐渐被人们接受，并得到了迅猛的发展。"金融云""农业云""物联网云"等不断涌现，企业也纷纷搭建起了云计算平台，使得云计算成为实实在在的系统，让用户体验到具体的价值。

云计算因为自身的经济模式属性，彻底改变了传统的商业模式和业务模式，同时也带来了不同以往的商业价值。

（一）云计算的规模效应

云计算是一种由规模经济效应驱动的大规模分布式计算模式，可以通过网络向客户提供其所需的计算能力、存储及带宽服务等可动态扩展的资源。

第一，服务器的规模。特大型数据中心拥有的服务器数量，是中型数据中心的 50 倍。然而，特大型数据中心的网络管理和存储成本，却只占中型数据中心各项成本总和的 20%，而计算机规模达到上万台甚至上百万台的云计算，各项成本支出则可以降至中型数据中心各项成本总和的 15%。

第二，网络效应。电话网络的价值与使用电话的人数存在正向变化关系，这与互联网提供的云计算服务相同。使用互联网云计算服务的人数越多，互联网云计算服务发挥的价值越大。Google 拥有亿万台服务器，用户使用 Google 搜索产生的网络效应，构成了 Google 固定资产的主体。由于 Google 可以根据用户反馈实时修正搜索结果，这不仅提高了 Google 搜索结果的准确率，而且充分发挥了每位用户的参与作用，确保每位用户都可以为提高 Google 搜索结果的准确率做出相应的贡献。

经济学中的边际成本递减理论，可以用来解释网络效应和全球访问造成的使用效益递增现象。与软件生产相似，网络产品的复制并不减损内容，但却可以降低成本，而且产品复制次数越多，产品的边际成本越低。当边际成本降至零时，基本上可以实现经济学资本运作的最高效率。

（二）云计算的个性化服务

网络服务的规模与水平不同，用户的云计算需求也存在差异。考虑到信息技术部署应用与建设水平的多元化发展趋势，云计算服务为用户提供不同类型的应用组合，可以实现用户需求的个性化配置。以国内提供微世界云主机服务的云海创想信息技术为例，对于有空间存储和服务器使用需求的用户，微世界提供了一系列的基础配置云主机，共有入门级、专业级、部门级和企业级四个级别可供用户选择。用户登录微世界网站，可以自主选择基础配置云主机对应的级别，下载并完成软件安装，就能在计算机硬件上激活并使用各种服务。对于有特殊安装需求的用户，可以选择应用不同级别的云主机配置服务。微世界在云主机内预装好了各类应用软件，用户无须再次购买、安装这些应用软件，就能享受服务。

（三）云计算的长尾效应

所谓长尾效应，是指只要产品的存储和流通的渠道足够大，冷门产品也能取得与热门产品类似的盈利效果。产品畅销可以快速占据较大的市场份额，然而，冷门产品通过拓宽市场销售渠道，增加产品接触有效客户的频次，也可以占据与热门产品相同甚至更大的市场份额。

与传统服务相比，云计算服务的竞争优势更加明显。从经济学的成本与效益角度出发，对云计算服务进行分析可以发现，使用云计算平台开发、推广新产品，可以使边际成本递减至趋近为零。由于资源不受产品种类和服务形态限制，运营商可以在投资能力允许的范围内，利用资源的自动化配置，生产种类丰富的产品，满足不同业务的差异化需求，发挥长尾效应并从中获得持续性收益。

（四）云计算的环保优势

云计算同样还具有环保方面的优势。虽然云计算的确需要消耗大量的资源，但是和先前的计算模式相比，在能源的使用效率方面，云计算相对高得多。所以，从长期而言，采用云计算对环境还是非常有益处的。云计算的环保优势主要体现在以下方面：

第一，云计算可以在不同的应用程序之间虚拟化和共享资源，以提高服务器的利用率。由于虚拟化服务器可以在云端共享，就导致应用程序与操作系统需要的服务器数量减少，能够做到在绿色、清洁、节能、环保的基础上，实现空间资源的有效利用。

第二，计算资源集中化有助于提高效率。传统的企业数据中心工作负载运转效率极低，为了提高计算资源利用率，借助计算资源集中化实现工作负载的云端整合，可以提高数据在云计算中心的处理效率。此外，合理选择云计算中心的建设地点，也有助于降低成本、节约资源。例如，在电厂附近建设云计算中心，可以降低网络的电力耗损；在寒冷的北方建设云计算中心，可以有效节省制冷费用。

第三，云计算能够降低能源损耗。以云计算在智能电网中的应用为例，借助电力系统与信息技术的整合，电力调度与电网运行效率明显提升，将有助于改变电流在传统电网间低效传输的现象，从而有效降低电流的传输损耗。

第四，联网设备能耗降低。与台式电脑的高能耗不同，笔记本电脑、平板电脑和手机等移动终端，作为用户接入互联网的常用设备，在能耗方面不足传统台式电脑的10%，这意味着能源利用效率的提升与能源消费水平的降低。

第五，云端会议减轻交通污染。利用互联网接入终端实现云端会议和在线通信，为居家办公创造实现条件。个体出行次数的减少，降低了交通工具对化石燃料的消耗，从而能够减轻交通出行造成的环境污染。

云计算带来的长尾效应、网络经济、环保优势和个性化服务，不仅改变了信息技术基础设施建设的整体情况，而且重塑了现代经济学观念，促进了企业营商模式的创新，引领了服务经济时代的发展，在创造商业价值的同时，实现了技术变革蕴含的社会价值。

（五）云计算的效益分析

对于云计算，其效益分析主要包括硬件、软件、自动化部署与系统化管理四个方面。

1. 硬件效益

云计算能节省多少成本，根据用户的不同而有所差异。但是云计算能节省用户硬件成本已是个不争的事实。云计算可以使用户的硬件的利用率达到最大化，给用户带来巨大效益。

（1）效率效益。传统硬件存储空间的扩大与处理能力的提升，需要借助级别更高、功能更强的服务器，如高端小型机或者大型服务器才能实现。但是，随着网络应用系统的不断升级，服务器扩容仍然无法有效解决内存受限的问题，这为提升用户的硬件使用体验带来了诸多挑战。

此外，使用大规模应用硬件，用户需要付出的成本较高。由于高端小型机和大型服务器的建构方式极为特殊，高昂的成本超出了绝大多数用户的承受能力。但是，云计算的诞生彻底改变了传统的硬件平台构建方式。通过使用低成本的标准化硬件，云计算平台可以利用软件的横向扩展，构建性能稳定并且功能强大的计算平台。

在云计算中，硬件的节省来自提高服务器的利用率和减少服务器的数量。在一个典型区数据中心，服务器运行单一应用程序，计算能力利用率低于20%。由于云计算的系统运行环境，有利于虚拟化的数据整合，合理运用云计算服务，既可以降低所需服务器的数量，又可以提高每台服务器的利用率，在有效节省硬件费用的同时，降低硬件升级的成本投入。

（2）节能效益。随着企业转向云计算，它们不再需要维护大量的服务器，而是将应用程序和数据存储在云端的数据中心中。这导致了企业内部服务器数量的减少，从而降低了对电力、冷却设备和机房空间的需求。相应地，企业能够节省大量的能源和资源，降低了能源消耗和碳排放。此外，云计算服务提供商通常会采用先进的节能技术和绿色数据中心的概念，进一步提高了能源利用效率，为企业实现节能效益提供了可靠保障。

（3）市场效益。云计算技术使得企业可以更加专注于其核心业务，而不必过多关注

IT基础设施的建设和维护。通过将数据存储和应用部署在云端，企业可以降低IT基础设施的成本，并且实现更高效的IT资源利用。这样一来，企业能够将更多的资金和精力投入业务创新、产品研发和市场拓展等方面，提升了企业的竞争力和市场影响力。此外，云计算还能够提高企业的灵活性和响应速度，使得企业能够更加迅速地适应市场变化和客户需求，从而在市场竞争中占据有利位置。

2. 软件效益

软件即服务是云计算中的一个重要模式。与传统模式需要耗费大量资本不同，软件即服务这一模式虽然也需要为研发人员和硬件设备投资，但是，这笔费用支出总额明显不高，甚至只需要支付小额租赁服务费，就能通过互联网享受硬件维护服务和软件升级体验，这也是目前效益最佳的软件应用运营模式。

（1）经济效益。软件即服务模式的推广与应用，使得用户无须再为使用软件单独付费。传统模式需要用户支付软件授权费用，软件即服务模式鼓励用户使用服务器上已经安装好的应用软件，减轻了用户为软件升级维护、网络安全设备和服务器硬件频繁更换产生的资金压力。拥有智能终端的用户，只需要为流量付费，就能通过互联网下载软件并享受相关服务。

除此之外，在软件即服务模式下，软件供应商收取的费用，价格比传统模式更加透明。软件供应商提供的不同级别软件，对应的价格与服务也存在差异。用户可以根据自身的支付能力，自主选购所需的应用软件。用户付费以后，系统后期的维护与升级服务全部由软件供应商负责。在传统模式下，用户使用软件必须一次性支付高昂费用。相比之下，使用云计算的用户可以节省一大笔开支。

（2）市场效益。用户利用软件即服务模式获得收益的同时，也在无形之中为软件供应商扩大潜在市场范围提供了便利。凡是无法承担传统模式要求支付软件许可费用或者缺乏软件配置能力的用户，都成为软件即服务模式的潜在客户。与此同时，软件即服务这一模式还能帮助软件供应商增强自身竞争优势的差异性，降低软件的开发、维护与营销成本，并利用软件在市场的迅速更新变革收入模式，实现用户关系的改善与优化。

3. 自动化部署效益

云计算的一个功能就是通过自动化部署解决IT资源的维护和使用问题，帮助IT资源获得最大的使用率，最终降低IT资源的成本开销。

云计算服务平台提供的自动化部署功能，借助软件的自动安装效果，激活了计算资源的原始状态，使得系统的可用状态逐步发展成为软件自动化安装后的常规状态。传统模式下应用软件的手工部署费时费力，此过程通常包括软件安装、系统调配、硬件资源配置等步骤。对于高端的定制化应用软件业务，应用软件的部署过程更加复杂。传统模式下应用软件安装与资源配置过程的特殊性，为自动化部署功能的应用与推广创造了条件。通过云计算服务平台管理软件自动化部署任务，既能实现应用软件的动态、实时更新，也能推动业务部署发展模式的日趋完善，在整体上真正实现云计算服务平台的便捷性和灵活性。

划分虚拟池中的资源、完成软件安装和系统配置，是云计算服务自动化部署功能的主要应用过程。除了网络与存储设备以外，该过程的顺利实施还需要相应的软件与服务器配置。自动化部署系统资源，主要借助脚本调用实现应用软件的云端配置，并确保调用过程根据默认方式自动实现，避免人机交互的资源耗损，节省部署操作所需的人力与时间成本，从而实现部署质量的优化与提升。

4. 系统化管理效益

云计算的一个重要核心理念：通过一种系统配置机制来实现不同的功能，以满足不同的需求。一般来说，改变软件系统的运行和功能，通常是靠编程或配置，也可以是两者同时进行。编程需要专门的技术知识，包括底层的软件程序语言和算法逻辑；而配置则不需要任何具体的技术专长。配置的变化会直接影响系统运行和用户体验，并且该操作通常由系统管理员实施，他只需要访问配置维护界面，在整个过程中，底层软件程序并没有改变。这种重要的理念让云计算的系统管理难度大大降低。同时，云计算服务的应用能够变革企业的组织结构，减少企业的管理层级，扩大企业的管理幅度，将传统企业的金字塔状组织形式压缩成扁平状的组织形式，从而有效地解决传统组织机构运转效率低下的弊端。为用户提供资源整合与个性化服务的云计算，无论云端资源的性质是公有还是私有，在应用过程中都会促进企业组织结构的调整。小型企业使用云计算服务，可以节省人力开支，通过软件服务商保证系统资源的正常运转。

第四节　云计算与大数据的关系

一、云计算与大数据关系的层面

在当前时代，数据已成为从工业经济向知识经济转型的显著标志，成为关键的生产要素和产品形态。在这样一个大规模生产、分享和应用数据的时代，社交网络、微博、即时通信工具等平台使得信息的发送、照片的分享、视频的传输变得随时随地。每一刻都在产生各种格式的数据，从而使得每个人都不知不觉地成为数据的创造者和使用者。

从计算机的发明到大数据时代的到来，人们所接触的数据大多具有结构性，这些数据逻辑性较强，存在明显的因果联系。例如，在运营商的客户关系系统中，用户的电话号码、开户时间、开户地点、套餐类型等信息都被有组织地记录下来。然而，在当前，人们所面临的大多数数据都是非结构化的，这些数据具有即时性、海量性、弹性以及不可控性等特点。例如，某一时刻的交通拥堵状况、天气状态、社会事件在互联网上产生的数据（如微博、图片、文章、音乐、视频等）。非结构化数据在所有数据中所占的比例已超过80%，并且这一比例还在持续增长。

当前，以非结构化数据为主的大数据正在颠覆传统的信息技术（IT）领域，对企业的存储架构和数据中心基础设施构成了挑战，并深刻影响着数据挖掘、商业智能、云计算等应用领域。业界普遍认为，大数据将成为继云计算、物联网之后，信息技术领域的下一个焦点。大数据代表了信息技术未来发展的战略方向，预计将催生新一代价值数万亿美元的软件企业。以大数据为核心的数据密集型科学，将奠定新一轮技术革命的基础。

在探讨大数据时，云计算技术是一个不可或缺的议题。云计算与大数据的结合，是时代发展的必然趋势。有观点将云计算与大数据比作一枚硬币的两面。云计算构成了大数据的信息技术基础和平台，而大数据则是云计算领域最为关键的应用。大数据体现了信息处理的结果，而云计算则体现了信息处理的过程。云计算的存在，使得大数据的价值得以挖掘和实现，它是大数据发展的动力源泉。另外，随着大数据价值的不断被发现和重视，其地位日益上升。在某些方面，大数据的重要性甚至超越了云计算。然而，客观来看，大数据和云计算是相互依存、相辅相成的。它们的重要性是等同的，正如一枚硬币的两面，二者相互依存，相互促进。

当然，必须强调的是，实现这些目标的前提是在云计算的环境下充分发挥大数据的关键功能。云计算技术能够实现信息技术资源的自动化管理和配置，从而降低信息技术管理的复杂性，并提升资源利用效率。大数据技术则主要聚焦于处理大规模数据承载和计算等问题。云计算象征着数据存储和计算能力的集合，而大数据则代表了对数据知识挑战的应对。计算能力需要数据来展现其效率，而数据则需要计算能力来发掘和实现其价值。两者相辅相成，共同推动信息技术领域的进步。

云计算和大数据在现代信息技术领域密切相关，二者相辅相成，共同推动着科技和商业的发展。从资源管理到数据处理，云计算为大数据提供了一个高效、可扩展的基础架构，而大数据的需求也在不断促进着云计算技术的演进和完善。云计算与大数据的关系包括以下两个层面。

首先，在资源共享和可扩展性方面，云计算为大数据提供了必要的计算和存储资源。因云计算平台具有弹性，能够根据需求动态分配计算和存储资源，使大数据处理过程更为高效和灵活。通过云计算的服务模式，用户可以根据实际需求灵活选择服务类型，从而构建起适合自身业务需求的大数据平台。这种资源共享和高可扩展性的特点使得大数据处理更加便捷，为企业和研究机构提供了更多可能性。

其次，在数据管理和安全方面，大数据的快速发展也推动了云计算架构和安全技术的进步。随着数据量的不断增加，大数据对存储、分析和安全性的需求也日益提高。云计算服务商不断优化其架构和技术，提供更加安全、可靠的云存储解决方案，以应对大数据处理过程中的安全挑战。同时，云计算平台也在不断改进其安全技术，加强对数据的保护和管理，以满足用户对数据安全的需求。大数据的兴起促进了云计算安全技术的不断创新和发展，使得云服务和云应用在安全性方面更加可靠。

二、云计算是大数据的基础

云计算作为大数据处理的基础扮演着至关重要的角色。目前，大数据平台广泛采用云计算架构和服务，这种结合为大数据处理提供了高效、可靠的基础设施。以 Hadoop 为例，它能够存储和处理 PB 级别的半结构化和非结构化数据，充分利用了云计算的资源共享和高可扩展性。通过使用 MapReduce 等技术，大数据问题被分解成多个子问题，然后分配到成百上千个处理节点上，最终将结果汇总，这种方式使得大数据的分析变得更为高效和可行。

此外，对于短期大数据处理项目而言，云平台提供了独一无二的解决方案。如果数据处理需要大量的计算和存储资源，传统的基础设施可能无法满足需求，而云计算则成为唯一可行的选择。在项目启动阶段，用户可以迅速获取云中的存储空间和处理能力，而在项目结束后也能够快速释放这些资源，极大地提高了项目的灵活性和效率。

随着云计算技术的不断成熟，其服务性价比、可扩展性、灵活性和可管理性也在不断提升。这意味着越来越多的应用和数据将迁移至云平台，从而推动了云计算和大数据的更紧密结合。随着时间的推移，我们可以预见，云计算将继续成为大数据处理的重要基础，而大数据的发展也将促进云计算技术的进步，二者将共同推动信息技术的发展和创新。

三、大数据是云计算的延伸

大数据技术的发展和云计算之间存在着紧密的联系，可以被视作云计算技术的延伸。大数据技术不仅涵盖了海量数据的存储和处理，还包括了诸如海量分布式文件系统、实时流数据处理、智能分析等方面的技术。这些技术的发展与云计算密切相关，并且在很大程度上依赖于云计算的基础设施和服务。

以一家虚构的因特网公司为例，这家公司已经搭建了一个云计算平台，用于存储海量的网络运营数据、用户语音数据以及用户上网数据。通过大数据技术，这家公司能够进一步对云平台中的数据进行应用和挖掘。这些应用涵盖了多个方面，包括企业管理分析，如战略分析和竞争分析；运营分析，如用户分析、业务分析和流量经营分析；以及营销分析，如精准营销和个性化推荐等。

尽管云计算技术在不断发展，但在安全性和可靠性方面仍存在一些挑战，这导致云计算技术的发展落后于产业界的期望。然而，大数据技术的快速发展可能会加速云计算的进步。在大数据发展的初期阶段，大数据可能会成为云平台上的重要应用，进而引发云架构的演进和升级，以应对大数据处理和分析的需求。

因此，可以看出，大数据技术与云计算之间存在着相互促进的关系。大数据的不断发展推动了云计算技术的进步，同时云计算的发展也为大数据的应用和挖掘提供了坚实的基础。这种紧密的合作关系将继续推动着信息技术的发展，为各行各业带来更多的机遇和创新。

第九章 云计算虚拟化技术及应用

云计算虚拟化技术将计算资源虚拟化，实现资源的集中管理与灵活分配。通过割裂计算逻辑和应用程序，用户可以在客户端享受本地应用的体验，同时，应用虚拟化也提高了系统的可维护性和安全性，降低了管理成本，提高了工作效率和灵活性，促进了云计算技术的广泛应用。本章主要探究虚拟化技术及其结构模型、虚拟化技术的分类解析、虚拟化技术的解决方案、云计算虚拟化技术的创新应用。

第一节 虚拟化技术及其结构模型

一、虚拟化的类型划分

作为广义层面的术语，虚拟化概念的提出旨在实现管理的进一步简化、资源的进一步优化，指的是计算元件的运行环境并不是现实，而是虚拟环境，例如在空旷、通透且没有固定墙壁的写字楼中，为了降低成本，同时提高空间利用的最大效率，用户就可以自主适应办公空间的构建，但只需要付出同样的成本。具体到IT领域，这种以不同需求为出发点来重新规划有限的固定资源，从而实现利用率显著提高的目标的思路，就是虚拟化技术。

在虚拟化技术的作用下，硬件容量可以得到进一步扩大，软件的重新配置过程可以得到进一步简化。同样是在虚拟化技术的影响下，单CPU模拟多CPU并行具备了实现的可能，在一个平台来实现多个操作系统的运行同样被允许存在，同时应用程序的运行发生于相互独立的空间，就可以有效避免互相干扰情况的出现，从而使计算机的工作效率得到显著提高。

从整体上来讲，超线程技术和虚拟化技术与多任务存在着本质区别，所谓"多任务"指的是多个程序在一个操作系统中同时并行运行；而依托于虚拟化技术，不仅可以实现多个操作系统的同时运行，更可以实现同一操作系统中多个程序的同时运行，一个虚拟主机或虚拟CPU就是任意一个操作系统运行的空间；超线程技术对程序运行性能的平衡，主要是通过单CPU模拟双CPU来实现，同时这两个模拟化的CPU始终处于协同发展的工作状态，一旦分离开来，工作就将终止。

云计算的实现需要建立在虚拟化技术支撑的基础之上，二者之间存在着密切关联。具体来讲，在云计算架构过程中，虚拟化技术可以整合处理空间资源，使资源介入属性摆脱传统物理服务器束缚，以一种资源隔离的状态存在，通过这样的过程，多个操作系统便可以在一台物理服务器的支撑下运行，同时也保证了不同系统驱动过程中任务执行机制的独立性。从最终目的的角度来讲，虚拟化是为了简化IT基础设施、资源以及访问资源管理而存在。

作为一个复杂精密的系统，计算机系统由若干个层次组成，按照从上到下的顺序，这些层次主要包括以操作系统为运行环境的应用程序层、抽象应用程序接口层（由操作系统提供）、操作系统层、硬件资源层。每一层内部的运行细节都对外隐藏，上层所看到的只有与之对应的抽象接口，同时底层的内部运作机制也不需要上一层知道，上一层工作的正常开展只需要调用底层提供的接口即可完成。

具体来讲，分层具有的优势主要包括：①进一步明确了每层的功能，由于只需要考虑每层自身的设计及与之相邻层的交互关系，所以开发的复杂度得到大大降低；②较低的耦合性和依赖性，使得层与层之间的移植更加便捷。同样是在以上优势的作用下，不同的虚拟化层可以在不同虚拟化技术的作用下得以构建，上层也可以接收到与真实层次一致或相似的功能。所以，以实现虚拟化的层次为依据，可将虚拟化细分为以下几个类型。

（一）硬件虚拟化

"相对于传统基于虚拟机的解决方案，基于硬件虚拟化的云服务器因减少了软件的花销能更好地实现高效能、按需简约，能更好地满足云计算的需求。与传统云服务器相比，该服务器的特点是高密度、高效能成本比、高效能功耗比和高可扩展性。"[①] 硬件虚拟化是一种技术，将物理硬件资源抽象为虚拟化的实例，使得多个虚拟机（VM）可以在同一台物理服务器上运行。在风力发电机组制造业中，硬件虚拟化可以应用于控制系统和安全系统中。

通过硬件虚拟化，可以将控制系统和安全系统的功能分配到不同的虚拟机中，实现资源的灵活配置和管理。例如，可以将控制系统和安全系统分别部署在不同的虚拟机上，以提高系统的隔离性和稳定性。同时，硬件虚拟化还可以提供快速部署和扩展的优势，通过克隆和快照功能，可以快速创建新的虚拟机实例，并在需要时进行动态扩展。

另外，硬件虚拟化还可以提供更高的资源利用率和灵活性。由于多个虚拟机可以共享同一台物理服务器的资源，可以更有效地利用硬件资源，降低成本。同时，通过虚拟化管理软件，可以对虚拟机进行动态调整和迁移，以使系统适应不同负载条件和业务需求。

硬件虚拟化技术在风力发电机组制造业中的应用，可以提高系统的灵活性、可靠性和效率，从而推动行业的发展和创新。

（二）操作系统虚拟化

充分发挥某个操作系统的母体作用来完成多个操作系统镜像的生成，此过程便是操作系统的虚拟化，处于虚拟化过程中的母体和镜像都是一种操作系统。倘若母体中的某个配置改变，也会对镜像中的配置产生相应的影响和改变。现阶段，系统虚拟化

---

① 郑臣明，姚宣霞，周芳，等．基于硬件虚拟化的云服务器设计与实现[J]．工程科学学报，2022，44（11）：1935．

已经在很多领域，特别是在服务器上得到了广泛普及和使用，可以通过对一台物理服务器的操作系统进行虚拟化处理，来获得数台处于彼此隔离状态的虚拟服务器，同时，虚拟服务器能够共享物理服务器上的资源（如 I/O 接口、内存、CPU、硬盘），从而保障服务器资源利用率的显著提高，这也就是所谓的"一虚多"情况。而与之不同的"多虚一"情况，就是一台逻辑服务器由多台相互依存、协同合作来完成一个共同任务的物理服务器虚拟而成。此外，还存在"多虚多"的情况，也就是基于多台物理服务器对一台逻辑服务器的虚拟结果，来完成对该结果的多个虚拟环境划分，以及多个业务的同时运行。

二、虚拟化及其结构模型

（一）虚拟化技术

虚拟化不只有虚拟内存，与计算机相关的众多领域都应用了虚拟化技术，包括处理器虚拟化、存储器虚拟化、网络虚拟化和数据库虚拟化等，不管是硬件还是软件，都可以看到虚拟化的影子。

1. 虚拟化的特点

（1）资源利用率更高。虚拟化技术通过将物理资源抽象为虚拟资源，实现了资源的动态分配和共享。这种灵活性使得虚拟化可以更有效地利用物理资源，提高资源利用率。同时，虚拟化还允许将物理资源组织成资源池，实现资源的动态共享和分配，使得不同应用或用户之间可以共享资源，提高资源的整体利用效率。特别是对于那些资源需求低于平均水平的情况，虚拟化可以为其提供专用资源负载，避免资源浪费，从而进一步提高系统的资源利用率和效率。

（2）管理成本降低。虚拟化技术通过将物理资源抽象为虚拟资源，隐藏了底层物理资源的复杂性，简化了资源管理的方式。通过虚拟化，可以将多个物理资源整合为少量的虚拟资源，从而减少了物理资源的数量，降低了管理和维护的成本。此外，虚拟化还能够实现资源的自动化管理，例如，自动化分配、调整和释放资源，以及实现资源的统一管理和监控。这种自动化和简化的管理方式能够提高工作效率，减少了人工干预的需求，加速了资源的部署和应用迁移过程，从而使得整个系统的运行更加高效和稳定。

（3）具有灵活的使用功能。虚拟化技术允许动态地重配置和部署资源，以适应不同的业务需求。通过虚拟化，可以根据实际需求实时调整资源的分配和配置，例如，增加或减少虚拟机的数量、调整虚拟机的计算、存储和网络资源等。这种灵活性和动态性使得虚拟化能够在不同的业务场景下灵活应对，满足不同的性能、可靠性和安全性需求。无论是应对突发的业务峰值，还是针对特定业务需求进行定制化配置，虚拟化都能够提供快速、高效的资源调配和部署方案，从而为企业提供更加灵活和可靠的 IT 基础设施支持。

（4）安全性较高。虚拟化技术提高了桌面环境的可操作性和安全性。用户可以通过本地访问或远程访问方式轻松地接入虚拟桌面环境，无论身处何地都能够方便地获取和操作桌面资源。相较于简单的共享机制，虚拟化能够实现对桌面环境的有效隔离和数据信息的划分，从而保障了访问信息的可控性和安全性。通过虚拟化，每个用户都可以拥有独立的虚拟桌面环境，各自之间相互隔离，避免了因为共享而导致的信息泄露或干扰，同时提升了用户数据的安全性和隐私保护水平。

（5）可用性更高。虚拟化技术在应用程序和硬件条件方面具有更高的可用性，能够有效提高业务的连续性。通过虚拟化，整个虚拟环境可以被安全地备份和迁移，而不会出现服务中断的问题。这意味着即使在发生硬件故障或者需要进行维护时，也可以通过虚拟化技术快速地将虚拟环境迁移到备用硬件上，并且在迁移过程中实现零停机时间。这种高度的灵活性和可靠性使得虚拟化技术成为提高业务连续性和可用性的重要工具，为企业提供了更加稳定和可靠的 IT 基础设施支持。

（6）可扩展性更高。虚拟化技术在不改变物理资源配置的情况下，能够灵活地调整规模。通过虚拟化，可以将个体的物理资源（如服务器、存储、网络等）虚拟化为更小或更大的虚拟资源，从而实现资源的有效分区和汇聚。这种灵活性使得用户可以根据实际需求动态地调整资源规模，快速地扩展或收缩资源的使用量，而无须对底层物理资源进行修改或调整。这样的特性使得虚拟化技术成为构建具有弹性和可伸缩性的 IT 基础设施的理想选择，能够更好地适应不断变化的业务需求和应用负载。

2. 虚拟化的作用

虚拟化通过简化 IT 基础设施和资源管理，为用户提供更加便利的访问功能。虚拟化涉及的领域非常宽泛，它面向的用户不仅可以是人，也可以是与资源交互相关的服务、操作请求、应用程序和资源访问等。从这个目的出发，虚拟化资源会给用户提供一个标准化的接口，如果用户利用标准接口访问虚拟资源，用户和资源之间的耦合程度就会降低，因为用户并不会只依赖某种特定的虚拟资源。

除此之外，松散的耦合访问关系还可以简化管理工作。管理员在管理 IT 基础设施的过程中，可以将对用户的影响降到最低。并且，即使这些底层的物理资源发生了变化，虚拟资源对用户的影响也是最低的，因为用户和虚拟资源之间的交互方式并未发生变化，标准接口也未发生改变，应用程序并未受到影响，不需要打补丁或升级。

3. 虚拟化的约束与限制

虽然虚拟化技术为计算资源的灵活利用带来了巨大的便利，但仍然存在一些约束和限制。

（1）性能损耗是虚拟化的一个主要限制因素。由于虚拟机之间共享物理资源，如 CPU、内存和存储等，可能导致性能抖动和资源竞争。特别是在密集型计算和高负载情况下，虚拟化可能会导致性能下降。

（2）安全性是虚拟化面临的另一个挑战。由于多个虚拟机共享同一物理服务器，一旦其中一个虚拟机受到攻击或被入侵，可能会威胁到其他虚拟机的安全。此外，虚拟化平台本身也可能存在漏洞，给黑客提供入侵的机会。

（3）兼容性问题也是虚拟化的一大限制。不同的虚拟化平台可能存在兼容性差异，虚拟机镜像在不同平台间迁移可能存在困难。此外，部分应用程序可能不适合在虚拟化环境中运行，或者需要进行特殊配置和优化。

（4）管理和维护的复杂性也是虚拟化的一个约束。虚拟化环境中涉及大量的虚拟机和资源，需要进行统一的管理和监控。此外，虚拟化技术的部署和维护需要具备专业的技术知识，对管理人员的要求较高。

虽然虚拟化技术为计算资源的灵活利用带来了诸多好处，但仍然面临性能损耗、安全性、兼容性和管理维护等方面的约束和限制。因此，在实际应用中需要综合考虑这些因素，做出适当的权衡和决策。

（二）虚拟化的结构模型

一般来说，虚拟环境由三部分组成：虚拟机、虚拟机监控器（VMM，亦称为Hypervisor）、硬件。在没有虚拟化的情况下，操作系统管理底层物理硬件，直接运行在硬件之上，构成一个完整的计算机系统。而在虚拟化环境中，VMM取代了操作系统的管理者地位，成为真实物理硬件的管理者。通常虚拟化的实现结构分为以下类型：

1. 宿主模型

虚拟化平台在宿主模型中确实是安装在主机的操作系统之上。在这种模型中，VMM（虚拟机监视器）通过调用主机操作系统中的服务资源来获取内存、处理器和I/O设备等物理资源，并将其虚拟化。一旦VMM创建了虚拟机，它会将虚拟机作为主机操作系统的一个进程来管理，并参与资源的调度。

宿主模型的优缺点确实与Hypervisor模型形成鲜明对比。宿主模型的一个显著优势在于它能够充分利用现有操作系统的设备驱动程序。这意味着VMM无须为各种I/O设备重新开发驱动程序，从而大大减轻了工作负担。然而，这种模型的缺点是物理资源由主机操作系统控制。因此，VMM在获取资源进行虚拟化时，需要依赖于主机操作系统的服务，这不可避免地会对虚拟化的效率产生一定的影响。

2. Hypervisor模型

在Hypervisor模型中，虚拟化平台直接运行于物理硬件之上，无需主机操作系统的介入。这种设计使得Hypervisor能够直接管理所有物理资源，如处理器、内存和I/O设备等。此外，Hypervisor还承担着虚拟环境的创建和管理职责，以支持客户机操作系统的运行（在虚拟机内部运行的操作系统）。由于Hypervisor兼具物理资源管理和虚拟化的功能，虽然它提升了物理资源的虚拟化效率，但相应地也增加了其工作负载。特别是在设备驱动管理方面，由于需要直接管理底层硬件，驱动开发的工作量相对较大。

3. 混合模型

混合模型就是宿主模型和Hypervisor模型的混合体。混合模型在结构上与Hypervisor模型类似，VMM直接运行在裸机上，具有最高特权级。混合模型与Hypervisor模型的区别在于：混合模式的VMM相对要小得多，它只负责向客户机操作系统（GuestOS）提供一部分基本的虚拟服务，例如CPU和内存，而把I/O设备的虚拟交给一个特权虚拟机（PrivilegedVM）来执行。由于充分利用了原操作系统的设备驱动，VMM本身并不包含设备驱动。

第二节 虚拟化技术的分类解析

一、应用虚拟化的特点及注意事项

应用程序包括很多不同的程序部件，如动态链接库。如果一个程序的正确运行需要一个特定链接库，而另一个程序需要这个动态链接库的另一个版本，那么在同一个系统中这两个应用程序就会造成动态链接库的冲突，其中一个程序会覆盖另一个程序的动态链接库，造成程序不可用。因此，当系统或应用程序升级或打补丁时都有可能导致应用之间不兼容。应用程序运行总是要进行严格而烦琐的测试来保证新应用与系统中的已有应用不存在冲突。这个过程需要耗费大量的人力、物力和财力。因此，应用虚拟化技术应运而生。

（一）应用虚拟化的特点

应用程序虚拟化安装在一个虚拟环境中，与操作系统隔离，拥有与应用程序相关的所有共享资源，极大地方便了应用程序的部署、更新和维护。通常将应用虚拟化与应用程序生命周期管理结合起来，使用效果比较好。

1. 部署方面

（1）不需要安装。应用程序虚拟化的应用程序包会以流媒体部署到客户端，有点像绿色软件，只要复制就能使用。

（2）没有残留的信息。应用程序虚拟化并不会在移除之后在机器上产生任何文件或者设置。

（3）不需要更多的系统资源。应用虚拟化和安装在本地的应用一样使用本地的网络驱动器、CPU 或者内存。

（4）事先配置好的应用程序。应用程序虚拟化的应用程序包本身就涵盖了程序所要的一些配置。

2. 更新方面

（1）更新方便。只需要在应用程序虚拟化的服务器上进行一次更新即可。

（2）无缝的客户端更新。一旦在服务器端进行更新，客户端便会自动地获取更新版本，无须逐一更新。

3. 支持方面

（1）减少应用程序间的冲突。由于每个虚拟化过的应用程序均运行在各自的虚拟环境中，因此并不会有共享组件版本的问题，而减少应用程序之间的冲突。

（2）减少技术支持的工作量。应用程序虚拟化的程序跟传统安装本地的应用不同，需要经过封装测试才进行部署，此外，也不会因为使用者误删除某些文件导致无法运行，所以从这些角度来说，可以减少使用者对于技术支持的需求量。

（3）增加软件的合规性。应用程序虚拟化可以针对有需求的使用者进行权限配置才允许使用，这方便了管理员对于软件授权的管理。

（二）应用虚拟化的优势

应用虚拟化把应用程序从操作系统中解放出来，使应用程序不受用户计算环境变化带来的影响，带来了极大的机动性、灵活性，显著提高了IT效率及安全性和控制力。用户无须在自己的计算机上安装完整的应用程序，也不受自身有限的计算条件限制即可获得极好的使用体验。

第一，减少部署与管理问题。应用程序之间的冲突，通过应用虚拟化技术隔离开来，减少了应用程序间的冲突、版本的不兼容性及多使用者同时存取的安全问题。在部署方面，操作系统会为应用虚拟化提供各自的虚拟组件、文件系统、服务等应用程序环境。

第二，部署预先配置好的应用程序。应用程序所有的配置信息根据使用者需要预先设定，并会封装在应用程序包里，最终部署到客户端计算机上。当退出应用程序时，相关配置会保存在使用者的个人计算机账户的配置目录中，下一次使用应用程序时可回到原来的运行环境。

第三，在同一台计算机上运行不同版本的应用程序。企业常常会需要运行不同版本的应用程序。传统的方式应用两台计算机运行，使管理复杂度和投资成本增大。应用程序虚拟化，使得使用者可以在相同的机器上运行不同的软件。

第四，提供有效的应用程序管理与维护。应用程序虚拟化包存储在一个文件夹中，并且在管理界面上，管理员可以轻松地对这些软件进行配置与维护。

第五，按需求部署。用户应用程序时，服务器会以流媒体的方式根据用户需要部署到客户端。

（三）应用虚拟化的注意事项

第一，安全性。应用虚拟化的安全性由管理员控制。管理员要考虑企业的机密软件是否允许离线使用，因而使用者可以使用哪些软件以及相关配置由管理员决定。此外，由于应用程序是在虚拟环境中运行的，在某些程度上避免了恶意软件和病毒的攻击。

第二，可用性。在应用虚拟化中，相关程序和数据集中摆放，使用者通过网络下载，所以管理员必须考虑网络的负载均衡和使用者的并发量。

第三，性能考量。应用虚拟化的程序运行，采用本地CPU、硬盘和内存，其性能除了考虑网络速度因素外，还取决于本地计算机的运算能力。

二、桌面虚拟化的优势及使用条件

随着桌面虚拟化技术探索逐渐深入，桌面虚拟化在提升计算机系统管理效率和安全性方面发挥着难以估量的作用。[①] 桌面虚拟化将众多终端的资源集合到后台数据中心，以便对企业的成百上千个终端统一认证、统一管理，实现资源灵活调配。终端用户通过特殊身份认证，登录任意终端即可获取自相关数据，继续原有业务，极大地提高了使用的灵活性。

---

① 王雷. 桌面虚拟化技术的安全性分析及对策[J]. 网络安全和信息化，2023(01)：21.

(一)桌面虚拟化的优势

第一,降低了功耗。虚拟桌面通常考虑使用瘦客户端,极大地节省了资源。

第二,提高了安全性。虚拟桌面的操作系统在服务器中,因而比传统桌面PC更易于保护,免受恶意攻击,还可以从这个集中位置处理安全补丁。并且桌面虚拟化某种瘦客户端,可以减少病毒感染和数据被窃取的可能性。

第三,简化了部署及管理。虚拟桌面可以集中控制各个桌面,不需要前往每个工作区就能迅速为虚拟桌面打上补丁。

第四,降低了费用。虚拟桌面的使用同时降低了硬件成本和管理成本,极大地节省了费用。先构建一个允许用户共享的"主"系统磁盘镜像,桌面虚拟化系统在用户需要时做镜像备份,提供给用户。为了让不同的用户使用不同的应用程序,需要创建一个共享镜像的"基准",在这个基准镜像上安装所有应用程序,保证公司内的每一个人都可以使用。然后,使用应用程序虚拟化包在每个用户的桌面上安装用户需要的个性化应用程序。

(二)桌面虚拟化的使用条件

第一,健全的网络环境。网络作为桌面虚拟化的传输载体起着关键性作用,保证网络的稳定是桌面虚拟化实现的重要条件。

第二,高可靠性的虚拟化环境。在桌面虚拟化环境中所有用户使用的桌面都运行在数据中心,其中任何一个环节出现问题,都可能会导致整个桌面虚拟化环境崩溃,搭建高可用性、高安全性的数据虚拟化数据中心是关键。

第三,改变原来的运维流程。应用桌面虚拟化环境后,如果遇到系统性问题,管理员基本不必到使用者现场对桌面进行维护,通过统一的桌面管理中心能够管理所有使用者的桌面,这和传统的运作维护流程不同。

第四,充足的网络带宽。为了实现较好的用户体验,还需要具有充足的带宽以保证较好的图像显示。

三、网络虚拟化的主要类型

网络虚拟化是通过软件统一管理和控制多个硬件或软件网络资源及相关的网络功能,为网络应用提供透明的网络环境。该网络环境称为"虚拟网络",形成该虚拟网络的过程称为"网络虚拟化"。

在不同应用环境下,虚拟网络架构多种多样。不同的虚拟网络架构需要相应的技术作支撑。当前,传统网络虚拟化技术已经非常成熟,如VPN(虚拟专用网)、VLAN(虚拟本地区域网络)等。服务器虚拟机的优势在于其更加灵活、可配置性更好,可以满足用户更加动态的需求。因此,网络虚拟化技术也紧随趋势,满足用户更加灵活、更加动态的网络结构的需求和网络服务要求,同时还必须保证网络的安全性。

(一) 主机网络虚拟化

云计算的网络虚拟化归根结底是为了主机之间安全灵活地进行网络通信，因而主机网络虚拟化是云计算的网络虚拟化的重要组成部分。主机网络虚拟化通常与传统网络虚拟化相结合，主要包括以下几个部分。

1. 虚拟网桥

虚拟网桥（VEB）上有虚拟端口，虚拟网卡对应的接口就是和网桥上的虚拟端口连接，这个连接称为虚拟终端接口（VSI）。VEB 实际上就是实现常规的以太网网桥功能。一般来说，VEB 用于在虚拟网卡之间进行本地转发，即负责不同虚拟网卡间报文的转发。此外，VEB 也负责虚拟网卡和外部交换机之间的报文传输。

2. 虚拟网卡

虚拟网卡就是通过软件手段模拟出来在虚拟机上看到的网卡。虚拟机上运行的操作系统通过虚拟网卡与外界通信。当一个数据包从 GuestOS 发出时，GuestOS 会调用该虚拟网卡的中断处理程序，而这个中断处理程序是模拟器模拟出来的程序逻辑。当虚拟网卡收到一个数据包时，它会将这个包从虚拟机所在物理网卡接收进来，就像物理机自己接收一样。

3. 虚拟端口聚合器

虚拟以太网端口聚合器（VEPA）的作用是将虚拟机上的以太口聚合成一个通道，用于与外部实体交换机进行通信，从而减轻虚拟机上的网络功能负担。VEPA 将多个虚拟交换机接口（VSI）的流量汇聚，交换机发往各 VSI 的报文首先到达 VEPA，再由 VEPA 负责转发至特定的 VSI。VSI 生成的报文不经过 VEB 转发，而是汇聚后通过物理链路发送至交换机，由交换机负责转发报文至虚拟机或外网。这种机制不仅使交换机能够执行更多功能（如安全策略、流量监控统计），而且有效减轻了虚拟机上的转发压力。VEPA 的主要职责是汇聚多个 VSI 的流量，并将其转发至邻接桥。

在传统的转发规则中，一个端口在接收报文后，无论是单播还是广播，都不能从该接收端口再次发出。然而，由于交换机与虚拟机仅通过一个物理链路连接，为了实现将虚拟机发送的报文转发回去，必须对网桥转发模型进行相应修改。为此，802.1Qbg 标准在交换机桥端口上引入了一种名为 Reflective Relay 的模式。当端口支持并启用该模式时，接收端口也可作为潜在的发送端口使用。

VEPA 的设计仅限于支持虚拟网卡与邻接交换机之间的报文传输，既不支持虚拟网卡之间的直接报文传输，也不支持邻接交换机自身的报文传输。对于需要利用流量监控、防火墙或其他连接桥服务的虚拟机，可以考虑连接到 VEPA。

(二) 网络设备虚拟化

随着因特网的快速发展，云计算兴起，需要的数据越来越庞大，用户的带宽需求不断提高。在这样的背景下，不仅服务器需要虚拟化，网络设备也需要虚拟化。目前国内外很多网络设备厂商如锐捷、思科都生产出相应产品，应用于网络设备虚拟化，取得了良好的效果。

网络设备的虚拟化通常分成两种形式：① 纵向分割；② 横向整合。将多种应用加载在同一个物理网络上，势必需要对这些业务进行隔离，使它们相互不干扰，这种隔离称为"纵向分割"。接着，从以下几个方面来探讨网络设备虚拟化。

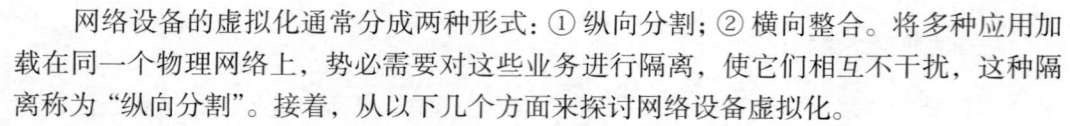

1. 虚拟交换机

虚拟交换机（vSwitch）作为早期出现的网络虚拟化技术，在 LinuxBridge、VMWare vSwitch 等软件产品中得到了实现。vSwitch 是基于软件的虚拟交换，不涉及外部物理交换机，其显著优势在于流量完全在服务器内部传递，从而能够充分利用服务器的带宽并减少延迟。

VEB 和 VEPA 被视作网络虚拟化的两个不同发展方向。VEB 主要追求低延迟，其流量在服务器内部平行流动，因此被称为"东西流策略"。而 VEPA 则更侧重于多功能性，其流量需要在服务器和交换机之间传递，因此被称为"南北流策略"。

然而，仅依赖软件实现虚拟网桥可能会对服务器的硬件性能产生影响。因此，出现了单一源 I/O 虚拟化（SR-IOV）技术，这种技术实际上是在网卡 NIC 上实现 vSwitch 的功能。

VEB 直接嵌入在物理 NIC 中，负责虚拟 NIC 之间的报文转发，同时也负责将虚拟 NIC 发送的报文通过 VEB 上的链口发送到邻接桥上。与虚拟机上通过软件实现交换相比，由硬件 NIC 进行交换能够显著提升 I/O 性能，减轻软件模拟交换机给服务器 CPU 带来的负担。此外，由于报文传输是通过 NIC 硬件实现的，因此虚拟机和外部网络的交互性能也得到了提升。

2. 虚拟交换单元

虚拟交换单元（VSU）技术将两台核心层交换机虚拟化为一台，VSU 和汇聚层交换机通过聚合链路连接，将多台物理设备虚拟为一台逻辑上统一的设备，使其能够实现统一的运行，从而达到减小网络规模、提升网络高可靠性的目的。

VSU 的组网模式的优势主要包括：① 简化了网络拓扑，VSU 在网络中相当于一台交换机，通过聚合链路和外围设备连接，不存在二层环路，没必要配置 MSTP（多业务传送平台）协议，各种控制协议是作为一台交换机运行的。VSU 作为一台交换机，减少了设备间大量协议报文的交互，缩短了路由收敛时间；② 这种组网模式的故障恢复时间缩短到了毫秒级，VSU 和外围设备通过聚合链路连接，如果其中一条成员链路出现故障，切换到另一条成员链路的时间是 50~200 ms。而且，VSU 和外围设备通过聚合链路连接，既提供了冗余链路，又可以实现负载均衡，充分利用所有带宽。

3. 虚拟机迁移

在大规模计算资源集中的云计算数据中心，以 x86 架构为基准的不同服务器资源通过虚拟化技术将整个数据中心的计算资源统一抽象出来，形成可以按一定粒度分配的计算资源池。虚拟化后的资源池屏蔽了各种物理服务器的差异，形成了统一的、云内部标准化的逻辑 CPU、逻辑内存、逻辑存储空间、逻辑网络接口，任何用户使用的虚拟化资源在调度、供应、度量上都具有一致性。

虚拟化技术是云计算的关键技术之一，将一台物理服务器虚拟化成多台逻辑虚拟机，不仅可以大大提升云计算环境 IT 计算资源的利用效率、节省能耗，同时，虚拟化技术提供的动态迁移、资源调度使得云计算服务的负载可以得到高效管理、扩展，云计算的服务更具有弹性和灵活性。

服务器虚拟化的一个关键特性是虚拟机动态迁移，迁移需要在二层网络内实现。数据中心的发展正在经历从整合、虚拟化到自动化的演变，基于云计算的数据中心是未来更远的目标。如何简化二层网络，甚至是跨地域二层网络的部署，解决生成树无法大规模部署的问题，是服务器虚拟化给云计算网络层面带来的挑战。

四、存储虚拟化的划分依据

虚拟存储技术将底层存储设备进行抽象化统一管理，向服务器层屏蔽存储设备硬件的特殊性，而只保留其统一的逻辑特性，从而实现了存储系统集中、统一而又方便的管理。对一个计算机系统来说，整个存储系统中的虚拟存储部分就像计算机系统中的操作系统，对下层管理着各种特殊而具体的设备，而对上层则提供相对统一的运行环境和资源使用方式。

对存储虚拟化是通过将一个或多个目标服务或功能与其他附加的功能集成，统一提供有用的全面功能服务。当前，存储虚拟化建立在共享存储模型基础之上，主要包括三个部分，分别是用户应用、存储域和相关的服务子系统。其中，存储域是核心，在上层主机的用户应用与部署在底层的存储资源之间建立了普遍的联系，其中包含多个层次；服务子系统是存储域的辅助子系统，包含一系列与存储相关的功能，如管理、安全、备份、可用性维护及容量规划等。

（一）按照不同层次划分存储虚拟化

1. 基于设备的存储虚拟化

基于设备的存储虚拟化用于异构存储系统整合和统一数据管理（灾备），通过在存储控制器上添加虚拟化功能实现，应用于中高端存储设备。具体地说，当有多个主机服务器需要访问同一个磁盘阵列时，可以采用基于阵列控制器的虚拟化技术。此时，虚拟化的工作是在阵列控制器上完成，将一个阵列上的存储容量划分为多个存储空间（LUN），供不同的主机系统访问。

基于设备的存储虚拟化的优点主要包括：① 与主机无关，不占用主机资源；② 数据管理功能丰富；③ 技术成熟度高。

2. 基于主机的存储虚拟化

基于主机的存储虚拟化通常由主机操作系统下的逻辑卷管理软件来实现。不同操作系统的逻辑卷管理软件也不相同。它们在主机系统和 UNIX 服务器上已经有多年的广泛应用，目前在 Windows 操作系统上也提供类似的卷管理器。

基于主机的存储虚拟化的主要用途是使服务器的存储空间可以跨越多个异构的磁盘阵列，常用于在不同磁盘阵列之间做数据镜像保护。如果仅仅需要单个主机服务器（或单个集群）访问多个磁盘阵列，就可以使用基于主机的存储虚拟化技术。此时，虚拟化的工作通过特定的软件在主机服务器上完成，而经过虚拟化的存储空间可以跨越多个异构的磁盘阵列。基于主机的存储虚拟化的优点是支持异构的存储系统，不占用磁盘控制器资源。

3. 基于网络的存储虚拟化

基于网络的存储虚拟化通过在存储域网（SAN）中添加虚拟化引擎实现，实现异构存储系统整合和统一数据管理(灾备)。也就是多个主机服务器需要访问多个异构存储设备，从而实现多个用户使用相同的资源，或者多个资源对多个进程提供服务。基于网络的存储虚拟化可以优化资源利用率，是构造公共存储服务设施的前提条件。基于网络的存储虚拟化的优点主要包括：① 能够支持异构主机、异构存储设备；② 使不同存储设备的数据管理功能统一；③ 构建统一管理平台，可扩展性好。

（二）按照不同实现方式划分存储虚拟化

1. 带内虚拟化

带内虚拟化引擎位于主机和存储系统的数据通道中间，控制信息和用户数据都会通过它，而它会将逻辑卷分配给主机，就像一个标准的存储子系统一样。因为所有的数据访问都会通过这个引擎，所以它可以实现很高的安全性。就像一个存储系统的防火墙，只有它允许的访问才能够通行，否则就会被拒绝。

带内虚拟化的优点是可以整合多种技术的存储设备，安全性高。此外，该技术不需要在主机上安装特别的虚拟化驱动程序，比带外的方式更易于实施。其缺点是当数据访问量异常大时，专用的存储服务器会成为瓶颈。

2. 带外虚拟化

带外虚拟化引擎是一个数据访问必须经过的设备，带外虚拟化引擎在物理上不位于主机和存储系统的数据通道中间，而是通过其他的网络连接方式与主机系统通信。于是，在每个主机服务器上都需要安装客户端软件，或者特殊的主机适配卡驱动，这些客户端软件接收从虚拟化引擎传来的逻辑卷结构和属性信息，以及逻辑卷和物理块之间的映射信息，在 SAN 上实现地址寻址。存储的配置和控制信息由虚拟化引擎负责提供。

带外虚拟化的优点是能够提供很好的访问性能，并无须改变现存的网络架构。此外，这种方式的实施难度大于带内模式，因为每个主机都必须有一个客户端程序。

第三节 虚拟化技术的解决方案

一、Hyper-V 虚拟化

Hyper-V 确实能够提供多租户安全功能，有效隔离同一台物理服务器上的虚拟机，从而保障虚拟环境的安全。此外，它通过网络虚拟化功能，将资源扩展到虚拟本地区域网络（VLAN）之外，使得虚拟机放置在任何节点都无须考虑 IP 地址的问题。虚拟机的存储和迁移方式也非常灵活，即使迁移到集群环境之外，也能实现完整的自动化管理，这大大降低了环境管理的负担。

在客户系统中，Hyper-V 的支持能力也相当出色，最多可以支持 1TB 内存和 64 个处理器。它采用全新的虚拟磁盘格式，每个虚拟磁盘的容量高达 64TB，为用户提供了更大的虚拟化负载弹性。同时，Hyper-V 还具备一系列新功能，例如资源计量统计物理资源消耗情况、支持卸载数据的传输以及强制实施最小带宽需求以改善服务质量。

除了确保虚拟机的正常运行和可扩展性，Hyper-V 还注重保障虚拟机的实效性。它提供了众多高可用性功能，如支持简单备份的增量、改进集群环境以支持高达 4000 台虚拟机，并实现实时迁移。此外，Hyper-V 还提升了 BitLocker 驱动器加密技术，确保数据的安全性。特别值得一提的是，Hyper-V 的复制技术能够将虚拟机复制到指定位置，当主站点发生故障时，虚拟机可以迅速转移故障，确保业务的连续性。

二、VMware 虚拟化

VMware 虚拟化平台的构建基于可投入商业使用的体系结构。VMwareESXi 软件和 VMwarevSphere 软件可以支持基于 x86 平台的硬件资源，主要包括内存、CPU、网络等硬件设备，在此基础上，像真实 PC 一样运行的虚拟机可以被创建出来。VMware 虚拟化技术中的每一个虚拟机都有一套完整的操作系统，所以不存在潜在冲突。VMware 虚拟化技术的工作原理是在主机或计算机硬件中插入一个精简的软件层。

该软件层包含的虚拟机监视器（管理程序）以透明或动态的方式分配硬件资源。在单台物理机上就可以同时运行多个操作系统，相互之间并不冲突，而是共享硬件资源。由于是将整台计算机（包括 CPU、内存、操作系统和网络设备）封装起来，因此虚拟机可与所有标准的 x86 操作系统、应用程序和设备驱动程序完全兼容。在单台计算机上，可以同时运行多个应用程序和操作系统，并且，在访问资源的过程中，物理机还可以保障应用程序和操作系统访问资源的实效性。

三、VirtualBox 虚拟化

VirtualBox 作为一款免费开源平台，它主要用于服务器虚拟化和桌面虚拟化。VirtualBox 的性能优异，能够虚拟化多种操作系统，包括 Linux、Windows、Android、MAC OS 等。其功能包括快照、多显示器、虚拟机克隆、支持多操作系统等，满足桌面虚拟机的大部分需求。VirtualBox 的虚拟机最多支持 32 个虚拟 CPU，并且内置远程显示支持，可与远程桌面协议客户端配合使用。同时，它支持 VMware 和微软虚拟机磁盘格式，并允许在主机之间迁移运行中的虚拟机，支持 3D 和 2D 图形加速、CPU 热添加等功能。

第四节 云计算虚拟化技术的创新应用

一、云计算中虚拟化技术的应用

（一）云计算中的虚拟化技术

在互联网信息网络的建设下，云计算中的重要技术——虚拟化技术发挥出了极大的使用效率，它是一种新的商业化运算模型，让用户在网络终端设备上可以同时操作

多个应用。[①]

在计算机系统中，从底层至高层依次可分为硬件层、操作系统层、函数库层、应用程序层，虚拟化可发生在上述四层中的任一层，基于不同的抽象层次，可以将虚拟化技术分为库函数层虚拟化、硬件抽象层虚拟化、操作系统层虚拟化。

1. 库函数层虚拟化

库函数层虚拟化是指在虚拟化环境中对操作系统提供的库函数进行虚拟化处理。这种虚拟化技术可以在不同的操作系统和硬件平台之间提供统一的应用程序接口，从而实现跨平台的应用程序移植和运行。通过库函数层虚拟化，应用程序可以在虚拟化环境中调用标准的库函数，而无须对代码进行修改或适配，极大地简化了跨平台开发和运维工作。这种虚拟化技术在提升应用程序的可移植性、可扩展性和跨平台兼容性方面具有重要意义，尤其在多云和混合云环境下，为应用程序的部署和管理带来了便利。

2. 硬件抽象层虚拟化

硬件抽象层上的虚拟化，主要是基于虚拟硬件抽象层来创建虚拟机，将和物理机相同或相近的硬件抽象层展现在客户机操作系统中。实现该层虚拟化技术，能够将一台物理计算机虚拟出一台或多台虚拟计算机，不同虚拟机有各自配套的虚拟硬件，从而具备独立的虚拟机执行环境，各自可安装不同的操作系统，因此又被称为系统级虚拟化。

3. 操作系统层虚拟化

操作系统层上的虚拟化，主要是指操作系统内核能够提供多个互相隔离的用户态实例，对于用户而言，这些用户态实例被看作一台真实的计算机，具有自身独立的网络、文件系统、库函数以及系统设置。操作系统层虚拟化具备高效性，其性能开销和虚拟化资源开销非常小，且不需要硬件的特殊支持。但其灵活性相对较小，表现为不同容器中的操作系统必须为同一种操作系统。

(二) 云计算中虚拟化技术的应用场景

1. 网络的虚拟化

云计算中的虚拟技术包括对网络的虚拟化处理，通过将网络进行虚拟化，可以为用户提供虚拟局域网和专用网两个单独运行的网络环境。在目前的信息处理过程中，由于所需处理的网络信息太过庞大，因此需要对分散的用户信息进行集中，网络虚拟化技术可以将多个局域网集中在一个统一的网络服务器上，使得所有经过这些局域网进行传输的信息都可以在同一个网络服务器中进行查阅和管理。

2. 存储的虚拟化

存储的虚拟化技术分为 Hypervisor 模型、宿主模型和混合模型。其大量的信息上传和存储需要更大的存储空间来进行支持，随着物联网时代的到来，各种信息数据呈爆炸式指数级增长，对现有硬件设备的存储提出了越来越高的要求，单纯依赖硬件存储已经变得不现实，因此也需要对存储进行虚拟化。利用存储的虚拟化技术，可以在主机的硬件存储空间之外单独再开拓出容量巨大的云存储空间，用户可以将多种类型的信息进行上传和存储，解决了不同信息与存储设备之间存在的不兼容问题，也可以

[①] 郑平. 论云计算中虚拟化技术的应用 [J]. 电脑知识与技术：学术版，2020，16(01)：277.

为用户节省大量的硬件购置成本。同时，还可大大提高信息数据的安全性，一般来讲，将信息存储在硬件设施当中，如果出现意外断电等状况，很容易导致存储区域出现异常而导致信息丢失，这对于用户来说必然是巨大损失，而云空间则不受这些因素的影响，即便因为用户的错误操作导致信息丢失，也能够通过云平台中的文件恢复技术机制找回，减少因操作失误而导致的损失。

3. 计算机应用程序的虚拟化

在以往的应用程序运行环境当中，由于操作系统需要将有限的资源分配给多个主机，剩下的性能在处理多个具备同样信息的应用时容易出现严重的冲突问题，严重时会导致系统崩溃，数据大量丢失。因此，有必要对计算机应用程序进行虚拟化处理。所谓计算机应用程序的虚拟化，就是在操作系统和信息文件之外单独建立一个封闭的运行环境，在运行具有同样信息的应用时，用户可以将其分开在两个系统当中，确保彼此之间不会出现冲突。

（三）虚拟化技术的应用优势

1. 方便管理和维护

在虚拟化技术的加持之下，原本需要大量主机完成的信息处理工作都可以在远程构建的云空间和封闭的虚拟化空间中运行，操作人员可随时随地使用终端设备来查看和调用所存储的信息，极大地提高了处理效率，克服了硬件设施带来的诸多限制。通过虚拟化技术对信息的集中处理，日后在对信息的调用和分析时也会变得更加方便快捷，省去了漫长的信息检索和提取过程。除此之外，虚拟化技术允许人们在其中构建虚拟的云空间来存储信息，与存储在硬件当中的信息不同，云空间当中存储的信息不会因为外部不可抗力的作用而损失，只要用户依然保有云空间的使用权限，就能够随时随地上传和下载信息。

2. 节约资源和成本

在传统的云计算数据处理中心建设过程中，往往需要投入巨大的成本来购置大量的硬件主机，而且要配置庞大的人才队伍来进行操作和维护，整个过程所耗费的资金数量非常庞大。通过合理利用虚拟化技术，可以将原本需要多个主机来运行的操作都高度集中在一台主机上进行，这就使得数据处理中心所需要购置的主机数量大幅度减少，甚至只需要原本的一小部分主机就能够完成当前的数据处理任务。与此相应，管理中心也不需要雇用太多的技术人员来进行维护和管理，整个管理中心的能源消耗成本也会明显降低。不仅如此，虚拟化技术还可以有效地提升信息处理的速度和效率，能够给管理中心带来更多的经济效益。

二、云计算虚拟化技术在电信领域的应用研究

（一）云计算技术

云计算就是一种运用互联网信息技术进行某种计算的方式，来实现对软硬件资源和信息的共享，并根据相应的要求，通过互联网信息技术的相关服务增加、交付和使

用模式,将资源提供给计算机等其他设备。这些资源通常是经过虚拟化的,以确保高效、灵活和可扩展的利用。

近年来,有关云计算的说法多种多样,主要包括:① 云计算是效用计算技术和软件服务的总和,效用计算主要是指数据中心的软硬件设施,通过即用即付的形式提供给广大用户;② 云计算主要是利用互联网信息技术进行计算的一种新方式,运用互联网信息技术的网络结构、自治的服务为企业和个人用户提供按需即取的计算方法;③ 云计算主要是并行处理和分布处理以及网络计算发展的必然结果,也可以说是计算机科学概念的一种商业实现。云计算主要包含:基础设施、平台服务、软件服务三种服务类型,它不仅有效解决了当前电信领域发展中存在的问题,还满足了电信领域创新发展的需求,对我国电信领域的可持续发展有着重要的作用。

(二)云计算虚拟技术对电信业务平台的创新

近年来,电信领域在业务平台的创新上持续努力,但成效相对有限。而互联网业务的开发因其简洁性、成熟的工具和框架以及灵活的接口协议等特性,为电信领域业务平台的创新发展提供了巨大的便利。云计算作为一种服务模式,将所开发的平台作为服务提供给开发者,使得他们只需购买服务就能进行新业务的开发和部署。例如,App Engine 作为一个典型的云服务平台,允许开发者使用 Python 语言开发 Web 应用,并直接在 App Engine 上部署相关内容。该平台能有效保证负载均衡和自动扩展,从而解决 Web 应用中较为复杂的部分,使开发者能够专注于业务需求。

电信业务开发的逻辑通常并不复杂,其难点主要集中在信令的复杂性、可扩展性和可用性的处理上。从云服务的角度看,这些难点应由云计算平台负责解决,并以服务的形式提供给开发者。

云计算虚拟技术基础服务主要提供开发业务所需的基本支撑功能,如分布式数据库、文件系统、计算框架、缓存等。这些服务提供标准化的应用程序接口,使开发者能够方便地访问和使用这些支撑功能。同时,云计算虚拟技术基础服务本身也具备出色的可扩展性和高可用性。

云计算虚拟技术中的业务支撑服务则专注于提供与业务相关的支撑功能,如计费认证、业务路由、用户管理以及日志功能等。这些服务为电信业务提供了通用的功能模块,有助于提升业务开发的效率和质量。

(三)云计算在电信领域的优势及应用

1. 云计算在电信行业的优势

(1)超凡的计算能力。云计算平台提供了强大的计算资源,使电信公司能够进行高性能的数据分析、运算和处理。这对于电信公司来说至关重要,因为他们需要处理大量的数据,包括电话通信、短信、数据流量等。云计算能够以高效的方式处理这些数据,加快决策速度,提高服务质量,同时降低了运营成本。

(2)可靠的信息存储。电信公司需要安全地存储大量的客户信息、通信记录和业务数据。云计算平台提供了多层次的数据备份和灾难恢复机制,确保数据的安全性和可用性。这意味着即使发生硬件故障或其他不可预测的事件，电信公司的数据仍然可以保持完整，不至于丢失。

（3）方便的信息共享。电信公司通常需要与合作伙伴、供应商和其他相关方共享数据和信息。云计算平台提供了便捷的数据共享和协作工具，可以轻松地与外部合作伙伴共享数据，同时保持数据的安全性和隐私。这种信息共享的便捷性有助于电信公司更好地合作和开发新的业务模式。

（4）客户端要求低。云计算通过提供基于云的服务，使客户能够轻松访问电信服务，而无须投入大量资金购买和维护硬件设备。这降低了客户的门槛，使更多人能够享受到高质量的电信服务。

2. 云计算在电信领域的应用

（1）基础设施的云化改造。电信运营商一直致力于将传统的硬件设施和网络基础设施云化。这意味着将传统的网络设备和服务器替换为虚拟化的云基础设施。通过这一步骤，运营商能够实现资源的弹性扩展和缩减，从而更好地适应用户需求的变化。此外，云化基础设施还可以降低运营成本，提高资源利用率，并加速新服务的部署。这种模式为电信企业带来了更高的灵活性和竞争力。

（2）利用云计算提供业务创新平台。云计算为电信运营商提供了一个强大的业务创新平台。通过利用云服务提供商的资源和工具，电信公司可以更快速地开发和推出新的业务和服务。例如，运营商可以利用云计算来支持物联网（IoT）应用、5G网络、边缘计算等新兴技术领域。云计算还为电信企业提供了大数据分析、人工智能和机器学习等高级技术，以提高网络性能、优化用户体验并开发个性化的服务。

（3）以 SaaS 的形式提供多样化服务。电信运营商可以借助云计算模式以软件即服务（SaaS）的形式提供多样化的服务。这包括云电话、云存储、云安全和协作工具等服务，这些服务可以直接提供给企业客户和个人用户。通过将这些服务云化，运营商可以减少硬件投资，提高服务的可扩展性，并更好地满足用户的需求。此外，SaaS 模式还允许电信企业进行灵活定价和包装服务，以满足不同客户的需求。

三、基于云计算虚拟化技术的旅游信息平台设计

随着信息技术的快速发展，云计算虚拟化技术在各行各业的应用日益广泛，旅游业也不例外。在这个信息时代，人们对旅游信息的需求越来越高，而基于云计算虚拟化技术的旅游信息平台设计可以帮助旅游者更便捷地获取信息，提升他们的旅游体验。

（一）平台架构设计

1. 前端设计

采用响应式设计是为了确保旅游信息平台在不同终端上都能得到良好展示，包括 PC、平板和手机。这种设计能够根据设备的屏幕大小和分辨率动态调整页面布局和元素排列，以保持用户界面的美观和可用性。

为了提升用户体验，界面设计应简洁明了，导航结构清晰，搜索和过滤功能直观易用。简洁明了的界面设计能够减轻用户的认知负担，使其更容易理解和操作。清晰

的导航结构可以帮助用户快速找到所需信息，提高浏览效率。而直观的搜索和过滤功能则能够帮助用户快速定位和筛选目标内容，提升用户满意度和使用体验。

采用响应式设计、用户友好的界面设计、简洁明了的导航结构以及直观的搜索和过滤功能，是为了确保旅游信息平台能够在不同终端上提供优质的用户体验，让用户能够方便快捷地获取所需信息，从而提升平台的竞争力和用户留存率。

2. 后端架构

使用云计算技术构建后端架构能够为旅游信息平台提供高效、灵活的基础设施支持。在这种架构中，服务器、数据库和存储系统等关键组件都可以在云端进行部署和管理，从而降低了硬件成本和维护负担。

云计算平台提供了强大的资源管理和调度能力，通过虚拟化技术可以实现对资源的动态分配和调整。这意味着在系统负载增加时，可以自动调配更多的计算资源来满足需求，而在负载减少时又能释放多余的资源，从而提高了系统的利用率和效率。同时，利用虚拟化技术还能够实现对硬件的抽象，使得应用程序不再依赖于特定的硬件环境，提高了系统的灵活性和可移植性。

通过云计算技术构建的后端架构还能够实现高可用性和可扩展性。云平台提供了分布式架构和自动备份等机制，能够确保系统在硬件故障或其他不可预见的情况下仍能保持稳定运行。同时，利用云平台的弹性扩展功能，可以根据业务需求自动调整系统的规模，确保系统能够随着用户数量的增长而扩展，从而提高了系统的可扩展性和可靠性。

使用云计算技术构建后端架构，包括服务器、数据库和存储系统等，利用虚拟化技术实现资源的动态分配和调整，能够确保旅游信息平台具有高可用性和可扩展性，为用户提供稳定可靠的服务。

3. 数据管理

在旅游信息平台的设计中，数据库是至关重要的组成部分。采用分布式数据库系统能够有效处理大规模数据，并提供高性能的数据读写能力。这种数据库系统能够将数据分散存储在多个节点上，并利用并行处理和负载均衡技术实现数据的快速访问和处理，从而保证系统在面对海量数据时仍能保持高效稳定的性能。

同时，为了确保数据的准确性和实用性，需要建立完善的数据清洗和分析流程。数据清洗流程包括去重、纠错、规范化等步骤，以确保数据的一致性和完整性。数据分析流程则包括数据挖掘、统计分析等步骤，可以从数据中挖掘出有价值的信息，为用户提供更精准、个性化的服务。

在建立数据清洗和分析流程时，需要考虑数据来源的多样性和复杂性，采用合适的算法和工具对数据进行处理和分析。同时，还需要建立监控机制和质量控制流程，及时发现并处理数据异常和质量问题，保证数据的准确性和可靠性。

采用分布式数据库系统能够处理大规模数据并提供高性能的数据读写能力，建立数据清洗和分析流程能够确保数据的准确性和实用性，从而为旅游信息平台提供稳定可靠的数据支持，为用户提供优质的服务和体验。

(二) 功能设计

1. 景点推荐

旅游信息平台根据用户的偏好和位置利用智能推荐算法，分析用户的历史行为、搜索记录和评价，从而精准地推荐适合的景点和旅游线路。通过用户的偏好标签和位置信息，系统可以个性化地定制旅游方案，满足用户的个性化需求。这些推荐可以包括热门景点、特色体验、文化活动等，以及针对用户兴趣的定制化推荐。通过这种个性化推荐，旅游信息平台可以提高用户的满意度和体验质量，促进用户的再次使用和口碑传播。

2. 预订服务

旅游信息平台提供便捷的预订服务，包括酒店、机票、门票等。用户可以通过平台在线浏览各种选项，比较价格和服务，选择最适合自己的预订方案。平台提供安全的支付系统，用户可以直接在平台上完成支付，保障交易安全。预订完成后，用户将收到确认信息和相关票据，确保预订的可靠性。这种一站式预订服务节省了用户的时间和精力，提高了预订的效率和便利性，使用户能够更轻松地规划和享受旅行。

3. 活动信息

旅游信息平台提供及时更新的当地活动信息和景点开放时间等实时信息，使用户能够更好地规划和安排行程。通过平台，用户可以了解到当地举办的各种活动，如节日庆典、展览、演出等，以及景点的开放时间、门票价格等详细信息。这些实时信息帮助用户更好地安排行程，避免错过重要的活动或景点。同时，平台还提供用户评价和反馈，帮助其他用户更准确地了解活动和景点的质量和特点。这种及时更新的信息服务提高了用户的旅行体验，使他们能够更充分地了解目的地，享受更丰富多彩的旅行体验。

4. 客服支持

旅游信息平台提供在线客服支持，为用户解答问题并提供帮助。用户可以通过平台的在线聊天系统或电话热线与客服人员联系，即时获取所需信息和解决问题。客服团队经过专业培训，能够为用户提供个性化的服务，解答关于旅游目的地、预订流程、活动安排等方面的各种疑问。此外，客服人员还可以为用户提供旅游建议和推荐，帮助用户更好地规划行程。通过在线客服支持，平台能够及时响应用户的需求，提供高质量的服务体验，提高用户的满意度和忠诚度。

(三) 技术实现

1. 微服务架构

采用微服务架构将旅游信息平台拆分成多个独立的服务单元，如用户管理、预订服务、推荐系统等，实现了服务的解耦和独立部署。这种架构使得各个服务之间相互独立，可以独立开发、测试和部署，降低了系统的耦合度，提高了系统的可维护性和可扩展性。同时，微服务架构还允许根据需求灵活地扩展或缩减各个服务，使得系统更具弹性和可伸缩性，能够更好地应对不断变化的业务需求和用户量的增长。

2. 容器化部署

采用容器化技术（如 Docker）对旅游信息平台的应用程序进行打包和部署，简化了部署流程并提高了应用的可移植性和可重复性。Docker 将应用程序及其依赖项打包成轻量级、可移植的容器，使得开发、测试和生产环境之间的部署变得更加一致和可控。容器化技术还具有快速部署、灵活扩展和资源隔离等优势，有效降低了系统的维护成本，并且能够更方便地适应不同的部署环境和需求变化，从而提高了平台的可靠性和灵活性。

3. 监控与管理

使用监控系统对旅游信息平台的运行状态进行实时监控至关重要。监控系统能够实时收集和分析系统的各项指标，包括服务器负载、网络流量、数据库性能等，及时发现潜在的问题并采取相应的措施进行管理和调整。当系统出现异常或性能下降时，监控系统能够自动发出警报并通知相关人员，以便他们迅速采取行动解决问题。通过实时监控和及时响应，可以确保系统始终处于稳定运行状态，最大限度地减少因系统故障而造成的影响，保证用户能够持续地访问和使用旅游信息平台，提升用户满意度和信任度。

第十章　云计算管理平台的应用实践

随着信息技术的迅猛发展，云计算管理平台的应用实践已成为业界关注的焦点。本章研究了云计算管理平台的功能与特点、开源云计算系统的应用、云计算数据中心的应用和云计算管理平台的实践。

第一节　云计算管理平台的功能与特点

大多数互联网企业都建立了由计算设备、存储设备、网络设备和配套设施构成的数据中心。这些数据中心作为互联网企业服务的核心，其运营和管理对企业至关重要。传统的数据中心相对孤立，自动化程度不高，资源配置与管理往往依赖人工干预，导致资源利用率和管理效率低下。随着数据中心规模的扩大，设备数量增加，机房位置分散，人力管理变得既不经济也不合理。

现代数据中心追求高效管理和资源利用，云数据中心作为新一代数据中心，符合这一趋势。云数据中心需要快速、灵活且自动化地应对 Internet 的海量数据和服务请求，如在极短时间内提供可编程、可扩展、多租户感知的基础架构，这是人力所无法企及的。因此，开发一套能够自动化配置、部署、监控和管理云数据中心资源的软件系统成为关键，这就是云计算管理平台的意义所在。

一、云计算管理平台的主要功能

云计算管理平台的功能主要涵盖两个方面：一是管理云资源，确保各项资源得到高效、合理地分配与使用；二是提供云服务，以满足用户多样化的需求，并通过不断优化服务质量和效率，提升用户满意度。

（一）云资源管理功能

随着云计算技术的发展，企业级的云计算平台在数字化浪潮中占据越来越重要的地位。[1]

管理云资源是指将 CMP（云管理平台）部署在公有云、私有云或混合云计算平台上，通过一系列严谨的资源管理、权限管理、安全管理及计费管理机制，实现数据中心弹性资源池、云服务及整个云平台的运维管理，从而为用户提供优质可靠的云服务。CMP 的最终目的是实现云资源管理的可视化、可控化和自动化。

第一，可视化。可视化是指 CMP 利用交互界面和 API，使用户、开发人员和管理

---

[1] 孙建刚，刘月灿，王怀宇，等.基于 PDCA 模型的云资源管理方法研究[J].现代计算机，2022，28（24）：62.

人员能够便捷地管理云平台。对于用户而言，CMP 提供友好的图形交互界面，使其能够轻松提交服务申请、获取服务内容、评价服务质量及请求服务维护。对于开发人员而言，CMP 提供易于调用的 REST API，实现云平台资源的快速调用。而对于管理人员而言，CMP 同样提供图形交互界面，使其能够测试服务性能、跟踪服务状态、查看资源使用情况及统计资源用量。这些交互操作均通过直观的图形或图表形式展示，大大降低了云资源管理的操作难度和入门门槛。

第二，可控化。可控化是指 CMP 通过整合云服务的提供流程、生命周期管理、资源池中的资源及相关技术，确保云服务达到与用户所签订合约规定的等级和响应效率，保持云服务的高可用性。

第三，自动化。自动化是指 CMP 能够根据用户的请求，自动执行云服务的开通、监控、处理、结算和扩展等操作。管理人员仅需进行少量操作或无须操作，即可实现上述功能，即 CMP 实现服务供应自动化。同时，由于管理可视化的交互界面，用户可自主选择所需服务，实现服务获取自动化。

为实现上述三个目标，企业或云服务提供商应充分考虑自身云平台资源及其所提供服务的特点，根据这些特点来部署一个标准、开放、可扩展的 CMP，从而实现资源利用最大化和管理最优化。

（二）云服务提供功能

CMP 通过对云平台资源的统一管理与整合，实现对云平台上的云服务提供保障和支撑。整体来说，CMP 对云服务的支撑包括业务支撑、管理支撑和运维支撑三个层次。

1. 业务支撑

业务支撑是指 CMP 面向云服务市场和用户的支撑功能，可对用户数据和服务产品进行管理。一般来说，云平台在为用户提供服务时会提供一份云服务等级协议（SLA），它包括了服务的品质、水准、性能等内容，直接与服务的定价相关。评价云服务性能的指标包括响应时间、吞吐量和可用性等，CMP 的业务支撑系统可将 SLA 中的评价指标作为依据，生成服务等级报告提供给用户，从而使用户随时了解服务的运行情况和收费标准。

2. 管理支撑

管理支撑是指 CMP 面向企业中与云服务相关的人力、财务和工程等因素的管理支撑功能，它可保障企业云服务的正常运转。CMP 可针对不同企业使用的云服务提供对应的管理支撑方案。此外，还可以对云服务用户的自助服务提供技术支撑，从而有效降低管理成本，实现人力、财务和工程等因素的科学管理、高效管理和自动化管理。

3. 运维支撑

运维支撑是指 CMP 面向资源分配和业务运行的支撑功能，主要通过对云平台中的资源调度和管理来保障云服务的快速开通和正常运行。云服务的开通主要涉及业务模板、虚拟机及镜像文件调用、服务请求响应和一对一部署等方面的资源管理；服务开通后，云平台还需要为其提供售后服务，如业务变更时重新配置资源、客户问题解答、服务花费结算等，这些功能均可通过 CMP 提供的运维支撑系统实现。CMP 对云服务的运维支撑功能还体现在监控 SLA 中规定的服务性能、接收并分析云服务用户的反馈信息、对云服务进行生命周期管理、监控和分析流程执行状况并对流程的各环节进行模拟和测试等。CMP 可通过自调节的方式，使云服务性能始终满足 SLA 的标准，为云服务的运维提供保障。

二、云计算管理平台的基本特点

云计算管理平台的管理对象是云平台，管理内容包括对云平台中计算资源的调度、部署、监控、管理和运营等，其特点如下。

（一）数据统一管理

与传统数据中心相比，云数据中心在成本、功能、部署和后期维护上均展现出显著的优势。因此，近年来众多企业纷纷选择"上云"，以利用云技术带来的诸多好处。在"上云"的企业中，大多数所获取的云服务来源于混合云平台。这些云服务在企业内部彼此关联，共同构建并支撑起整个企业的"云上"体系。然而，由于这些云服务分属不同的云平台，每个平台都有其独特的管理机制和运行策略，因此无法直接进行统一的管理。

CMP（云管理平台）正是为了解决这一难题而诞生的。CMP 能够实现跨云平台的资源管理，通过一套方案即可实现对混合云平台中所有云服务的管理。这不仅简化了管理流程，还大大提高了云服务的管理效率。因此，CMP 在云数据中心的管理中扮演着至关重要的角色，为企业的"上云"之路提供了强有力的支持。

（二）保障数据的安全性

CMP 对云平台的管理具有严格的等级性。对于管理人员而言，其可对云平台进行的操作只限于在 CMP 授予的权限范围内进行；对于云服务用户而言，只需通过 CMP 提供的云平台门户网站购买云服务，云服务的其他细节则对其进行了封装，用户既无须也无法访问云服务所涉及的底层内容。因此，CMP 可有效防止云平台的非法操作或不当访问的发生，保障云平台及其中资源的安全性。

同样，CMP 还可以保障数据的安全性。这一方面归功于 CMP 等级管理的特性，另一方面，由于 CMP 可实现多云管理，因此企业可使用安全性较高的私有云平台中的云存储服务来存储需要高保密级别的文件。

云终端确实具有较高的安全性，这主要得益于其设备配置的特殊性。云终端通常仅包含鼠标、键盘和显示界面，用户的数据、Cookie 以及用户数据的缓存都不会传输到客户端设备，而是存储在相对安全的中心服务器环境中。这样的设计减少了数据泄露和被窃取的风险。

多种加密技术，包括存储技术和传输技术等。这些技术的应用进一步增强了数据的安全性，使得用户在使用云桌面时能够享受到与操作本地机器相似的体验。同时，云桌面的操作权限管理也十分严格，用户在进行复制、备份、打印、修改等操作时，都需要得到相应的许可。

因此，在高校、企业内部等公共区域使用云桌面，不仅可以提高 Web 使用的安全性，还能有效防止病毒、蠕虫等危险性因素的入侵。这一举措有助于保障企业和组织的数据安全，降低信息安全风险。

平台分权限和级别对接入用户的操作进行了检测和管控，这种特性在企业应用场景中十分适合，当企业需要按部门对员工使用外设的情况进行限制时，企业级云服务平台解决方案可以适时打开此功能来满足企业的需求，保证企业私有环境中数据的安全性。

（三）服务流程简化

CMP 能够实现对用户请求的快速响应，并通过其自动化管理机制，为云服务的整个生命周期提供强有力的支撑。所有相关流程均可由用户通过自助方式发起，极大地简化了用户获取和使用云服务的流程。

（四）资源利用的最大化

CMP 的云资源管理对象并不是云平台底层用于生产 IT 资源的基础设施，而是虚拟化后形成的弹性资源池。CMP 可根据云平台提供的云服务类型对资源池中的资源进行统计、划分并制定 SLA，根据 SLA 对云服务进行定价和计费，从而核算资源成本与收益，实现资源利用和收益的最大化。

（五）大大降低维护成本

通过服务器进行运算架构，改变了传统利用前端设备运算的形式，从而减少了对前端设备运算的依赖，延长了电脑终端的使用寿命，并降低了在电脑桌面上的成本投入。

IT 工作人员采用集中维护的方式对桌面和应用进行统一管理，这种方式既能够根据客户需求设计个性化桌面，满足不同需求，又能实现服务的高效、快捷和安全。

奇观科技 MarvelSky 凭借独特的传输技术，设计出安全云解决方案，使桌面服务变得具有针对性和随时性，可以高效而安全地为客户提供整个桌面或单个应用。各公共领域的用户均能在云端自由访问自己的桌面。IT 管理人员利用操作系统即可实现对桌面的管理，包括用户的文件配置等工作。

数据中心能够实现对所有虚拟云桌面的维护和管理，可以轻松地统一安装和升级所有桌面，这不仅提高了管理员维护管理工作的效率，也大幅降低了维护桌面的成本，并能迅速根据客户需求进行桌面更新。

分布式计算采用分布式多节点集群的架构方案，在每个实验室部署一套服务器集群，服务器集群由一个控制节点和若干个计算节点构成，分别支撑实验室内部虚拟机的调度与运算。以一个实验室为单位构建实验室内部网络，作为整体网络中的一个子网，从而避免外部网络数据的干扰。这种设计确保了单点服务器的故障不会影响整体方案的运行以及用户的体验。

(六)提供弹性资源池

MarvelSky 虚拟化平台软件将服务器、存储等虚拟化成弹性资源池。资源池的存储以及计算资源均可以实现按需索取，动态调配。对于系统而言，其可以动态调整资源的利用，实现资源的合理分配及利用率最大化；对于用户来说，其可以获取定制化的虚拟桌面，并且能够根据其需求变化申请对云桌面的调整，使桌面具有很强的灵活性。

第二节　开源云计算系统的应用

开源云计算被认为是 IT 的趋势，全球已经有成百家大公司推出了各自的云计算系统。

一、开源云计算软件的结构及优点

Eucalyptus 不但是 Amazon EC2 的开源实现，还是面向研究社区的软件框架。Eucalyptus 与 EC2 的商业服务接口实现兼容。Eucalyptus 与其他的 IaaS 云计算系统不一样，已有的常用资源都可以作为 Eucalyptus 系统部署的基础。Eucalyptus 是由各种可以升级和更换的模块组合而成。计算机研究工作者借助可更新、升级的云计算研究平台，实现更多研究目标。现如今，Eucalyptus 系统可以下载并安装运用于集群和多种个人计算环境。作为一种开源的软件基础结构，Eucalyptus 是通过计算集群或工作站群达成弹性使用目标的云计算。其主要功能是为云计算研究和基础设施的开发提供专业支撑。

Eucalyptus 与 Google、Amazon、Salesforce、3Tera 等云计算提供商不同，其以基础设施即服务（IaaS）的思想为基础，采用可以适用于学术研究工作的计算和存储基础设施。Eucalyptus 构建了一个模块化、开放性的研究和试验平台。学术研究组织和研究人员或用户通过此平台，获得了运行和管控嵌入在各种虚拟物力资源上的虚拟机实例的能力。Eucalyptus 的设计具有非常突出的模块化特色，可以为研究者提供各种针对云计算的安全性、可扩展性、资源调度及接口实现的测试服务，以此可以为各种研究组织开展云计算的研究探索提供便利。

在开源 IaaS 平台中，Eucalyplus 一直与 AWS 的 IaaS 平台保持高度兼容且与众不同。从诞生开始，Eucalyptus 就专注于和 AWS 的高度兼容性，瞄准 AWSHybrid 这个市场。Eucalyptus 也是 AWS 承认的唯一与 AWS 高度兼容的私有云和混合云平台。目前，Eucalyptus 的很多用户或者商业化用户也是 AWS 用户，他们使用 Eucalyptus 来构建混合云平台。

（一）Eucalyptus 的体系结构

可扩展性和非侵入性是 Eucalyptus 的设计主旨。简单的架构模式和模块化设计方式为 Eucalyptus 的扩展提供了便利，同时，Eucalyptus 采用开源的 Web 服务技术，其内在组织一望而知。数个 Web 服务构成 Eucalyptus 的结构组件。WS-Security 策略应用于 Eucalyptus 保证通信安全。例如 Axis2.Apache 和 Rampart 等达到行业标准的软件包也是 Eucalyptus 的重要组成部分。Eucalyptus 设计的第二个目的，即非侵入或覆盖部署，也依靠以上技术才能得以实现。

在不更改基本基础设施的前提下安装和运行 Eucalyptus，用户只需要确保使用 Eucalyptus 的节点通过 Xen 兼容虚拟化执行和部署 Web 服务即可，对其他已有设备和本地软件配置都不作特殊要求，无须更换和更改。

（二）Eucalyptus 的优点

企业数据中心和基础硬件对 Eucalyptus 的限制较小，它通常运用混合云和私有云来满足无特殊硬件需求的情况。借助 Eucalyptus 软件系统，用户能轻松利用现行的 IT 基础架构，结合 Unix 和 Web Services 技术，构建符合其应用需求的云计算平台。同时，Eucalyptus 支持广泛使用的 AWS（Amazon Web Services）云接口，使私有云和公有云通过通用编程接口实现信息数据的交流互动。虚拟机技术的飞速发展已推动云环境存储和网络的安全虚拟化实现。

第一，通过 Eucalyptus 系统，服务器、网络及存储实现安全虚拟化，降低了功能使用成本，提升了维护管理的便捷性，并增加了用户自助服务选项。

第二，不同用户类型，如管理工作者、研发工作者、管理者和托管用户等，登录 Eucalyptus 系统时都会获得相应的使用界面。服务供应商借助虚拟化技术，构建以消费定价为基础的运营平台。

第三，VM（虚拟机）和云快照两大功能的结合，显著提升了集群的可靠性、模板化和自助化水平。这使得云的使用更为简单易懂，不仅减少了用户的操作学习时间，还缩短了项目周期。

第四，Eucalyptus 充分利用现代虚拟化技术，兼容 Linux 操作系统及多种管理程序。管理者和用户可凭借便捷的集群和可用性区管理权限，根据项目需求及不同用户的实际要求，构建与之匹配的逻辑服务器、存储和网络系统。

Eucalyptus 架构坚持源代码开放原则，积极吸纳国际开发社区的智慧。公有云兼容接口项目作为 Eucalyptus 的独特竞争优势，虽尚处于快速发展阶段，但其带来的革新潜力不容忽视。未来，用户将能够通过公有云兼容接口将私有云接入公有云，实现信息数据的交互，从而开启公有与私有混合云的新模式。

（三）Eucalyptus 的 AWS 兼容性

第一，广泛的 AWS 服务支持。除了 EC2 服务，Eucalyptus 还提供了 AWS 主流的服务，包括 S3、EBS、IAM、Auto Scaling Group、ELB、CloudWatch 等，而且 Eucalyptus 在未来的版本中，还计划增加更多的 AWS 服务。

第二，高度 API 兼容。在 Eucalyptus 提供的服务中，其 API 与 AWS 服务 API 完全兼容，Eucalyptus 的所有用户服务（管理服务除外）均无须使用自己的 SDK，Eucalyptus 用户可以使用 AWS CLJ 或者 AWS SDK 来访问 Eucalyptus 的服务。

第三，应用迁移便捷。在 Eucalyptus 和 AWS 之间可轻松地进行应用的迁移，Eucalyptus 的虚拟机镜像能够方便地转换为 AWS 的 AMI（亚马逊网络服务）格式。

第四，应用设计工具和生态系统互通。运行在 AWS 上的工具或生态系统完全可以在 Eucalyptus 上使用。

二、开源虚拟化云计算平台的构成及类型

Python 是 OpenStack 的开发语言。OpenStack 的项目源代码通过 Apache 许可证发布。为虚拟计算或存储服务的云提供操作平台或工具集，并协助其管理运行，为公有云、私有云及大云、小云提供可拓展、灵便的云计算服务是 OpenStack 的主旨。它既可以是一个社区、一个项目，也可以是一个开源程序。

构建一种拓展性强、弹性大的云计算模式，以服务于大型公有云和小型私有云，并进一步提高云计算的操作简易性和架构可扩展性，无疑是 OpenStack 的时代使命。在云计算的软硬件结构中，OpenStack 发挥着类似于操作系统的关键作用。它能够聚合、整理底层的各项硬件资源，通过构建 Web 界面控制面板，为系统管理员提供资源管理的便利。同时，OpenStack 还组建统一的管理接口，方便开发者接入应用程序，从而提供完备且易用的云计算服务，满足终端用户的需求。

（一）OpenStack 的核心组件

1. 计算服务 Nova

Nova 是 OpenStack 云计算架构控制器，OpenStack 云内实例的生命周期所需的所有活动由 Nova 处理。Nova 作为管理平台管理着 OpenStack 云里的计算资源、网络、授权和扩展需求。但是，Nova 不能提供本身的虚拟化功能，相反，它使用 Libvirt 的 API 来支持虚拟机管理程序交互。Nova 通过 Web 服务接口开放所有功能并兼容亚马逊 Web 服务的 EC2 接口。

2. 对象存储服务 Swift

Swift 为 OpenStack 提供了分布式的、最终一致的虚拟对象存储。通过分布式穿过节点，Swift 有能力存储数十亿的对象，并具有内置冗余、容错管理、存档、流媒体的功能。Swift 是高度扩展的，不论大小和能力。

3. 镜像服务 Glance

Glance 提供了一个虚拟磁盘镜像的目录和存储仓库，可以提供对虚拟机镜像的存储和检索。这些磁盘镜像常常广泛应用于组件之中。虽然这种服务在技术上是属于可选的，但任何规模的云都可能对该服务有需求。

4. 身份认证服务 Keystone

Keystone 为 OpenStack 上的所有服务提供身份验证和授权。它还提供了在特定 OpenStack 云服务上运行服务的一个目录。

5. 网络服务 Neutron

Neutron 的发展经历了 Nova-Nelwork → Quantum → Neutron 这三个阶段，从最初的只提供 IP 地址管理、网络管理和安全管理功能发展到现在可以提供多租户隔离、多 2 层代理支持、3 层转发、负载均衡、隧道支持等功能。Neutron 提供了一个灵活的框架，

通过配置，无论是开源软件还是商业软件都可以被用来实现这些功能。

6. 块存储服务 Cinder

Cinder 为虚拟化的客户机提供持久化的块存储服务。该组件项目的很多代码最初是来自 Nova 之中。Cinder 是 Folsom 版本 OpenStack 中加入的一个全新的项目。

7. 控制面板 Horizon

Horizon 为 OpenStack 的所有服务提供一个模块化的基于 Web 的用户界面。使用这个 Web 图形界面，可以完成云计算平台上的大多数操作，如启动客户机、分配 IP 地址、设置访问控制权限等。

8. 计量服务 Ceilometer

Ceilometer 用于对用户实际使用的资源进行比较细粒度的度量，可以为计费系统提供非常详细的资源监控数据（包括 CPU、内存、网络、磁盘等）。

9. 编排服务 Heat

Heat 使用 Amazon 的 AWS 云格式模板来编排和描述 OpenStack 中的各种资源（包括客户机、动态 1P、存储卷等），它提供了一套 OpenStack 固有的 RESTful 的 API，以及一套与 AWS CloudFormation 兼容的查询 API。

10. Hadoop 集群服务 Sahara

Sahara 是基于 OpenStack 提供快速部署和管理 Hadoop 集群的工具，随着版本的更新，如今 Sahara 已经可以提供分析及服务层面的大数据业务应用能力（EDP），并且也突破了单一的 Hadoop 部署工具范畴，可以独立部署 Spark.Storm 集群，以更加便捷地处理流数据。

11. 裸金属服务 Ironic

OpenStack Ironic 就是一个进行裸机部署安装的项目。裸机，是指没有配置操作系统的计算机，从裸机到应用还需要进行的操作包括：硬盘 RAID、分区和格式化；安装操作系统、驱动程序；安装应用程序。Ironic 实现的功能，就是可以很方便地对指定的一台或多台裸机执行一系列的操作。

12. 数据库服务 Trove

Trove 是 OpenStack 的数据服务组件，允许用户对关系型数据库进行管理，实现 MySQL 实例的异步复制和提供 PosIgreSQL 数据库的实例。

（二）OpenStack 资源的类型

OpenStack 作为 IaaS 层的云操作系统，主要管理计算、存储和网络三大类资源。

第一，计算资源管理。由于 OpenStack 具有虚拟机的经营管理权限，企业或服务提供商可以按照需求向其提供计算资源。凭借 API，研发人员可以访问计算资源，筹建云应用。管理人员和用户可以借助 Web 访问计算机资源。

第二，存储资源管理。云服务或云应用可以从 OpenStack 获取服务对象和块存储资源。目前部分系统受功能和价格限制，无法满足传统企业级存储技术诉求。依据用户需求，OpenStack 能够提供对应的配置对象或块存储服务。

第三，网络资源管理。当前数据中心具有服务器、网络设备、存储设备、安全设备等大量设备及众多虚拟设备或虚拟网络，使 IP 地址、路由配置、安全规则等数量激增。OpenStack 具有的插件式、可扩展、API 驱动型网络及 IP 管理功能很好地解决了以上难题。

第三节　云计算数据中心的应用

云计算数据中心是一种基于云计算架构，计算、存储及网络资源松耦合，完全虚拟化各种 IT 设备、模块化程度较高、自动化程度较高、具备较高绿色节能程度的新型数据中心。

一、云计算数据中心的构成要素及特点

（一）云计算数据中心的构成要素

第一，虚拟化存储程度。云计算数据中心通过服务器网络及存储等方面的虚拟化，为用户对资源的获取提供了极大的便利。

第二，网络资源、存储与计算等方面的松耦合程度。用户可以根据自身需求选择任意资源，无须完全按照运营商提供的固定套餐购买服务，这种灵活性大大提升了用户体验。

第三，模块化程度。云计算数据中心在软件、硬件、机房等区域均实现了模块化处理，这种设计使得数据中心的各个部分能够独立升级和维护，提高了整体运行效率。

第四，自动化管理程度。云计算数据中心的机房能够实现对相关服务器的自动管理，包括自动监控、自动配置和自动维护等功能，同时能够自动对客户使用的服务进行计费，大大减少了人工干预，提高了管理效率。

第五，绿色节能程度。真正的云计算数据中心在设计和运营过程中均符合绿色节能标准，通过采用高效节能的设备和技术，使得数据中心总设备能耗与 IT 设备能耗的比值通常不超过 1.5，有助于实现可持续发展。云计算数据中心借助分布式计算机系统，在此基础上使用互联网、通信网络加强自身的传输能力。云计算数据中心除了为用户提供虚拟形式的资源之外，也会提供公共信息。大规模的云计算数据中心最重要的任务是对分布式计算机进行集中管理，实现资源的虚拟化、数据的自动化。大型云计算数据中心会根据用户提出的资源需求为用户提供配置 IT 资源，并且动态地调配资源，始终让负载处于平衡状态。云计算数据中心管理员不仅可以部署软件、控制平台安全，还可以管理数据。总的来看，云计算数据中心与数据管理作为辅助为用户提供全面的信息服务。

云计算数据中心所采用的服务模式极大地便利了用户。用户无须关心资源调度问题，无须考虑实际的存储容量，也无须了解数据存储的具体位置，更无须担忧系统安全性。用户仅需按所使用的服务付费即可。云计算数据中心最显著的优势在于其能够根据用户需求灵活拓展和调节软件及硬件能力，从而使用户能够获取更大的数据存储空间，并享受近乎无限的数据计算能力。

(二)云计算数据中心的基本特点

1. 快速扩展、按需调拨

云计算数据中心应能够实现资源的按需扩展。在云计算数据中心，所有的服务器、存储设备、网络均可通过虚拟化技术形成虚拟共享资源池。根据已确定的业务应用需求和服务级别并通过监控服务质量，实现动态配置、定购、供应、调整虚拟资源，以及虚拟资源供应的自动化，获得基础设施资源利用的快速扩展和按需调拨能力。

2. 自动化远程管理

云计算数据中心具备全天候的远程管理能力，这种管理主要依赖于自动化运营机制。云计算数据中心能够自动检测设备的运行状态，并在硬件出现故障时自动进行维修。此外，云计算数据中心还能对统一服务器应用端以及存储等过程进行有效管理。不仅如此，它还支持通过远程控制的方式对数据中心的门禁系统、温度系统、通风系统以及电力系统进行全面管理。

3. 模块化设计

在规模比较大的云计算数据中心当中，经常会出现模块化设计。使用模块化设计最大的优点在于能够实现数据的快速部署，可以进行较大范围的服务拓展，并且能够提升数据利用率，灵活地进行数据移动，降低成本。相比之下，传统数据中心建设时间更长，投入的成本更大，而且对资源的消耗过高。

4. 绿色低碳运营

云计算数据中心是重要的电力用户，其消耗的电量随着互联网发展和国家数字化建设而快速增加，对数据中心进行能量管理和优化是发展绿色经济的必然要求。因此，云计算数据中心通过先进的供电和散热技术，实现供电、散热和计算资源的无缝集成和管理，从而降低运营维护成本，实现低 PUE（数据中心消耗的所有能源与 IT 负载消耗的能源的比值）值的绿色低碳运营。

二、云计算数据中心的基础技术

(一)弹性伸缩与动态调配

弹性伸缩是根据用户的业务需求和策略，自动调整弹性计算资源的管理服务。弹性伸缩不仅适合业务量不断波动的应用程序，也适合业务量稳定的应用程序。

理解弹性伸缩时可以考虑两个方面：首先，纵向方向的伸缩，指的是将资源加入一个逻辑单元当中，以此来提升处理能力；其次，横向方向的伸缩，指的是加大逻辑单元资源数量，并且将所有的资源整合在相同单元内。

动态调配指的是结合用户提出的需求自动处理计算资源，自动分配管理计算资源。动态调配可以保证资源得到优化利用，而且方便使用者，不需要使用者开展相关的操作。

(二) 海量数据存储、处理和访问

分布式海量数据存储系统包括的子系统有两个：一个是处理结构化数据使用的分布式数据库，另一个是处理非结构化数据使用的分布式文件存储系统。除此之外，还会加入一些和产品存储数据金融有关的工具。工具的加入可以保证数据实现存储、复制、粘贴以及迁移。

(三) 高效、可靠的数据传输交换与事件处理

对于云计算数据中心来讲，消息的传输、数据的转换都需要依赖数据传输交换和事件处理系统，该系统是信息转换的重要枢纽，可以借助组播协议及 TCP 实现速度的提升、可靠性的提高。除此之外，它还可以吸纳其他协议的优点。

数据传输交换和事件处理系统可以有效控制不同组件之间展开的数据交流、数据共享、数据沟通。系统的控制可以让数据交流、数据转换更安全、更可靠。在设计时，应该注重使用多种数据连接方式。例如，点对点、点对多的数据连接方式。

(四) 并行计算框架

并行计算框架需要依托大规模服务器集群作为基本前提，在此基础上去设计完整的、整体化的网格计算框架。网格计算框架的形成可以保证不同节点之间可以协同开展工作。借助于网络计算框架，IT 基础设施也可以由分散状态变成整合状态，云计算数据中心也能展现出更强的计算能力、数据处理能力。

系统可以按照任务提出的要求分析相关数据，自主展开计算，自主进行复杂工作的处理。

(五) 智能化管理监控

智能管理监控系统和事件驱动机制之间的配合可以加大自动化管理力度，可以帮助展开大规模的计算机集群管理。智能管理监控系统除了会自动部署服务器当中的软件，自动对软件进行升级优化配置、优化管理之外，还会监控环境变化、用户需求变化以及其他不正常情况，并自动根据用户需求调动资源。可以说智能管理监控系统真正做到了不同硬件、不同软件之间数据资源的自动化管理、数据的实时传输。

(六) 多租赁以及按需计费

多租赁指的是通过 SLA（服务级别协议）手段对系统性能、系统安全性进行自主设定，以满足用户提出的实际业务需求。通过自主设置，系统能够有针对性地提供资源。从用户的角度而言，他们可以根据自己的使用目的获得多样化的针对性服务。

根据需求计费则是指监控管理机制能够追踪用户的操作信息及其对资源的利用情况，系统据此计算费用。这一机制有助于用户更加精确地掌握自己的资源使用情况，从而节约建设和运维成本。

三、云计算数据中心的实施

在云计算数据中心真正实施之前，必须仔细评估，从整体角度作规划，确定云计算数据中心要使用的管理模式，整体考虑数据中心未来的运营方向。只有这样，云计算数据中心才能真正发挥自身的作用。综合分析云计算数据中心用户提出的需求并考虑具体到实施经验之后，可以对云计算数据中心的具体实施阶段进行划分。具体来讲，可以将其划分成以下阶段：

第一，规划阶段。在规划阶段，应该把云计算数据中心的建设看成战略问题，从整体角度进行分析和规划，确定云计算数据中心建设的目标、从事的主要内容、负责的具体业务。

第二，准备阶段。在准备阶段，设计者需充分考虑到行业特性，深入调查用户对云计算数据中心的服务需求，并基于这些需求评估云计算平台，设计出科学、合理的技术架构。此外，还需仔细分析系统在迁移和拓展方面的操作程度，以确保系统的顺畅运行和未来的可扩展性。

第三，实施阶段。云计算数据中心以资源虚拟化作为发展基础和发展前提，所以在具体实施过程中必须构建虚拟化平台。平台的构建可以更好地满足用户提出的服务需求，可以更安全、稳定、有效、灵活地开展各项服务。

第四，深化阶段。在平台架构构建完成后，需要进一步对资源调度和分配进行自动化处理。在这一阶段，设计者需全面深入地开展管理工作，并优化自助服务流程，以提升用户体验和系统效率。

第五，应用和管理阶段。云计算本身就是开放的，所以，云计算平台也应该有更大的兼容性。云计算的基础架构应该稳定发挥核心支撑作用，在移入其他应用的过程中，除了要兼容应用本身之外，云计算数据中心还应该满足其他的新要求。而且，云计算平台属于闭环平台，因此，必须注重平台的持续创新。

在对云计算基础设施进行创新的过程中，需要思考云计算数据中心建设要使用到哪些成本优势。一般情况下，云计算数据中心建设涉及的IT设备需要定制处理、统一处理，所以成本相对较高。

此外，云计算管理系统建设虚拟化软件要历经一定的建设周期，在这样的情况下，需要消耗时间成本，需要花费时间对软件如管理系统进行调试。

在建立新一代云计算基础设施的过程中，应该把云计算数据中心建设所追求的高效率、低成本、灵活服务当作建设目标，然后分阶段、分步骤地建设。在社会科学技术不断升级的过程中，云计算数据中心使用的架构也需要紧跟时代发展作出调整和完善。

第四节 云计算管理平台的实践

随着计算机和网络技术的不断发展，企业的管理模式也逐渐从传统模式向信息化手段转变，信息系统可以看作企业管理的工具，而服务器、网络基础设施等则作为信

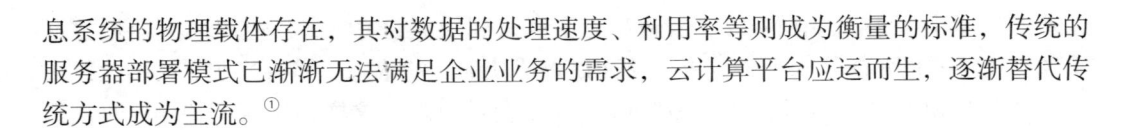

息系统的物理载体存在,其对数据的处理速度、利用率等则成为衡量的标准,传统的服务器部署模式已渐渐无法满足企业业务的需求,云计算平台应运而生,逐渐替代传统方式成为主流。[1]

一、阿里云计算平台

(一) 阿里云系统简介

阿里巴巴确定"云计算"和"数据"战略,决定自主研发大规模分布式计算操作系统——飞天,成立了子公司阿里云计算有限公司,其主要负责阿里云的系统研发、维护和业务推广。

经过发展,阿里云已经成长为国内最重要的云服务提供商之一,不但对外提供服务,还为阿里巴巴旗下的蚂蚁金服、淘宝和天猫提供数据存储、数据运算和安全防御等服务。目前,阿里云在国内外多个地区部署了数据中心,并且拥有着极具竞争力的产品体系。

阿里云在发展过程中不仅吸收了很多开源的技术框架,如 Hadoop、Spark、OpenStack 等,而且基于这些技术自主研发了更加贴合市场需求的阿里云飞天系统产品。

(二) 阿里云弹性计算服务

阿里云提供的弹性计算服务(ECS),支持大规模分布式计算,通过虚拟化技术整合 IT 资源,并提供自主管理、数据安全保障、自动故障恢复和抵御网络攻击等高级功能。

ECS 提供的基本功能如下。

第一,镜像管理。支持 Windows 及 Linux 等操作系统。

第二,远程操作。创建、启动、关闭、释放、修改配置、重置硬盘、管理主机名和密码、监控等。

第三,快照管理。创建、取消、删除、回滚、挂载。

第四,网络管理。管理公网 IP、IP 网段,设置 DNS 别名。

第五,安全管理。设置安全组、自定义防火墙、DDOS(分布式阻断服务)攻击检测。

此外,ECS 还提供故障恢复、在线迁移、自定义 Image、弹性内存等高级功能。

阿里云提供了快照机制,通过为云盘创建快照,用户可以保留某一个或者多个时间点的磁盘数据拷贝,有计划地对磁盘创建快照,可以保证用户的业务可持续运行。快照使用增量的方式,两个快照之间只有数据变化的部分才会被复制。

快照1、快照2和快照3分别是磁盘的第一个、第二个和第三个快照。文件系统对磁盘的数据进行分块检查,当创建快照时,只有变化了的数据块才会被复制到快照中。

快照1是磁盘的第一个快照,会把这个磁盘上的所有数据都复制一份。而快照2只是复制了有变化的数据块 B1 和 C1,数据块 A 和 D 引用了快照1中的 A 和 D。同理,快照3复制了有变化的数据块 B2,数据块 A 和 D 继续引用快照1中的 A 和 D,而数

---

[1] 吉朝辉,李中亮. 虚拟云计算在企业中的应用探讨 [J]. 石油化工建,2021,43(S2):156.

据块 C1 则引用快照 2 中的 C1。当磁盘需要恢复到快照 3 的状态，快照回滚会把数据块 A、B2、C1 和 D 复制到磁盘上，从而恢复成快照 3 的状态。如果快照 2 被删除，快照中的数据块 B1 将被删除，但是数据块 C1 不会被删除。这样在恢复到快照 3 时，仍可以恢复数据块 C1 的状态。手动创建一个 40 GB 的快照，一般需要几分钟的时间。

快照链是一个磁盘中所有快照组成的关系链，一个磁盘对应一条快照链。一条快照链会包括以下信息：

快照节点：快照链中的一个节点表示磁盘的一次快照。

快照容量：快照链中所有快照占用的存储空间。

快照额度：每条快照链最多只能有 64 个快照额度，包括手动创建及自动创建的快照，达到额度上限后，如果要继续创建自动快照，系统会自动将最早的自动快照删掉。

二、Google 云计算平台

（一）Google 系统

Google 几乎所有著名的网络业务均基于其自行研发、设计、构建的云计算平台。Google 利用其庞大的云计算能力为搜索引擎、Google 地图、Gmail、社交网络等业务提供高效支持。

Google 很早就着手考虑海量数据存储和大规模计算问题，而这些技术在几年之后才被命名为 Google 云计算技术。时至今日，Google 的云计算平台不仅支撑着该公司的各种业务，还通过开源、共享等方式影响着全球的云计算的发展进程。

Google 的云计算技术一开始主要是针对 Google 特定的网络应用程序而定制开发的。针对数据规模超大的特点，Google 提出了一整套基于分布式集群的基础架构，利用软件来处理集群中经常发生的节点失效问题。

Google 发表了一系列云计算方向的论文，揭示其独特的分布式数据处理方法，向外界展示其研发并得到有效验证的云计算核心技术。Google 使用的云计算基础架构模式包括四个相互独立又紧密结合在一起的系统，包括文件系统 GFS、计算模式 MapReduce，以及分布式数据库 BigTable。

1. GFS 文件系统

为了满足 Google 迅速增长的数据处理需求，Google 设计并实现了 Google 文件系统 GFS。GFS 与过去的分布式文件系统拥有许多相同的目标，如性能、可伸缩性、可靠性以及可用性，然而，它的设计还受到 Google 应用负载和技术环境的影响。

2. 计算模式 MapReduce

MapReduce 编程模型是一种处理大数据集的计算模式。用户通过 Map 函数处理每一个键值（key/value）对，从而产生中间的键值对集；然后指定一个 Reduce 函数合并所有的具有相同的 key 的 value 值，以这种方式编写的程序能自动在大规模的普通机器上进行并实现并行化。当程序运行的时候，系统的任务包括分割输入数据、在集群上调度任务、进行容错处理、管理机器之间必要的通信，这样就可以让那些没有分布式并行处理系统研发经验的程序员高效地利用分布式系统的海量资源。

3. 分布式数据库 BigTable

BigTable 是一个分布式的结构化数据库系统，用来处理海量数据，通常是分布在数千台普通服务器上的 PB 级数据。Google 的很多项目使用 BigTable 存储数据，如搜索索引、Google Earth、Google Finance 等，这些应用对 BigTable 提出的要求无论是在数据量上，还是在响应速度上，均有很大的差异。尽管应用需求差异很大，但是，针对 Google 的这些产品，BigTable 还是成功地提供了一个灵活的、高性能的统一解决方案。

（二）Google 云计算平台的应用

Google 在其云计算基础设施之上构建了一系列新型网络应用程序。由于这些应用程序采用了 Web 2.0 技术的异步网络数据传输机制，为用户带来了全新的界面体验，并显著增强了多用户交互能力。其中，Google Docs 作为典型的 Google 云计算应用程序，旨在与 Microsoft Office 软件进行竞争。Google Docs 是一个基于 Web 的文档处理工具，其编辑界面与 Microsoft Office 相似，同时提供了一套简洁易用的文档权限管理功能，并记录了所有用户对文档的修改历史。这些特性使得 Google Docs 非常适合于网上共享与协作编辑文档，甚至能够用于监控责任明确、目标清晰的项目进度。

目前，Google Docs 已经推出了包括文档编辑、电子表格、幻灯片演示、日程管理等多个功能在内的编辑模块，能够作为 Microsoft Office 的有效替代方案。值得一提的是，通过云计算方式实现的应用程序非常适合多用户共享和协同编辑，极大地便利了团队成员之间的共同创作。

Google 无疑是云计算领域的重要实践者。然而，其云计算平台主要服务于自有的业务系统，并通过提供有限的应用程序接口（API）向第三方开放。这些接口包括 GWT （Google Web Toolkit）及 Google Map API 等。Google 还公开了其内部集群计算环境的一部分技术细节，使全球的技术开发人员能够依据这些文档构建开源的大规模数据处理云计算基础设施。其中，Apache 基金会的 Hadoop 项目便是一个备受瞩目的成功案例。

三、Microsoft 云计算平台

（一）Microsoft 系统

Microsoft Azure 是 Microsoft 设计并构建的开放大规模云计算平台，其主要目标是为开发者提供一个 PaaS 平台，帮助开发可运行在云服务器、数据中心、Web 和 PC 上的跨平台应用程序。云计算的开发者能使用 Microsoft 全球数据中心的存储能力、计算能力和网络基础服务。Azure 服务平台包括 Windows Azure、SQLAzure 以及 Windows Azure AppFabric 等主要组件。

Azure 是一种灵活的、支持互操作的平台，可以用来创建云中运行的应用或者通过基于云的特性来加强现有应用，它开放式的架构给开发者提供了 Web 应用、互连设备的应用、个人电脑、服务器，或者提供最优在线复杂解决方案的选择。Windows Azure 以云技术为核心，提供"软件＋服务"的计算方法，它是 Azure 服务平台的基础，将 Microsoft 全球数据中心的网络托管服务紧密结合起来。

（二）Microsoft Azure 云计算平台服务组件

Windows Azure 是面向 Web 应用的操作系统平台，SQL Azure 是基于云计算的综合数据库，而 Windows Azure AppFabric 包含了服务总线或访问控制等模块。Azure 服务平台的各个组成部分如下。

1. Windows Azure

Windows Azure 可以让用户构建和运行云计算应用程序，它分为计算、存储和内容分发网络等几个部分。

Windows Azure Compute 可以让开发人员构建基于云的应用程序，有三个主要角色：Web 角色（Web Role）、工作者角色（Worker Role）和虚拟机角色（VM Role）。Web 角色是为了在 Windows Azure 上构建 Web 应用程序而设计的；工作者角色是为后台处理高性能任务而设计的，工作者角色可用来处理来自网站（Web 角色）的任务，以便将应用程序分离开来；虚拟机角色可以让用户将映像（虚拟硬盘驱动器）上传到云端，这能够让企业在云端运行现有的服务器。

Windows Azure 的另一个主要部分是存储，存储包含三个部分：表存储器、Blob 存储器和消息队列。表存储器是一种 NoSQL 存储器，企业可以将大量数据存储在表存储器中，又没有关系数据库的副作用；Blob 存储器旨在存储大型的二进制对象，如视频、图像或文档；消息队列旨在让组件之间能够传递消息，对于云端可扩展、分布式的应用程序来说很有用。

Windows Azure 虚拟网络包含一个名为 Windows Azure Connect 的子产品。Windows Azure Connect 可以让云和内部部署的数据中心之间实现直接 IP 连接，目的是将现有平台与将来的云平台实现互操作性。Windows Azure Connect 的一个重要的功能是活动目录集成，用户可以将活动目录用于权限管理，这让基于云的解决方案有机会将现有的权限用于云端用户。

内容分发网络（CDN）基本上在不同地区离最终用户更近的地方复制数据。CDN 结合 Windows Azure Storage，是为不同地区的高性能内容分发而构建的。CDN 可用来流式传送视频或者将文件等内容分发到某个地区的最终用户。

Windows Azure Marketplace 可以让开发人员和开发商在网上通过应用程序市场来销售其产品。Windows Azure Marketplace 的数据集市可以让公司购买和销售应用广泛的原始数据。

2. Windows Azure AppFabric

Windows Azure AppFabric 是一款云中间件，用于集成现有的应用程序，并允许互操作；此外，它对混合云解决方案来说也非常有用。

Windows Azure AppFabric 目前有五个不同的产品。AppFabric 服务总线为云端的服务发现提供了一种可靠的消息传递方法。Windows Azure 访问控制可以让用户根据不同网站（如 Facebook、Google、Yahoo 和 Windows Live）的用户凭证，以及企业验证机制（如活动目录）来进行验证。如果应用程序需要扩展、涵盖更多实例，缓存常常是个瓶颈，可能会引起一些负面影响。Windows Azure AppFabric 引入缓存就是为了解决这个问题。这个部分现在也集成到 Windows Azure 中，以解决 Windows Azure 和 SQL Azure 之间可能出现在大规模系统中的缓存问题。用户可以把现有的 BizTalk Server 任务集成到 Windows Azure 中。组合式应用程序可用来部署基于 Windows Communication Foundation 和 Workflow Foundation 的分布式系统。

3. SQL Azure

SQL Azure 是 Microsoft 的云端关系数据库，它基于 Microsoft 自有的 SQL Server 技术而建，主要包括以下方面：

（1）SQL Azure Database（SQL Azure 数据库），这是云端关系数据库，该系统不需要维修或安装。SQL Azure 还可以满足扩展和分区的需要，并且提供了便利的成本计算方式。

（2）SQL Azure DataSync 是基于同步框架而建的，能够在不同的数据中心之间实现数据同步。

（3）SQL Azure Reporting 为 SQL Azure 增添了报告和商业智能（BI）功能。

四、Amazon 云计算平台

（一）Amazon 系统

Amazon 依靠电子商务逐步发展起来，凭借其在电子商务领域积累的大规模基础处理设施、先进的分布式计算技术和巨大的用户群体，Amazon 很早就进入了云计算领域，并在云计算、云存储等方面一直处于领先地位。

Amazon 为外部的开发人员及中小公司提供了托管式的云计算平台 AWS，使得开发者能够在云计算的基础设施之上快速构建和发布自己的新型网络应用，用户可以通过远端的操作界面直接使用。在传统的云计算服务基础上，Amazon 不断进行技术创新，开发出了完整的云计算平台并推出一系列新颖、实用的云计算服务。目前，Amazon 的云计算服务主要包括：Amazon 弹性计算云 EC2、简单存储服务 S3、简单数据库服务 SimpleDB、简单队列服务 SQS、分布式计算服务 MapReduce、内容推送服务 CloudFront、电子商务服务 DevPay 等。这些服务涉及云计算的方方面面，用户完全可以根据自己的需要选取一个或多个 Amazon 云计算服务。所有的这些服务都是按需获取资源的，具有极强的可扩展性和灵活性。

（二）Amazon 弹性计算云 EC2

Amazon 弹性计算云 EC2 可以让使用者租用 IaaS 资源来运行自己的应用系统。EC2 通过提供 Web 服务的方式让使用者可以弹性地运行自己的 Amazon 机器映像，使用者可以在这个虚拟机器上运行任何自己想要的软件或应用系统。EC2 提供可调整的云计算能力，它旨在使开发者的网络计算变得更为容易，也更加便宜。

1. 技术特性

（1）灵活性。EC2 允许用户自行配置运行的实例类型、数量，还可以选择实例运行的地理位置，可以根据用户的需求改变实例的使用数量。

（2）安全性。EC2 向用户提供了一整套安全措施，包括基于密钥对机制的 SSH（安全外壳协议）方式访问、可配置的防火墙机制等，同时允许用户对它的应用程序进行监控。

（3）低成本。EC2 使得企业不必为暂时的业务增长而购买额外的服务器等设备，EC2 的服务按照使用时长来计费。

（4）易用性。用户可以根据 Amazon 提供的模块自由构建自己的应用程序，同时 EC2 还会对用户的服务请求自动进行负载平衡。

（5）容错性。利用系统提供的诸如弹性 IP 地址之类的机制，在故障发生时，EC2 能最大限度地保证用户服务维持在稳定水平。

2. 基本架构

（1）弹性块存储。Amazon 弹性块存储（EBS）为 EC2 实例提供持久性存储。Amazon EBS 卷需要通过网络访问，并能独立于实例的生命周期而存在。Amazon EBS 卷是一种可用性和可靠性都非常高的存储卷，可用作 Amazon EC2 实例的启动分区，或作为标准块存储设备附加在运行的 Amazon EC2 实例上。将 Amazon EC2 实例作为启动分区使用时，实例可在停止后重新启动，因此用户可以仅支付维护实例状态时使用的存储资源。

由于 Amazon EBS 卷在后台会在单可用区内进行复制，因此 Amazon EBS 卷可以提高本地 Amazon EC2 实例存储的耐久性。想进一步提高耐久性的用户可以使用 Amazon EBS 创建存储卷时间点一致快照，这些快照随后将保存在 Amazon S3 中，并自动在多个可用区中复制。

（2）通信机制。在 EC2 服务中，系统各个模块之间及系统和外界之间的信息交互是通过 IP 地址进行的。EC2 中的 IP 地址包括三大类：公共 IP 地址、私有 IP 地址和弹性 IP 地址。这里主要研究一下弹性 IP 地址。

弹性 IP 地址是专用于动态云计算的静态 IP 地址，它与用户的账户而非特殊实例关联，用户可以自行设置该地址。与传统静态 IP 地址不同，使用弹性 IP 地址，用户可以用编程的方法将公共 IP 地址重新映射到账户中的任何实例，从而掩盖实例故障或可用区故障。

Amazon EC2 可以将弹性 IP 地址快速重新映射到要替换的实例，这样用户就可以处理实例或软件问题，而不用等待数据技术人员重新配置或重新放置主机，或等待 DNS 传播到所有的客户。

（3）可用区域。可用区域是 EC2 中独有的概念。Amazon EC2 可以将实例放在多个位置，Amazon EC2 的位置由区域和可用区域构成。可用区域是专用于隔离其他可用区内故障的独立位置，可向相同区域中的其他可用区域提供低延迟的网络连接。通过启动独立可用区内的实例，可以保护用户的应用程序不受单一位置故障的影响。区域由一个或多个可用区域组成，其地理位置分散于独立的地理区域或国家/区域。

（4）监控服务。Amazon 监控服务是一种 Web 服务，用于监控通过 Amazon EC2 启动的 AWS 云资源和应用程序，可以显示资源利用情况、操作性能和整体需求模式，如 CPU 利用率、磁盘读取和写入，以及网络流量等度量值；用户可以获得统计数据、

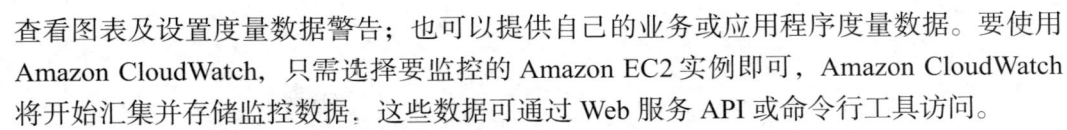

查看图表及设置度量数据警告；也可以提供自己的业务或应用程序度量数据。要使用 Amazon CloudWatch，只需选择要监控的 Amazon EC2 实例即可，Amazon CloudWatch 将开始汇集并存储监控数据。这些数据可通过 Web 服务 API 或命令行工具访问。

（5）弹性负载平衡。弹性负载平衡能够实现在多个 Amazon EC2 实例间自动分配应用程序的访问流量，可以让用户实现更大的应用程序容错性能，同时持续提供响应应用程序传入流量所需要的负载均衡容量。弹性负载平衡可以检测出群体里不健康的实例，并自动更改路由，使其指向健康的实例，直到不健康的实例恢复为止。

（6）自动缩放。自动缩放（Auto Scaling）可根据用户定义的条件自动扩展 Amazon EC2 容量，通过自动缩放，用户可以确保所使用的 Amazon EC2 实例数量在需求高峰期实现无缝增长，也可以在需求低谷期自动缩减，以最大限度降低成本。自动缩放适合每小时、每天或每周使用率都不同的应用程序，可通过 Amazon CloudWatch 启用。

第十一章　云计算数据存储与开发实现

云计算作为一种革命性技术，不仅改变了数据的存储和管理方式，也为数据处理带来了前所未有的灵活性和可扩展性。本章探究云计算的数据处理技术、云存储技术与典型系统、云平台开发及其实现方向。

第一节　云计算的数据处理技术

一、分布式数据存储

云计算最主要的特征是拥有大规模的数据集，基于该数据集向用户提供服务。为了保证高可用性、高可靠性和经济性，云计算采用了分布式数据存储方式。

（一）分布式系统

与分布式系统相对应的概念是集中式系统。集中式系统主要由一台主机和若干终端组成，主机作为中心节点，通常拥有出色的性能和运算能力。主机不仅负责提供系统对外的所有功能，还负责存储系统中的所有数据，并处理所有任务。而终端则主要用于展示系统功能或作为用户与主机交互的界面（包括输入和输出）。

分布式系统则是由一组通过网络相互连接的计算机及其软件系统构成，这些计算机之间的耦合度较低，通过协同工作实现整体负载均衡。在分布式系统中，计算机通过其上的软件系统实现统一管理和系统资源的有机调配，支持大型任务的分布式计算。从广义上说，网格计算、并行计算以及云计算均可视为分布式计算的不同形式。

分布式系统的概念虽然最早在 20 世纪 70 年代出现，但其大规模应用和发展主要是在近几年。这主要得益于 IT 技术的不断进步，Internet 中的数据量呈现出爆炸式增长。为了应对这些海量数据，提供 Internet 服务的企业需要升级其系统性能。系统性能的升级主要有两种方式：纵向扩展和横向扩展。

首先，纵向扩展是指通过升级当前集中式系统中的主机来提升性能。这种方式的优点在于数据备份和恢复相对简单、部署便捷、安全性高、稳定性好，且维护成本相对较低。然而，随着数据规模的不断扩大，设备的升级需持续跟进，这不仅意味着高昂且持续的成本投入，同时淘汰的旧主机也造成了资源浪费。此外，硬件技术的局限性也可能成为主机升级的制约因素。

其次，横向扩展是指通过增加主机数量，并将这些主机通过网络连接组成分布式系统，以共同存储数据和处理任务。这种方式有助于降低系统升级成本，同时无须淘汰现有设备。然而，横向扩展后的分布式系统中的各主机需要专门的软件系统进行资源整合、调配和管理，因此系统性能和稳定性可能受到软件系统性能的影响。与集中式系统相比，分布式系统的安全性可能相对较低。

(二) 分布式存储系统

分布式数据存储是利用分布式系统来存储数据，用于存储数据的分布式系统也被称为分布式存储系统。简单来说，分布式存储系统是一种技术，利用许多分散的小容量存储器来存储大数据。分布式存储系统不仅是简单地利用控制模块对存储器进行统一管理，而是通过网络有机地对大量同构或异构的存储器进行调配，这些存储器具有与自身匹配的计算能力，可满足存储系统的扩展需求。

传统的大型集中式存储系统的容量通常从 TB 起步，有些通过扩展可达到 PB 级别，但受制于成本，服务器或控制模块的计算能力与存储设备的容量无法同步提升。因此，随着容量的增长，传统存储系统的整体性能将逐渐受到限制；而分布式存储系统则由于采用了先进的技术架构，无须担心计算能力跟不上，因此可以成倍甚至指数级地扩大存储规模。因此，分布式存储系统的容量通常从 PB 起步，最高可扩展至 EB 级别，能够满足大数据的存储需求。

与传统存储系统相比，分布式存储系统具有低成本、高性能、可扩展、易用性和自治性等特征。

(三) 分布式文件系统

分布式文件系统是为分布式数据存储提供技术支持的系统，也被称为集群文件系统，由分布式存储系统中多个节点通过网络共同构建和共享的文件系统组成。在分布式文件系统中，文件存储在分布式存储系统中的多个节点上(称为服务器集群)，通过设置冗余来提高系统的容错性，实现对海量数据的存储、管理和快速访问。

最具代表性的分布式文件系统包括谷歌文件系统 (GFS) 和 Hadoop 分布式文件系统 (HDFS)。

二、并行编程模式

并行编程模式是一种用于编写能够有效利用多核处理器和分布式计算环境的程序的方法。它是计算机科学和软件工程领域的一个重要概念，随着硬件技术的发展和计算机体系结构的演进，越来越受到关注和应用。

在传统的单核处理器时代，程序员主要关注代码的顺序执行和串行性能优化。但随着多核处理器的普及，程序员面临更多的挑战，因为单纯地提高时钟频率已经不再是提升计算性能的唯一方法。并行编程模式应运而生，它的核心思想是将一个任务拆分成多个子任务，并同时执行这些子任务，以充分利用多核处理器的潜力。

(一) 并行编程的主要方法

并行编程模式是一种计算机编程方法，旨在充分利用多核处理器和分布式计算资源，以加速程序的执行。这种编程模式通常涉及任务并行与数据并行，以及隐式并行与显式并行，同时还牵涉分布存储与共享存储。

1. 任务并行与数据并行

任务并行：在任务并行的编程范式中，整个程序被划分为多个独立的子任务或线程，每个子任务或线程负责处理程序的不同部分。这些任务可以同时执行，互不干扰，从而提高了整体处理速度。任务并行在需要将复杂问题分解为多个可独立解决的子任务时特别有效，例如，在图像处理中，可以将一幅图像的不同部分分别交由不同的任务进行滤波处理。

数据并行：数据并行则侧重于将大型数据集分解为多个小块，并对这些小块数据进行相同的操作。每个处理单元（如处理器或线程）都处理数据集的一个子集，从而实现并行计算。数据并行在处理大数据集时非常有用，如机器学习中的训练过程，可以将训练数据划分为多个批次，每个批次由不同的处理单元同时处理。

2. 隐式并行与显式并行

隐式并行：在隐式并行的编程模型中，程序员不需要明确指出哪些部分应该并行执行。编译器或运行时环境会根据程序的结构和依赖关系自动检测和优化并行执行的机会。这种方式简化了编程过程，但也可能限制了程序员对并行执行细节的控制。

显式并行：与隐式并行不同，显式并行要求程序员明确指出哪些操作或代码块应该并行执行，以及如何同步和通信这些并行执行的部分。这种编程方式提供了更大的灵活性和对并行执行的控制力，但相应地也增加了编程的复杂性和对并发问题的关注。

3. 分布存储与共享存储

分布存储：在分布存储模型中，数据被分散存储在不同的计算节点或服务器上。每个节点负责处理其本地存储的数据子集，并通过网络进行必要的通信。这种模型适用于大规模分布式系统，如云计算平台和分布式数据库，它可以提高系统的可扩展性和容错性。然而，分布存储也带来了数据一致性和通信开销的问题。

共享存储：共享存储模型则允许多个计算节点或线程访问和操作同一块物理存储区域。这种模型简化了数据共享和通信的过程，但也增加了并发控制和同步的复杂性。为了避免数据冲突和不一致，需要采用适当的同步机制来协调不同节点或线程对共享数据的访问。

（二）并行编程的技术内容

第一，消息传递接口。消息传递接口简称 MPI，它属于一种事实规范，用于在应用进程中管理数据迁移的函数。MPI 可以定义两个进程之间的通信函数，还可以聚合多个进程的通信函数以及进程管理、并行 I/O 的函数。

通信数据的布局和类型由 MPI 的通信器指定，MPI 可以优化非连续数据的引用和操作，并为异构机群提供应用支持。MPI 的功能由 SPMD 模型实现，即所有的应用进程都执行相同的程序逻辑。MPI 具有良好的可移植性，在其基础上已经开发了许多相关的软件库，主要用于高效完成一些常用算法。然而，对于开发人员来说，显式消息传递编程会增加其负担，因此，从目前的程序开发程度来看，其他技术更为实用。

第二，并行虚拟机。并行虚拟机简称 PVM，代表另一种实现通用消息传递的模型，它的产生早于 MPI，是第一个用于开发可移植信息传递并行程序的标准。尽管 PVM 已经被 MPI 取代，但在工作站机群环境中，PVM 仍然有不可替代的作用。PVM 的主要功能是确保并行程序的可移植性，并为多个异构节点提供可移植性。

设计 PVM 的核心思想是突出程序的"虚拟机"作用，通过网络连接各组异构节点，形成一个逻辑独立的大型并行机。

MPI 可以提供丰富的通信函数，在特殊通信模式中具有优势，而 PVM 无法在特殊通信中提供与 MPI 相同的函数。相较于 MPI，PVM 具有更好的容错功能，尤其是在机群由异构节点构成时，PVM 的优势更为明显。

第三，并行编译器。在实际操作中，并行编程较为困难，因此人们会选择编译器来完成所有工作，从而形成自动并行化。自动并行化是指在串行程序中利用编译器提取并行性信息，这种自动化是计算机软件领域梦寐以求的目标。然而，相较于自动向量化，并行编译的成功并非如此。由于并行机硬件和编译器分析的复杂性，应用程序在自动并行编译过程中容易失败。因此，自动并行编译取得成功的情况主要局限于小规模处理机和共享系统中。

第四，OpenMP。OpenMP 是一种多线程多处理器并行编程语言，主要针对共享内存并行系统。它是当前被广泛接受的编译处理方案之一。OpenMP 可以描述抽象的高层并行算法，程序员在指明意图的同时，在源代码中加入特定的 pragma，编译器可以据此并行化应用程序，并在关键位置加入通信和同步互斥。

OpenMP 还提供了 Workshare 指令，该指令主要用于开发数组赋值语句中数据的并行性，它可以实现细粒度和粗粒度的并行。

三、海量数据管理

云计算系统能够处理和分析海量的数据，能够让用户享受到更高效的服务。数据管理技术要能有效地管理大数据集，目前云计算数据管理技术亟待解决的问题是如何在海量的数据中找到目标数据。云计算处理海量数据的过程是先存储，然后读取，最后分析，相比于数据更新的频率，读取数据的频率非常高，云中的数据管理具有一种独有化的特点。所以，云计算系统的数据管理模式通常采用数据库领域的战略存储，按列划分，然后存储。这种数据管理模式未来需要解决的问题是提高数据更新速率和随机读写速率。数据管理技术包括 BigTable 数据管理技术与 HBase 数据管理技术等。

第二节 云存储技术与典型系统

一、云存储技术

（一）云存储技术的根本优势

"云存储技术通过集群应用、虚拟化、分布式文件系统等将网络中大量不同类型的存储设备集合起来协同工作,以此缓解老式数据中心的存储压力。"[1] 云存储技术是一种革命性的数据存储和管理方法,它已经在过去几年里迅速发展并广泛应用于个人、企业和政府等各个领域。云存储技术通过将数据存储在远程服务器上,然后通过互联网访问,提供了许多优势和便利性,这些优势如下:

第一,可扩展性。用户可以根据实际需求轻松扩展存储容量,无须购买额外的硬件设备或进行烦琐的物理维护。这一特点使得云存储成为应对不断增长的数据需求的理想选择,无论是企业数据、大型媒体文件,还是备份资料,都能得到妥善管理。

第二,成本效益。与传统的本地存储解决方案相比,云存储通常更为经济实惠。用户只需根据实际使用的存储空间付费,无须承担设备购置、电力消耗以及维护成本。这种按需付费的模式使得云存储成为许多企业和个人的优选方案。

第三,可访问性。用户可以随时随地通过互联网访问存储在云端的数据,不再受限于特定的物理位置或设备。这种无处不在的访问性极大地提高了工作效率,使远程工作和团队协作变得更加容易。

第四,自动备份和恢复。数据通常会被存储在多个地理位置,以防止单点故障的发生。这意味着即使发生意外情况,用户也能迅速恢复数据,确保业务的连续性。

第五,数据安全性。云存储提供了加密、身份验证和访问控制等高级安全选项,有效保护用户的敏感信息免受未经授权的访问和数据泄露的威胁。

第六,协作和共享。云存储技术还促进了协作和共享。多个用户可以同时编辑和共享文件,无论他们身处何地。这种跨地域的协作方式极大地提高了团队合作的效率,并促进了信息的流通和共享。

第七,绿色环保。通过更有效地管理和利用能源,云存储技术有助于降低能源消耗,减少对环境的影响。

(二)云存储技术的基本原理

云存储技术依赖于大规模的数据中心,这些数据中心由云服务提供商维护和管理。用户将其数据上传到这些数据中心,然后可以通过互联网连接访问数据。数据通常存储在多个物理位置,以提高可用性和容错性。

云存储技术模型已经成为个人用户、企业和组织存储数据的首选方式,因为它提供了高度的便捷性、灵活性和可靠性。

二、典型系统

目前,云计算系统中广泛使用的数据存储系统是 Google 的非开源的 GFS 和 Hadoop 团队开发的 GFS 的开源实现 HDFS,大部分 IT 厂商的"云"计划采用的都是 HDFS 的数据存储技术。以上技术实质上是大型的分布式文件系统,在计算机组的支持下向客户提供其所需要的服务。

---

[1] 钟小军,杨磊,黄莉旋,等.农村综合信息服务平台云存储技术研究与应用 [J].广东农业科学,2015,42(3):170.

（一）Google 文件系统

GFS 是一个可扩展的分布式文件系统，用于大型、分布式、对大量数据进行访问的应用。它为 Google 云计算提供海量存储，并与 Chubby、MapReduce 以及 BigTable 等技术紧密结合，是所有核心技术的底层支撑。

GFS 的设计思想不同于传统文件系统，是针对大规模数据处理和 Google 应用特性而设计的。它运行于廉价的普通硬件上，但提供容错功能，可以为大量用户提供总体性能较高的服务。

在设计上，GFS 具有以下特点。

第一，大文件和大数据块。数据文件的大小普遍在 GB 级别，每个数据块默认大小为 64 MB，这减少了元数据的大小，使得 Master 节点能方便地将元数据放置在内存中以提高访问效率。

第二，操作以添加为主。文件很少被删除或覆盖，通常只进行添加或读取操作，充分考虑到硬盘现行吞吐量大和随机读写慢的特点。

第三，支持容错。虽然采用了单 Master 节点的方案，但整个系统保证每个 Master 节点都有其相对应的复制品，以便在 Master 节点出现问题时进行切换。在 Chunk 层，GFS 将节点失败视为常态，因此能很好地处理 Chunk 节点失效的问题。

第四，高吞吐量。虽然单个节点的性能普遍不高，但因 GFS 支持上千个节点，总的数据吞吐量非常惊人。

第五，保护数据。文件被分割成固定尺寸的数据块并复制 3 份，以保证数据的安全性。

第六，扩展能力强。由于元数据偏小，一个 Master 节点能控制上千个存储数据的 Chunk 节点。

第七，支持压缩。对于稍旧的文件，可以通过压缩节省硬盘空间，压缩率非常高，有时甚至接近 90%。

第八，用户空间。虽然用户空间在运行效率方面稍逊，但更便于开发和测试，还能更好地利用 Linux 自带的一些 POSIX API。

（二）Hadoop 分布式文件系统

HDFS 作为 Hadoop 项目的核心子项目，是分布式计算中数据存储管理的基础，是基于流数据模式访问和处理超大文件的需求而开发的。它和现有的分布式文件系统有很多共同点。同时，它和其他的分布式文件系统的区别也是很明显的：HDFS 是一个具有高度容错性的系统，适合部署在廉价的机器上；HDFS 能提供高吞吐量的数据访问，非常适合大规模数据集上的应用；HDFS 放宽了一部分 POSIX 约束来实现流式读取文件系统数据的目的。

第三节 云平台开发及其实现方向

一、云平台的开发

(一)云平台的开发目标、原则与标准

1. 云平台的开发目标
(1)支持PB级数据存储，保障访问高速、安全。
(2)完善的容灾备份机制。
(3)提供完整的故障预警和处理机制。
(4)提供弹性计算、自动扩充存储空间功能。
(5)提供数据挖掘、数据分析和数据展现工具。
(6)部署内容分发网络。

2. 云平台的开发原则
(1)标准化。在设备选型方面，必须充分考虑未来的信息产业化发展趋势，确保所选设备能够支持云服务相关标准，并具备扩展能力。这包括遵循业界公认的云服务标准，以及考虑未来可能出现的新技术和新标准。
(2)高可用性。为保障业务的连续运行，设备和网络设计应遵循双备份原则。消除单点故障，确保关键设备在出现故障时可以迅速切换。采用双路冗余连接作为关键设备间的物理链路，以增强系统的可靠性。
(3)虚拟化。虚拟化技术是云服务建设的重要组成部分，可以有效提高资源利用率和管理效率。建议建设服务器和存储的虚拟资源池，同时实现网络设备的虚拟化。
(4)高性能。云服务流量模式的转变要求系统具备更高的处理能力和吞吐能力，以应对突发流量。
(5)绿色节能。除了低能耗之外，系统热量对空调散热系统的影响也应被重点考虑。应采用各种方式降低系统功耗，应用的网络设备尽可能绿色、低功耗。

3. 云平台的开发标准
(1)按需提供计算资源：在需求低时释放资源，在需求高时增加资源。
(2)动态增减硬件设备：根据实际情况动态增减硬件设备，避免一次性投入。
(3)应用服务弹性计算：负载高时提供多样化标准化应用，负载低时释放计算资源，减少资源使用量。
(4)计算资源定制化服务：用户能够以定制的方式使用计算资源。
(5)计量服务：以计量的方式使用云平台中的计算资源，统一有效地管理产品运行过程中的各种成本。
(6)可定制的应用程序：用户可以通过配置完备的应用程序模板，快速定制所需的应用程序，并整合成产品解决方案。
(7)提供量化的可视监控报表：根据系统对计算资源的使用量和系统的总运行时间进行查询，提供量化的可视化监控报表。

（二）云平台的选型规范与因素

1. 云平台的选型规范

云平台技术的稳定性和成熟度在当前互联网领域直接影响着服务的维护、可用性和管理能力等方面，因此在技术选型时需要遵循以下规范。

（1）统一的技术平台：应在统一的技术范围内实施云平台的各个模块，以提高模块间的集成能力和互相协调的能力。

（2）系统可用性平衡：若产品服务的安全性已得到保障，可选择成熟度较高的技术，保证系统运行的高可用性、安全性，且能够实现弹性计算。

（3）规范的管理与维护：确保与云计算平台的每个可管理深度与范围相符合，以保障维护与管理能够快速有效地进行。

（4）技术接口开放能力：确保与云平台模块的最高可扩展能力相符，使云平台在未来不受对外服务和功能的限制。

（5）较强的服务能力：选择成熟度较高的第三方云平台服务和解决方案，以保障在应急响应和技术支持方面为云平台的运行提供保障。

2. 云平台的选型因素

不同企业在云平台建设时，要根据自身因素确定云平台。选择不同云平台时，云平台的选型因素如下。

（1）公有云的选型因素。公有云的企业类型包括：中小型企业、中小型互联网企业、初创企业。

第一，中小型企业。中小型企业的选型因素是由于没有历史旧设备，业务可全部部署在公有云上，减少IT设备投资及运维成本。

第二，中小型互联网企业。中小型互联网企业的选型因素是公有云提供的部署灵活性，可以满足快速增长的业务量，需要计算资源的快速扩容。

第三，初创企业。初创企业的选型因素是能够避免IT基础设施投入带来的早期财务压力。

（2）自建云的选型因素。自建云的企业类型包括：政府、传统大型企业、大型互联网企业。

第一，政府。政府的选型因素是保护核心敏感数据，继续使用无法迁移到公有云环境的历史遗留设备和应用。

第二，传统大型企业。传统大型企业内部有较多的服务平台，这是此类企业的选型因素，为了降低企业投资在硬件设备上的成本，可以选择将服务平台部署在自建云中。

第三，大型互联网企业。大型互联网企业的选型因素是拥有高速和高性能的现有设备，能够将自建云变成对外公有云服务并向自有客户提供互联网服务。

(三) 云平台的基础设备

1. 云平台的硬件设备

(1) 主机：刀片服务器 / 机架式服务器。

(2) 存储：SAN 存储、NAS 存储、IP 存储、虚拟磁带库、异构存储控制系统、SAN 交换机。

(3) 网络设备：路由器、光纤交换机、负载均衡、VPN 网关。

(4) 安全设备及配套设备：防火墙、入侵防御设备、运维安全审计系统、数据库安全审计系统、漏洞扫描系统。

2. 云平台的软件设备

(1) 物理服务器和虚拟服务器操作系统：Linux 操作系统。

(2) 虚拟化软件：KVM、Hpyer-V 或 VMware。

(3) 开放平台：JavaEE、.NET 或是 PHP 等。

(4) 大型数据库：Oracle、SQL Server、MySQL 或 PostgreSQL。

(5) 云平台管理软件：包括网络管理、资源管理、用户管理、统计报表、监控、告警等管理功能。

3. 云平台的机房配套设备

(1) 配置 UPS（不间断电源），保障电源持续可靠。

(2) 空调设备，保障机房散热持续正常。

(3) 标准机架，提供物理基础设施的放置和维护空间。

(四) 云平台的部署流程

1. 公有云平台的部署流程

公有云平台提供支持新的云计算应用开发部署的 PaaS 平台和以虚拟机托管为基础建立的 IaaS 服务，用户可以对实际 IT 资源的大小进行动态调整，付费标准为实际的 IT 资源使用量。

(1) 商务立项。正式选择和确定公有云平台，以独立的项目流程为标准开展。

(2) 需求调研。以对云平台服务能力的定位和部署规模为依据整理需求，在此基础上对大致的资源使用量作出评估。

(3) 选择公有云服务商。与服务商展开技术交流后，选用合适的服务商。

(4) 合同签订。与公有云服务商签订商务合同。

(5) 规划设计。以需求调研为依据编写产品部署架构设计方案、测试时间、项目实施计划和上线时间等内容。

(6) 实施部署。产品的部署要参考产品部署架构设计方案和项目实施计划。

(7) 云平台试运行。编写试运行的功能与时间范围等的运行计划，以开发和测试环境需要的条件为参照，来试运行公有云平台，并对公有云服务的使用方法进行调整。

(8) 上线通知。公司内部通告产品正式在云端上线，将商务部分的其他协议内容完成，此过程需要参照合同与服务商进行。

2. 私有云平台的部署流程

私有云平台建设有多个环节步骤，其中包括机房建设或租用、云平台软件产品模块、云结构和功能实现、硬件设备投入等，所以需要循序渐进地按照特定步骤来实施计划。

（1）商务立项：按照独立的项目流程，正式选择和确定私有云平台。

（2）需求调研：根据对云平台服务能力的定位和部署规模整理需求，并评估大致的资源使用量。

（3）选择私有云服务商：与服务商展开技术交流后，选用合适的服务商。

（4）合同签订：与私有云服务商签订商务合同。

（5）规划设计：以需求调研为依据，编写产品部署架构设计方案、测试时间、项目实施计划和上线时间等内容。

（6）实施部署：参考产品部署架构设计方案和项目实施计划，进行产品的部署。

（7）云平台试运行：编写试运行的功能与时间范围等的运行计划，根据开发和测试环境的需要，试运行私有云平台，并调整私有云服务的使用方法。

（8）上线通知：公司内部通告产品正式在云端上线，完成商务部分的其他协议内容，参照合同与服务商进行。

（五）云平台的部署与优化

以 OpenStack 为例，经部署之后，OpenStack 云管理平台还存在许多可扩展性和存储方面的问题。例如，虚拟机在业务负载过高后，该如何迅速将物理节点增加来与线上压力抗衡；如何使存储的 I/O 性能不受影响；虚拟机的操作系统被永久损毁后，如何在短时间内将虚拟机的运行恢复并持续提供服务。针对上述问题，需要对以下工作作出优化，并使用高可用性配置。

1. 虚拟机在线迁移与物理机宕机迁移

（1）在线迁移。OpenStack 云平台环境投入运行后，鉴于数据中心服务器的负载均衡与容灾需求，常常需要在虚拟机保持运行状态的情况下，实施跨数据中心或虚拟机跨物理机的迁移。在成功实现共享存储之后，为确保虚拟机能够顺利进行在线迁移，可以采取以下方法。

①热迁移。热迁移是一种无中断的迁移方法，允许在虚拟机保持运行的状态下，将其从一个物理主机移动到另一台主机。

②块存储迁移。当虚拟机不使用共享存储，或源和目标主机没有共享存储时，可以使用块存储迁移。块存储迁移会在迁移过程中将虚拟机的根磁盘数据复制到目标主机。

③冷迁移。冷迁移指的是将虚拟机暂停或关机状态下进行迁移，这种方式会导致服务短暂中断，因此不属于严格意义上的"在线"迁移，但在特定场景下仍可作为备选方法。

（2）宕机迁移。在某些情况下，若虚拟机所在的宿主机发生宕机，即使虚拟机和虚拟化服务本身未受损害，也无法继续对外提供服务。为恢复虚拟机的运行，可以运用物理机宕机迁移的方式来实现。

实施物理机宕机迁移操作的前提是拥有共享存储的支持。在物理机宕机迁移完成后，虚拟机能够迅速转移至新的宿主机上，从而恢复受影响的工作状态。在迁移过程中，有时会出现虚拟机无法访问的情况，这通常是由于迁移过程中网络信息丢失所致。此时，只需解除该虚拟机浮动 IP 的绑定，并将原 IP 重新绑定，即可解决问题。

以 NFS（网络文件系统）为基础的共享存储适用于物理节点规模较小的环境，适用于部署网络压力较小和并发量不高的业务。然而，如果生产环境对高负载性和横向可扩展性有较高要求，那么基于 GlusterFS 文件系统的共享存储将是一个更好的选择，它能够满足这些高级需求并提供强大的共享存储功能。

2. GlusterFS 使用调整

GlusterFS 作为 PB 级的分布式文件系统的优势在于具有良好的横向可扩展性，存储节点可以达到数百个，支持的客户端数量可以达到上万。扩展增加存储节点的数量时，无须中断系统服务即可进行。此外，通过条带卷（stripe）和镜像卷（replica），可以实现类似于 RAID0 和 RAID1 的功能。

配置条带卷可以将文件以数据块为单位分散到不同的 brick 存储节点上；配置镜像卷可以将相同的数据冗余存储到不同的 brick 存储节点上。两者结合，综合提高文件系统的并发性能和可用性。在创建存储集群时，可以通过配置创建分布式的 RAID10 卷，或者通过实现软 RAID 来提高文件系统性能。

修改条带卷和镜像卷的配置值，可以灵活改变数据冗余的份数和 GlusterFS 的并发读写能力。具体取值可根据业务场景和性能要求确定。

GlusterFS 和文件系统的默认配置在 I/O 性能和小文件读写上存在一定问题，可以尝试从以下方面来提高性能：

（1）调整读写的块大小，以获得在选定文件系统下最适宜的数值，提升底层文件系统的 I/O 效率。

（2）进行本地文件系统的性能优化。

（3）根据具体业务调整每个文件的读写缓存以达到最佳效果，并配合 GlusterFS 固有的缓存机制。

（4）在保证数据安全和系统稳定的前提下，尽量减少数据冗余的份数，以极大缓解 GlusterFS 在查询多个节点时的时间损耗。

3. OpenStack 本地仓库的搭建

OpenStack 采用离线部署主要是为了规避安装过程中国外源的超时问题，从而较大地提升安装部署效率。借助自动化的安装脚本 RDO 或者 devStack，安装也很便捷，但如果网络不稳定或者国外的源出了问题，安装会很麻烦。

（1）下载各安装源到本地。下载 CentOS 源，安装是在 CentOS 发行版下进行，首先将 CentOS 最新版本的源拿到本地，定位到放置源的本地路径，使用相关命令进行操作。

（2）建立本地源。定位到相关目录下，完成本地源的建立。

二、虚拟云的开发

虚拟云是一款有关于云架构的系统开发软件,它拥有稳定的硬件资源,可以实现云架构、云应用等。云计算不仅使企业明显减少了硬件资源的投入,而且也使企业拥有了比较高端的技术,可以搭建自己的网站和实现互联网的服务和应用。

下面以 VMware 为例,讲解虚拟云。VMware 可以降低客户的成本和运营费用、确保业务持续性、加强安全性并走向绿色。VMware 在虚拟化和云计算基础架构领域处于全球领先地位,VMware 可以通过敏捷、灵活的交付服务提高 IT 效率,并降低用户使用的复杂性。除此之外,VMware 还可以加快云计算的过渡,并在原有投资的基础上提高虚拟化的控制力和安全性。

(一) 服务器虚拟化 vSphere

vSphere 是 VMware 公司推出的一套服务器虚拟化解决方案,在业界,它是最可靠和先进的虚拟化平台。vSphere 可以在底层硬件中分离出操作系统和应用程序,起到简化 IT 操作过程的作用。

VMware vSphere 的架构采用的是裸金属,VMware vSphere 可以直接安装在提供虚拟化资源的主机服务器硬件上,相当于给服务器同时安装了多个可移动、高安全的虚拟机。虚拟机平台可以完全控制和分配各个虚拟机的服务器资源,然后提高物理机的性能和企业级的可扩展性。

虚拟化平台可提供资源共享功能,并能在运行中的虚拟机之间共享物理服务器的资源,这不仅最大限度提高了服务器的利用率,还确保了各个虚拟机之间保持隔离状态。虚拟机平台内置了高可用性、资源管理性和安全性等特性,这些特性为应用程序提供了比传统物理环境更高的 SLA (服务等级协议)。

vSphere 的核心组件有 ESXi 和 vCenter。

1. ESXi

ESXi 通过 Hypervisor 实现横向扩展,实现一个基础操作系统,使其能够自动配置并远程接收配置信息,从内存而不是硬盘运行。ESXi 是一个足够灵活的操作系统,不需要额外设施,随时可安装到本地硬盘上,并保留本地保存的状态和用户定义的设置。

ESXi 操作系统建立在 VMkernel、VMkernel Extensions 和 worlds 三个层次上,能够实现虚拟机环境。

(1) VMkernel。VMkernel 是 ESXi 的基础,专门设计为 ESXi。它是 64 位的微内核 POSIX 操作系统,由 VMware 设计,可作为 Hypervisor 的操作系统。VMkernel 管理物理服务器,协调所有 CPU 的资源调度和内存分配,控制磁盘和网络的 I/OStack,并处理所有设备驱动。

(2) VMkernel Extensions。除了 VMkernel 外,还有许多 Kernel 模块和驱动。这些扩展使操作系统能够通过设备驱动与硬件交互,支持不同的文件系统,并允许其他系统调用。

(3) worlds。VMware 将其可调度用户控件称为 worlds。这些 worlds 允许内存保护、与 CPU 调度共享，并定义了分离权限的基础。worlds 分为以下三种类型。

①系统 worlds。系统 worlds 是特殊的内核模式 worlds，能以系统权限运行进程。

② VMMworlds。VMMworlds 是用户空间的抽象，使每个 guest 操作系统都能够看到自己的 x86 虚拟硬件。每个虚拟机都运行在由其自己调度的 VMMworlds 中。它将硬件（包括 BIOS，基本输入输出系统）呈现给每个虚拟机，并分配必需的虚拟 CPU、内存、硬件和虚拟网卡等。

③用户 worlds。用户 worlds 指所有不需要以系统 worlds 赋予的权限来执行调用命令的进程。它们可以执行系统调用来与虚拟机或整个系统交互。

2. vCenter

vCenter 服务器装在 Windows 操作系统实例上或者预安装在 Linux 上，作为 vCSA 的一部分。vCenter 服务器主要有两种运行方式：作为可安装应用运行在 Windows 操作系统实例上，或者作为 vCSA 的一部分预安装并运行在 Linux 操作系统上。vCenter-Server 的功能特性如下。

（1）部署选项。vCenterServerAppliance（vCSA）使用基于 Linux 的虚拟设备快速部署 vCenterServer 和管理 vSphere。

（2）集中控制。

第一，vSphere Web Client 可以为世界上任何位置的任意浏览器提供管理 vSphere 的功能。

第二，用户可以通过清单搜索功能在任何地方利用 vCenter 访问 vCenter 清单的所有内容。

第三，当关键组件出现硬件故障时，硬件监控功能可以自动发出故障警报，还会提供服务器运行状况的综合视图。

第四，新的实体、事件和衡量指标由改进的通知和警报功能提供，例如，特定的虚拟机的警报和数据存储。

第五，改进后的性能图可以提供实时、详细、准确的统计数据和图表，还可以监控虚拟机、服务器和资源池的资源可用性和利用率。

（3）主动管理 VMware vSphere。

第一，主机的配置文件可以将 ESXi 主机的配置方式和配置管理简化、标准化。另外，主机的配置文件还可以捕获已经验证过的配置蓝本，然后把配置文件中的配置部署到多台主机中，简化主机的设置。除此之外，主机的配置文件还可以监控各个配置的遵从性。

第二，提高效能。利用 VMware 分布式电源管理功能，可以提高效能。DRS（分布式资源调度程序）集群中的利用率由分布式电源管理功能持续监控，当集群的资源需求较少时，主机会自动开启待机模式，由此减少耗能。

第三，新增的 vCenter Orchestrator 具有强大的编排引擎，用户可以通过 vCenter Orchestrator 现有的工作流或装配的工作流自动执行 800 多个任务，达到简化管理的效果。

第四，改进了补丁程序管理。借助 vSphere Update Manager 中的遵从性控制面板、基准组和共享的补丁程序存储库，可改进补丁程序管理；vSphere Update Manager 会自动对 vSphere 主机进行扫描和修补。

（4）可扩展的管理平台。

第一，大规模管理的改进。一开始，设计 vCenterServer 的初衷就是处理最大规模的 IT 环境，所以，vCenterServer 可以有效改进大规模管理。并且，vCenterServer 的可扩展性很强，因为它是一个 64 位 Windows 应用程序。

第二，链接模式具有可扩展的体系结构。链接模式可以跨越众多 vCenterServer 实例对照相应的信息，还可以从基础架构中复制权限、角色和许可证，所以，链接模式可以实现同时登录所有 vCenterServer，然后搜索、查看清单。

第三，和系统管理产品集成 Web 服务 API 起到保护用户投资的作用，用户可以通过 Web 服务 API 自由选择管理环境的方式。

（5）优化分布式资源。

第一，管理虚拟机的资源。在相同的物理服务器上，把内存资源和处理器分配给多个虚拟机。在按比例分配资源的过程中，应该根据内存、CPU、磁盘和网络带宽的最大值和最小值分配。并且，虚拟机还可以同时进行资源分配和修改，为了满足高峰期的性能高要求，虚拟机可以支持很多动态的应用程序。

第二，分配动态资源。vSphere DRS 跨资源池对资源利用率的监控是不间断的，vSphere DRS 跨资源池还可以在多个虚拟机之间根据业务需求和不断变化的预定义规则智能分配可用资源，最终提高内置负载的自我管理能力，并不断优化升级 IT 环境。

第三，优化高能效资源。vSphere 分布式电源管理可以不间断地对 DRS 集群中的能耗和资源需求进行监控。当集群所需的能源增加时，DPM（数字电源管理）可以让关闭的主机恢复在线，完成服务级别的要求；当工作负载的资源需求减少时，vSphere 分布式电源管理可以把主机自动置入待机模式，并整合工作负载，减少资源消耗。

（6）安全性。

第一，访问控制精细化。环境安全的保障主要依赖于控制精准的权限和可以配置的分层组定义。

第二，权限和角色的自定义。选用用户定义的角色可以提高灵活性和安全性。VMware Center Server 用户采用适当的权限可以创建自定义角色，例如，备份管理员就是通过指派自定义角色给用户，限制访问整个库存中的服务器、虚拟机和资源池。

第三，审核信息的记录。保留管理员的记录信息和重大配置更改信息，形成报告信息跟踪事件。

第四，会话管理。发现并根据需要终止 VMware Center Server 用户会话。

第五，补丁程序管理。使用 VMware vSphere Update Manager 对在线的 VMware ESXi 主机以及选定的 Microsoft 和 Linux 虚拟机进行自动扫描和修补，从而强制遵从补丁程序标准。

（二）桌面虚拟化

在企业引入桌面虚拟化技术之后，桌面和应用同样可以以服务的形式被交付，利用软件定义的数据中心的各种优势功能，可以实现桌面的集中管理、控制，以满足终端上个性化、移动化办公的需求。

桌面的虚拟化基础镜像和以往的物理机 Ghost 镜像相似，管理员可以把大众所属的应用程序安装在基础镜像中，如果用户需要更新应用程序，并得到全新的桌面应用，只需要将系统模板更新即可。

桌面虚拟化平台可以与 AD（Active Directory，活动目录）集成，所有的活动目录对象信息，如用户、计算机、组织单位、用户组都可以被桌面虚拟化平台使用。当管理员需要对桌面池进行授权时，只需要在桌面虚拟化控制台上对所需的用户或用户组进行授权即可。

通过桌面虚拟化自带的策略，可以很容易地实现数据的防泄露。同时，因为数据驻留在数据中心，用户终端上并没有任何的数据驻留。集中化对于数据保护更有效率。

1. 桌面虚拟化的集成技术

桌面虚拟化集成了服务器虚拟化、虚拟桌面构架、应用虚拟化、打包应用、远程会话等多种 IT 技术。

（1）服务器虚拟化技术。服务器虚拟化技术是一种通过在标准的 x86 物理服务器上安装虚拟化层软件，从而实现对物理服务器资源的虚拟化划分的技术。这种技术使得同一台或多台组成的集群物理服务器上的硬件资源得以共享，从而能够同时运行多个虚拟机（VM）实例。该描述准确阐述了服务器虚拟化技术的原理和功能，符合事实逻辑。

（2）虚拟桌面构架。虚拟桌面构架涉及在用户端安装虚拟桌面客户端，并通过远程会话协议连接到数据中心端虚拟化服务器上运行的虚拟桌面。VDI（虚拟桌面基础架构）的特点是一个虚拟机在某一时刻只能接受一个用户的连接。这一描述准确反映了虚拟桌面构架的工作原理和 VDI 的特点。

（3）应用虚拟化。应用虚拟化，也被称为应用发布、服务器的计算模式或远程桌面服务等，是通过桌面虚拟化客户端使用远程会话协议，连接到数据中心运行的服务器操作系统虚拟机上的应用程序和桌面。与 VDI 不同，应用虚拟化可以在同一操作系统上同时接受多个用户的并发连接。这一描述清晰区分了应用虚拟化与 VDI 的不同之处。

（4）打包应用。打包应用是一种利用沙盒技术在操作系统上运行应用程序的技术，以确保在同一操作系统上可以同时运行多个原本并不相互兼容的应用程序。这种技术提高了系统的灵活性和兼容性。

（5）远程会话。远程会话是通过虚拟化客户端与数据中心虚拟化桌面或应用进行远程连接传输的协议，涉及操作、输入输出和用户界面交互。主流的远程会话协议包括微软的 RDP、VMware 的 PCoIP 以及 Citrix 的 HDX 协议等。这一描述准确概述了远程会话的定义和主流协议。

2. 桌面虚拟化的根本优势

（1）数据安全。由于桌面虚拟化的中心计算和存储的技术特性，用户的所有操作均在数据中心内完成，数据的产生和处理被严格限制在中心云端。这使得 IT 和管理层无须担忧在移动及互联网环境下，可能发生的数据失窃和违规操作风险，从而确保数据的安全性。

（2）管理简化。桌面虚拟化平台使得所有员工的桌面数据和应用程序得以被集中化管理。借助可视化的监控平台，IT 员工能够实时了解并掌握整个企业 IT 环境的运行状态，进而迅速应对日常突发事件和提升服务水平。

（3）创新工作模式和移动化。桌面虚拟化顺应了移动化的新趋势，使员工能够摆脱时间、地点和设备的限制，灵活处理业务。这种灵活性有助于员工在有限的时间内迅速且有效地提升业务处理能力，进而增强企业在快速变化的市场环境中的竞争力。

（4）降低总体拥有成本。桌面虚拟化在成本控制方面对企业具有显著作用。数据中心负责承载用户所需的所有应用和系统负载，而用户前端设备仅需处理基本的输入输出操作，因此在性能不足时，仅需升级数据中心的资源，有效减少了前端设备的投资。此外，通过提升运维管理水平和安全性，企业能够减少在桌面端的人力资源投入。同时，采用更为节能的设备替换传统的客户机，有助于降低电力成本。

（5）桌面可靠性。以数据中心服务器虚拟化平台为基础的桌面虚拟化环境，借助高可用性和动态资源调度等特性，确保了虚拟化业务应用和桌面在生产环境中的持续稳定运行，即使在对可用性要求极高的环境下也能满足需求。

（6）提高员工工作效率。为了提高员工的工作效率，企业可以允许员工使用自有设备进行办公，并将这些设备安全地连接到企业的 IT 环境中。这一举措不仅增强了员工的工作灵活性，还有助于提升整体工作效率。

3. 桌面虚拟化的主要产品

（1）VMware Horizon。VMware Horizon 不仅能够交付、保护和管理 Windows 桌面及应用，还可以控制成本，确保终端用户可以随时随地、使用任意终端设备完成工作。VMware Horizon 可以实现的核心功能如下：

第一，通过单一的平台交付桌面和应用。单一平台的交付操作可以简化管理工作，向终端用户授权的过程也比较轻松，还可以在任何地点和任何设备终端交付 Windows 桌面和应用程序给用户。

第二，通过统一工作区提供出色的用户体验。

第三，闭环管理和自动化。能够整合对用户计算资源的控制，并自动交付和保护计算机资源。

第四，交付和管理实时应用。将大规模的配调应用实时交付给用户；把应用程序动态附加到用户设备中，也可以在已经登录的用户桌面中附加动态应用程序。

第五，管理映像和策略。授权和调配桌面应用可以通过 View 实现；Mirage 的同一映像管理功能可以简化对物理机和虚拟机的管理；IT 部门通过数据中心体系结构和软件定义可以轻松地在多个数据站点和中心放置和迁移 View 单元。

第六，分析和自动化。VMware Realize Operations for Horizon 的云分析能够提供整个桌面环境的可见性，使 IT 部门能够优化桌面和应用服务的运行状况和性能。

第七，优化软件定义的数据中心。虚拟化的强大功能可以通过虚拟网络连接和安全性、虚拟计算和虚拟存储得到扩展延伸，并在此基础上提高用户的体验感和降低成本，进而提供更优质的业务服务。

Virtual SAN 在符合策略的基础上可以自动执行存储调配，然后通过存储资源降低负载成本。

（2）虚拟桌面基础架构 Horizon View。VMware Horizon View 可以支持用户灵活安全地访问应用程序和虚拟桌面，它属于企业级桌面解决方案，和 VMware vSphere 之间的关系非常紧密，并为用户提供安全托管服务式的交付桌面。VMware Horizon View 的可靠性和可扩展性非常强，它使用基于 Web 的直观管理界面创建和更新桌面映像、管理用户数据、实施全局策略等，可以监控和代理成千上万个虚拟桌面。

4. 桌面虚拟化的应用场景

软件开发中心可以使用桌面虚拟化来保护核心代码的开发，快速地进行应用程序测试，实现敏捷应用开发。

营业厅及分支机构通过桌面虚拟化，可以实现桌面的中心部署，在应用程序需要更新、部署时，可以在最短的时间内，通过最少的人工完成。

通过这种方式，管理员可以集中对办公桌面进行管理运维，而数据又不会散落在用户的 PC 端。最终用户可以通过 PC 或瘦客户等终端设备来远程连接到企业数据中心的虚拟桌面环境。

移动办公可以通过手机、平板电脑或浏览器等方式进行远程连接，无论身处何地、使用何种网络和设备，都能轻松进行办公操作。

呼叫中心通过桌面虚拟化的方式，保证了人员工作环境的可用性，还加强了对敏感用户信息的保护。通过虚拟化技术，呼叫中心人员可以安全地访问所需的应用程序和桌面环境，同时确保用户信息的安全性和隐私性。

培训中心采用桌面虚拟化及瘦客户机技术，可以有效降低电力成本，并减轻 IT 人员在设备运维方面的负担。这使得 IT 人员能够将更多精力投入到其他更具价值的工作中，提升整体工作效率和效益。

三、云计算应用软件开发

随着信息技术的不断发展，云计算利用虚拟化和网络等技术成为世界信息技术发展的重要组成部分，云计算也因此加强了对软硬件资源弹性化、集中化和动态化的管控，并在此基础上建立了全新的一体化服务模式。此种新的服务模式为传统信息技术带来了挑战和机遇。

（一）云计算应用软件

云计算应用软件是和系统软件相对应的，是用户使用各种程序设计语言（C、C++、C#、Java、PHP、Python 等）编制的应用程序的集合。应用软件是为满足用户不同领域、不同问题的应用需求而提供的软件，它可以拓宽计算机系统的应用领域，放大硬件的功能。

1. 云计算应用软件的基本类型

（1）办公室软件。文书试算表、数学方程式创建编辑器、绘图程式、基础数据库档案管理系统、文本编辑器等。

（2）互联网软件。即时通信软件、电子邮件客户端、网页浏览器、客户端下载工具等。

（3）多媒体软件。媒体播放器、图像编辑软件、音频编辑软件、视频编辑软件、计算机辅助设计、计算机游戏、桌面排版等。

（4）分析软件。计算机代数系统、统计软件、数字计算、计算机辅助、工程设计等。

（5）商务软件。会计软件、企业工作流程分析、客户关系管理、企业资源规划、供应链管理、产品生命周期管理等。

2. 云计算应用软件的主要特性

（1）与传统软件相比，云计算应用软件在交互模式和开发模式上发生了颠覆性的改变。传统软件传播的主要介质是磁盘等固体介质，并且软件必须安装在用户的计算机上，这种开发模式非常消耗资源。云计算应用软件的优势是厂家会先把软件安装在云平台上，只要用户有网就可以使用软件，不需要消耗服务器和磁盘等资源。

（2）与传统软件的盈利模式不同，传统软件主要的盈利来源是销售软件产品，传统软件需要支付的费用主要包括软件投入的安装费、购买费、管理费和维护费等。相比于传统软件的盈利模式，云计算应用软件采用的是租赁制，出品商主要依靠租赁费盈利，租赁的周期可以是一个月、半年或者一年。

（3）相比于传统的应用软件，云计算应用软件的适用空间范围更广泛，使用时间也更长。云计算应用软件不受时空限制，只要有网就可以应用，但是传统的软件在空间和时间上受制于安装地址和服务器。

（4）云计算应用软件的复用程度更高。复用程度一直是软件开发的重要衡量标准，也是软件开发克服软件危机的重要途径之一，云计算应用在软件复用上的成效非常明显。软件的复用程度高可以减少开发软件的错误，提高软件的可信性。

（二）云计算应用软件开发的技术

1. SOA 技术

SOA 技术是指面向服务架构技术，SOA 强调服务的重要性。随着信息技术的不断发展，软件开发商在更深入地开发 SOA 技术，就目前的应用程序开发领域而言，SOA 技术已经无处不在。

SOA 技术的开发随着 SaaS 的火热开发而更加深入。随着人们对科技产品的依赖不断增加，IT 环境也变得日趋复杂，从目前的发展趋势来看，未来的科技发展趋势更偏向于动态、服务性、多元等方向的健康发展，单一、模式化的科技发展趋势已无法满足社会的需求。

2. Ajax 技术

Ajax 技术结合了多种编程技术，包括 JavaScript、DHTML、XML 和 DOM 等。并且，它是开发 Web 应用程序的技术，可以让开发人员在 Ajax 技术的基础上开发 Web 应用，还突破了使用页面重载的惯性，给用户提供了更加自然的浏览体验。每当浏览器网页更新时，网页修改都是逐步增加和异步的。由此，Ajax 技术提高了用户使用应用界面的速度。

在 Web 网页中加入 Ajax 的应用程序，可以为用户提供更加轻松、有效的网页服务，用户不需要花费太长的时间等网页刷新。在页面中，需要更新的部分才需要更改，并且，网页更新可以是异步的，并且在本地完成。用户刷新网页的同时可以享受 SaaS 的应用服务，可以像使用传统 C/S 软件一样流畅、习惯地使用 B/S 软件。就目前的软件应用领域来说，Ajax 技术在 SaaS 应用的基础上正在不断地融入软件行业中。

3. Web Service 技术

Web Service 技术是一种组件集成技术，以 HTTP 为基础，以 XML 为数据封装标准，以 SOAP（简单对象访问协议）为轻量型传输协议。

Web Service 技术是互通信息、共享信息的接口。Web Service 技术在任何符合标准的环境中都可以用，因为 Web Service 技术使用的是统一、开放的网络标准，并且，Web Service 技术可以让原本孤立的站点信息之间相互联系和共享。Web Service 技术的设计目标具有可扩展性和简单性，它的特性可以促进异构程序和平台之间的互通，可以让应用程序被广泛访问。

Web Service 可以在 SaaS 软件中为各个组件提供互相沟通的机制，Web Service 技术可以将各个平台和开发工具的应用系统集合起来，提高应用系统的可扩展性。Web Service 技术的核心是 SOAP，SOAP 属于开放性标准协议，不但可以结合企业的内部信息系统和防火墙，还可以突破应用壁垒，为企业提供安全、集成的应用环境；SOAP 还提高了系统的弹性，使企业可以将任何自定义的信息封装起来，并且不需要修改源代码。

4. 单点登录技术

单点登录技术是从软件系统的整体安全性出发，实现一次性自动登录和访问所有授权的应用软件，并且不需要记忆各种登录口令、ID 或过程。

Web Service 环境中的系统需要相互通信，但是要实现系统之间都相互维护和访问控制列表明显不切实际。从用户的角度出发，用户都想要更好的应用体验，都想以简单安全的方式体验不同的业务系统。除此之外，单点登录环境还包含一些独特的应用系统，它们有自己的认证方式和授权方式。所以，在应用 Web Service 环境中的系统时，还需要解决不同系统间用户信任映射的问题，由此可以确保当用户的一个系统信息被删除时，其他相关的所有系统也都不能访问。

（三）云计算应用软件的架构与开发

1. 云计算应用软件的基本架构

云计算应用软件非常注重资源的按需分配和共享，其划分服务模式的方法也很多，主要分为三类基本服务：平台即服务（PaaS）、基础设施即服务（IaaS）、软件即服务（SaaS）。

根据云计算技术模式设计平台层、应用层和基础层的理念，可以将开发平台的框架分为以下三种情况：

（1）PaaS 层面。云计算软件开发的技术核心是 SOA0 层面、平台工具和构件库，通过统一开放的 API，软件业务化定制引擎可以给 SaaS 层面提供定制化服务。

（2）IaaS 层面。IaaS 层面可以给软件系统提供内部虚拟化的分布式集群环境和统一平台，还可以为上层提供基础运行功能，并降低运维软件系统的难度和提高资源利用率。

（3）SaaS 层面。SaaS 层面为软件提供应用和定制服务，并为应用软件提供定制开发服务接口和应用服务接口。在用户调用这一层服务的过程中，服务体系结构和服务接口都是统一开放的。

2. 云计算应用软件的开发方案

云计算应用软件开发平台由云计算支撑环境、云计算应用软件开发工具和云存储构件库等元素构成。应用软件的开发驱动基于软件系统的建模行为，开发云计算应用软件的过程大致如下。

（1）系统建模可以应用与平台无关的模型。在建模的过程中，为了更加精确地描述软件系统，开发商应该根据用户的需求精化 PIM（产品信息营销管理）。

（2）PIM 在不同的技术平台可以转换成不同的特定模型，并在此基础上形成独立的平台特定模型。

每个 PIM 模型在不同的模型转换方式下形成的代码都不同。开发系统最初的需求和分析以及最后的发布和测试都和传统的软件开发模式相同。云计算应用软件开发建立系统的 PIM 模型之后，云端提供构件支持、环境支持、工具支持，将 PIM 模型自动转换为一个或多个 PSM（工业品营销流程管控）模型，然后再生成代码，最终进行测试，发布系统。

开发云计算应用软件的模型主要分布在云计算环境的 SaaS 层和 PaaS 层。

PaaS 层面给用户提供了使用平台的核心：软件业务化定制引擎。在整个开发平台中，主要的技术纽带是云环境下的交换总线和模型交换，并在 SOA 架构的基础上对外提供开放统一的 API，其他模块也借助该技术纽带产生交互。在该层面中，各个模块的功能主要包括：① 在 SOA 模型校验器的基础上，该层面对生成 PSM 模型的 PIM 模型的定义非常准确。模型校验器检查 PIM 模型和保障模型交互主要依据用户定义或一组预定义的规则；② 在云存储的变换定义仓库的基础上保存变换规则；③ 在云存储的模型仓库的基础上保存 PSM 模型和 PIM 模型；④ 变换工具以开放的风格组成一系列特定功能，例如，PIM 变换成 PSM 的工具、PSM 转换成代码的工具、PIM 转换成代码的工具；⑤ 代码文件的作用。转换之后的代码可以看作是模型，但是模型最终会以文本文件的方式存放在系统中。文本文件是其他工具无法代替的格式，所以，在理解模型的过程中，需要代码文件生成器和代码文件解析器的辅助。

因为各个模块都运行在软件应用平台的云端，所以模块与模块之间的交互需要统一形式。此处主要采用的是 SOA 方式进行交互操作和通信。

SaaS 层面可以为用户提供以下三种软件业务化定制接口。

第一种，在 SOA 基础上建立的模型编辑器，该接口可以为 PIM 提供模型编辑器，也可以创建和修改模型。

第二种，在 SOA 基础上建立的变换定义编辑器。PIM 模型依据转换规则转换成 PSM 模型，当转换规则被定义之后，可以随平台环境的改变而改变，这就需要变换定义编辑器来对其进行创建和修改。

第三种，在 SOA 基础上建立的代码编辑器，将开发环境提供的常用功能交互。当 PSM 模型变成代码块之后，需要对代码进行编译和调试，因为不同代码的细节不同。

上述用户使用的接口都是基于 SOA，因此，开发商应该着重考虑使用形式和技术细节，还需要合理规划开放给用户的编辑器 UI（用户界面）。

第十二章　云计算数据安全分析

随着信息技术的迅猛发展，云计算已成为企业信息化建设的重要基石。然而，云计算的广泛应用也带来了数据安全方面的严峻挑战。本章旨在全面分析云计算数据安全问题，探讨其背后的研究背景与意义。通过对云计算的安全分析与体系、云计算数据加密与安全共享、云计算密钥管理及访问控制，以及云计算数据完整性验证及安全审计四个方面的深入研究，为提升云计算数据安全保障能力提供理论支撑和实践指导，为企业的云计算应用保驾护航。

第一节　云计算的安全分析与体系

"云计算的安全性一直备受关注，主要问题包括访问权限问题、技术保密问题、数据完整性问题、法律约束问题。"[1] 传统数据中心与低成本、高性能的云数据中心相比，在某些方面可能显得不具优势，这促使众多寻求成本效益的企业纷纷转向云服务。然而，部分企业对云计算存在的安全隐患表示担忧，从而放慢了将业务和数据迁移至云端的步伐。安全问题无疑已成为阻碍云计算进一步普及和发展的关键因素。因此，各云服务提供商每年都会投入大量资源进行研究，以确保云计算平台和云服务的安全性。

一、云计算安全问题及其产生的原因

云计算凭借规模经济效应，大幅降低了计算资源的生产成本，并为用户提供了按需获取的 IaaS、PaaS 和 SaaS 等云服务，从而开创了一种全新的商业模式。这一变革彻底改变了传统 IT 资源的获取方式，为整个 IT 行业带来了深远的影响，将人类社会引领至全新的"云时代"。然而，随着云计算技术的迅猛发展，其不断暴露的安全问题也成为人们关注的焦点和阻碍其进一步发展的短板。云计算的安全性现已成为企业选择云计算服务时的重要考量因素。

（一）云计算安全的概念阐释

云计算安全是由计算机安全、网络安全及更广泛的信息安全领域演化而来的概念，有时也简称为云安全。与云计算类似，云计算安全是一个较为宽泛的概念，目前尚未有统一的定义。下面，我们将从云服务提供商和用户的视角对其进行阐释。

对于云服务提供商而言，云计算安全涉及一套综合性的策略，包括硬件技术、软件平台、实施方法、统一标准以及法律法规等多个方面，旨在保护其云计算系统（主要

---

[1] 张国梁，李政翰，孙悦. 基于分层密钥管理的云计算密文访问控制方案设计 [J]. 电脑知识与技术，2022，18(18)：26–27，30.

是公有云平台）中的基础设施、IP网络、应用程序及用户数据等资产的安全。而对用户而言，云计算安全则意味着所使用的云服务环境的稳定性和私密性，以及存储在云中的数据的完整性和隐私性得到保障。

有时，云安全也用于指代基于云的安全软件或服务，例如360安全卫士提供的基于360云查杀引擎的木马查杀服务。在云计算领域，这些安全服务构成了一种特定的云计算服务模型，可称之为安全云。然而，需要明确的是，安全云与云计算安全之间存在包含关系，并非等同概念。

（二）云计算安全问题产生的原因

云计算的分布式架构特性意味着数据可能被分散存储在多个位置，其中数据泄露是数据安全方面面临的较高风险之一。尽管用户能够访问自己的数据，但他们通常无法确定数据具体存储的位置。此外，所有数据的运营和维护均由第三方负责，有时数据甚至以明文形式保存在数据库中，存在被用于广告宣传或其他商业目的的风险。因此，数据泄露问题以及用户对第三方维护的信任问题成为云计算安全中备受关注的议题。尽管数据中心的内外硬件设备能够提供一定程度的防护以抵御外部攻击，且这种防护级别通常高于用户自身需要的防护级别，但与数据相关的安全事件仍不时在各大云计算厂商中发生。

从技术层面来看，云安全体系的不完善、产品技术实力的不足以及平台易用性较差等因素可能导致用户使用困难。从运维层面来看，运维人员部署不规范、未按流程操作、缺乏经验、操作失误或违规滥用权限等行为可能导致敏感信息外泄。从用户层面来看，用户安全意识薄弱、未养成良好的安全习惯、缺乏专业的安全管理或虽有严格的规章制度但不执行等因素也可能导致信息外泄等安全问题。因此，建立严格的管理制度是确保整个系统安全的重要保障。

二、云计算风险分析与安全评估

（一）云计算风险分析

1. 技术层面的风险

云计算平台以其灵活性、可靠性和可扩展性等显著优势已成为现代信息技术的重要组成部分。然而，随着新技术的不断引入，云计算平台在提升服务质量的同时，也面临着新的安全挑战。

（1）IaaS层面的风险分析。基础设施即服务（IaaS）通过虚拟化技术，将计算、存储和网络资源转化为可通过网络访问的服务。这种服务模式允许用户在云资源上部署和运行软件，包括操作系统和应用程序，而无须管理底层的云基础设施。尽管如此，用户仍需对操作系统和应用程序的安全性负责，并可能对网络组件（如防火墙）进行有限的管理。虚拟化技术虽然提高了资源的可扩展性和多租户性，但也带来了主机安全、网络安全和数据存储迁移安全等方面的风险。

（2）PaaS层面的风险分析。平台即服务（PaaS）在IaaS的基础上进一步提供了包括中间件、数据库和开发环境在内的软件栈。PaaS 使开发者能够在云基础设施上部署和运行应用程序，而无须关心底层的硬件和操作系统。分布式处理技术是 PaaS 的核心，它通过分布式计算、同步技术、数据库和文件系统管理，实现了资源的高效利用和简化了分布式应用的开发。然而，由于 PaaS 需要处理海量数据并支持多用户，其分布式处理技术可能无法得到完全有效的实施，从而增加了数据安全和应用安全的风险。

（3）SaaS 层面的风险分析。软件即服务（SaaS）为用户提供了通过瘦客户端接口访问云基础设施上运行的应用程序的能力。在 SaaS 模式下，用户无须管理底层基础设施，也无须对应用的性能保障负责。SaaS 模式面临的主机和网络安全风险与 PaaS 类似，但应用安全风险的责任分配和内容有所不同。在 SaaS 中，服务提供商需全面负责应用程序及相关组件的安全性，而用户只需确保自己的操作安全。应用虚拟化技术作为 SaaS 的核心技术，使应用程序可以作为一种服务交付给用户，提供了无须本地安装、即需即用的应用体验。

云计算服务的安全性和稳定性对用户和提供商来说至关重要。通过深入分析 IaaS、PaaS 和 SaaS 层面所面临的技术风险，我们可以更好地理解云计算平台的潜在挑战，并采取相应的安全措施来应对。这包括但不限于加强虚拟化技术的安全性、优化分布式处理技术、实施严格的应用安全策略和增强用户安全意识。通过这些努力，我们可以确保云计算服务在提供高效、灵活的计算资源的同时，也能保障用户数据和应用的安全。

2. 管理层面的风险

为了确保云服务的安全性，除了技术手段之外，还需要云服务的各方参与者共同制定和执行全面有效的管理策略。云计算环境与传统 IT 架构的主要区别在于数据的所有权和管理权是分离的。用户将数据托管给云服务提供商进行全面管理，而自己并不直接控制云系统。这种分离导致了云服务提供商在管理用户数据时将面临诸多限制，因为他们不具备数据的所有权，也无法直接访问或处理用户数据。此外，云服务提供商通常无法完全了解用户使用的终端设备及其操作的安全性，这增加了不可预测的风险。

服务等级协议（SLA）是云服务提供商和用户之间就服务质量等级达成的共识。SLA 旨在明确双方对于服务质量、优先权和责任的期望，以及维持特定的服务质量（QoS）。对于云服务而言，SLA 能够缓解用户对服务安全和质量的担忧，同时使服务提供商能清晰地向用户传达其服务的质量等级、成本和收费等信息。然而，尽管云服务提供商在 SLA 中对可用性、响应时间和安全保障等方面作出了承诺，但在实际操作中往往难以完全满足这些承诺，已有的事故案例也印证了这一点。

在技术快速进步和企业竞争加剧的背景下，云服务提供商可能面临破产或被大型企业收购的风险。如果云服务提供商破产，用户可能面临服务被终止的风险；如果云服务提供商被收购，用户可能会遇到因技术升级而导致的服务中断，甚至服务最终也可能被终止。

云服务提供商依赖于硬件和基础软件供应商提供的资源来构建云平台，并在此基础上向用户提供服务。如果供应链中的任何一环出现问题，如硬件或软件供应商突然无法供货，云服务提供商可能无法及时找到替代供应商，从而导致供应链中断，进而影响云服务的正常运行。

为了真正保障云计算的运营安全，需要云服务提供商、用户以及其他供应链参与者共同努力，制定和执行有效的管理策略。这包括但不限于建立更加严格的 SLA 条款，确保服务的连续性和可持续性，以及加强对供应链的管理，确保关键资源的稳定供应。通过这些措施，可以降低云服务的风险，提高用户对云服务的信任度，从而推动云计算的健康发展。

3. 法律法规风险

为了确保信息安全，各国的法律法规通常都会对信息安全的基本原则、管理制度、监管框架、隐私保护，以及违反信息安全的行为的取证和处罚措施等方面作出明确规定。构建健全的法律环境是信息安全保障体系建设的关键环节。云计算安全体系作为这一体系的组成部分，同样需要遵循企业政策和法律法规的要求。然而，云计算作为一种新兴的服务模式，其虚拟性和国际性特点带来了一系列法律和监管挑战，增加了云服务在法律法规方面的风险。

(1) 数据跨境问题。云计算的地域性弱化和信息流动性增强特点，使数据跨境存储和传输成为常态。用户可能无法确切知晓数据的存储位置，即使用户选择的是本国云服务提供商，数据也可能因为提供商的全球数据中心布局而被存储在其他国家。此外，数据在备份或服务器架构调整过程中的跨境传输也可能触发法律问题。不同国家对于数据跨境有着不同的法律要求，云服务中的数据跨境活动可能与用户所在国的法律规定相冲突。

欧盟的数据保护法规是全球最为全面和严格的，其《关于个人数据处理保护与自由流动指令》和《电子通信领域隐私保护指令》对数据跨境流动作出了明确规定。根据欧盟规定，欧盟公民的个人数据只能流向那些数据保护水平相当的国家或地区。加拿大、瑞士、阿根廷等国被认为是符合这一标准的国家。在没有特定承诺机制的情况下，欧盟禁止将个人数据从欧盟转移到美国和世界上大部分其他国家。因此，云服务提供商若想合法进行数据跨境存储和传输，必须满足国际安全港认证、格式合同或有约束力的公司规则等条件，否则可能违反欧盟法律。

(2) 隐私保护问题。在云计算环境中，用户数据的存储增加了隐私泄露的风险。云服务提供商必须确保用户隐私不被未授权获取，但在某些国家的法律中，为了国家安全，允许执法部门和政府机构在特定情况下查看个人隐私信息。例如，美国的爱国者法案和萨班斯法案等法律，授权执法机构在获得法庭批准后，可以在不通知数据所有者的情况下访问个人记录。这可能导致云服务提供商在保护用户隐私方面与法律要求发生冲突。

(3) 安全性评价与责任认定问题。云服务提供商与用户之间的合同规定了双方的权利和义务，包括安全事故后的责任认定和赔偿方式。然而，目前缺乏统一的云计算安全标准和测评体系，使得云用户和云服务提供商在安全目标和安全服务能力方面难以进行衡量。在出现安全事故时，由于责任认定缺乏统一标准，可能导致争议和纠纷。

云计算安全标准需要支持用户描述数据安全目标、指定资产安全保护范围，并满足企业用户的安全管理需求。此外，安全标准还应支持对云服务过程的安全评估，并

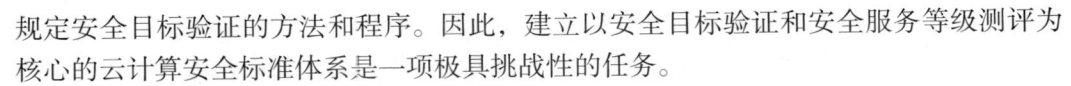

规定安全目标验证的方法和程序。因此，建立以安全目标验证和安全服务等级测评为核心的云计算安全标准体系是一项极具挑战性的任务。

4. 行业应用风险

云计算凭借其众多优势，发展前景十分可观，并逐渐在更多领域得到推广和应用。在政府的推动下，我国云计算应用正聚焦政府、电信、教育、医疗、金融、石油石化和电力等行业，推出相应的云计算实施方案。鉴于不同行业的核心资产、关注问题、应用场景及监管要求各异，不同的云计算运营模型面临的安全风险也各不相同。

(1) 电子政务云。电子政务利用计算机、网络和通信等现代信息技术手段，优化重组政府组织结构和工作流程，突破时间、空间和部门分隔的限制，旨在构建精简、高效、廉洁、公平的政府运作模式，从而全方位地向社会提供优质、规范、透明、符合国际水准的管理与服务。作为电子信息技术与管理的有机结合，电子政务已成为当代信息化最重要的领域之一。在电子政务云中，云平台管理中心统一管理各部门共享的云数据中心，提供按需服务，确保统一的组织领导、规划实施、标准规范、网络平台及安全管理，既节省了管理人力，又极大地提升了服务质量。

(2) 电子商务云。电子商务是一种全球范围内的商业模式，在开放的互联网环境中，基于浏览器/服务器架构，使得买卖双方无须面对面即可完成多种商贸活动，包括但不限于网上购物、商家间的网上交易、在线电子支付，以及一系列相关的商务活动、交易活动、金融活动和综合性服务活动。

在传统的信息技术架构下，企业若要开展电子商务，通常需投入大量资金购置存储、计算、软件等基础设施资源，并自行建立数据中心和服务平台。随着时间的推移，系统软硬件会因损耗或不能满足市场需求而需不断更新维护，这不仅消耗了企业的人力资源和大量时间，还增加了企业的运营成本。同时，随着电子商务应用程序开发的精细化以及用户对体验要求的提高，相关程序和生成文件的规模越来越大，企业和用户在本地的存储容量往往难以承载。此外，电子商务繁复的运算需求以及使用用户数量的增长，仅靠增加硬件的方式来提升运算效能并不能从根本上解决问题，反而可能导致企业运营成本大幅度攀升。另外，由于基础设施资源的局限性，企业往往难以提供多样化服务，这可能会削弱用户对电子商务的兴趣，进而影响企业发展。

电子商务云是利用云计算技术构建的电子商务服务平台，它可以有效克服传统电子商务平台的诸多弊端。在电子商务云中，企业可以直接利用云端先进的软硬件设施来构建高效的服务平台，服务类型不再受到限制。企业和用户的数据存储于云端，云端具备的强大存储和计算能力消除了传统电子商务平台在存储和运算能力方面的瓶颈。同时，云端服务商负责设备的维护更新，企业由此节省了系统维护更新所需的成本、人力和时间投入。

对于电子商务云的安全问题，鉴于电子商务的本质属性——涉及高度商业机密和大量资金流转，企业在使用电子商务云时最为关切的是数据安全。此外，由于电子商务云平台的运维过程和数据存储主要由云服务提供商承担，云服务提供商的运营经验和能力直接影响到电子商务云平台能否顺畅运作，因此企业亦非常关注云服务提供商的运营经验。同时，云计算能否有效保护用户隐私，以及系统的稳定性、可移植性、可用性等问题也是企业十分关心的内容。

电子商务活动涉及大量与经济利益紧密相关的数据信息，而电子政务则包含诸多政治敏感信息，因此无论是电子商务云还是电子政务云，均高度重视数据安全问题。然而，关于云计算与电子商务的法律法规尚不健全，故而在安全事件发生后如何界定责任及赔偿成为电子商务云领域关注的重点；相比之下，电子政务云由于相关标准和法规较为成熟，较少遇到此类问题。在运营层面，电子商务云内各企业平台相对独立，一般不需要过多的信息交互，因此对运营维护标准和技术标准的一致性的关注度较低；而电子政务云中各部门间信息交换频繁，故对统一的标准体系较为关注。

（3）教育云。教育云是云计算技术在教育领域的实践应用，代表了一种全新的信息化服务模式。

相较于传统教育信息化平台的建设，过去各级各类教育机构需要各自购买软硬件资源以搭建独立的信息化平台；而教育云通过提供共享软硬件资源，降低了各教育机构购买基础设施的投入，并提升了资源利用率。尤其是在我国，很多教育机构特别是基础教育机构缺乏专业的 IT 技术团队，传统教育信息化平台往往难以得到妥善维护；而教育云通常由专业团队建设和维护，确保了平台的稳定性和安全性。另外，传统的教育信息化平台普遍处于孤立状态，导致优质教育资源无法得到有效共享，不同学校间的教学质量存在较大差距；而教育云可以实现优质教育资源的共建共享，支持跨区域的教学研究协作，有助于缩小不同地区、不同类型的学校之间的差距，推动基础教育的均衡发展。

虽然云计算在经济性、便捷性和安全性上有力促进了教育信息化的建设与发展，但其存在的某些安全风险也为教育云的落地带来了挑战。不同于电子政务云和电子商务云，教育云主要用于教育资源的共享，大部分云数据不具备隐私性质，因此其更为关注云服务的可用性，而对数据隐私的关注度相对较低。

（二）云计算安全评估

云计算作为一种新兴的信息技术服务模式，其安全性评估是确保数据和应用安全的关键环节。信息安全风险评估是一个系统的过程，旨在识别和评价可能对信息系统的机密性、完整性和可用性造成威胁的因素，并提出相应的防护措施。在云计算环境中，这一过程尤为重要，因为云服务的特性使得传统的安全评估方法需要进行相应的调整和补充。

信息安全风险评估是依据信息安全技术和管理标准对信息系统及其处理、传输和存储的信息的安全属性进行评价的过程。这一过程包括评估资产面临的威胁、安全事件发生的概率，以及安全事件可能对组织造成的影响，并提出有针对性的防护对策和整改措施。信息安全风险评估的目的是防范和化解信息安全风险，或将风险控制在可接受的水平，为保障信息安全提供科学依据。

云计算环境中的数据处理、传输和存储依赖于互联网和相应的云计算平台，这使传统的信息安全风险评估方法在一定程度上不再适用。云计算需要一套适应其特性的度量指标和评估方法。

1. 云计算安全评估的度量指标

云计算安全评估可以从计算、存储和网络服务三个方面进行。

(1) 计算服务：评估统一平台的安全性（如数据加密方式、特权用户访问权限等）和租赁计算设备的运行可靠性。

(2) 存储服务：评估分布式存储中心的安全性（如数据加密、备份和分散存储方式等）。

(3) 网络服务：评估网络基础设施的运营情况，以及是否具备多个网络接入设备，能否满足计算和存储的需求等。

2. 云计算安全评估的分析方法

基于云计算的评估分析方法应结合传统的信息安全风险评估办法，从资产识别、威胁识别、脆弱性识别及风险评估与分析四个角度进行。

(1) 资产识别。对使用云计算平台的资产进行分类和赋值，包括文档信息、软件信息、应用的云计算平台、云安全设施、云存储设施等。

(2) 威胁识别。根据相关报道或渗透检测工具对可能存在的威胁进行分类，并根据威胁发生的频率进行赋值。

(3) 脆弱性识别。识别可能引起安全事件的威胁的脆弱性，并进行赋值。

(4) 风险评估与分析。分析威胁和脆弱性的关联关系，计算安全事件发生的可能性和潜在损失，从而得出风险值。

风险评估的结果可以帮助用户在选择云服务商时，根据能承受的风险水平进行决策。云计算环境面临的主要安全威胁包括Web安全漏洞、拒绝服务攻击、内部数据泄露、滥用权限，以及潜在的合同纠纷与法律诉讼等。云计算的安全评估应侧重于云计算的服务特性，并考虑云架构的不同对风险评估的影响。

云计算安全评估是一个复杂的过程，需要综合考虑云计算的服务模式、技术特性以及与信息安全相关的法律法规要求。通过科学的评估方法和步骤，有效地识别和量化云计算环境中的安全威胁，为用户提供决策支持，帮助他们制定合理的安全策略，从而最大限度地保障信息资产的安全。

三、云计算安全模型与服务体系

与传统网络安全防护思路相通的是，面对众多安全威胁，建立一个能够对威胁"分而治之"的安全体系是解决云计算安全问题的关键。

(一) 云计算架构安全模型

云计算安全技术是信息安全在云计算领域的扩展和创新研究领域。它需针对云计算的安全需求，从云计算架构的各个层次出发，结合传统安全手段与云计算定制的安全技术，以大幅降低云计算的运行安全风险。无论是在传统数据中心还是在云计算模式下，大部分业务处理都在服务器端完成，传统的数据服务对关键业务服务器有较高的依赖性；而云计算模式对服务器集群的依赖性更强。服务器集群通常包含众多互联的服务器，当其中的某些服务器出现故障时，这些服务器上运行的应用及相关数据会快速迁移到其他服务器上，运行中的服务可以通过这种措施从故障中快速恢复，甚至让用户感觉不到业务中断。因此，基于云计算的应用服务具有可靠性、持续性和安全性等特点。

研究云计算安全问题的基础是建立云安全体系架构。云安全体系架构定义为一种人为设计产物，它描述了如何应用安全控制（安全策略）以及它们与整个IT体系结构的关系。这些控制措施旨在维护系统的质量属性，包括机密性、完整性、可用性、可说明性和可靠性。

云计算的最终目标是要构建IT即服务，使各类用户可以随时获得所需的IT资源，而云计算安全的目标是确保这种资源服务能够可靠、有保障地交付给用户。根据NIST（美国国家标准与技术研究院）对云计算的通用定义，云架构安全模型涵盖了IaaS、PaaS、SaaS三类服务方式，以及公有云、私有云、社区云和混合云四类部署方式，从用户、企业、法规机构和云计算提供商的角度对云计算运行过程中的安全问题和关键技术进行了描述。在IaaS、PaaS、SaaS三类服务方式中，云服务商提供的服务级别越低，云用户所要承担的配置工作和管理职责就越多。为了实现云计算安全目标，用户除结合云服务商的自有安全支撑服务外，有时还需要从第三方实体获取身份管理、认证、授权等能力。

下面分别说明云架构安全模型的各层次安全关注点。

第一，应用程序安全。应用程序安全关注已经处于云中的应用程序的安全。通过使用软件开发生命周期管理、二进制分析、恶意代码扫描等手段对应用程序进行安全检测，同时可采取WAF（Web应用防护系统）应用防火墙、事务安全等技术保证应用程序安全。

第二，信息安全。信息安全用于保证用户业务数据信息不被泄露、更改或丢失。通过使用数据泄露防护技术、能力成熟度框架、数据库行为监控、密码技术等手段保证信息的机密性、完整性等安全属性。

第三，管理安全。通过公司治理、风险管理及合规审查，使用身份识别与访问控制、漏洞分析与管理、补丁管理、配置管理、实时监控等手段实现管理安全。

第四，网络安全。通过基于网络的IDS/IPS（入侵检测系统/入侵防御系统）、防火墙、深度数据包检测、安全DNS、抗DDoS（分布式拒绝服务）攻击网关、QoS技术和开放的Web服务认证协议等手段实现网络层面的安全。

第五，可信计算。通过使用软硬件可信根、可信软件栈、可信API和接口保证云计算的可信度。

第六，计算/存储安全。通过基于主机的防火墙、基于主机的IDS/IPS、完整性保护、审计/日志管理、加密和数据隐蔽等手段实现计算/存储安全。

第七，硬件安全。通过物理位置安全、闭路电视、安保人员等在硬件层面上确保安全。

其中，信息安全贯穿于用户与云计算环境交互的始终；网络安全重点防范云的边界和核心区域；管理安全侧重于对云计算的运行进行监控和审计；应用程序安全、硬件安全、计算/存储安全和可信计算均作用于云计算基础设施，它们将为云服务后台的存储、计算、网络及虚拟化软件资源等提供对应的安全防护，从而维持云的稳定、可靠运行。

为了在应用领域实现云计算安全，必须依照云计算架构安全模型的设计思想对云计算实例的安全风险进行评估，同时根据应用系统的具体特征，对重点区域实行特别保护。云计算环境中安全措施的作用域和控制点需要根据云服务的调用路径来设置，在用户访问云服务的过程中，经过了终端与接入安全、网络安全、边界安全、内网安全和计算环境安全这几个控制域，也是安全措施应该着重部署和管理的区域。

第八，终端与接入安全。终端与接入安全确保云用户接入云计算环境的安全性，包括瘦、胖客户端的用户认证方式，网络接入控制机制，操作系统及应用程序补丁安全，病毒库升级等。

第九，网络安全。网络安全确保用户至云计算环境边缘的网络连接的安全性，主要包括请求、响应数据在传输过程中的机密性、完整性、不可否认性等。因为信息在穿越复杂的网络环境时很可能遇到各种异常情况，因此确保云计算环境与用户的安全连接非常重要。

第十，边界安全。边界安全是传统数据中心边界防护的继承和扩展，除原有防火墙、入侵检测、安全审计外，还应有流量清洗、内容审计、负载均衡等安全机制，同时结合虚拟化交换机、虚拟化网关等软硬件设备实施相应的访问控制。

第十一，内网安全。内网安全包括局域网安全措施和安全管理。局域网安全措施有区域访问控制、主机综合安全防护、漏洞扫描、补丁加固等；安全管理的内容包括服务器状态监测、威胁防御、安全事件处理、信息安全策略分发执行、安全防护手段配置部署等，云计算安全管理的目标是增强云运行环境的有效性和可靠性，同时确保云中的安全措施得到实施。

第十二，计算环境安全。计算环境安全主要是确保云计算基础设施的安全，包括硬件安全、虚拟化安全、应用安全、数据安全、管理安全等方面。

（二）云计算安全服务与支撑体系

为了有效应对云计算安全挑战，建立一个完整、综合的云计算安全服务体系至关重要。该体系不仅体现了云计算服务导向的特性，而且包括云计算安全服务体系和云计算安全支撑体系两个主要部分，它们共同构成了实现云用户安全目标的技术支撑框架。

企业首要关注的数据安全与隐私保护是确保其数据不被云服务商恶意泄露或出售，防止竞争对手通过分析流量或信息交互推断出企业的运营模式或合作关系。这些数据虽非机密，但泄露给竞争对手可能对企业造成重大影响。数据安全与隐私保护覆盖了数据生命周期的所有阶段，是企业选择云服务商的关键考虑因素。

1. 云计算安全服务体系

云计算安全服务体系由一系列服务构成，旨在提供满足云用户多样化安全需求的服务平台环境。根据所属层次的不同，这一体系可细分为云基础设施安全服务、云安全基础服务以及云安全应用服务三类。

(1)云基础设施安全服务，作为整个云计算体系安全的基石，为上层云应用提供安全的计算、存储、网络等IT资源服务。它不仅需要能抵挡外部恶意攻击，还要向用户证明云服务商对数据与应用具备安全防护和安全控制能力。在物理层，需考虑计算环境安全；在存储层，涉及数据加密、备份、完整性检测及灾难恢复等；在网络层，则需关注拒绝服务攻击、DNS安全、IP安全及数据传输机密性等问题；在系统层，涵盖虚拟机安全、补丁管理及系统用户身份管理等；在应用层，则注重程序完整性检验与漏洞管理。此外，云平台需展示其数据隐私保护与安全控制能力，如证明用户数据以密文保存，并确保数据文件的完整性。由于用户需求各异，云平台应提供不同等级的云基础设施安全服务，以满足不同防护强度、运行性能及管理功能的需求。

(2)云安全基础服务，位于云基础软件服务层，为各类云应用提供信息安全服务，是支撑云应用满足用户安全目标的关键。这包括云用户认证服务，实现身份联合和单点登录，减少重复认证开销，同时确保用户数字身份隐私；云授权服务，涉及将传统访问控制模型与授权策略语言标准扩展后移植入云计算环境；云审计服务，为明确安全事故责任提供必要支持，确保云服务商合规性；云密码服务，简化密码模块设计与实施，规范密码技术使用，便于管理。

(3)云安全应用服务与用户需求紧密结合，种类繁多。其典型应用包括DDoS攻击防护、僵尸网络检测与监控、Web安全与病毒查杀、防垃圾邮件等。云计算的超大规模计算与海量存储能力，可大幅提升安全事件采集、关联分析、病毒防范等方面的性能，通过构建超大规模安全事件信息处理平台，提升全局网络的安全态势感知与分析能力。此外，利用海量终端的分布式处理能力实现安全事件的统一采集与并行分析，可显著提高安全事件汇聚与实时处置能力。

2. 云计算安全支撑体系

云计算安全支撑体系为云计算安全服务体系提供了不可或缺的技术与功能支撑。

(1)密码基础设施。作为云计算安全服务体系中的关键组成部分，该设施专门用于支撑密码类应用。它提供了密钥管理、证书管理、对称/非对称加密算法、散列码算法等一系列功能，确保了云计算环境中数据的安全传输和存储。

(2)认证基础设施。该设施主要承担用户基本身份管理和联盟身份管理两大功能。它为云计算应用系统提供了统一的身份创建、修改、删除、终止、激活等操作，并支持多种类型的用户认证方式，实现了认证体制的融合。完成认证后，通过安全令牌服务签发用户身份断言，为应用系统提供可靠的身份认证服务。

(3)授权基础设施。该设施主要用于支持云计算环境内细粒度的访问控制。它实现了访问控制策略的统一集中管理和实施，满足了云计算应用系统灵活的授权需求。同时，它确保了安全策略的高强度防护，维持了策略的权威性和可审计性，保障了策略的完整性和不可否认性。

(4)监控基础设施。通过部署在云计算环境中的虚拟机、虚拟机管理器、网络关键节点的代理和检测系统，该设施为云计算基础设施运行状态、安全系统运行状态以及安全事件的采集和汇总提供了有力支撑，有助于及时发现和应对潜在的安全威胁。

(5)基础安全设备。该设备主要用于为云计算环境提供基础安全防护能力，包括网络安全和存储安全设备。例如，防火墙、入侵防御系统、安全网关等设备能够有效抵御外部攻击，而存储加密模块则能保护数据的机密性和完整性。

四、云计算关键安全领域的划分

CSA（国际云安全组织）和信息系统审计与控制协会（ISACA）、开放式 Web 应用程序安全项目组（OWASP）等业界组织建立了合作关系，共同进行云计算领域安全技术的持续性研究，很多国际知名公司如 IBM、微软等都已成为其企业成员。在 CSA 发布的《云安全关键领域指南》中定义了云安全技术研究涉及的 13 个安全领域，这些安全领域从宏观上分为云的架构、云中的治理和云的运行三类，如表 12-1 所示。

表 12-1 云安全关键领域及其关注内容

序号	分类	域	关注内容
D1	云的架构	云计算架构框架	云计算的基础架构和框架组成
D2	云中的治理	IT 治理和企业风险管理	机构治理和评测云计算带来的企业风险
D3		法律和电子证据发现	使用云计算时可能涉及的法律问题
D4		合规性和审计	如何保持和证实使用云计算时的合规性
D5		信息生命周期管理	管理云中的数据，包括与身份和云中的数据控制相关的内容
D6		可移植性和互操作性	将数据或服务从一个云服务商迁移至本地或到另一个云服务商，以及迁移过程中云服务间的互操作能力
D7	云的运行	传统安全、业务连续性和灾难恢复	云计算如何影响当前用于实现安全性、业务连续性和灾难恢复的操作处理和规程
D8		数据中心运行	如何评估云服务商的数据中心的架构和运行状况
D9		事件响应、通知和补救	云计算使现有的事件处理程序变得复杂，如何采取适当的、充分的事件响应、通知和补救
D10		应用安全	保护在云中运行或即将开发的应用
D11		加密和密钥管理	恰当使用加密以及可扩充规模的密钥管理方法
D12		身份和访问管理	利用目录服务来管理身份，提供访问控制能力
D13		虚拟化	和硬件虚拟化相关的安全问题

（一）云的架构

从网络结构的层面来看，云计算环境主要由"端"和"云"两大部分组成。"端"指的是用户所使用的终端设备，如 PC、手机、平板计算机等，它们构成了用户接入云计算服务的入口。而"云"则是由众多服务器组成的集群，这些服务器分散部署在多个数据中心内。每个数据中心内部的服务器通过高速网络连接形成巨大的局域网，而各数据中心之间则通过互联网实现互联，从而构建了一个庞大而复杂的云计算网络。

从体系结构的层面来看，云计算从底层到上层依次包括硬件层、虚拟化层、平台层、网络层、数据层和应用层。相较于其他计算模式，云计算的一个显著特点是引入了虚拟化层。虚拟化层的存在极大地提升了资源的部署速度和利用率，同时降低了管理成本和工作量。通过分布式计算，服务器集群不仅保证了强大的计算能力，还显著降低了成本，使云计算在性价比上具有其他计算模式无法比拟的优势。

然而，云计算的特殊架构在带来诸多优势的同时，也伴随着相应的安全风险。服务器作为云计算环境的核心组成部分，面临着病毒侵害和宕机的风险。此外，虚拟化层中的虚拟机管理器程序拥有最高控制权限，一旦其受到攻击或被入侵，运行在其上的虚拟机、虚拟应用乃至整个云计算环境都可能面临严重的安全威胁。因此，在保障云计算安全方面，确保服务器集群和虚拟化层的安全至关重要。

(二) 云中的治理

在当今的数字化时代，云计算已成为企业运营的关键组成部分。随着企业将更多的业务迁移到云端，云中的治理，特别是IT治理和企业风险管理、法律和电子证据发现、合规性和审计、信息生命周期管理以及可移植性和互操作性，变得尤为重要。

1. IT治理和企业风险管理

有效的企业风险管理是确保企业稳定运营的关键。信息安全治理过程的合理性使信息安全管理能够适应业务的变化，并且在企业内部具备可重复性、可测量性、可持续性、可防御性和可持续改进性，同时具有成本效益。在云计算环境中，治理和风险管理的基本问题涉及建立适当的组织架构、流程和控制手段，这对维持有效的信息安全治理、风险管理和合规性至关重要。企业应确保在任何云部署模型中都有适当的信息安全措施覆盖整个信息供应链，包括云服务商、用户以及第三方服务商。

2. 法律和电子证据发现

云计算的出现改变了企业和信息之间的动态关系，并引入了第三方——云服务商，这对信息领域的法律诉讼问题带来了新的挑战。云计算与传统外包服务的主要区别在于服务时间、服务商和服务器的位置。在IaaS和PaaS模型中，大量的设计、配置和软件开发工作实际上由云用户自行完成。云计算相关的法律问题分析应涵盖功能、司法和合同等方面的问题，包括云计算中的功能和服务的确定、政府管理法案和制度对云计算服务及数据资产的影响，以及合同结构、条件、环境和云计算环境中可信第三方的确定等。

3. 合规性和审计

随着云计算成为一种高性价比的系统解决方案，确保企业的合规性成为一大挑战。云计算的特点使得安全审计和评估更加困难。在全球范围内，合规性需求要求法律和技术专家紧密合作，特别是在云计算的地理分布式环境中，潜在的法律风险更为突出。法律界逐渐认识到信息安全管理服务是决定电子信息能否作为证据的关键。目前，大多数与IT技术相关的法律法规尚未充分考虑云计算，审计者和评估者对云计算的熟悉程度不足。因此，云用户应清楚了解使用特定云服务时监管法规的适用性、云服务商和用户在合规责任上的区别，以及云服务商为保证合规性所采取的措施。

4. 信息生命周期管理

保护基础数据是信息安全的主要目标之一。在传统信息系统向云计算模式过渡时，数据安全方法面临云模式架构的挑战。云计算的特点，如弹性、多租户、新的物理和逻辑架构以及虚拟化层的控制，要求有新的数据安全策略。信息生命周期包括产生、存储、使用、共享、存档和销毁六个阶段。在云计算环境中，确保信息生命周期安全的关键挑战包括数据安全、数据存放位置、数据删除或持久性、不同用户数据的混合、数据备份和恢复、数据发现、数据聚合和推理等。

5. 可移植性和互操作性

在选择云计算平台时，用户需考虑未来可能更换云服务商的情况。云计算的可移植性和互操作性是云项目风险管理和安全保证的一部分。更换云服务商的原因可能包括付费条款变更、服务商停止业务运营、服务被无预警终止、服务质量下降或服务内容分歧等。简单的架构设计有助于减轻这些问题带来的损害。服务设计的可移植性取决于云服务模型。在 SaaS 情况下，重点是应用数据的安全迁移；在 PaaS 情况下，重点是降低重新实现应用的工作量；在 IaaS 情况下，重点是应用和数据的迁移。由于缺乏互操作性标准和市场规范，云服务商之间的迁移可能是一个复杂的手工过程。从安全角度看，重点是在环境变更时维护安全策略和水平的一致性。

（三）云的运行

在当今的云计算时代，确保云环境的安全、合规和高效运行是企业和云服务提供商共同面临的挑战。

1. 传统安全、业务连续性和灾难恢复

在云计算环境中，传统物理安全、业务连续性计划和灾难恢复的知识和最佳实践仍然适用。用户可以利用在传统环境中积累的安全配置、业务连续性规划和灾难恢复的经验和知识来审查和监测云服务。其挑战在于如何让用户和云服务提供商合作进行风险识别，确保用户应用系统与云服务的有效整合，并实现资源的高效利用。虽然云计算有助于减少某些安全风险，但也可能引入新的安全问题，实现从 IT 基础设施到应用系统的一体化安全防护仍是一项重要任务。

2. 数据中心运行

随着业务和应用的云迁移，云服务提供商的数量及其数据中心的数量不断增加。云商业模式通过 IT 资源共享创造效率和规模效益，与传统数据中心在负载高峰时预留资源、低水位时资源闲置形成对比。用户面临的挑战包括评估云服务提供商的能力，包括云服务提供商提供可靠、成本效益的服务和保护客户数据安全的能力。用户在迁移业务到云中时，必须了解云服务提供商的五大关键特征、技术架构、基础设施对 SLA 的影响，以及云服务提供商解决安全问题的能力。此外，用户应了解云服务提供商的资源动态分配策略，以预测系统的可用性和性能。

3. 事件响应、通知和补救

在云计算环境中，安全事件的识别和攻击者的确定具有挑战性。因此，建立适合云计算环境的安全事件响应机制至关重要。紧急事件处理不仅需要专业技术人员，还需要隐私和法律专家的参与。在部署云服务前，企业需要明确云计算环境中是否已建立特权用户的数据访问机制。大型云服务提供商的 SaaS、PaaS 和 IaaS 的复杂性可能导致事件响应过程中的安全隐患。用户需要了解所选择云服务提供商的事件响应策略，包括异常活动的识别、事件通知和针对未经授权访问的补救方法。

4. 应用安全

云计算的灵活性、开放性和公共可用性给应用系统的安全运行带来了风险。所有参与者，包括设计人员、安全专业人员、运维人员和技术管理者，都需要降低云计算应用程序的风险并提供可靠的安全保护。云计算应用软件需要进行深入的前期分析和严格设计，确保信息的机密性、完整性、可用性等安全属性。

5. 加密和密钥管理

用户和云服务提供商需要采取措施避免数据丢失和泄露。加密和密钥管理是保护数据的核心机制。用户期望云服务提供商为其进行数据加密操作，确保数据的安全。云服务提供商也需要为用户的敏感信息提供保护，以满足合规性要求。

6. 身份和访问管理

身份和访问管理是信息系统中的一个关键问题。在云计算环境中，账户创建/撤销、认证、身份联合、授权和用户配置文件管理是需要重点关注的方面。用户在使用云服务前，必须充分了解云服务提供商的服务能力与身份和访问管理手段。

7. 虚拟化

虚拟化技术在云计算环境中提供了资源的快速部署和充分利用的优势，同时也引入了新的安全问题。虚拟机间的隔离加固、虚拟操作系统的安全、虚拟机管理器和其他管理模块的安全，以及数据隔离都是需要重点关注的问题。云服务提供商需要设计一种全新的安全架构，以确保不同安全级别的租户在共享环境中的安全保护等级不会相互影响。

第二节 云计算数据加密与安全共享

一、云计算加密数据的分类

云计算在当今信息技术领域占据重要地位，而云计算中的数据安全问题一直备受关注。其中，对加密数据进行分类是保障云计算数据安全的重要一环。数据分类是基于数据特征的划分和归类，以反映数据的某种现象，这为建立有效的分类模型提供了前提。

（一）云计算加密数据分类的方法步骤

在云计算环境中，加密数据的分类是为了有效管理和保护数据，同时确保数据的安全性和隐私性。数据分类的过程需要经历建立模型、输入数据、模型分类等步骤。

第一，建立分类模型是关键的一步，通常采用决策树等形式表示。

第二，对模型进行分类，评估准确率，确保分类结果的可信度和有效性。

（二）云计算加密数据常见的分类算法

针对云计算加密数据的分类算法，常见的包括朴素贝叶斯、K近邻和支持向量机分类算法等。

第一，朴素贝叶斯算法是一种基于概率统计的分类方法，通过利用贝叶斯定理和特征条件独立假设进行分类。其核心在于计算先验概率和后验概率，以确定分类结果。

第二，K近邻算法是一种简单而有效的分类方法，通过比较待分类点与已知样本点之间的距离来确定分类结果。在K近邻算法中，距离计算方法包括欧氏距离、曼哈顿距离、闵氏距离等，其中欧氏距离是普遍采用的距离计算方法。

第三，支持向量机分类算法是一种基于统计学理论中的结构风险最小化的分类方法，通过建立最优分类超平面来实现数据分类，可以处理线性可分和线性不可分的情况。

在云计算中，这些分类算法可以应用于加密数据的安全管理和隐私保护。通过对加密数据进行分类，可以实现数据的有效管理和访问控制，防止未经授权的访问和用户隐私数据的泄露。此外，分类算法还可以用于数据加密和解密过程中的密钥管理和安全验证，确保数据传输和存储的安全性。

二、云计算的可搜索加密技术

随着云计算技术的迅速发展，云服务器已经成为我们日常生活中不可或缺的一部分。云服务器中存储的数据量巨大，其中可能包含大量敏感信息。因此，对存储在云服务器中的数据进行加密处理变得尤为重要，这不仅能够防止未经授权的访问，还能防止用户隐私数据的泄露。

在过去，尽管加密技术能够确保数据的完整性和安全性，但它存在一定的局限性，特别是在支持数据搜索功能方面。传统的加密技术通常不支持对加密数据的搜索，这限制了工作效率并可能引发其他安全问题。为了解决这一问题，可搜索加密技术应运而生，它允许用户在不解密数据的情况下，对存储在云服务器中的加密数据进行关键词搜索，从而提高了数据使用的效率。

可搜索加密技术是一种安全保密手段，它允许用户在上传数据前先进行加密处理，然后在云服务器中进行搜索，而无须担心数据泄露。这种技术确保了只有用户搜索的特定数据才会被检索出来，其他数据则保持加密状态，不会被获取。因此，可搜索加密技术在理论和应用上都具有重要意义。

可搜索加密技术的实施过程通常包括建立索引关键词、对数据进行加密，以及将加密后的数据上传到云服务器。用户可以在服务器中搜索密文中的关键词，系统会返回满足搜索条件的密文，但不会透露密文的具体内容。

在可搜索加密技术中，传统方法主要分为对称可搜索加密和公钥可搜索加密两大类。一个安全的可搜索加密方案应具备以下三个特性：第一，用户必须使用密钥才能生成有效的搜索关键词；第二，搜索过程需要输入关键词或密文相关信息才能获得搜索结果；第三，密文应保证不会泄露任何关于明文的信息。

可搜索加密技术通过允许对加密文件进行关键词检索，有效降低了通信成本并提高了计算效率，特别是在第三方云服务器上。因此，可搜索加密方案的研究已成为密码学领域的一个活跃研究方向。随着技术的不断进步，未来的可搜索加密技术有望在保障数据安全的同时，进一步提高数据处理的效率和便捷性。

(一)可搜索加密问题模型的应用分类

从当前的应用角度可将可搜索加密问题模型分为以下四类。

第一,单用户模型。在此模型中,用户存储的加密数据需要谨慎处理,不应轻易相信外部服务器。用户使用可搜索加密技术时,除了具备检索关键词的能力外,还需了解云服务器的特性,即它无法识别或获取明文数据的具体内容。

第二,一对多模型。与单用户模型不同,一对多模型涉及单个发送者将加密数据上传至不可信的外部服务器,以便与多个接收者共享数据。这种模型遵循广播共享的模式,使得数据能够在多个接收者之间安全共享。

第三,多对一模型。在此模型中,多个发送者将数据加密后上传至不可信的外部服务器,以实现与单个接收者的数据发送。接收者除了需要具备检索关键词的能力外,还需了解云服务器无法识别或获取明文数据的特性。值得注意的是,多对一模型与单用户模型的主要区别在于前者的发送者和接收者不能是同一人。

第四,多对多模型。基于多对一模型,多对多模型进一步扩展了接收者的范围,允许任何用户作为接收者。在共享文件之前,用户需要通过认证和访问权限的验证。只有符合发送者要求的合法用户才能使用多对多模型,并且这些用户需要具备检索关键词的能力。

(二)可搜索加密问题模型的解决策略

可搜索加密技术是密码学领域的一个重要分支,它允许用户在不解密的情况下对加密数据进行搜索。根据密码构造和使用场景的不同,可搜索加密问题模型的解决策略可以划分为以下三个方面。

1.对称可搜索加密

对称可搜索加密(SSE)适用于单用户模型,它建立在伪随机函数的基础上,具有计算速度快、开销小等优点。在加密、解密以及生成陷门关键词的过程中,都需要使用相同的密钥。用户在上传数据到服务器之前,需使用密钥对数据进行加密。在检索时,用户通过密钥生成待检索的关键词陷门,服务器接收陷门后返回匹配的密文。这种方法适用于单个用户对数据进行加密和搜索的场景。

(1)对称可搜索加密的系统实体和流程。对称可搜索加密的系统涉及三个主要实体:云服务器、数据所有者和搜索用户。数据所有者上传数据至云平台,并使用陷门生成密钥和加密密钥对文件关键词和文件进行加密,然后将加密索引和加密文件存储于云服务器。搜索用户在进行数据搜索时,需获取数据所有者提供的陷门生成密钥和文件加密密钥,通过陷门生成密钥加密搜索关键词并发送陷门至云服务器,云服务器通过匹配加密索引和陷门来返回相应的搜索结果,搜索用户最后使用解密密钥对加密文件进行解密。

(2)对称可搜索加密的实现方式如下。

第一,基于线性扫描算法的对称可搜索加密,该方案假设文档由等长关键词组成,并通过伪随机函数和对称加密函数实现关键词预加密和索引构建。搜索用户通过发送陷门至服务器进行关键词搜索，服务器通过伪随机函数和密文进行匹配检查，返回匹配的文档。

第二，基于倒排索引算法的对称可搜索加密，该方案通过构建安全索引来实现数据共享，涉及注册码生成器、构建索引、生成陷门和搜索等步骤。构建索引包括分词、建立链表、加密和随机置换等过程。搜索用户通过计算陷门并发送至服务器进行搜索，服务器返回包含关键词的文档ID。

第三，基于布隆过滤器的对称可搜索加密（Z-IDX方案），该方案使用布隆过滤器作为文件索引，通过两次伪随机函数生成码字，并在布隆过滤器中存储。搜索过程包括用户生成陷门、服务器基于码字进行匹配检查，以及通过判断布隆过滤器中的位是否全为1来确定文件是否包含关键词。

第四，基于模糊关键词检索的对称可搜索加密，该方案允许搜索关键词的近似词，提高了搜索的灵活性和效率。该方案包括构建模糊关键词集和建立高效安全的关键词搜索方案。

第五，基于关键词的可验证对称可搜索加密，该方案提供了搜索正确性和完备性的验证，确保搜索结果的准确性。系统模型包括文档集合、云存储服务器和关键词词典。该方案通过算法定义和构造过程实现了数据加密、索引构建、陷门生成、搜索、结果验证和解密等步骤。

2. 非对称可搜索加密

非对称可搜索加密（ASE）适用于多对一模型，它涉及一对密钥：私钥和公钥。私钥用于生成关键词陷门和解密密文信息，而公钥用于加密明文信息和检索目标密文。非对称可搜索加密的计算过程相对复杂，速度较慢，但公钥和私钥的分离特性使其适用于多用户环境。在这种模型中，接收者首先将加密文件的公钥和关键词提供给发送者，发送者使用公钥加密数据，接收者随后使用私钥生成关键词陷门进行搜索，云服务器检索并返回用户需要的目标密文。这种方法不仅实用性强，还能在发送者和接收者之间建立安全的通信通道。

下面重点探讨公钥可搜索加密。

公钥可搜索加密（PEKS）是一种允许数据拥有者使用接收者的公钥对数据进行加密，并通过关键词或私钥生成陷门的技术。这样，云服务器可以在不解密数据的情况下，根据陷门对加密数据进行搜索，并将搜索结果反馈给用户。PEKS与对称可搜索加密在搜索流程上有相似之处，但主要区别在于前者的数据加密者和共享者之间不存在交互行为，而是通过共享者的公钥进行数据加密。

（1）PEKS的主要实体。

第一，数据发送者，任何拥有数据的人都可以成为数据发送者，他们使用接收者的公钥对数据进行加密。

第二，数据接收者，他们拥有私钥，可以生成用于搜索的陷门。

第三，云存储服务器，作为中间枢纽，负责存储加密数据，并根据陷门进行搜索。

（2）PEKS的流程。

第一，数据拥有者基于关键词集合建立明文索引，然后使用公钥加密明文索引，生成密文索引和密文关键词，并将它们存储在云服务器上。

第二，数据接收者使用私钥生成陷门，并将陷门发送给云服务器以进行数据搜索。

第三，云服务器接收陷门信息后，执行搜索操作，但不会解密数据。

第四，搜索到的密文信息被发送回数据接收者，他们可以使用私钥对文档进行解密。

(3) PEKS 的算法。

第一，接收者密钥生成算法。

第二，密文关键词生成算法。

第三，陷门信息生成算法。

第四，检测算法。

在公开信道下，PEKS 方案需要额外的算法来确保安全性，包括参数生成算法、服务器密钥生成算法、接收者密钥生成算法、密文关键词生成算法、陷门信息生成算法和检测算法。

单关键词公钥可搜索加密允许用户通过单个关键词进行搜索。在安全信道下，PEKS 方案的安全性依赖于困难问题。

多关键词公钥可搜索加密允许用户输入多个关键词进行搜索，服务器会返回与所有关键词相关的数据。这种搜索方式可以提高搜索的灵活性和效率，同时减少通信成本。

随着云存储技术的发展，PEKS 在云服务中的应用变得越来越重要。它不仅能够保护用户数据的隐私，还能提供有效的数据检索能力。研究者们在这一领域进行了广泛的研究，以满足用户对云服务中加密数据检索的需求。

3. 适用于一对多和多对多模型的可搜索加密

在一对多和多对多模型中，对称可搜索加密和非对称可搜索加密都是可行的技术选择。对称可搜索加密因其计算效率较高，特别适用于处理大型文件数据，尤其是在需要针对性强的搜索场景中。通过结合代理重加密、属性加密和混合加密等技术，对称可搜索加密可以构建出灵活的共享方案，使数据在多个用户之间安全地共享。

非对称可搜索加密则提供了一种机制，允许多个用户共享加密数据，而无须共享用于解密的私钥。这种加密方式通过使用公钥和私钥来实现，其中公钥用于加密数据，私钥用于生成搜索陷门。在多对多模型中，非对称可搜索加密可以通过共享密钥或采用密钥派生函数来实现用户间的协作搜索，从而在保障数据隐私的同时，允许用户间进行数据共享。

这些加密方法不仅确保了数据在传输和存储过程中的安全性，还提供了一种机制，使用户能够在不暴露明文数据的情况下，对加密数据进行有效的搜索。这种能力对于云计算环境尤为重要，因为它允许云服务提供商在不解密用户数据的前提下，提供搜索服务，从而增强了数据的隐私保护。

总的来说，对称和非对称可搜索加密为一对多和多对多模型提供了有效的安全保障。它们使用户能够在保护数据隐私的同时，实现对加密数据的搜索和访问，这对于构建安全的云计算环境和促进数据共享具有重要意义。随着技术的不断进步，这些加密方法将继续发展，以满足日益增长的数据安全和隐私需求。

三、云计算的安全共享机制

云计算作为一种新兴的信息技术服务模式，已被广泛应用于各行各业。随着云计算能力的增强，硬件成本大幅降低，应用范围得到扩展，适用于多种服务场景。然而，云计算的广泛应用也带来了信息安全风险的挑战。为了应对这些挑战，必须加强数据安全保护措施，确保数据安全，防止信息泄露。

在云计算环境中，操作权限的管理机制是确保共享机制安全运行的关键。通常，对数据的浏览和下载会设置权限限制，而对上传数据的限制较少。这意味着普通用户可以上传非违法信息至云计算平台，以满足用户需求。然而，不同权限的用户在获取信息时会有所差异，且云计算平台通常基于用户的数据信息和显性参数进行信息查询和匹配，以确保数据的安全性和可靠性。尽管如此，云计算在实际操作中可能因过度依赖自身的计算能力而忽视了硬件基础设施的重要性。

为了简化系统识别过程并提高权限用户显性参数识别的效率，用户系统必须实现有效的冗余并降低硬件设施的工作量。例如，权限识别系统需要能够在短时间内处理大量用户标签并保护共享内容。如果硬件设施不达标，可能无法有效识别和保护共享信息，从而导致未授权用户利用管理漏洞访问敏感数据。

（一）安全共享机制的加密算法

安全共享机制的加密算法通常包括以下三个关键部分。

第一，私人密钥：用户设置的个人账号和密码，其安全程度直接影响账户的安全性。为了提高安全性，平台通常会对密码设置提出要求，如最小长度、特殊字符等，并采取相应措施，如限制登录尝试次数，以防止恶意盗取用户信息的行为。

第二，公共密钥：通常由权限较高的用户（如云平台管理者）使用。在多人共享一个账户时，需要通过单向函数确保所有用户都能正确使用账户权限。

第三，密文二次加密：为了防止数据库被侵入和账号被盗用，对密文进行二次加密是一种有效的预防措施。这意味着可以在文件上增设一个额外的密钥识别系统，类似于一个加密保险箱，只有具有权限的用户才能打开。

（二）安全共享机制的加密方法

信息加密是一个复杂的过程，需要考虑密文加密的时效性和周期性，以及与平台第一层加密方式的差异性。现有的加密方法主要如下：

数据加密标准（DES）：一种被广泛使用的加密算法，以其成熟性和高兼容性著称。

数字签名算法（DSA）：通过数字签名提供安全性，防止暴力和技术分析破解。

非对称算法体系（RSA）：通过加长密钥长度提高安全性，有效抵抗非法侵入。

尽管安全共享机制具有操作简便和防御能力强的优点，但我国云计算的安全共享机制仍处于初级阶段，面临一些共同的问题。这些问题主要包括基础防范意识不足和权限细化不足。开发者在技术开发过程中可能忽视细节，导致防御手段不足；同时，公钥管理的能力不足也可能导致信息安全风险。

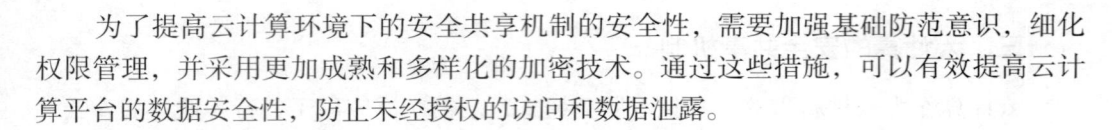

为了提高云计算环境下的安全共享机制的安全性，需要加强基础防范意识，细化权限管理，并采用更加成熟和多样化的加密技术。通过这些措施，可以有效提高云计算平台的数据安全性，防止未经授权的访问和数据泄露。

四、云计算数据的安全存储

云计算平台通过安全的数据服务模型为用户提供了数据存储和检索能力。该模型由用户交互接口、云端和客户端三个主要部分组成。云端进一步细分为节点、控制中心和数据池。整个服务流程包括用户上传数据到云端和用户从云端下载数据两个阶段。

用户上传数据到云端：用户可以通过数据加密技术将数据从客户端安全传输至用户交互接口。即使在数据传输过程中发生中断，用户也能够在重新开始上传时继续之前的操作。数据通过用户交互接口进入云端，并在负载均衡策略的指导下，由控制中心服务器将数据分配到具有存储能力的节点上。若云端存储空间已满或数据需要在数据库中长期存储，数据将被转存，以完成上传过程。

用户从云端下载数据：当用户请求下载数据时，用户交互接口会将这一请求传达给控制中心服务器。控制中心服务器随后定位数据所在的节点，并在找到数据后将其高速缓存，以便快速传输给用户。如果缓存未命中，服务器会在内部进行数据查找，并将找到的数据传输给用户。在下载过程中，如果发生中断，用户可以在找到中断的起始点后继续下载。用户最终可以通过相应的解密技术对接收的数据进行解密，从而完成整个下载过程。

为了确保数据的安全性，云计算平台通常会采用多种安全措施，包括数据加密、访问控制、身份验证和网络安全等。这些措施有助于保护数据在传输和存储过程中的安全性，防止未经授权的访问和数据泄露。

（一）云端数据总体设计

云计算平台的数据安全存储是确保用户信息安全的核心环节。在云计算服务模型中，数据中心主要用于存储用户的个人信息数据，而客户端则作为数据的来源。数据中心的主要功能并非其计算能力，而是依赖于云端的计算资源。通过应用加密技术和数据备份等安全措施，数据池确保了用户数据的安全性。数据池对于外部环境而言是无用的，因此可以安置在云端外的任何存储空间中，以物理隔离增强安全性。与数据池不同，云端的节点需要设计具备安全性的框架和结构。

第一，节点及其控制中心的框架设计和 Cache 设计。云计算的高伸缩性要求节点框架设计必须支持即时启动、动态资源回收与分配。星形拓扑结构因其中心化控制和易于管理的特点，常被用于安全数据存储云的节点框架设计。在这种结构中，除了控制中心节点外，所有节点都受到中心节点的管理和分配。用户通过用户接口将数据传输到云端，控制中心接收作业请求，分析处理后，将任务分配给相应的节点。控制中心充当用户接口与节点之间的中介，节点在 Cache 策略下进行设计，以提高数据处理效率。

第二，节点之间的负载均衡机制。云端的节点在任务数量、复杂度和性能方面存在差异。负载均衡机制确保所有节点都能根据其性能和当前任务负载得到合理分配的

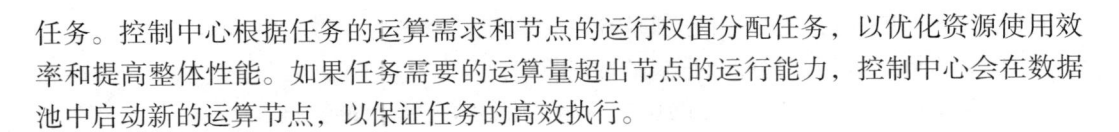

任务。控制中心根据任务的运算需求和节点的运行权值分配任务，以优化资源使用效率和提高整体性能。如果任务需要的运算量超出节点的运行能力，控制中心会在数据池中启动新的运算节点，以保证任务的高效执行。

(二) 数据安全存储设计

在云计算环境中，数据安全存储设计是确保用户数据保密性、完整性和可用性的关键。用户在与云端和本地数据进行交互时，通常会采用数据加密技术，以保障数据在上传和下载过程中的安全性。这样，即使数据在传输过程中被截获，未经授权的第三方也无法解密和访问数据内容。

第一，数据的动态加密与解密技术。为了确保数据传输的安全性，可以采用动态生成的 DES 密钥结合 RSA 加密的方法。加密流程通常包括以下步骤：① 设定一个固定大小的数据分段，对不足部分用零填充；② 对每个数据分段使用 DES 进行加密，每次加密使用随机生成的 DES 密钥；③ 使用 RSA 对 DES 密钥和加密后的数据进行再次加密，形成最终的密文。这种双重加密方法大幅提高了数据传输的安全性，同时结合了 DES 的高效性和 RSA 的高安全性。

第二，个人用户数据的存储。公有云服务提供商通常会采取数据备份和转储等措施，以预防用户个人数据的丢失。这些措施仅针对用户实际需要的数据，以避免不必要地存储数据，从而保护用户隐私。尽管公有云的运行环境安全性是用户选择其服务的一个重要因素，但并非所有人都对公有云的信息安全性充满信心。因此，私有云应运而生，特别是对那些拥有高度机密数据文件的企业而言。私有云通常由企业内部的高性能服务器作为控制中心，其他计算机则作为私有云的节点。用户可以通过备份或转储等方式保存常用数据，以防数据丢失。

(三) 数据传输中断后的处理

在数据传输过程中，由于断电或其他突发状况，数据传输可能会中断。为了妥善处理这种情况，确保数据的完整性和一致性，云端系统通常具备一定的原子性，以保证已成功接收的数据被保存，而未成功接收的数据则保留在发送端，以便重新传输。

当数据传输中断时，可以通过特定的协议和机制来恢复传输。例如，TCP 协议通过序列号和确认应答 (ACK) 机制来确保数据的可靠传输。如果接收端成功接收一个数据包，它会向发送端发送一个 ACK。如果发送端在一定时间内没有收到对应的 ACK，它会假定该数据包丢失，并从最后一个成功确认的数据包的序列号处重新开始传输。

对于加密数据，处理中断的流程可能涉及解密步骤。发送端在重新传输数据之前，可能需要根据之前的加密算法（如 RSA 和 DES）来解密已接收的数据包，以确定中断的确切位置。通过解密并分析数据包中的信息，发送端可以确定未成功传输的数据包的编号，并从正确的位置继续传输。

具体来说，发送端可以通过以下步骤来处理数据传输中断的情况：

(1) 读取已接收的数据包；
(2) 使用 RSA 解密数据包，以获取用于 DES 加密的随机密钥；

(3) 使用 DES 解密密文，恢复原始数据；
(4) 分析原始数据，提取数据包的数量（N）；
(5) 从 (N+1) × 每包字节数的位置开始，继续发送剩余的数据。

通过这种方式，即使在数据传输过程中出现中断，也能够确保数据传输的连续性和完整性，从而提高整体的系统可靠性。随着云计算技术的不断进步，这些数据处理和恢复机制将变得更加高效和安全。

第三节　云计算密钥管理及访问控制

云计算环境相对于传统的 II 系统具有虚拟化、多用户、分布式等新特征，现有密钥管理体系架构已无法满足其需求。

一、云计算环境的密钥管理

(一) 密钥管理基础

1. 密钥的类别划分

密钥是一种参数，用于将明文转换为密文或将密文转换为明文的算法中。

(1) 常见的密钥类型。

第一，秘密密钥，也被称为对称密钥，主要用于对称加密算法的加解密操作、消息验证码（如基于散列的消息验证码）或提供数据完整性的加密模式。在进行加密、解密、生成完整性校验值及验证完整性时，需要使用相同的密钥。

第二，公钥私钥，主要用于非对称加密、数字签名或密钥创建。私钥由密钥持有者秘密保管，而公钥则可以公开，供可信赖方使用，以执行与私钥相反的加解密操作。虽然公钥私钥机制灵活，但其加密和解密速度通常比对称密钥加密慢。因此，在实际应用中常将两者结合使用，例如，用对称密钥加密系统加密大量数据信息，而用公钥私钥加密系统加密密钥。

(2) 在云计算环境中，密钥的形态主要有以下类型。

第一，公有／私有创建密钥，主要用于保障各方密钥的安全创建。在密钥创建过程中，该密钥用于加密对称密钥和 TLS 客户端向服务器发送的随机秘密。它通常与认证密钥和签名密钥不同，但在某些设备（如 Web 服务器）中可能用于密钥建立和身份验证。此密钥一般在网络环境中使用，也用于存储数据的密钥创建，具有较长的使用周期。

第二，公有／私有认证密钥，用于一方（对等体、客户端或服务器）对另一方的身份验证。它利用签名者生成的随机数和数据签名形成随机挑战，验证私钥持有者的身份，被广泛应用于安全传输层协议（TLS）、虚拟专用网（VPN）和基于智能卡的登录系统。此密钥同样在网络环境中使用，并通常具有较长的使用周期。

第三，对称加密／解密密钥，用于数据或消息的加密和解密。对于传输中的数据，此密钥的使用周期通常较短，每个消息或会话都可能分配一个不同的密钥。对于存储的数据，其使用周期与数据的机密性紧密相关。

第四，公有/私有签名密钥，其中私钥用于消息或数据的数字签名，公钥用于验证签名。此密钥被广泛应用于 S/MIME 消息签名、电子文档签名以及程序代码签名等场景。在某些情况下，签名密钥可能兼具身份验证和数据签名功能。此密钥也在网络环境中使用，并通常具有较长的使用周期。

第五，对称消息验证码密钥，用于保护数据的完整性。它可以通过对称加密算法和 MAC 计算模式、认证加密模式或基于散列的消息认证码实现。对于传输中的数据，其使用周期通常较短，每个消息或会话可能分配一个不同的密钥。对于存储的数据，其使用周期与数据的机密性紧密相关。

2. 密钥的基本性质

密钥是控制密码变换（如加密、解密、密码校验函数计算、签名产生或签名验证）运算的符号序列。为确保密码体制对明文信息的有效保护，抵抗破译者的攻击，密钥必须具备以下基本性质。

（1）难穷尽性。密钥空间应足够大，确保即使在最先进的计算手段下，破译者也无法在短时间内穷尽搜索整个密钥空间。在云计算环境中，尽管计算资源丰富，但难穷尽性确保了破译者无法通过穷举法获取密钥。

（2）随机性。密钥的选取必须是随机的，且在密钥空间中均匀分布。这意味着每个可能的密钥被选中的概率是相等的，且相互独立。这样的随机性降低了破译者通过猜测获得密钥的可能性，确保了密钥的安全性。

（3）易更换性。密钥必须方便更换。定期更换密钥可以减少破译者通过长期观察和分析获得的信息量，从而降低密码被破解的风险。易更换性是确保密码体制持续安全的重要措施。

3. 密钥的典型状态

密钥的生命周期管理是信息安全领域的一个重要方面，特别是在云计算环境中，密钥的状态管理对于确保数据的安全性和合规性至关重要。

（1）生成。对称密钥或非对称密钥对（公钥和私钥）在需要时被创建。这一过程必须确保密钥的随机性和安全性，通常在受信任的安全环境中进行。

（2）激活。当密钥准备好并可用于加密或解密操作时，它们被激活。对于公钥，激活通常发生在它被发布或达到其元数据指定的有效起始日期时。

（3）去活。当密钥不再用于保护数据时，它们会被去活。去活后的密钥可能会被销毁或归档，以防止未经授权的使用。对于公钥，去活可能不是必需的，因为它可能在达到过期日期后自然失效，或者因为特定原因被挂起或吊销。

（4）挂起。密钥可能因为多种原因被挂起，例如，当密钥的安全性或持有者的状态不明确时。对于公钥，如果与其关联的私钥被挂起，相关的吊销信息将通过证书撤销列表（CRL）或在线证书状态协议（OCSP）通知给信任方。

（5）过期。密钥在预定的生命周期结束后过期。公钥的过期日期通常会在其元数据中明确标识。

（6）销毁。当密钥不再被需要时，它们均应被安全地销毁，以防止潜在的安全风险。

(7)归档。尽管密钥可能已经不再用于日常操作，但在某些情况下，它们可能需要被保留以用于未来的特定目的，例如解密旧数据或验证数字签名。归档的密钥应当被安全存储，并在需要时能够被访问。

(8)吊销。吊销是指密钥因为某些原因（如私钥泄露、持有者不再可信等）被提前废弃的过程。吊销信息需要被明确地通知给所有信任方，以确保该密钥不再被用于任何安全操作。在 X.509 公钥证书的情况下，吊销信息可以通过 CRL 或 OCSP 响应来传播。对于秘密密钥，它们可能通过被列入特定的列表（例如，被盗用密钥列表）来被吊销。

通过这些状态的管理，组织可以确保密钥在其整个生命周期中得到适当的处理，从而维护系统的安全性和数据完整性。随着技术的发展，密钥管理的最佳实践也在不断演进，以适应新的安全挑战和合规要求。

4.重要的密钥管理

密钥管理涉及密钥从生成到销毁的整个过程，包括生成、存储、分配、使用、备份、恢复、更新、撤销、销毁等多个环节。以下是对这些重要的密钥管理功能的详细解释。

(1)生成密钥。生成高质量的密钥对于保障安全至关重要，应在已授权的加密模块中进行。

(2)生成域参数。基于离散对数的加密算法，在生成密钥前需先生成域参数，这些域参数同样应在已授权的加密模块中生成。由于域参数的通用性，在用户密钥生成时无须重复此步骤。

(3)绑定密钥和元数据。密钥通常与一系列元数据相关联，如使用时间段、使用限制（如认证、加密和/或密钥建立）、域参数以及安全服务（如来源认证、完整性和隐私保护）。这一功能确保密钥与正确的元数据相关联。

(4)绑定密钥到个体。密钥与持有它的个体或其他实体的标识符相关联，这种绑定是密钥元数据的一部分，具有关键性。

(5)激活密钥。此功能将密钥设置为激活状态，通常与生成密钥同时完成。

(6)去活密钥。当密钥不再用于加密保护时，如密钥过期或被替换，需进行去活操作。

(7)备份密钥。为应对密钥意外损坏或不可用的情况，需进行密钥备份。私钥或秘密密钥的备份可能涉及密钥托管。

(8)还原密钥。当密钥因某种原因不可用且需要恢复时，可调用此功能。备份和还原通常适用于对称密钥和私钥。

(9)修改元数据。当与密钥相关的元数据需要更改时，如更新公钥证书的有效期，此功能将被调用。

(10)更新密钥。此功能使用新密钥替换旧密钥，旧密钥在此过程中扮演着身份验证和授权的角色。

(11)挂起密钥。在某些情况下，如密钥持有者长期离开，可能需要暂时停用密钥。

对于秘密密钥，可通过去活实现挂起；对于公钥和私钥，则通常使用公钥挂起通知来完成。

（12）恢复密钥。挂起的密钥在确认安全后可恢复使用。秘密密钥通过激活恢复，而公钥和私钥则通过在吊销通知中删除公钥条目来恢复。

（13）吊销密钥。当公钥因各种原因（如私钥被攻破、密钥持有者停止使用等）需要停止使用时，可进行吊销操作。

（14）归档密钥。已去活、过期或被攻破的密钥需长期存储，以应对未来可能的需求。

（15）销毁密钥。当密钥不再被需要时，应进行销毁处理。

（16）管理信任锚。信任锚是公钥基础设施（PKI）中的关键元素，用于建立和维护公钥的信任。管理信任锚的功能涉及信任锚的信任目的确定，以及通过信任传递在其他公钥中建立信任。例如，在公钥证书链中，一个证书的数字签名可用于验证下一个证书的数字签名，从而建立信任链。

综上所述，密钥管理涵盖了密钥生命周期的各个方面，从生成到销毁的每个环节都需进行严格控制和管理，以确保密钥的安全性和有效性。

（二）IaaS 密钥管理

1. 虚拟机密钥管理

在 IaaS（基础设施即服务）模式下，用户能够从云服务提供商处租用虚拟机，并在这些虚拟机上部署和管理自己的计算资源。用户在获取 IaaS 提供商预先创建的虚拟机镜像时，需要进行身份验证，以确保镜像来源于合法授权的云服务提供商，并且镜像文件未被篡改。一旦用户完成虚拟机的配置，这些虚拟机就会在云服务提供商的基础设施上启动，成为活跃的虚拟机实例。虚拟机的启动及其整个生命周期中的操作（如停止、暂停、重启、删除等）都是通过 IaaS 用户访问虚拟机管理器的管理接口来执行的。在与虚拟机实例交互时，IaaS 用户必须采取安全措施以保证交互的安全性。这些操作，包括虚拟机的提取、生命周期管理和安全交互，都由具有相应服务级别的 IaaS 用户管理员负责执行。

（1）IaaS 服务的安全能力，包括以下内容：

IaaS-SC1：验证云服务提供商预定义的虚拟机镜像模板，以创建满足云用户需求的自定义虚拟机实例。

IaaS-SC2：验证用户发送给云服务提供商虚拟机管理器中的虚拟机管理接口的 API 调用。

IaaS-SC3：保护虚拟机实例的管理操作通信的安全。

（2）解决方案及管理挑战。为了实现上述安全能力，以下是一些解决方案及其面临的密钥管理挑战。

IaaS-SC1 解决方案：云服务提供商可以对虚拟机镜像模板进行数字签名，以确保其可信性和完整性；用户可以通过计算加密散列值或使用基于加密的消息认证码机制来验证镜像的完整性。密钥管理挑战：需要确保用于签名的私钥的安全存储和使用，同时公钥需要通过可信的方式提供给用户。

　　IaaS-SC2 解决方案：用户可以使用公钥和私钥对 API 调用进行签名，并通过公钥证书将公钥与用户身份绑定，以实现对 API 调用的验证。密钥管理挑战：用户必须保护用于 API 调用签名的私钥，防止私钥泄露或被滥用。

　　IaaS-SC3 解决方案：使用 SSH 协议为虚拟机实例提供安全的远程访问机制，确保用户身份验证的安全性。密钥管理挑战：用户需要使用企业级安全机制来管理 SSH 私钥，而会话密钥通常是临时生成的，不需要长期管理。

　　在 IaaS 环境中，服务级管理员负责从云服务提供商处提取预定义的虚拟机镜像（利用 IaaS-SC1），根据用户需求定制虚拟机镜像，并在云服务提供商的虚拟机管理器中安全地启动虚拟机（利用 IaaS-SC2）。随后，管理员与虚拟机实例进行安全交互，以实现虚拟机的配置管理（利用 IaaS-SC3）。应用级管理员则在虚拟机实例上安装和配置服务器、应用程序运行环境以及应用程序的可执行文件。尽管应用级管理员不直接配置虚拟机实例，他们仍需与虚拟机实例建立安全的对话。在实践中，服务级管理员通常也承担应用级管理员的职责，并使用 SSH 技术和密钥来确保应用程序级管理的安全性。

　　2. 应用程序密钥管理

　　在 IaaS（基础设施即服务）环境中，应用程序的安全性和数据保护是至关重要的。当应用程序部署在 IaaS 用户租用的虚拟机上运行时，最终用户需要能安全地与这些应用程序交互。这种交互通常通过建立安全对话和实施强化的身份认证机制来实现，确保用户可以根据分配的权限和角色安全地使用应用程序提供的各种功能。

　　IaaS 用户包括服务级管理员、应用级管理员和最终用户，他们都需要通过访问数据存储服务来管理不同类型的数据。这些数据主要包括静态数据和应用程序数据。静态数据涉及应用程序源代码、相关数据、存档数据和日志，而应用程序数据则包括应用程序产生和使用的结构化数据（例如数据库中的数据）和非结构化数据（如图像、音频、视频文件等）。

　　（1）为了保障最终用户与 IaaS 之间的安全交互，IaaS 应具备以下安全能力：

　　IaaS-SC4：确保在云服务使用过程中，最终用户虚拟机实例上运行的应用程序实例的通信安全。这通常通过使用传输层安全协议（TLS）来实现，该协议允许服务实例和客户端之间创建安全的会话密钥，用于加密通信和消息认证。

　　IaaS-SC5：安全地存储应用程序的静态支撑数据。云服务商应提供安全的文件存储服务，以便用户可以存储应用程序的源代码、相关数据、虚拟机镜像、归档数据和日志。

　　IaaS-SC6：利用数据库管理系统（DBMS）安全地存储应用程序的结构化数据。用户可以通过定制 DBMS 实例的配置来满足业务和安全需求。数据库级加密或用户级加密允许在不同级别对数据进行加密，以保护数据的机密性。

　　IaaS-SC7：安全地存储应用程序的非结构化数据。这通常需要存储级加密，以确保数据在存储和传输过程中的安全性。

　　（2）针对这些安全能力，以下是一些可能的解决方案及其密钥管理挑战：

　　IaaS-SC4 解决方案：使用 TLS 协议建立安全对话，需要为服务实例和客户端生成非对称密钥对。密钥管理挑战：安全地生成、存储和分发这些密钥。

IaaS-SC5 解决方案：云服务商提供的安全文件存储服务应允许用户在上传数据前自行加密，用户端的对称密钥由用户管理，而服务端的密钥由云服务商的密钥管理系统管理。密钥管理挑战：面对用户端对称密钥管理的复杂性、服务端密钥管理系统依赖性、密钥分发与同步挑战以及密钥生命周期管理等。

IaaS-SC6 解决方案：数据库级加密或用户级加密允许在列级别、表级别对数据进行加密。密钥管理挑战：根据用户角色安全地映射会话权限到相应的密钥，并从密钥存储设施中检索密钥。

IaaS-SC7 解决方案：透明数据加密（TDE）或外部加密工具用于在存储级别保护数据库。密钥管理挑战：安全地管理和控制数据库加密密钥（DEK），并确保 DEK 的存储位置与数据库实例分离。

在实施这些解决方案时，必须考虑密钥的生命周期管理。此外，密钥管理系统应支持密钥的备份和恢复，以防密钥丢失或损坏。密钥的存储应遵循最佳安全实践，以防止未经授权的访问。通过这些措施，可以确保在 IaaS 环境中的应用程序和数据得到充分的保护，同时为用户提供安全、可靠的云服务体验。

（三）PaaS 密钥管理

PaaS 的主要目标是为用户提供计算平台和开发工具，以便他们能够开发和部署应用程序。对于用户而言，尽管他们了解承载这些开发工具的底层操作系统平台，但通常无法控制底层平台的配置和操作环境。用户使用这些工具来开发定制化的应用程序，并在开发过程中可能还需要一个存储基础设施来存放应用程序数据和各类支撑数据。关于 PaaS 的安全能力，可以概括为以下几个方面。

PaaS-SC1：与部署的应用程序和开发工具实例建立安全的交互机制，确保数据传输和交互的安全性。

PaaS-SC2：能够安全地存储静态数据，即那些不直接由应用程序处理的数据，保障其机密性和完整性。

PaaS-SC3：利用数据库管理系统（DBMS）以结构化的方式安全地存储应用程序数据，确保数据的结构化存储和访问安全。

PaaS-SC4：针对非结构化的应用程序数据，提供安全存储机制，以适应不同类型和格式的数据的存储需求。

需要指出的是，虽然上述 PaaS 的安全能力与某些 IaaS 的安全解决方案（如 IaaS-SC4、IaaS-SC5、IaaS-SC6 和 IaaS-SC7）在功能上有相似之处，但它们在具体实现和所面临的挑战上可能存在差异。因此，不能简单地将它们的密钥管理挑战等同起来。在实际应用中，需要针对 PaaS 的特点和具体需求来制定相应的密钥管理策略，以确保数据的安全性和完整性。

（四）SaaS 密钥管理

SaaS 为用户提供了访问云服务商托管的应用程序的功能。用户可以与这些应用程序进行安全交互，通过创建安全会话和采用强身份认证机制，并根据其分配的权限和角色使用各种应用功能。同时，一些 SaaS 用户希望以加密形式存储应用程序生成和处理的数据，这主要是为了防止因云服务商存储媒体丢失而导致的企业数据泄露，以及防止其他 SaaS 用户或云服务商对数据的窥探。尽管 SaaS 服务商提供了与应用程序的安全交互功能，但数据的加密存储目前仍需要 SaaS 用户自行负责。

1. 安全能力

SaaS 的安全能力主要包括以下两个方面：

（1）SaaS-SC1：与应用程序建立安全交互；

（2）SaaS-SC2：以加密形式存储应用程序数据，无论是结构化数据还是非结构化数据。

2. 解决方案

（1）在 SaaS-SC1 方面，具备此安全能力的解决方案与具有相似安全能力的 IaaS 解决方案面临相同的密钥管理挑战。

（2）在 SaaS-SC2 方面，主要存在以下两种操作场景。

第一，全数据库加密，此时云服务商需具备加密能力，对所有字段进行加密。解决方案：SaaS 服务商将物理存储资源划分为逻辑存储块，并为每个存储块集合分配不同的加密密钥。密钥管理挑战：由于所有加密密钥由 SaaS 服务商控制，这可能导致无法有效抵御内部威胁，除非采取额外安全措施。此外，不同用户的数据可能存储在同一个存储块中并使用相同密钥加密，缺乏加密隔离。同时，管理大量加密密钥也是一大挑战，可能需要多个密钥管理服务器或 HSM（硬件安全模块）分区。

第二，数据库字段的选择性加密，用户可以根据需要选择加密特定的字段，这些加密操作由用户端（客户端）负责。解决方案：在用户企业网络中部署加密网关，作为反向代理服务器监控应用程序流量。加密网关根据预设规则对选定字段进行实时加密和解密。密钥管理挑战：加密网关可能需要管理多个密钥以支持不同字段的加密。这些密钥完全由用户管理和控制，需要依靠企业内部密钥管理政策和措施来保护。

综上所述，SaaS 的安全能力在提供便利的同时，也带来了密钥管理的挑战。用户需要根据自身的安全需求和业务场景，选择合适的加密方案，并制定相应的密钥管理策略，以确保数据的安全性和可用性。

二、云计算数据的访问控制

（一）结合属性签名的访问控制

1. 属性签名算法

基于属性的签名（ABS）方案是数字签名领域的一项创新，代表了密码学基本概念的最新发展。ABS 方案是对基于身份的签名（IBS）方案的重要扩展。在传统的 IBS 方案中，签名者的身份信息通常由单一标识符表示；而在 ABS 方案中，签名权的授予是基于签名者拥有的一系列属性的集合。这种机制允许用户从中央机构获取其属性，并生成用于签名的私钥。

ABS 方案的优势在于，它不仅能验证签名者对特定消息的签名确认，以确保消息的正确性，还能让用户在签名过程中细粒度地控制身份信息的披露。签名者根据服务器的声明选择属性来签名消息，签名仅透露签名者属性满足声明策略的信息，而不暴露其真实身份。在属性签名机制中，签名者的身份由一系列属性定义，只有当签名者的属性集合满足声明策略时，签名才能被验证为有效。

（1）属性签名的算法。

第一，系统初始化算法：输入安全参数，输出系统公钥 PK 和系统主密钥 MK。

第二，密钥生成算法：输入系统主密钥 MK 和用户的属性集合 S，为用户生成属性私钥 SK。

第三，签名算法：输入系统公钥 PK、数据 M、属性私钥 SK 和声明策略 P，生成签名 ST。

第四，验证算法：输入数据 M、声明策略 P 和签名 ST，验证签名的有效性。如果签名者的属性满足声明策略，则签名验证成功。

（2）属性签名的安全性条件。

第一，抗合谋攻击。用户的属性集合通常由多个属性组成，不同用户可能通过合谋来生成新的属性集合，并尝试获取相应的私钥。ABS 方案必须能够抵御合谋攻击，确保即使合谋用户也不能伪造出他们无法满足的属性集合的签名。

第二，不可伪造性。ABS 方案应保证任何不能满足声明策略的用户都无法伪造出有效的属性签名。

通过这些机制，ABS 方案为数字签名提供了一种灵活且安全的身份验证方法，适用于多种应用场景，如数据访问控制、版权保护和电子投票等。随着技术的不断进步，ABS 方案有望在保障个人隐私和数据安全方面发挥更大的作用。

2. 密文更新方案

密文更新方案在保护数据隐私和实现数据动态管理方面发挥着重要作用。在多种应用场景中，如云计算、电子医疗、车载网络和物联网等领域，用户可能需要在不暴露真实身份的情况下进行认证和数据更新。基于属性签名的密文更新方案正是为了满足这种匿名认证和数据管理需求而设计的。

在这种方案中，用户在修改密文后，需要对更新后的密文进行签名。这个签名必须满足密文中定义的更新策略，云平台才会接收并更新该密文。这样的机制确保了数据的安全性和更新的合法性，同时也保护了用户的隐私。

密文更新方案的主要步骤如下：

（1）更新签名。

数据所有者首先定义数据的更新结构，以控制数据的修改权限。

云平台利用外包密钥运行 Cloud.Sign 算法，确保只有符合更新结构的用户才能修改云存储服务器中的密文数据。

通过为更新结构树的每个节点选择次多项式，构建访问结构树，并为根节点 R 随机选择一个值。

对于访问结构树中的其他节点，根据其子节点的属性定义相应的值。

定义 Z 为更新结构树中的叶子节点集合，并输出全局密钥。

(2) 验证签名。

云平台运行 Verify 算法来验证用户的属性是否满足数据所有者定义的更新结构。

云平台首先运行 VerifyNode 递归算法，该算法输入密文、全局密钥 GK 和更新结构树中的节点。

如果节点是叶子节点，算法将把节点的属性值设为 attrx。

如果节点不是叶子节点，算法将根据其子节点的属性值和相应的次多项式计算该节点的值。

通过这一过程，云平台能够验证用户的签名是否合法，并决定是否更新密文数据。

在实施密文更新方案时，必须确保算法的安全性和效率。这包括确保更新结构的正确实现、全局密钥的安全管理以及签名验证算法的准确性。此外，方案的设计还应考虑到实际应用中的性能要求，确保数据更新操作既安全又高效。

3. 匿名认证方案

属性签名扩展了身份基签名，在身份基签名中，用户的身份是用一个单独的字符串表示的，如用户的姓名、身份证号、电话号码等。而在属性基签名中，签名者的身份则是通过一个属性集合来描述。用户从属性权威处获得这个属性集合的属性私钥，并用它来签署消息。如果签名有效，验证者可以确信签名者的属性满足了声明策略，而无须知道签名者的具体身份。目前，属性签名在诸多场景中发挥着重要作用，如匿名认证等。

(1) 方案定义。以车联云为例，路边的 RSU（路边单元）、车内的 OBU（车载单元）及网络组成实时的互联系统，实现车车协同和车路协同等应用。其中，车路协同结合云计算服务，使车辆能够使用丰富的车载服务，包括停车收费、多媒体共享等。

第一，中央机构：作为可信的第三方，负责为系统建立系统公钥和系统主密钥。同时，中央机构管理着一组域机构 AA，这些 AA 负责为用户分配属性，并生成相应的属性私钥。

第二，数据所有者：使用访问策略来加密数据，并定义修改数据时用户必须满足的修改策略。之后，数据所有者将密文上传到云平台。

第三，云平台：作为半可信的第三方，用于存储数据所有者上传的数据。此外，云平台还负责为用户执行部分解密密文的操作，并验证用户是否满足密文的修改策略。

第四，用户：如果其属性满足密文的访问策略，则能够恢复出数据密钥，进而使用数据密钥解密出数据明文。同时，如果用户的属性满足密文的修改策略，则可以修改云平台中存储的数据。

(2) 方案构造。

第一，系统设置：中央机构运行 Setup 算法，选择阶为素数 p 的双线性群和生成元 g，以及双线性映射 e。随机选择系统公钥 PK 和系统主密钥 MK，并定义哈希函数。

第二，域机构设置：针对每个域机构 AA，中央机构运行 CreateAA 算法，选择随机的属性私钥，并为 AA 管理的每个属性生成相应的参数。

第三，密钥生成：针对每个用户，其所属的域机构运行 KeyGen 算法，根据用户的属性集合生成私钥。

第四，数据加密：数据所有者针对数据，首先使用对称加密算法 SE 加密数据，得到加密后的数据。然后，定义数据的访问结构，并使用云平台的 Cloud.Encrypt 算法进行外包加密。云平台运行 Cloud.Encrypt 算法，针对访问结构树的每个节点选择相应的多项式参数。最后，输出外包加密密文 CT。

第五，数据解密：当用户需要访问数据时，云平台首先验证数据的来源和完整性。然后，根据用户的属性和私钥，执行解密操作，最终恢复数据。

（二）基于属性的广播加密的访问控制

基于属性的广播加密（ABBE）是一种先进的加密技术，它允许数据所有者向具有特定属性集的用户组发送加密消息，实现一对多或多对多的通信。在这种方案中，用户的私钥不仅与其身份信息相关联，还与其属性相关联。只有当用户的身份信息属于广播授权的用户组，并且用户的属性满足预定义的访问结构时，用户才能解密密文。

1. 方案定义

（1）中央机构：作为可信的第三方，负责为系统中的用户分配属性，并根据用户的属性集合生成属性私钥。

（2）用户：希望访问数据的实体。用户使用从中央机构获得的属性私钥来生成凭证密钥 TK，并将其发送给云平台，以便后续执行外包解密操作。

（3）云平台：提供半可信的云存储服务，负责存储数据所有者上传的加密数据，并执行外包解密工作，以减轻用户的计算负担。

（4）数据所有者：希望利用云平台的存储服务来保护数据隐私。数据所有者使用混淆后的属性策略和接收者列表来加密数据，然后将密文上传到云平台。

2. 方案构造

（1）系统设置：中央机构运行 Setup 算法，选择双线性群并生成系统公钥 PK 和系统主密钥 MK。

（2）密钥生成：中央机构为用户生成属性私钥 SK，用户随后生成凭证密钥 TK 并发送给云平台。

（3）数据加密：数据所有者定义访问结构 T，使用 Encrypt 算法加密数据，并将加密后的密文 CT 上传到云平台。

（4）数据外包解密：云平台根据用户的凭证密钥 TK 计算混淆后的属性集合，并执行 PartDec 算法进行部分解密。

（5）数据解密：用户使用属性私钥 SK 对云平台返回的部分解密结果进行最终解密，以获取原始数据。

在 ABBE 方案中，安全性和效率是关键考虑因素。方案必须确保只有授权用户的属性集合能够满足访问结构，从而解密数据。同时，方案应尽量减少计算开销，以便用户和云平台可以高效地处理加密数据。

(三) 属性加密的改进方案及访问控制

1. 基于 CP-ABE（密文策略属性基加密）方案的访问控制

基于 CP-ABE 的方案是一个采用 CP-ABE 机制的细粒度云存储访问控制方案。与基于 KP-ABE 机制的云存储方案相比，该方案在系统中引入了权威角色。权威角色分担了数据拥有者的部分工作，负责为系统中的用户分发属性密钥，从而实现了用户和数据拥有者之间的非交互关系。在这种机制下，数据拥有者无须知道用户的身份，仅需负责加密密文和制定密文的访问策略，这大大减轻了数据拥有者的负担。

然而，由于数据拥有者将密钥分发和撤销的工作交由权威来执行，这就要求权威是完全可信的，这对权威的可信度提出了较高要求。该方案基于标准的 CP-ABE 机制，其中的访问策略采用了更具表达性的 LSSS（线性秘密共享方案）结构，并通过为每个属性分配一个版本号来实现用户属性的撤销功能。

为了提高效率，该方案还引入了代理重加密技术，将密文的更新工作委托给云服务器执行。这一举措不仅减轻了数据拥有者的计算负担，还提高了云存储访问控制的灵活性和效率。

2. 基于 KP-ABE（密钥策略属性基加密）方案的访问控制

基于 KP-ABE 的方案提供了一个在云环境中安全且可扩展的细粒度访问控制系统。在该方案中，不存在中央权威机构，所有权威的职责均由数据拥有者承担。此外，该方案结合了标准的 KP-ABE 机制和代理重加密技术，支持文件的创建、删除，以及用户的加入和撤销操作。在后续描述中，除非特别指明，否则用 SetUp、KeyGen、Encrypt 以及 Decrypt 这四个符号来代表 ABE 机制中的四个基本算法。

（1）文件创建与删除。数据拥有者在将文件上传至云服务器前，需执行以下步骤：

第一，为文件分配一个唯一 ID。

第二，从密钥空间中随机选择一个对称加密密钥 DEK，并用其加密文件。

第三，定义文件的属性集 I，并使用 KP-ABE 机制通过 Encrypt 算法加密 DEK，生成密文 CT。在文件删除时，数据拥有者将文件 ID 及其签名发送至云服务器，若验证成功，则服务器将删除该文件。

（2）新用户加入。在新用户加入系统时，数据拥有者执行以下操作：

第一，为新用户分配唯一身份标识，并设置访问结构 A。

第二，运行 KeyGen 算法，为用户生成私钥 SK。

第三，使用用户公钥加密 A、SK、PK，生成密文 C。

第四，将 T、C 发送给云服务器，其中 T 为用户 ID，C 为加密后的访问结构，ATTD 为虚拟属性，LA 为访问结构中的属性集。云服务器在收到 T、C 后，执行这些操作：① 验证签名，若正确，则继续下一步；② 将 T 存储至用户列表 UL 中；③ 将 C 发送给用户，用户收到 C 后，使用私钥解密，并验证签名。若验证通过，将 A、SK、PK 作为访问结构、私钥和系统公共参数加以保存。

（3）属性撤销。属性撤销阶段包含 AMinimalSet、AUpdateAtt、AUpdateSK 和 AUpdateAtt4File 四个算法。AMinimalSet 用于确定需要更新的最小属性集；AUpdateAtt

用于更新系统主密钥和公共参数组件,生成代理重加密密钥;AUpdateSK 用于更新用户私钥中的相关组件;AUpdateAtt4File 用于更新密文中的相关组件。

在执行属性撤销时,数据拥有者首先运行 AMinimalSet 算法,然后生成代理重加密密钥并更新系统密钥。接着,将撤销用户 ID、最小属性集、代理重加密密钥及签名发送给云服务器。云服务器更新用户列表 UL,并存储代理重加密密钥至属性历史列表 AHL 中。这一设计允许方案应用惰性重加密技术,节省计算和通信资源。当用户请求数据访问服务时,云服务器更新用户私钥和密文中的相关组件,用户使用更新后的私钥解密数据文件。

为减轻用户和数据拥有者的计算负担,私钥更新和密文更新任务委托给云服务器执行。云服务器虽不完全可信,但通过引入 dummy 属性 ATTD,云服务器仅存储 SK 中除 ATTD 外的组件,以确保用户私钥的保密性。该方案的加/解密复杂度与属性数量相关,而非用户数量,因此具有良好的可扩展性。可证明该方案在标准模型下是安全的。

尽管 KP-ABE 适用于云存储系统,但业界普遍认为 CP-ABE 更贴合云存储的需求。在 CP-ABE 方案中,文件与访问策略直接关联,数据拥有者可以通过访问策略直接控制和管理文件。

(四)代理重加密算法在云存储中的应用

在现代网络应用中,数据所有者经常需要在云服务器上共享个人文件数据,同时确保只有合法用户才能访问这些数据。由于云服务器与数据所有者之间的信任存在差异,因此上传至云平台的共享文件必须先加密。在这样的背景下,如何在云平台上存储大量密文数据的同时,实现高效的数据检索和提取,成为一个亟待解决的问题。此外,由于云服务器不能完全执行预设的数据访问策略,且依赖于访问列表等机制,这些机制在诚实威胁模型下难以适用。同时,用户的动态性和如何在细粒度访问策略下进行密钥分配管理,也是设计密文访问控制系统时面临的挑战。

互联网作为云计算服务的中介,面临着内部和外部的双重攻击威胁。内部攻击者可以轻易获取有用数据,而外部攻击者则需要突破安全防护才能获取信息。因此,实现数据所有者的高效共享,并为合法用户提供灵活高效的可控共享功能,对于适应当前松散、灵活、大众化的云存储共享场景至关重要。

1. 单向代理重加密算法

单向代理重加密算法的构造包括以下步骤:

(1)系统设置(Setup)算法:输入安全参数,输出系统公钥 PK 和系统主密钥 MK。

(2)密钥生成(KeyGen)算法:给定用户身份,输出用户的公钥和私钥。

(3)重加密密钥生成(ReKeyGen)算法:输入用户的私钥和公钥,输出重加密密钥。

(4)第一层加密(Enc1)算法:输入用户的公钥和明文 M,输出第一层密文。

(5)第二层加密(Enc2)算法:输入用户的公钥和明文 M,输出第二层密文。

(6)重加密(ReEnc)算法:输入用户的公钥、加密的第二层密文和重加密密钥,输出加密的第一层密文。

(7) 第一层解密（Dec1）算法：输入用户的私钥和第一层密文，输出明文 M。

(8) 第二层解密（Dec2）算法：输入用户的私钥和第二层密文，输出明文 M。

2. 双向代理重加密算法

双向代理重加密算法由以下五个算法构成：

(1) 密钥生成（KeyGen）算法：输入安全参数，输出用户的私钥 SK 和公钥 PK。

(2) 重加密密钥生成（ReKeyGen）算法：输入用户 A 的私钥和用户 B 的公钥，输出重加密密钥。

(3) 加密（Enc）算法：输入用户 A 的公钥和明文 M，输出密文。

(4) 重加密（ReEnc）算法：输入用户 A 的公钥加密的密文和重加密密钥，输出用户 B 的公钥加密的密文。

(5) 解密（Dec）算法：输入用户 B 的私钥和密文，输出明文 M。

3. 条件代理重加密算法

在传统代理加密体制中，代理者可以转换所有授权者的密文为被授权者的密文，这在细粒度控制上存在缺陷。为了对代理者的权限进行细粒度控制，出现了条件代理重加密。

(1) 单向条件代理重加密算法，包括以下步骤：

第一，系统设置（Setup）：输入安全参数，输出系统公钥 PK 和系统主密钥 MK。

第二，密钥生成（KeyGen）算法：给定用户，输出用户公钥和私钥。

第三，重加密密钥生成（ReKeyGen）算法：输入用户的私钥、条件值 c 和用户的公钥，输出重加密密钥。

第四，第一层加密（Enc1）算法：输入用户的公钥和明文 M，输出第一层密文。

第五，第二层加密（Enc2）算法：输入用户的公钥、条件值 c 和明文 M，输出第二层密文。

第六，重加密（ReEnc）算法：输入用户的公钥加密的第二层密文和重加密密钥，输出加密的第一层密文。

第七，第一层解密（Dec1）算法：输入用户的私钥和第一层密文，输出明文 M。

第八，第二层解密（Dec2）算法：输入用户的私钥和第二层密文，输出明文 M。

(2) 基于关键词的条件代理重加密方案，该方案由 Setup、KeyGen、Enc、ReKeyGen、ReEnc、Dec1、Dec2 七个算法组成。系统初始化由中央机构执行 Setup 和 KeyGen 算法，将密钥生成到每个用户的身份 ID 中。发送者使用 Enc 算法对明文进行加密，生成初始密文并发送至云平台，指定的接收者可以使用 Dec1 算法进行解密。接收者可以下载初始密文，并使用 ReKeyGen 算法生成重加密密钥，分享给不在初始接收者集合 S1 中的用户。这些用户构成集合 S2，云平台使用 ReEnc 算法对初始密文重加密，生成新的密文。S2 中的接收者可以下载重加密密文，并使用 Dec2 算法进行解密。

(3) 结合时间控制的条件代理重加密方案。时间相关性在云计算环境下的许多问题中都非常重要，例如电子投标。为了确保信息接收者在规定时间内解密密文，研究人员提出了 TRE（时释性加密）密码原理。TRE 基于时间服务器，加密的消息需要时间陷门才能解密，该时间陷门在指定的解密时间到达后由时间服务器发布。研究人

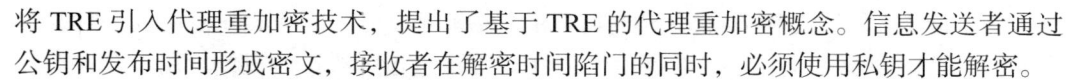

将 TRE 引入代理重加密技术，提出了基于 TRE 的代理重加密概念。信息发送者通过公钥和发布时间形成密文，接收者在解密时间陷门的同时，必须使用私钥才能解密。

（4）基于访问策略的条件代理重加密方案。为了满足细粒度的访问控制要求，研究人员提出了基于访问策略的条件代理重加密方案。例如，在社交云中，数据所有者可以设置访问条件和控制数据转发，只有符合条件者才能访问数据。该方案由中央机构、云平台、数据所有者、数据转发者和用户组成，实现了数据在传输过程中的安全性和访问控制。

第四节 云计算数据完整性验证及安全审计

一、云计算数据完整性验证方案

"随着信息科学技术的不断发展，目前我国的云计算正逐渐得到了推广及应用。"[1]政府、企业、院校等社会各界纷纷构建云计算平台，这对信息化建设起到了积极的推动作用，显著提升了信息基础设施的集约化和高效性。从部署模式的角度分析，私有云作为专属于某一特定组织的云计算属性，其服务范围仅限于该组织内部。为确保数据安全和降低外部风险，这些私有云平台通常依托单位内部的局域网进行运营。

然而，根据国际云安全组织（CSA）关于云安全威胁的报告，云计算平台的安全性涉及诸多复杂因素。值得注意的是，大多数安全隐患源于内部，特别是在数据完整性方面。内部人员在进行操作时，由于各种原因，可能导致数据误删或损坏，从而严重威胁到云计算平台的数据安全。

为了确保云计算平台的安全稳定运行，需要加强对内部人员的培训和管理，提高他们的安全意识和操作技能。同时，也需要采用先进的技术手段，如数据加密、访问控制等，来增强数据的安全性和完整性。此外，定期进行安全审计和风险评估，及时发现并解决潜在的安全隐患，也是保障云计算平台安全的重要措施。

（一）数据完整性验证技术

数据完整性是指非授权实体无法篡改数据资源的性质，它要求数据在存储状态或传输过程中保持其原始性，并通过校验的方式来验证其完整性。在云计算平台中，数据完整性验证是在用户不信任云计算平台的情况下，为确保用户数据完整性而建立的一种验证机制。

1. 验证数据完整性的基本方法

当前，云计算平台数据完整性验证主要依赖于数据持有性证明（PDP）和数据可恢复性证明（POR）这两种方法。在数据持有性证明中，为了避免用户下载大量文件和消耗计算机资源，通常会将文件分割并标注，利用关联性的数据标签存储在云计算平台中。用户可以根据需要随时下载和验证数据的完整性。这种验证既可以是针对特定数据分块的，也可以是随机的。

---

[1] 冯红霞. 试论云计算中数据完整性检测问题 [J]. 数字通信世界，2016(5)：37.

"挑战－应答"机制是数据持有性证明和数据可恢复性证明共同使用的一种验证方式。二者的主要区别在于，数据可恢复性证明还包含了纠错码机制。用户会在对数据进行纠错编码后再存储，以确保数据在发生错误时能恢复原始数据。此外，用户还会嵌入"哨兵"数据块用于检测数据的完整性，并通过它们来判断数据是否具有可恢复性。

2. 数据完整性的公开验证方案

随着技术的发展，第三方验证被引入云计算平台的数据完整性验证中，形成了公开验证方案。这种方案在用户只能获取少量数据的情况下，通过概率分析和知识证明协议来概率性地验证数据存储的完整性。然而，这种方式可能会浪费用户的时间和计算机资源。

公开验证方案的核心在于引入第三方验证机构，该机构须得到用户和云计算平台的认可。用户将数据存储在云计算平台前，会对数据进行预处理，如添加关联性标签等，并将这些信息和数据文件一起存储在云计算平台。第三方验证机构根据用户的验证要求获取信息，并利用合适的方法和数据对云计算平台中的数据进行完整性验证，最终将验证结论发送给用户。

相比于用户直接参与验证，公开验证方案为用户提供了更为简便的方式，减轻了用户的工作负担。同时，第三方验证机构的验证结果可以重复使用，提高了数据完整性验证结果的利用率。此外，第三方验证机构作为客观角色，有助于减少用户和云计算平台之间的争议。

（二）私有云特性及验证方案

私有云的部署模式与混合云和公有云显著不同，它独立存在于单位网络中，其基础设施专为该单位服务，因此具有显著优势，如优质的网络条件、较低的云计算平台威胁风险以及更有保障的服务质量等。这种模式还有助于隔离内部数据，从而有效防范外部风险。然而，专家和研究机构指出，无论是私有云还是公有云的部署模式，云计算数据的完整性问题都是主要的安全影响因素。因此，我们需要充分利用私有云的特性来开展数据完整性验证的相关研究。

从用户关系的角度看，公有云数据的完整性验证是建立在用户对云计算平台的不信任基础之上的，而验证的目的则是建立用户对云计算平台的信任。相比之下，私有云中的用户与云计算平台的关系通常建立在特定的组织环境中，如政府单位、学校或公司。在这种特殊关系中，用户不仅通过私有云平台进行工作，同时还是私有云数据的保障者，对业务数据建设负有责任。他们将私有云平台视为自己的数据存储和管理平台，因此对其有很高的信任度。这也意味着私有云在保障用户数据完整性方面扮演着重要角色。

此外，云计算平台数据完整性验证具有复杂性，这种复杂性受到用户操作的影响。在云计算平台中，用户可以对数据进行存储、读取和修改操作，因此，验证通用云计算平台数据完整性时必须具备动态更新操作的能力。然而，对于部分私有云而言，业务数据需要严格把控，不可擅自修改。在这种情况下，数据的使用者和提供者在私有云计算平台中的操作基本为静态。

在 PDP 模型基础上，私有云数据完整性验证方案采用了公开验证方案的思路，并结合了私有云的特性。该方案的核心在于私有云需获得用户的信任，以便在云计算平台内部提供专门的数据完整性验证服务，从而为用户的数据完整性验证提供实体支持。此验证方案由私有云计算平台和用户共同组成，其中私有云计算平台提供验证和数据存储服务。

验证服务，作为专用服务，其主要负责数据完整性验证、预处理并接收用户数据。

数据存储服务，作为基础服务，其主要负责管理和存储用户的相关信息，并在验证数据完整性时与验证服务相结合，确保用户可以成功访问和读取相关数据文件。

为确保验证服务的有效性和安全性，应将其设置在私有云计算平台的内部。从地位上看，验证服务与第三方验证机构的作用相当。然而，由于用户信任私有云计算平台，因此无须第三方验证机构提供专门的验证结果和数据。为了进一步提高验证的准确性和可靠性，可以在私有云计算平台内部设置相应的第三方整合机制。但在处理和保存验证信息时，所有数据文件应置于数据存储的前端，以避免人为因素的干扰，并在周期性验证用户数据文件时确保其完整性。

（三）数据完整性验证的流程

数据完整性验证的流程基于 PDP 方法，分为准备阶段和验证阶段。与其他验证方案不同，此方案的准备阶段由私有云计算平台的验证服务完成，而其他验证方案通常由用户完成。验证服务与数据存储服务共同构成验证阶段。数据完整性验证的工作流程通常包括以下步骤。

1. 准备阶段

在准备阶段，验证服务完成以下任务：

（1）标签生产准备：数据安全程度的验证取决于用户数据文件的特性和安全需求，即确定合适的公钥和私钥范围。此阶段的公钥和私钥匹配主要通过 RSA 完成。

（2）文件分块准备：对用户数据文件进行分块，并进行连续编号。

（3）标签集合生成：为用户数据文件块生成标签，这些标签与之前生成的私钥具有相同性质，形成标签集合，用作元数据验证的依据。

（4）数据文件存储：在云计算平台中存储经过处理的用户数据文件和标签。

2. 验证阶段

验证阶段主要采用"挑战–响应"模式，其中验证服务提出挑战请求，数据存储服务提供响应证据，验证服务最终得出结论。具体步骤如下：

（1）挑战请求生成：确认用户需要验证的数据块规模、文件块数量和数据文件序号集，选择合适的随机组合系数作为挑战请求，并发送至数据存储服务。

（2）响应证据生成：数据存储服务根据云计算平台的标签集合和存储的数据文件读取数据文件块信息，计算数据的完整性证据。完整性证据通过聚合标签和数据文件，并使用用户的公钥信息完成整个过程，然后将证据传回验证服务。

（3）验证结果得出：验证服务通过计算标签和判断证据的正确性来完成验证，并确定验证是否成功。如果验证失败，验证服务将向云计算平台告警，提醒用户注意数据安全。

二、云存储下数据完整性和隐私保护审计方案

(一)云存储审计系统模型分析

1. 系统模型

云存储审计系统由三个主要组成部分构成：用户（User）、云服务器（CS）和第三方审计者（TPA）。

（1）用户：可以是个人或企业，他们在云服务器上存储大量数据。

（2）云服务器：由云服务提供商运营，负责为用户提供大规模的存储和计算资源，并确保服务的安全性、可靠性、高效性和弹性。

（3）第三方审计者：在用户授权的范围内，提供云端数据的公开审计服务。TPA由可信部门管理和监督，确保审计结果的权威性和可信性。

在系统模型中，云服务器的主要职责是管理用户和存储数据。当用户与云服务器处于不同的可信域时，用户对云存储服务器的信任度可能会降低。因此，用户定期对云服务器中的数据进行完整性检测是必要的。鉴于用户有限的计算能力和成本考虑，第三方审计者进行的数据完整性检测对用户至关重要。尽管第三方审计者受到可信部门的管理和监督，但仍有可能侵犯用户隐私。因此，必须确保第三方审计者无法通过审计证据侵犯用户隐私，以保障用户的隐私安全。

2. 安全模型

在进行数据完整性审计时，本模型主要考虑以下威胁因素：

（1）云服务器可能删除不常访问的数据或访问次数较少的数据，以降低存储负担和管理费用；可能隐瞒数据损坏的情况，以维护自身声誉；可能用合法的数据块和标签替换被质询的数据块或标签。

（2）第三方审计者可能利用审计过程中的便利条件，侵犯用户隐私数据，以达到特定目的。

3. 系统设计目标

系统的设计目标如下，以确保云存储数据的完整性和对用户隐私的保护。

（1）公共可审计性：第三方审计者能够在不增加用户网络成本的情况下，且无须完整用户原始数据，完成云端用户数据的完整性验证。

（2）存储正确性：经第三方审计者审计的云服务器必须确保用户数据的完整性。

（3）隐私保护：第三方审计者不得利用审计证据获取用户隐私数据。

（4）抗替换攻击：防止云服务器对被质询的数据块或标签进行替换。

（5）安全和高效性：确保隐私保护以及公开审计的安全性和高效性，同时控制计算量和通信量的合理性。

（二）云存储下的公开审计方案

在当今信息化时代，云存储服务因其便捷性和高效性而成为数据存储的主要方式之一。然而，随着数据量的激增，如何确保存储在云服务器上的数据的完整性和安全性，成为一个亟待解决的问题。为此，研究者提出了云存储下的公开审计方案，旨在通过一系列算法确保数据的完整性，同时保护用户的隐私。

1. 组成部分

云存储下的公开审计方案是一个包含多个算法的复杂系统，其核心目标是允许用户对云存储中的数据进行完整性验证，同时确保验证过程的公正性和透明性。该方案由密钥生成算法、标签生成算法、质询算法、证据生成算法和证据验证算法五个基本组成部分构成。

密钥生成算法是整个审计方案的基础，它负责生成一对公钥和私钥。这对密钥是后续所有操作的前提，公钥用于加密数据，私钥用于生成数据标签。

标签生成算法则利用公/私钥对数据文件进行处理，生成数据块的标签集合。这些标签是数据完整性验证的关键，它们能够反映数据块的原始状态。

质询算法和证据生成算法是审计过程中的两个关键步骤。质询算法根据验证块的数量和公钥生成质询信息，而证据生成算法则根据质询信息、文件和标签集合生成验证证据。这两个算法的设计确保了审计过程的公正性和透明性，使第三方审计者能够有效地参与到数据完整性的验证中。

证据验证算法是审计方案的最终环节，它负责验证由证据生成算法产生的证据。该算法的输出结果为"Success"或"Fail"，直观地反映了数据的完整性状态。如果数据完整，则输出"Success"，反之则为"Fail"，这一结果对用户来说具有重要的参考价值。

2. 实现机制

云存储下的公开审计方案分为两个阶段：建立阶段和审计阶段。

在建立阶段，用户通过执行密钥生成算法获得公/私钥，并对数据文件进行预处理，形成标签。随后，用户将数据和标签集合传送给云服务器，由第三方审计者进行验证。这一阶段的目的是确保数据在上传到云服务器之前就已经具备了完整性。

审计阶段是方案的核心。第三方审计者通过执行证据验证算法来验证数据的完整性。如果数据完整性得到确认，则输出"Success"，否则输出"Fail"。此外，审计阶段还可以通过质询算法生成质询信息，并将其传送到云服务器上。云服务器接收到质询信息后，执行证据生成算法获得验证证据，以供第三方审计者验证。

3. 实际应用价值

云存储下的公开审计方案在实际应用中具有重要的参考价值。

（1）云存储下的公开审计方案提供了一种机制，使用户能够确保其存储在云服务器中的数据不被篡改或损坏。

（2）云存储下的公开审计方案允许第三方审计者参与数据完整性的验证过程，确保了审计过程的透明性和公正性。

(3）云存储下的公开审计方案的设计充分考虑了对用户隐私的保护，确保了审计过程不会泄露用户的敏感信息。

云存储下的公开审计方案是一个综合性的安全框架，它通过一系列精心设计的算法，实现了对数据完整性的验证和对用户隐私的保护。

（三）云存储下数据完整性分析

在云存储环境下，数据的完整性分析是确保数据在存储和传输过程中未被篡改的关键技术。公开审计方案作为一种有效的完整性保护机制，其核心在于允许用户或第三方审计者验证云服务器上数据的完整性，同时不泄露数据的实际内容。

1. 单项云数据完整性的公开审计方案

在单项云数据完整性的公开审计方案中，首先定义了循环乘法群 G1、G2 和 GT，它们具有相同的素数阶 p。双线性映射 e 是这一方案的核心，它将 G1 和 G2 中的元素映射到 GT 中。此外，生成元 g 和哈希函数 $\delta(D)$ 在方案中扮演着至关重要的角色。

（1）建立阶段。在建立阶段，用户首先执行 KeyGen 算法，根据安全参数生成一对公钥和私钥。在这一过程中，用户会随机选择元素并计算相应的值，以形成系统公钥和私钥。接下来，用户执行 TagGen 算法，对数据文件进行处理，生成数据块的标签集合。这些标签是在私钥下对数据文件的数字签名，它们将被发送到云服务器，并在本地删除数据文件的副本。

（2）审计阶段。审计阶段由第三方审计者发起，首先验证数据文件的标签有效性。如果标签有效，第三方审计者将生成挑战信息并发送给云服务器。云服务器随后执行 ProofGen 算法，计算并生成证据，以响应审计者的挑战。最后，第三方审计者通过 VerifyProof 算法验证证据的有效性，从而确认数据的完整性。

2. 改进单项云数据完整性的公开审计方案

尽管上述方案在一定程度上实现了数据完整性的公开审计，但其存储开销较大。为了解决这一问题，研究人员提出了改进方案。该方案通过优化标签生成和证据生成过程，调整了存储空间的需求。

（1）建立阶段。在改进方案的建立阶段，用户生成数字签名算法的公钥和私钥，并计算新的标签集合。在这一过程中，用户会选择新的元素并计算相应的值，以减少每个数据块所需的认证元大小。

（2）审计阶段。在改进方案的审计阶段，第三方审计者和云服务器的交互过程与原方案类似，但在证据生成和验证过程中采用了新的计算方法，以减少计算和存储开销。

3. 批量云数据完整性的公开审计方案

随着云存储技术的快速发展，用户对数据存储的需求日益增长。在面对大量审计任务时，逐一进行公开审计将导致巨大的计算和通信开销。批量审计方案通过合并多个审计任务，有效地降低了这些开销。

在批量审计方案中，可以采用同一个质询集来完成多项审计任务，第三方从而避免对质询集大小的审计。云服务器将不同审计任务的结果集合起来，再传送给第三方审计者，显著提升了审计效率。

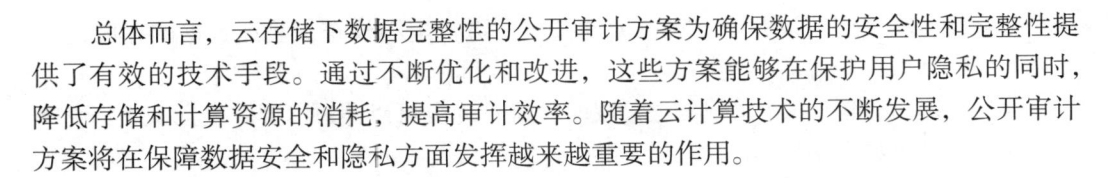

总体而言，云存储下数据完整性的公开审计方案为确保数据的安全性和完整性提供了有效的技术手段。通过不断优化和改进，这些方案能够在保护用户隐私的同时，降低存储和计算资源的消耗，提高审计效率。随着云计算技术的不断发展，公开审计方案将在保障数据安全和隐私方面发挥越来越重要的作用。

三、云计算外包存储中的数据完整性审计

(一)云存储共享中身份可追踪性

云存储在现代信息技术中扮演着重要角色，其低成本、易获取数据、按需付费和可伸缩性等特点，使其成为各种组织和机构的首选。数据的共享作为云存储的一个基本功能，在促进工作效率和协作方面发挥着重要作用。然而，云存储共享中存在的身份可追踪性问题，已经引起广泛的关注。

云存储共享中身份可追踪性的问题主要表现在审计过程中。第三方审计者通常使用用户的公钥来验证云端数据的完整性，但这也暴露了用户的身份信息。此外，存在恶意篡改数据的风险，因为共享成员的身份容易被跟踪，从而导致出现数据安全隐患。

1. 问题分析

在共享云存储系统中，涉及群成员、群管理员、云端、区域管理员和公共审计员等多个实体。其中，群成员是数据共享的核心参与者，而公共审计员则负责对数据完整性进行审计。然而，现有方案存在以下一些问题：

(1)身份暴露问题。在公开审计过程中，因使用用户的公钥来验证数据，导致用户身份暴露的风险增加。

(2)数据篡改风险。由于共享成员的身份易被跟踪，存在恶意修改数据的风险，可能导致数据的不完整和不安全。

(3)审计隐私性不足。现有审计方案未能充分保护用户的身份隐私，可能导致用户信息泄露的问题。

2. 设计目标

针对上述问题，设计一个安全有效的共享云存储审计系统应考虑以下目标：

(1)审计安全性。确保云端数据的完整性可以被正确审计，防止数据篡改和丢失。

(2)身份隐私性。在审计过程中，保护用户的身份隐私，防止用户信息泄露。

(3)身份可追踪性。在出现数据争议时，能够快速准确地追踪到恶意篡改数据的成员，并对其进行处理。

(4)数据隐私性。确保在审计过程中，第三方审计者无法获取到数据的具体内容，保护数据的隐私安全。

3. 方案总体设计

共享云存储审计系统主要包括准备阶段、预处理阶段、审计阶段、身份追踪阶段和群动态阶段五个阶段，具体如下：

(1)准备阶段：执行初始化工作，配置系统参数并分发私钥。

(2)预处理阶段：对共享数据进行元数据的计算，确保数据的完整性。

（3）审计阶段：公共审计员对数据的完整性进行定期检查，验证数据的存储是否正确。

（4）身份追踪阶段：在出现数据争议时，群管理员可以通过"身份－标识表"快速追踪到恶意篡改数据的成员。

（5）群动态阶段：处理群组成员的动态变化，保持系统的灵活性和安全性。

4. 安全性分析

（1）正确性分析：在云端正确存储数据的情况下，第三方审计者能够通过验证证明数据的完整性。

（2）数据隐私性分析：在审计过程中，第三方审计者无法通过数据块的认证器获取群成员的身份信息，从而保护了用户的隐私。

（3）身份可追踪性分析：通过对群管理员和"身份－标识表"的管理，可以追踪到恶意篡改数据的成员，维护数据的安全性和完整性。

综上所述，共享云存储审计系统通过合理的设计方案，能够保障数据的安全性和用户的隐私，有效应对云存储共享中身份可追踪性的问题。

（二）数据块认证器的隐私性

数据块认证器的隐私性，在云存储审计方案中是一项重要议题。

首先，数据块认证器的隐私性问题主要涉及外包数据的验证元数据，它是确保数据完整性的重要手段，但也可能引入未知的安全威胁。在当今互联网信息社会中，人们依赖云服务来存储和处理大量数据，但同时也面临着数据隐私和安全的挑战。云端存储的数据及其认证器可能会受到攻击或滥用，导致用户的隐私泄露或经济损失。因此，保护数据块认证器的隐私性至关重要。

其次，在云存储系统中，涉及云用户、云端、公共审计者和权威机构等多个实体。云用户将数据交付给云端进行存储和处理，公共审计者负责监督和审计信息处理安全，而权威机构则作为用户和云端的信任中介。在这个过程中，云端存储了客户信息和数据处理的认证器，因此有权访问这些数据。然而，这也带来了数据隐私泄露的风险，特别是对于涉及交易合约等敏感信息的认证器。

再次，针对数据块认证器的隐私性，设计目标应包括正确性检查、安全性检查、认证器隐私性检查和认证器可恢复性检查。其中，正确性检查是确保云端正确存储数据的关键；安全性检查则是保障数据完整性证明的有效性；认证器隐私性检查则需要确保云端或公共审计者无法获取认证器的详细信息，以免造成用户隐私泄露；认证器可恢复性检查可以在异常情况下验证认证器的真实性，保障交易的安全性和用户权益。

最后，为了加强对隐私认证器的管理，提出了同态不可知认证器（HIA）的概念。这种认证器基于BLS短签名构造的可验证加密签名方案，通过验证加密的过程保证交易双方的公平性。同态不可知认证器具有无块验证、不可延展性和不可知性等特点，能够有效保护认证器的隐私性，防止信息泄露和被滥用。

第十三章 基于现代信息技术的云计算应用探索

在信息技术日新月异的今天，云计算以其高效、灵活的特性，正逐渐成为各类应用的核心支撑。本章将围绕云计算与现代信息技术的融合应用展开探索，深入剖析人工智能、大数据与云计算的融合发展，并探讨云计算在智慧医疗、物联网智慧照明及智慧环保信息化等领域的应用实践。通过本章的研究，旨在揭示云计算在现代信息技术体系中的重要地位，为云计算的进一步应用与推广提供理论支持和实践指导。

第一节 人工智能、大数据与云计算的融合发展

人工智能、大数据与云计算作为当代科技发展的三大支柱，均源于计算机科学的演进，并在互联网和数字智能时代的背景下展现出显著的网络化和数字化特征，这三者之间的关系是相互依存和促进的。

一、在数据采集与存储中的融合应用

在当今信息时代，数据采集与存储已经成为各行各业中不可或缺的一部分。融合云计算、人工智能等技术手段，构建高效的大数据处理系统，对实现数据的有效采集、存储和管理具有重要意义。在这个过程中，相关人员需要注意以下几个方面。

（一）数据采集与整理

相关人员可借助大数据技术在各领域、各环节进行数据采集。大数据技术的应用使数据的获取更为广泛和精准，能够从各种数据源中收集大量的数据。随后，基于云计算和人工智能技术，建立数据处理系统，实现对不同数据的分类采集和整理。这一过程需要考虑数据的形式和特点，选择合适的数据处理系统和存储方案，以确保数据得到高效的处理、存储和管理。

（二）数据计算与传输

数据计算和传输是数据处理、存储和管理的关键环节。数据计算的精准度直接影响到信息处理的效率，而数据传输的效率和安全性则关系到数据信息的安全。为此，相关人员需要将人工智能技术、大数据技术和云计算技术进行融合，建立完善的大数据处理系统和数据安全管理系统。通过应用这些技术，可以提高数据计算的精准度，确保数据传输的效率和安全性，从而保障数据信息的完整性和安全性。

(三) 数据挖掘与分析

数据采集实际上是进行数据挖掘和分析的前提。借助人工智能、云计算和大数据技术，可以对海量数据进行挖掘和分析，并结合可视化技术构建数据库，实现各类数据的存储。例如，NoSQL 数据库能够存储海量数据，并保证数据读取的便捷性和准确性，为数据采集和存储提供了有效的解决方案。

二、在数据计算模式中的融合应用

数据计算模式作为对数据处理和分析的综合计算方式，在云计算时代具有重要意义。

随着信息技术的发展和普及，数据量不断增长，数据计算模式在大数据环境下显得尤为重要。云计算技术的兴起为数据计算模式的发展提供了新的契机，通过云计算平台可以实现数据的集中存储、高效处理和智能分析。而结合人工智能技术，更有利于实现数据的智能化处理和分析，从而为企业和组织提供更准确、更有价值的数据支持。

(一) 数据计算模式和计算系统

在云计算背景下，数据计算模式和计算系统的构建变得更加灵活多样。借助云计算技术和大数据技术，可以建立高效的数据计算系统，实现对数据的快速处理和分析。这些计算系统可以针对不同领域和行业的需求进行定制，以满足不同规模和复杂度的数据处理需求。例如，针对数据控制中心和金融企业的数据，可以建立精确计算的数据计算系统，实现对数据的精准分析和预测。

(二) 人工智能的应用

人工智能的引入使数据计算模式更加智能化和自动化。通过人工智能算法，可以对大规模的数据进行智能化的处理和分析，挖掘数据中的潜在信息和规律。例如，利用机器学习算法可以实现对数据的分类、聚类和预测，从而为企业决策提供科学依据。同时，人工智能还可以实现对数据的自动化管理和优化，提高数据处理的效率和精度。

(三) 分布式数据计算模式

在大数据环境下，分布式数据计算模式变得越来越重要。分布式数据计算模式可以分为批处理计算模式、流处理计算模式、实时处理计算模式和交互处理计算模式等不同类型。每种计算模式都有其特点和适用范围，可以根据具体的数据处理需求选择合适的计算模式。例如，需要对大批量数据进行离线处理的场景，可以选择批处理计算模式；而需要对实时数据进行快速分析的场景，则可以选择实时处理计算模式。

三、在数据集市与数据仓库迁移中的融合应用

数据集市与数据仓库的迁移是数据信息处理、存储及管理过程中至关重要的一环。

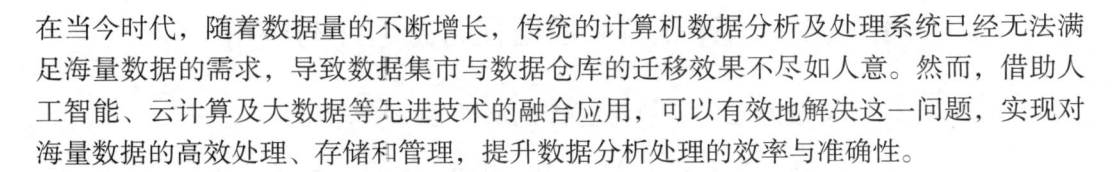

在当今时代，随着数据量的不断增长，传统的计算机数据分析及处理系统已经无法满足海量数据的需求，导致数据集市与数据仓库的迁移效果不尽如人意。然而，借助人工智能、云计算及大数据等先进技术的融合应用，可以有效地解决这一问题，实现对海量数据的高效处理、存储和管理，提升数据分析处理的效率与准确性。

（一）新技术的融合构建高效数据库

传统的数据集市与数据仓库往往面临着处理能力不足、存储空间不足等问题，导致数据处理效率低下。而在人工智能、大数据与云计算的融合应用下，可以快速搭建具有特殊用途且功能完善的数据库，为数据集市与数据仓库的迁移提供了新的解决方案。通过云计算平台的弹性计算和存储资源，结合人工智能技术的智能优化和大数据技术的高效处理，可以构建出适应不同规模和复杂度数据处理需求的高效数据库系统，从而提高数据的处理能力和效率。

（二）实时分析与处理

在数据集市与数据仓库的迁移中，人工智能、大数据与云计算的融合应用可以实现对海量数据的实时分析、处理、管理、存储及更新。传统的数据处理系统往往需要花费大量时间和资源来完成数据的分析和处理，而借助人工智能算法和大数据技术，可以实现对数据的智能化分析和处理，从而提高数据处理的效率和准确性。同时，云计算平台提供了高可用性和弹性的存储资源，可以实现对数据的实时存储和更新，保证数据的及时性和准确性。

（三）提高迁移便捷性与降低成本

在数据集市与数据仓库的迁移过程中，人工智能、大数据与云计算的融合应用可以提高迁移的便捷性，降低迁移带来的风险及成本消耗。传统的数据迁移往往需要花费大量时间和人力物力，而借助云计算平台的弹性计算和存储资源可以实现对数据的快速迁移和扩展，大大减少了迁移过程中的时间和资源消耗。同时，人工智能算法和大数据技术可以实现对数据迁移过程的智能优化和管理，减少迁移过程中的错误和风险，保障数据的安全性和完整性。

（四）数据安全与信息安全保障

借助人工智能、大数据与云计算的融合应用，可以提高迁移过程中数据的安全性，减少各种数据信息安全问题的发生。云计算平台提供了多层次的安全保障机制，可以保护数据在传输、存储和处理过程中的安全性，防止数据泄露和丢失。同时，人工智能算法和大数据技术可以实现对数据的智能加密和隐私保护，保障数据的机密性和完整性，提高数据的安全性和可靠性。

第二节 云计算与大数据在智慧医疗的应用

一、云计算与大数据应用于智慧医疗的必要性

"目前，随着信息化技术的不断发展，居民的生活方式、生活质量有了进一步的丰富和提高，对医疗卫生领域的多方面需求也在不断增长，'智慧医疗'恰好可以满足人们日益增长的医疗卫生服务的需求。"[①] 在智慧医疗领域，云计算与大数据技术扮演着重要的角色。其在医疗领域的作用优势包括高效率地监控与记录患者健康情况、实现患者病历资料的共享调阅、提供智能化的健康安全指导等。下面将从多个方面探讨云计算与大数据应用于智慧医疗领域的必要性。

（一）构建"健康中国"的需求

随着"健康中国"战略的提出，人们对医疗卫生服务的标准和要求不断提高。在人口数量众多、老龄化问题突出的背景下，医疗卫生服务系统面临着巨大的压力。为了更好地落实"健康中国"战略，必须依靠云计算与大数据技术，提升服务水平，扩大服务覆盖面，以满足群众健康安全保障的需求。

（二）顺应信息化时代发展趋势

当今社会已进入信息化时代，人们已习惯并依赖于信息化。在未来的医疗领域，云计算和大数据技术的应用将顺应信息化发展趋势，提高医疗卫生服务的信息化水平。这不仅符合人们的生活习惯，还有助于医疗卫生服务更好地适应社会发展需要。

（三）积累资料、促进医学研究

云计算与大数据技术的应用能够实现对临床信息数据的高效收集、积累和共享，同时还能对这些数据进行深度分析和挖掘。这有助于发现医学研究中的有价值信息，加快医学研究的进展。通过分析大数据，医学研究者可以发现潜在的疾病模式、治疗方法和预防策略，从而为医疗提供更好的指导和支持。

（四）优化医疗卫生服务资源的分配

医疗卫生服务资源的合理分配是医疗卫生服务体系发展的关键。通过云计算与大数据技术，可以更加全面、准确地获得相关数据，精准定位群众的医疗卫生服务需求，最终实现对医疗卫生服务资源的最优分配。这有助于提高医疗卫生服务的效率和质量，满足群众对医疗卫生服务的需求，推动医疗卫生服务体系的健康发展。

二、云计算与大数据在智慧医疗中的应用策略

在智慧医疗领域，云计算与大数据技术的应用策略是构建一个高效、智能、安全的医疗信息化系统，以满足医疗卫生服务的需求，并提供优质的健康管理和保健服务。

---

① 夏天，顾伦，李兆申，等. 我国智慧医疗发展概况 [J]. 生物医学转化，2022, 3(1): 38-45.

下面将从多个方面深入探讨云计算与大数据在智慧医疗中的应用策略。

第一，医卫信息化系统上云。将医卫信息化系统上云是智慧医疗的关键一步。为实现医卫上云，需结合移动云基础架构，设计一体化解决方案，包括影像云、妇幼医疗云、远程医疗云等平台。此外，还应考虑建设医联体平台、医保云平台等。关键是确保云技术与大数据的安全性，包括网络信息安全等级保护测评方案、容灾备份方案的制定。

第二，构建高并发场景下的核酸检测信息化系统。针对潜在的疫情大规模集中感染的可能性，应建立高并发场景下的核酸检测信息化系统。此系统应基于移动云实现用户请求的分发、业务处理、通信信息存储等功能。后端服务需要与数据库进行交互，存储检测结果和个人信息，同时保障系统的安全性和稳定性。

第三，根据健康数据分析提供健康指导。利用大数据技术对患者健康数据进行分析，为其提供个性化健康指导。通过对比其他健康人群或同类疾病人群的数据，实现对患者健康状况的客观评估，并提供智能化、科学性的健康指导，以改善患者的健康水平。

第四，自动挂号、安排就医计划。利用云计算与大数据技术，实现在线挂号、预约就医，减少患者的等待时间。未来可根据患者需求自动选择医院、挂号时间，提前安排就医计划，为患者提供最便捷的医疗服务，提高就医效率。

第五，自动呼叫急救，及时提供准确信息。结合物联网技术，通过物联网设备实时采集患者体征信息，并传输到云计算平台和大数据系统。在发现患者生命安全受威胁时，系统能自动呼叫急救，并提供患者定位、病历资料、急救方案等信息，以提高急救效率和成功率。

第六，健康管理慢性疾病患者。针对老龄化社会增加的慢性疾病患者，通过云计算和大数据技术实现对患者的健康管理。医护人员可实时掌握患者健康状况，提供个性化的健康指导，从而延缓病情进展，改善患者生活质量。

第七，提供健康保健服务。通过云计算与大数据技术，为群众提供优质的健康保健服务。例如，提供母婴健康指导、个性化健康咨询等服务，以满足不同人群的健康需求，促进全民健康。

第八，加强健康大数据的安全保护。由于健康大数据涉及患者隐私和医疗机构资料等敏感信息，必须加大云安全技术保护力度。应实施 PaaS 化的信息安全建设，包括账号管理、身份认证、资源授权、访问控制等措施，以确保数据安全和个人隐私权益。

云计算与大数据技术的不断发展与应用已经深刻改变了智慧医疗领域的格局。通过将这些先进技术与医疗健康管理相结合，可以实现从传统医疗模式向智慧医疗模式的转变，为医护人员和患者提供更便捷、高效、个性化的服务。然而，在追求技术发展的同时，也需要充分考虑数据安全与隐私保护等重要问题，确保医疗信息化的可持续发展。

未来，随着技术的不断进步和医疗健康需求的不断变化，云计算与大数据技术在智慧医疗领域的应用策略也将不断完善和拓展，为构建更加智慧、人性化的医疗服务体系提供更多可能性。因此，持续的技术创新、政策支持以及跨界合作将成为推动智慧医疗发展的关键因素，促进人类健康事业迈向更加美好的未来。

第三节　基于云计算的物联网智慧照明应用

一、照明控制的智能化发展与系统分析

(一) 早期的照明控制系统

人类早期是在建筑物中通过门窗朝向、大小和位置进行采光达到照明控制的。在最早的电器照明系统中，常用开关、断路器这些设备对灯光进行控制，它们在设计上简洁、直观，对小范围内的灯光管理方便，但是针对大范围区域和高层的灯光管理无法满足，因为这些都需要庞大的管理和维护工作，需要投入大量的人力、财力和物力，并且不能进行有效控制，存在很大的资源浪费。

科学技术在不断进步，照明系统也进行了革新，灯光的远距离照明控制得以实现，它主要是靠继电器、触发器和单体时钟等元件来实现，一般都采用中央控制器或者值班室对灯光进行统一控制。这种系统经济实惠，在相对简单的区域运用广泛，特别是在路灯和城市景观控制中，能够利用电气控制实现所有的照明。这种系统体积大、耗能多，还会出现电磁干扰。它的内部线路设计复杂，需要定制专业的控制箱来进行控制。尽管它实现了对灯光的集中控制，但是对灯光的状况反馈不及时，无法实现通信的双向交流，功能单一，只适用于定时和开关的控制。现场的场景设置、亮度控制、软开启和软关闭等操作都无法实现。

现实中，一般利用可编程序控制器（PLC）来对霓虹灯、跑马灯等类型的动态变化灯光进行控制，但这种控制是一种固定的简单跳动变化。

照明系统包含照明控制，照明控制是照明设计的核心。以前，照明控制主要是对灯光的回路、舞台的灯光、宴会厅的照明进行场景控制。随着时代的发展，照明控制已经进入智能化时代，成为照明设计中不可或缺的一部分。在智能照明控制系统中，建筑物装饰灯光的颜色、亮度、开关时间等都可以进行智能化控制，并通过不同的组合方式实现场景的灯光设计，起到提升环境品质的作用，满足生活和工作中的照明需求。与此同时，智能照明控制系统能够节约能源，并具有操作简单化、智能化、灵活性等特性，在技术上具有优势。照明设计师通过灵活运用智能照明控制系统来实现自身技术和艺术的结合。

(二) 照明智能化控制系统

照明控制在电脑技术、自动化领域、传感器技术、通信技术、微电子技术等发展中逐步实现了智能化控制。照明控制系统的智能化主要有两个目的：第一，节约照明系统成本投入，加强照明系统的控制和管理；第二，节约电力资源，减少照明系统运营上的投入。

照明控制系统发展主要有三个阶段：手动控制阶段、自动控制阶段和智能化控制阶段：①手动控制阶段。这是一种利用简单的开关元件，用人工操作照明设备开关的方式，主要是达到普通的照明目的；②自动控制阶段。随着电气技术的创新，照明控

制系统实现了自动化控制，可以利用声、光、电等技术来控制照明设备。自动控制也有局限性，它减少了与人的互动，只是在独立的设备中进行控制，不能实现全网的监控功能；③智能化控制阶段。这是一种基于计算机和网络技术发展起来的照明控制系统，能够利用微处理器和存储技术处理建筑物的监测数据并做出反馈，形成指令来对照明设备进行控制。在这个过程中，可以根据需求创造出不同的照明系统和照明效果。

智能化照明控制系统属于数字化、分布式、模块化的一种控制系统，包括管理模块、操作模块、检测模块、调光模块等组成部分。多数模块配备微型处理器和存储器，个别模块只有存储器，每个模块都存储着对应的功能。整个系统只需要在总线上进行连接，按照五类双绞线的模式进行联网，或者通过载波方式调整电力，或者通过无线网通信。

智能照明控制系统已经由原来的模拟技术转化为现在的数字化技术。模拟技术一般采用1～10 V电压调光接口，数字化技术主要采用数字可寻址照明接口（DALI）技术。

0～10 V接口的控制信号是直流模拟量，信号极性有正负之分，按线性规则调整荧光灯的亮度，即0.1 V对应1%的灯功率（最暗一般在5%或3%）。调光时一旦控制信号触发，镇流器即启动荧光灯，首先被激活点亮并按照控制量要求调节到相应亮度。如果同一回路（单一独立组）连接镇流器较多或第一个镇流器和最后一个镇流器的距离太远，在1～10 V总线电压下降，无法准确调光至需要亮度。直流模拟量调光是按比例计算，不能真正反映人眼的敏感度。

数字信号接口（DSI）是一种采集镇流器信息的工具，是利用数字信号曼彻斯特编码技术来实现的。它和镇流器内部不同，不受到正负极的影响，是实现线上传输和同步操作的一种重要方式。其调光方面也是利用特定的函数进行的。在镇流器启动后，光的亮度可以从1%调整到所需的亮度，这种方式很适合剧场的调光效果。除此之外，DSI能够利用信号来控制镇流器的开关，当荧光灯熄灭后，镇流器的开关就会关闭，以节省电力资源。同时还不需要连接主电源线与调光器，直接连接荧光灯和电源线，以节省材料。这样，解决了在同一回路里前端镇流器与后级镇流器的亮度不一致的问题，调光特性按指数函数方式，符合人眼对灯光的敏感曲线。

由DALI协议组成的控制网络具有以下特性：控制线单一（简单布线、极性不受限制）对点和对组控制都能操作，单个控制器不会受到时间的约束，控制单元的信息反馈及时，控制器的搜索和执行器件的搜索都是自动化的。独立单元的回路设计简洁，个体单元能够实现在固定时刻对场景进行调光模式选择，这种控制方式均是自动化的，调光的速度也会根据实际需求进行自动化调整和布局，能够实现个体单元类型的自动化识别；受控单元的控制不需要额外的开关，系统耗能比0～10 V的灯光控制系统更能节约成本，并且照明效果更好。

（三）智能照明控制系统分析

通常情况下，智能控制是指机器设备进行智能化拟人操作的过程。其中包括知识和经验的展现、学习、适应、推理、组织等功能。智能控制是面对多面性复杂系统或过程对象的控制，这类系统或过程具有如下特性：较高的不确定性、较高的非线性、较高的任务复杂性，仅仅依靠常规的控制方法不能达到有效的控制。智能控制技术是在人工智能的基础上发展起来的，主要是通过智能控制、模糊控制和人工神经网络控制来实现的。智能控制技术的人工神经网络控制是一种在人工神经网络和模糊逻辑的共同作用下形成的一种神经模糊技术，已经成为行业内的热点。

智能照明控制，是指在现代电子技术、自动化技术、计算机网络、通信设备等的作用下实现的对电气照明的智能控制手段，是人类提高照明环境档次并减少电力资源损耗和材料损耗的一种手段。

1. 智能照明控制系统的优势

与手动照明控制系统相比，智能照明控制系统在营造环境氛围、改善工作环境、提升工作效率、节约能源、延长灯具使用寿命、实现高效管理和维护等方面具有显著的优势。

（1）营造环境氛围。智能照明控制系统通过不同的照明控制方案，使建筑物展现出独特的艺术效果和光照效果。现代建筑的照明设计不仅应满足基本的视觉照明需求，更应注重营造多样化的艺术氛围，以满足人们的审美视觉需求。在建筑物如展厅、中庭、会议室等区域，通过智能照明控制系统的灵活应用，可轻松实现不同时间、场合和用途下的灯光效果，展现丰富多彩的照明艺术。

（2）改善工作环境，提升工作效率。传统的开关控制灯具已逐渐被智能照明控制系统的控制面板取代。这种控制面板能够实现对光的精确调控，以满足各空间的照明需求，并提升照明的均匀性和舒适度。这种调控方式有效避免了灯光闪烁等可能引发人眼疲劳和不适的因素，从而有助于提升工作环境的质量和员工的工作效率。优质的设计、合适的光源和灯具，以及先进的照明控制系统，共同为提升照明质量提供了有力保障。

（3）节约能源。智能照明控制系统具备预先设置和调控光照方案的功能，避免了资源的浪费。通过自动调控方式，系统能够充分利用自然光，仅在自然光无法满足照明需求时才启用灯具智能开关，从而实现以最少的资源投入满足照明需求。此外，系统采用的荧光灯灯具具备有效调光功能，减少了谐波含量，提高了电能利用率，进一步降低了功率损耗。在当前全球资源保护和能源节约的大背景下，智能照明控制系统的应用显得尤为重要。

（4）延长灯具使用寿命。智能照明控制系统通过实现浪涌电压的控制、限流操作以及扼流滤波功能，有效延长了光源的使用寿命。系统采用软启动和软关闭技术，调节灯具亮度，避免冲击电流对灯具的损害，并在场景切换时采用渐变方法，充分考虑了人眼的适应能力，减少了突变刺激。这些措施不仅有助于节约灯具更换的资金和人工成本，还提高了管理水平和维护效率。同时，减少电网电压的波动是延长灯具使用寿命的关键，智能照明控制系统在这方面发挥了重要作用。

（5）实现高效管理和维护。智能照明控制系统采用模块化自动控制手段，辅以人工手动控制，通过存储照明场景切换程序，照明方案的变化变得简单且易于实现。仅需对计算机设备进行操作，即可实现对建筑物照明的高效管理和维护。这种管理方式不仅提高了管理效率，还有效避免了资源的浪费。

随着照明控制系统场景变化的日益丰富，单纯的开关控制已无法满足现实需求。因此，对照明控制系统的不断创新显得尤为重要。照明控制技术的发展离不开计算机技术、互联网技术、新型电线材料以及自动化技术等的支持。通过不断的技术创新和应用，智能照明控制系统将在未来发挥更加重要的作用。

2. 智能照明控制系统的特点

智能照明控制系统代表了现代照明技术与信息技术融合的先进成果。该系统能够根据环境变化、用户需求和偏好的变动进行自适应调整，通过收集相关信息并执行智能化的分析和决策，以达到优化控制效果的目的。智能照明控制系统的主要特点有以下几点。

(1) 系统集成性：智能照明控制系统是多种技术如计算机技术、网络通信技术、自动化技术、数据库技术、微电子技术等交叉融合的产物。这些技术的集成使系统不仅具备了高度的智能化，还能够实现复杂的控制任务。

(2) 智能化：系统具备信息收集、传输、分析评价、推理和反馈的能力，能够实现智能化的分析和结果评估。这种智能化特性使系统能够自动调整照明环境，以适应不同的场景和用户需求。

(3) 网络化：与传统照明控制系统仅针对本地或局部区域进行控制不同，智能照明控制系统基于网络技术，支持大范围的控制和系统内部的信息交流与传递。这种网络化特性使系统能够跨越空间限制，实现远程控制和监控。

(4) 便捷性：智能照明控制系统能够将所有信息以直观的图形界面形式展现，极大地提高了用户操作的便利性。此外，系统还支持通过编程技术来改变照明效果，使用户能够根据自己的喜好和需求定制照明方案。

3. 智能照明控制系统的类型

照明控制系统的优化是建筑自动化领域的一个重要议题，其目的在于提高能源效率和改善居住或工作环境。

(1) 点控制。点控制通常适用于单一照明设备的直接控制，这是最基础的照明控制方式，常见于传统的家庭照明系统。这种控制系统由简单的开关元件和导线组成，尽管其结构简单，但仍是目前使用广泛的照明控制方式之一。点控制型照明控制系统的特点是易于安装和维护，适用于对照明需求不高的场合。

(2) 区域控制。区域控制型照明控制系统的设计用于对特定区域内的照明设备进行集中管理。这种控制系统采用回路式设计，每个回路对应一个控制区域，允许对不同功能区域的照明进行差异化控制。区域控制型照明控制系统通常包括控制主机、信号输出单元、信号输入单元和通信控制单元。它适用于道路、广场、建筑和桥梁等大型项目的照明，能够有效地提高能源利用效率。

(3) 网络控制。网络控制型照明控制系统利用互联网技术实现对照明设备的远程控制。该系统通常设有一个中心控制区域，负责对整个照明网络的统一管理。这种控制系统包括硬件控制系统（如服务器、交换设备）和软件控制系统（如数据库、应用软件）。这种系统的优势在于便于管理、提升控制水平、降低运维成本，并通过编程技术实现照明效果的定制化，支持能源节约和可持续发展。

网络控制型照明控制系统还可以根据其结构类型进一步细分为中央集中控制系统、集散型控制系统和分布式控制系统。中央集中控制系统适用于小规模场所，但存在单点故障的风险。集散型控制系统具有树状结构，虽然提供了综合管理能力，但也存在可靠性和成本方面的挑战。分布式控制系统则通过分散处理信息，提高了系统的可靠性和自我管理能力。

智能照明控制系统还可以根据网络拓扑结构分为总线型和混合式两种形式。总线型以其灵活性和经济性而受到青睐，而混合式则提供了更高的可靠性和传输效率。目前市场上成熟的智能照明控制系统主要有两种类型：一种是依托于楼宇设备监控系统的总线技术；另一种则是更为独立的系统，采用专有的照明控制通信协议，通常具有简化的功能和有限的规模。

（4）节能控制。照明控制系统的节能控制是全球性的热点议题，其关键之处在于能源的可持续利用和环境保护。节能控制通常通过两种主要方式实现：一是采用高效的照明装置，二是实施按需控制灯具的开关。在高效照明装置方面，主要涉及使用节能灯具、高效光源和电子镇流器等设备。这些设备能够以较低的能耗提供高效率的照明，符合未来照明技术的发展趋势。在按需控制方面，照明节能的关键在于根据实际需要来开关照明设备。这可以通过多种智能控制技术实现，如红外感应技术、光度控制技术等。智能照明系统能够根据特定区域内人员的活动情况自动开关照明设备，或者根据室外自然光照强度自动调整室内光源的亮度。这些技术在物联网（IoT）领域得到了广泛应用，成为智慧城市建设的重要组成部分。

物联网技术的发展不仅促进了智慧照明的实现，还为智慧交通、智能电网、政府管理、智能消防、环境保护等多个领域带来了便利。目前，全球范围内的物联网应用产品已在医疗、家居、环保、交通、司法、农业、教育等多个领域实现了智能化发展，推动了新社会形态的演进，并催生了不断涌现的新需求。

随着物联网技术的不断进步和创新，其在社会的各个层面的应用将更加广泛，为人类社会提供更加高效、便捷的服务，并对实现社会的共同富裕做出重要贡献。因此，照明控制系统的节能控制不仅是节能减碳的具体实践，也是推动社会向智能化、网络化发展的关键技术之一。

4. 与传统照明控制系统的比较

智能照明控制系统在多个方面相较于传统照明控制系统展现出显著的优势，特别是在节能效果、照明方式的多样性以及控制方式的灵活性上。传统照明控制系统虽然在控制上直观且易于操作，但其一旦完成布线便难以更改，且在面对复杂控制需求时，可能需要大量布线，一旦出现故障，线路检查和维护将变得复杂且耗时。随着复式住宅和办公楼的增多，对照明控制系统的实时监控和自动化调节需求日益增长，这些需求往往超出了传统技术的能力范围。

（1）开关方式。传统照明控制系统主要依赖手动开关进行控制，而智能照明控制系统则采用调光模块，能够根据环境变化自动调节灯光亮度，创造和谐舒适的照明效果。智能照明控制系统允许用户预设多种照明场景，并通过记忆功能快速切换。用户可以通过控制面板或遥控器轻松激活预设的灯光场景，实现一键式照明控制。

（2）线路系统。在传统照明控制系统中，开关仅具备基本的开/关功能，而在负载较大时，需要增加开关的容量，且开关与负载之间的距离越远，所需的电缆量也越多。智能照明控制系统通过增加输出单元的容量来适应负载的增加，并且可以通过延长控制总线长度来解决距离问题，从而减少电缆的使用量。此外，智能照明控制系统中的开关、调光等控制功能还可以通过软件进行设置和调整。

在双控电路的应用上，传统照明控制系统通常使用两个单刀双掷开关来实现，这不仅增加了电缆的使用量，也使布线变得更加复杂。相比之下，智能照明控制系统仅需在总线上并联一个开关，通过单一总线即可实现多个开关的连接，简化了布线过程并减少了施工量。

二、基于云计算的物联网智能照明的应用领域

基于云计算的物联网智能照明的应用在当代智能家居和建筑领域具有重要意义。智能照明系统作为智能家居的核心组成部分，其在节能、安全、个性化等方面的优势逐渐显现，与云计算技术的结合将进一步提升其智能化水平，扩大其应用范围。

（一）智能家居市场领域

随着智能家居行业的快速发展，智能照明系统在家居领域的应用越发成熟。通过云计算技术，智能照明系统能够实现与其他智能设备的联动和远程控制，提供更加便捷、智能的家居体验。例如，用户可以通过手机 App 随时随地控制家中灯光的亮度、颜色和场景，实现个性化的照明设置。同时，智能照明系统还能够自动感知环境光线和用户习惯，实现智能调节，提升能源利用效率和舒适度。

（二）智能建筑领域

在绿色建筑和可持续发展的背景下，智能照明在智能建筑领域扮演着重要角色。通过云计算技术，智能照明系统可以实现与建筑其他系统的集成和优化，实现对灯光的精准控制和节能管理。例如，在楼宇管理中，智能照明系统可以根据建筑结构、自然光线和人员活动情况等因素，智能调节灯光亮度和开关状态，以最大限度地减少能耗和运营成本。同时，智能照明系统还能够提供实时数据监测和分析，为建筑运营和管理提供科学依据，实现智能化管理和维护。

（三）智慧路灯领域

智能照明系统在智慧城市建设中扮演着重要角色。通过云计算技术，智能路灯可以实现远程监控和管理，实现对城市照明系统的集中控制和智能调节。"智慧路灯在未来是物联网重要的信息采集载体，是智慧城市建设中不可缺少的组成部分，将会成为智慧城市信息采集数据终端和便民服务终端。"[1] 例如，智能路灯可以根据交通流量、环境亮度和节能要求等因素，自动调节灯光亮度和开关状态，提升城市照明效率和安全

---

[1] 汪丛斌，陈小刚. 广域融合物联网在智慧照明运维中的应用 [J]. 智能建筑电气技术，2022，16（1）：46-50.

性。同时，智能路灯还可以集成传感器和通信设备，实现对环境数据的实时采集和分析，为城市规划和管理提供科学依据。

第四节 基于云计算和物联网的智慧环保信息化

随着智慧城市概念的提出以及人们越来越重视智慧城市建设，智慧环保也逐渐成为城市的重点项目工程，智慧环保对我国环境保护事业有较大的帮助，有利于我国建设生态文明。现代云计算技术与物联网技术为智慧环保的应用提供了有效的技术支撑，云计算技术与物联网技术可以让环保工作实现自动化、标准化与规范化，为此，需要科学运用云计算技术和物联网技术。

一、智慧环保信息化系统的概念及其总体架构

（一）智慧环保信息化系统的概念

智慧环保信息化系统的概念是基于现代物联网技术与云计算技术的结合提出的，是数字环保向智慧环保转型的关键一步。在当前环保领域，物联网技术和云计算技术的深入应用和发展为智慧环保信息化系统的构建提供了技术支撑和前提条件。通过将物联网技术与云计算技术相结合，构建覆盖全国的智慧环保综合信息化系统，实现环保监测、监控和监管功能的集成与优化。

物联网技术作为智慧环保信息化系统的基础支撑，通过各类传感器、监测设备和网络通信技术，实现对环境数据的实时采集、传输和处理。这种广泛分布的传感器网络可以覆盖城乡各地的环境监测点，监测大气、水质、土壤等多个方面的环境指标。同时，物联网技术还可以实现对环境设备和污染源的远程监控和智能控制，提高环保监管的效率和水平。

云计算技术则为智慧环保信息化系统提供了强大的数据处理和存储能力，通过建设云计算资源中心，可以实现对环境数据的集中存储、管理和共享。云计算平台可以对海量的环境数据进行高效地挖掘和分析，为环保决策提供科学依据和决策支持。同时，云计算技术还可以实现环保数据的实时更新和共享，促进环保信息的公开透明和社会监督。

智慧环保综合信息化系统集合了监测、监控和监管三大功能，旨在实现对环境的全方位、多层次和即时性监测。通过环保物联网技术，可以对各类监管系统进行有效整合，创造一个覆盖全国的生态环境监测网络。监测功能主要通过物联网技术实现对环境数据的实时采集和传输，监控功能通过远程监控设备实现对环境设施和污染源的实时监测与智能控制，监管功能则通过云计算技术实现对环境数据的集中存储、管理和分析，为环保决策提供科学依据和技术支持。

智慧环保信息化系统的构建不仅可以提高环保监测与监管的效率和水平，还可以促进环保信息的公开透明和社会监督，推动环保工作向着科学、智能和信息化的方向发展。未来，随着物联网技术和云计算技术的进一步发展与应用，智慧环保信息化系

统将在环保领域发挥越来越重要的作用，为构建美丽中国和可持续发展提供坚实的技术支撑与保障。

（二）智慧环保综合平台的总体架构

智慧环保综合平台的总体架构是基于科学、合理的设计思路，充分考虑当前的业务需求、数据需求以及信息化现状，利用先进的信息技术包括云计算、物联网、数据仓库、地理信息系统（GIS）和面向服务的体系结构（SOA），构建一个具有合理架构、清晰层次和实用美观的综合平台。该平台主要包含智慧应用层、组件服务层、数据资源层和监测监控体系，其设计理念围绕业务沟通性、数据共享性、服务开放性和使用便利性展开。

1. 智慧应用层

智慧环保综合平台的智慧应用层是整个系统的核心，负责实现综合平台的搭建和管理。该层采用统一认证单点登录方式，为用户提供便捷的访问和操作体验。在这个层面上，既可以新构建业务应用系统，也可以集成现有系统，实现功能的扩展和升级。此外，智慧应用层还可以通过信息发布平台和外网门户实现对外部应用的支持与整合。

2. 组件服务层

组件服务层为智慧环保综合平台提供了基础支撑，主要负责为上层应用提供各种服务。这些服务包括提供基础数据、动态数据、地理数据和目录等，为智慧应用层提供了丰富的功能和资源支持。通过组件服务层建设，可以实现系统的模块化设计和功能的可扩展性，提高系统的灵活性和可维护性。

3. 数据资源层

数据资源层是智慧环保综合平台的数据管理和存储中心，负责构建智慧环保数据资源中心。该层通过制定国家和地方相关法规，科学规划数据共享、存储和交换的标准与规范，实现对环境数据的有效管理和利用。数据资源中心采用平台即服务（PaaS）方式与云计算技术结合，对外提供开放的数据访问接口，以实现数据的多元化应用和共享。

4. 监测监控体系

监测监控体系是智慧环保综合平台的重要组成部分，包括监测监控层、智能感知层和传输层。通过物联网技术，该体系实现对空气、水源地、河流断面、污水处理厂、废气和废水等监测点的在线监测，同时可以实现对现场设备和监测设备的智能化远程监控与控制。这一体系为环保监管提供了可靠的数据支持和技术保障，实现了智慧环保信息化系统对环境的全面感知和监控。

二、智慧环保综合信息化应用平台的构建

（一）环保物联网

环保物联网作为智慧环保综合平台监测监控体系的重要组成部分，是数字环保迈向智慧环保的关键一步。在环保监测站点中，物联网技术通过符合标准的数采仪与各类在线监测设备相连接，包括但不限于烟气分析仪、流量计、氨氮测定仪、化学需氧量（COD）测定仪、ZigBee、Wi-Fi 测试仪、RS232 和 RS485 等，实现对这些设备的状态、参数和监测数据的实时获取。随后，这些数据信息通过 5G 网络、GPRS 或光纤宽带等方式接入互联网，上传到数据资源中心进行接收、审核和存储。

数据资源中心承担着重要的角色，它不仅负责对上传的数据进行接收和存储，还能够利用数采仪向监测站点发送反控控制指令，例如修改设备工作状态或参数等。这种双向的通信机制保证了监测设备的实时监控和控制，为环保工作提供了更加可靠和高效的手段。此外，网络摄像机也通过 5G 网络或光纤将监测站点的视频监控数据传输到数据资源中心，以实现对监测站点的视觉监控。

环保物联网的核心在于以数采仪为中心，通过整合各类监测设备的数据信息和视频监控数据，构建起一个完整的智慧环保监测监控网络。这种网络结构具有高度的实时性和可控性，能够及时响应环境变化和突发事件，为环保决策提供科学依据和技术支持。同时，通过应用物联网技术，还可以实现对监测设备的远程诊断和维护，提高了设备的利用率和运行效率。

（二）云计算资源中心

云计算资源中心作为智慧环保信息化业务的基础设施，由数据资源中心和计算资源中心两大板块组成，承担着管理、存储和处理智慧环保系统所需的各类数据与计算资源的重要职责。其中，计算资源中心采用虚拟化技术构建环保行业云，为智慧环保系统提供基础设施即服务（IaaS），使计算资源的分配和调度能够得到科学的利用，从而有效降低了建设和维护各个子系统所需的成本，并改善了下级部门信息化能力不足的问题。

在智慧环保系统中，数据是核心资源，包括外部数据、业务办公数据、行政执法数据、核与辐射业务数据、污染源审批数据、排污申报收费数据、环境质量数据以及在线监测数据等多个方面。这些数据在各个系统中独立存在，暂时无法体现出全局化，因此数据资源中心需要根据标准化规则对各个业务系统的数据进行清洗、过滤和加工，再进行数据汇集，构建业务逻辑关系，最终实现数据的统一存储和准确共享。通过这种方式，数据资源中心能够为智慧环保系统提供标准化的全局数据，为各个子系统的运行和发展提供支持。

此外，云计算资源中心还可以通过平台即服务（PaaS）的方式提供云服务，使云服务数据成为全部子系统的公共资源，为智慧环保系统的应用和拓展提供了便利条件。通过云计算资源中心的整合和优化，使得智慧环保信息化业务能够更加高效地运行，各个子系统之间的数据共享和协同工作也得到了有效地促进，从而推动了智慧环保的发展和进步。

（三）综合应用平台

综合应用平台作为智慧环保系统的核心组成部分，承担着多个子系统的功能整合和数据管理任务，具有多样化的功能和广泛的应用场景。通过门户方式，平台能够实现个性化内容展示、定制界面和单一访问入口等功能，使用户能够通过浏览器轻松获取所需信息，从而提升了系统的易用性和用户体验。

首先，环境和污染源动态管控系统利用物联网技术负责数据采集，并借助地理信息系统（GIS）地图平台实时监控环境和污染源的各项数据。数据资源中心则负责数据资源的提供和管理，为监管单位提供实时监测数据、报警信息、企业生产流程组态图等信息，并通过数据挖掘分析和远程监控支持决策制定。数采仪能够实现对监测设备状态和关键参数的采集，有效监督设备运行状况，避免企业对参数进行修改，从而提高了数据的可靠性和监管的有效性。物联网感知层则负责对环境和污染源的实时监测数据进行采集，并与污染源排放数据建立关系，为环境管理提供科学依据。此外，工作人员还需运用工况分析模型对企业工况数据进行异常分析，协助环保部门进行远程执法，确保环保目标的实现。

其次，环境安全和移动执法系统利用地理信息系统（GIS）和全球定位系统（GPS）等现代技术，构建了环境监察与移动执法系统以及环境安全预警和应急处置系统。环境监察与移动执法系统融合了现场执法任务所需的各项功能，包括执法定位、信息查询、数据采集与上传、监察执法、在线监测、视频监控等，使现场工作变得高效、快捷、方便，为环保监管提供了强有力的技术支持和保障。

综合应用平台的建设和运行，有效整合了各类数据和资源，提高了环保监管的科学性和有效性，为环境保护工作提供了重要的技术手段和支持，具有重要的推动作用。

结束语

在编写本书的过程中,我深感数据挖掘和云计算技术的博大精深和应用之广泛,它们不仅为商业决策提供了有力支持,也为社会进步和科技创新提供了源源不断的动力。同时,我也看到了这两个领域在不断发展中面临的挑战和机遇。

面对未来,期待数据挖掘和云计算技术能够不断创新与完善,为各行各业带来更加精准、高效、智能的解决方案;也希望广大读者能够继续深入学习和研究这两个领域,为推动社会进步和科技发展贡献自己的力量。

最后,感谢所有为本书编写付出辛勤努力的作者和编辑团队,感谢他们对本书的精心策划和细致打磨。同时,也感谢广大读者对本书的关注和支持,希望本书能够为你们日后的学习和工作带来启发。

参考文献

[1] 安立华. 数据库与数据挖掘 [M]. 北京：中国财富出版社，2019.

[2] 陈潇潇，王鹏，徐丹丽. 云计算与数据的应用 [M]. 延吉：延边大学出版社，2018.

[3] 葛东旭. 数据挖掘原理与应用 [M]. 北京：机械工业出版社，2020.

[4] 黄尚科. 人工智能与数据挖掘的原理及应用 [M]. 延吉：延边大学出版社，2019.

[5] 李雪竹. 云计算背景下大数据挖掘技术与应用研究 [M]. 成都：电子科技大学出版社，2021.

[6] 宁彬. 互联网时代数据挖掘与处理 [M]. 长春：东北师范大学出版社，2019.

[7] 王玲. 数据挖掘学习方法 [M]. 北京：冶金工业出版社，2017.

[8] 熊赟，朱扬勇，陈志渊. 大数据挖掘 [M]. 上海：上海科学技术出版社，2016.

[9] 白宗，侯珂，尚梦莹. 基于数据挖掘的入侵检测关键技术研究 [J]. 电子技术与软件工程，2021(23)：246-247.

[10] 曾冬梅. 基于预测编码的语音压缩技术研究 [J]. 无线互联科技，2019，16(14)：128-129.

[11] 晁凤伟，李晓芳. 大数据时代社保档案管理的优化方式分析 [J]. 管理观察，2018(14)：52-53.

[12] 陈思音. 基于大数据的计算机数据挖掘技术在档案管理系统中的应用研究 [J]. 文化产业，2022(30)：4-6.

[13] 程通. 基于成熟 AI 服务的音视频检索系统设计 [J]. 无线互联科技，2024，21(03)：41-44.

[14] 邓红慧. 面向 Web 视频的数据挖掘及检索的研究和实现 [D]. 电子科技大学，2012：8-20，37-57.

[15] 邓炬强. 数据挖掘技术在网络舆情危机管理中的应用 [J]. 无线互联科技，2022，19(12)：85-87.

[16] 冯红霞. 试论云计算中数据完整性检测问题 [J]. 数字通信世界，2016(5)：37.

[17] 葛迪. 云资源调度应用研究 [J]. 中国信息化，2021，(08)：58-59.

[18] 葛奚祥. 大数据挖掘技术在网络安全中的应用 [J]. 数字技术与应用，2023，41(07)：225-227.

[19] 耿杨. 浅析大数据时代网络安全态势感知关键技术 [J]. 数字通信世界，2022(07)：158-160.

[20] 龚建锋. 基于多级安全策略的云计算数据完整性保护模型构建 [J]. 计算机与数字工程，2017，45(8)：1625-1628.

[21] 郭红伟, 朱策, 刘宇洋, 等. 视频编码率失真优化技术研究综述 [J]. 电子学报, 2020, 48(05): 1018-1029.

[22] 郭勐, 聂秀英, 黄更生. 视频编码新技术和新方向 [J]. 电信科学, 2017, 33(8): 26-34.

[23] 韩成成. 基于数据挖掘任务的分类方法综述 [J]. 软件, 2023, 44(06): 95-97.

[24] 何丽媛. 音视频检索系统的研究与实现 [J]. 数字传媒研究, 2018, 35(11): 44-46.

[25] 胡冬阳. 数据挖掘技术在计算机网络安全管理中的应用研究 [J]. 软件, 2023, 44(11): 184-186.

[26] 胡键. 大数据与公共管理变革 [J]. 社会科学文摘, 2017(01): 32-35.

[27] 吉朝辉, 李中亮. 虚拟云计算在企业中的应用探讨 [J]. 石油化工建, 2021, 43(S2): 156-157.

[28] 蒋澎涛. 基于云计算的跨云资源管理与负载均衡平台设计 [J]. 信息与电脑(理论版), 2023, 35(20): 48-50.

[29] 蒋亚平. 数据挖掘技术在网络安全中的应用 [J]. 信息系统工程, 2023(05): 73-75.

[30] 金玉柱. 基于物联网技术的智慧楼宇照明无线智能控制方法 [J]. 光源与照明, 2023(2): 61-63.

[31] 匡华. 云平台对管理域应用支持的研究 [J]. 电子技术与软件工程, 2020, (21): 207-208.

[32] 李馥林, 孟晨, 范书义. 基于数据挖掘的装备质量信息分析处理技术研究综述 [J]. 火炮发射与控制学报, 2022, 43(06): 88-96.

[33] 李向伟, 康毓秀. 基于内容的视频检索与挖掘关键技术研究 [J]. 软件, 2014, 35(08): 14-25.

[34] 李玉娟. 研究数据挖掘技术在学生档案管理系统中的应用 [J]. 兰台内外, 2019(19): 31-32.

[35] 林永. 数据挖掘技术在计算机网络安全维护中的应用 [J]. 长江信息通信, 2021, 34(10): 143-145.

[36] 罗雪. 基于深度学习的视频编码技术研究 [J]. 信息与电脑(理论版), 2022, 34(23): 194-196.

[37] 蒲海坤, 高鑫, 桑鑫. 基于C4.5数据挖掘算法研究与实现 [J]. 科学技术创新, 2021(23): 55-56.

[38] 乔向伟, 范文东. LED太阳能物联网智慧照明系统在预制梁场的应用 [J]. 装饰装修天地, 2018(20): 116.

[39] 邵伯乐. 基于数据挖掘的网络安全态势感知技术研究 [J]. 宁夏师范学院学报, 2021, 42(04): 80-84.

[40] 史瑶. 计算机智能化图像识别技术探析 [J]. 数字技术与应用, 2023, 41(11): 115-117.

[41] 司佳,陈思平,袁洲,等.基于图像识别与生成技术的人工智能技术应用[J].科技资讯,2023,21(22):47-50.

[42] 宋传园.数据仓库的概念与技术分析[J].信息记录材料,2023,24(5):65-67.

[43] 宋杰.基于云计算与数据挖掘技术的网络安全监测与预警研究[J].信息系统工程,2023(10):138-141.

[44] 孙建刚,刘月灿,王怀宇,等.基于PDCA模型的云资源管理方法研究[J].现代计算机,2022,28(24):62-66.

[45] 孙磊,戴紫珊,郭锦娣.云计算密钥管理框架研究[J].电信科学,2010,26(9):70-73.

[46] 孙轩,孙涛.大数据时代公共管理应用决策4M思维:理论思考与实践探索[J].上海行政学院学报,2019(01):56-65.

[47] 孙振国.公共管理中的数据挖掘技术应用之研究[J].环渤海经济瞭望,2017(11):199.

[48] 田进,程江,王许培,等.大数据时代网络安全态势感知关键技术探析[J].软件,2023,44(04):168.

[49] 田在文.物联网在智慧城市照明信息系统中的应用[J].建材与装饰,2024,20(3):124-126.

[50] 汪丛斌,陈小刚.广域融合物联网在智慧照明运维中的应用[J].智能建筑电气技术,2022,16(1):46-50.

[51] 汪伟,邹璇,詹雪.论数据挖掘中的数据预处理技术[J].煤炭技术,2013,32(5):152-153.

[52] 王博韬.数据挖掘技术在公共管理领域的应用[J].赤子(上中旬),2016(16):190.

[53] 王雷.桌面虚拟化技术的安全性分析及对策[J].网络安全和信息化,2023(01):21-24.

[54] 王沛之.数据挖掘中的数据预处理[J].中国宽带,2021(11):185-186.

[55] 武琳琳.数据挖掘技术在网络故障诊断中的应用[J].中国高新科技,2022(23):57-59.

[56] 夏天,顾伦,李兆申,等.我国智慧医疗发展概况[J].生物医学转化,2022,3(1):38-45.

[57] 谢立军,朱智强,孙磊,等.云计算密钥管理架构研究与设计[J].计算机应用研究,2013,30(3):909-912.

[58] 谢显杰.基于OpenStack的私有云平台构建研究[J].信息与电脑(理论版),2022,34(05):88-91.

[59] 薛涛,刘潇潇,纪佳琪.基于云计算虚拟化技术的旅游信息平台设计[J].现代电子技术,2022,45(01):176-180.

[60] 姚欢庆,周巡.从规制数据获取到规制数据使用[J].信息通信技术与政策,2022,49(6):1-7.

[61] 要丽娟，石峰.数据挖掘技术在计算机网络入侵检测中的应用 [J].集成电路应用，2023，40(07)：222-223.

[62] 叶新宇.数据挖掘在网络安全中的应用 [J].集成电路应用，2023，40（08）：116-117.

[63] 伊丹丹，杨林.SaaS平台技术解决方案探索 [J].科技视界，2020，(06)：207-212.

[64] 游翔，葛卫丽.微博数据获取技术及展望 [J].电子科技，2014，27（10）：123-126，132.

[65] 袁园，解福.适用于移动云计算的多文件数据完整性验证方案 [J].科学技术与工程，2017，17(26)：251-256.

[66] 张国梁，李政翰，孙悦.基于分层密钥管理的云计算密文访问控制方案设计 [J].电脑知识与技术，2022，18(18)：26-27，30.

[67] 张文艳.基于云计算的企业供应链数字一体化管理平台 [J].信息与电脑(理论版)，2023，35(13)：46-48.

[68] 张雨菲.云计算中虚拟化技术的应用 [J].通讯世界，2019，26(07)：59-60.

[69] 张越.浅析数据挖掘技术 [J].计算机光盘软件与应用，2014，17(07)：293.

[70] 张振红.数据挖掘技术在深度防御网络安全体系中的应用 [J].科技创新与应用，2022，12(17)：161-164.

[71] 张志良，李海俊，张鹏，等.落实"四统一"管理，搭建统一云资源监控管理平台实践 [J].长江信息通信，2022，35(10)：122-124.

[72] 赵德芳.基于人工智能的音视频内容检索系统设计 [J].电声技术，2023，47（05）：98-101.

[73] 赵海鸥.数据挖掘技术在档案管理工作中应用价值研究 [J].兰台内外，2022（36）：43-45.

[74] 赵娇，谭卫东.数据挖掘技术在计算机网络病毒防御中的应用探讨 [J].信息与电脑(理论版)，2023，35(10)：43-45.

[75] 赵明明，司红星，刘潮.基于数据挖掘与关联分析的工控设备异常运行状态自动化检测方法分析 [J].信息安全与通信保密，2022(04)：2-10.

[76] 赵洋.数据挖掘技术在档案管理工作中的应用 [J].兰台世界，2023（08）：89-91.

[77] 赵云.基于大数据的计算机数据挖掘技术在档案管理系统中的应用 [J].中国新通信，2020，22(22)：113-114.

[78] 郑臣明，姚宣霞，周芳，等.基于硬件虚拟化的云服务器设计与实现 [J].工程科学学报，2022，44(11)：1935-1945.

[79] 郑平.论云计算中虚拟化技术的应用 [J].电脑知识与技术：学术版，2020，16(01)：277-278.

[80] 钟小军，杨磊，黄莉旋，等.农村综合信息服务平台云存储技术研究与应用 [J].广东农业科学，2015(03)：170-176，182.

[81] 周建同，杨海涛，刘东，等.视频编码的技术基础及发展方向[J].电信科学，2017(08)：16-25.

[82] 诸明.大数据技术在网络安全与情报分析中的应用研究[J].中国管理信息化，2021，24(16)：165-166.